TERRITORIVM BASILEENSE, cum adjacentibus.

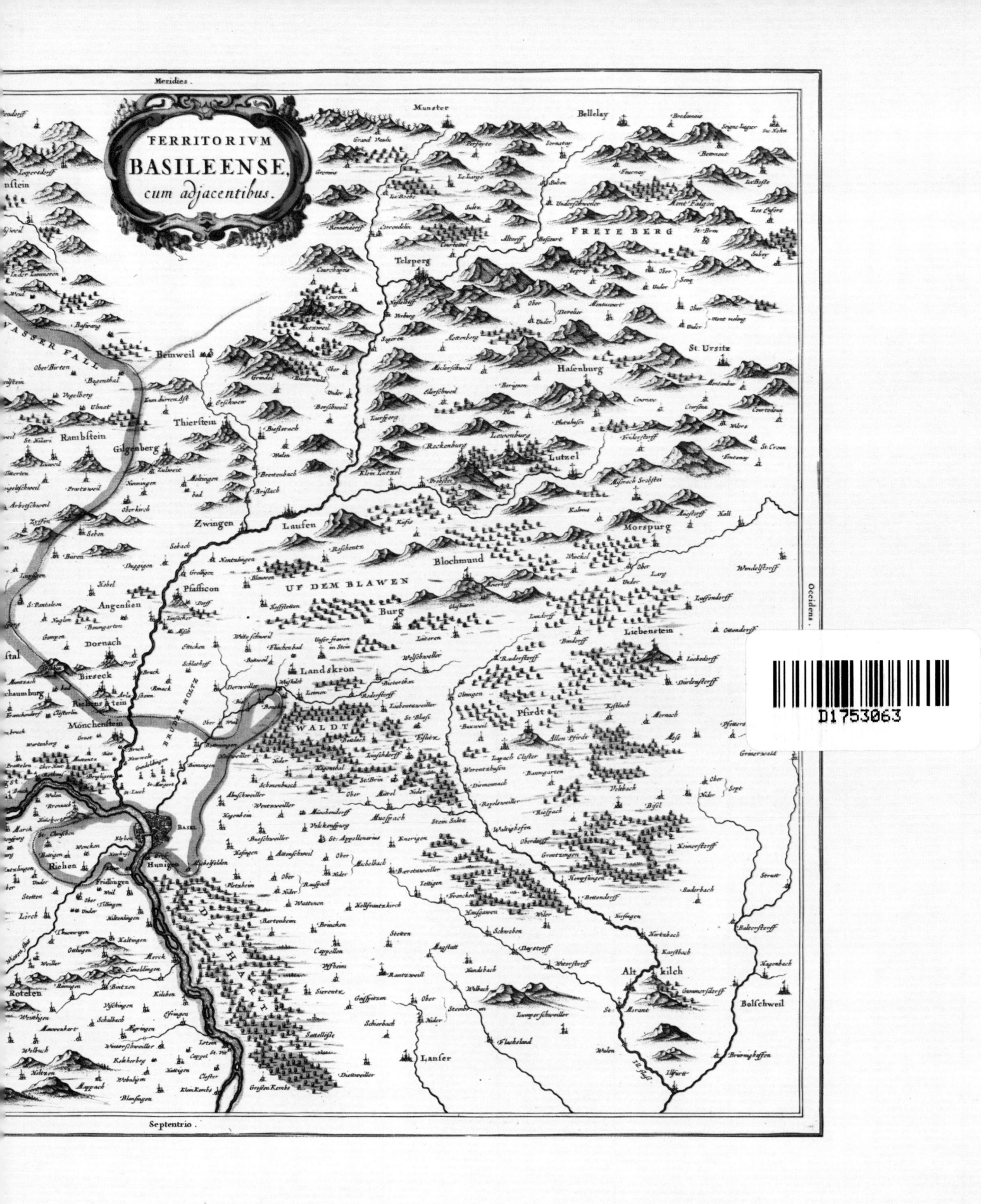

Meier ein Buch

über die Regio Basiliensis
in drei Bänden
aus dem Birkhäuser Verlag Basel

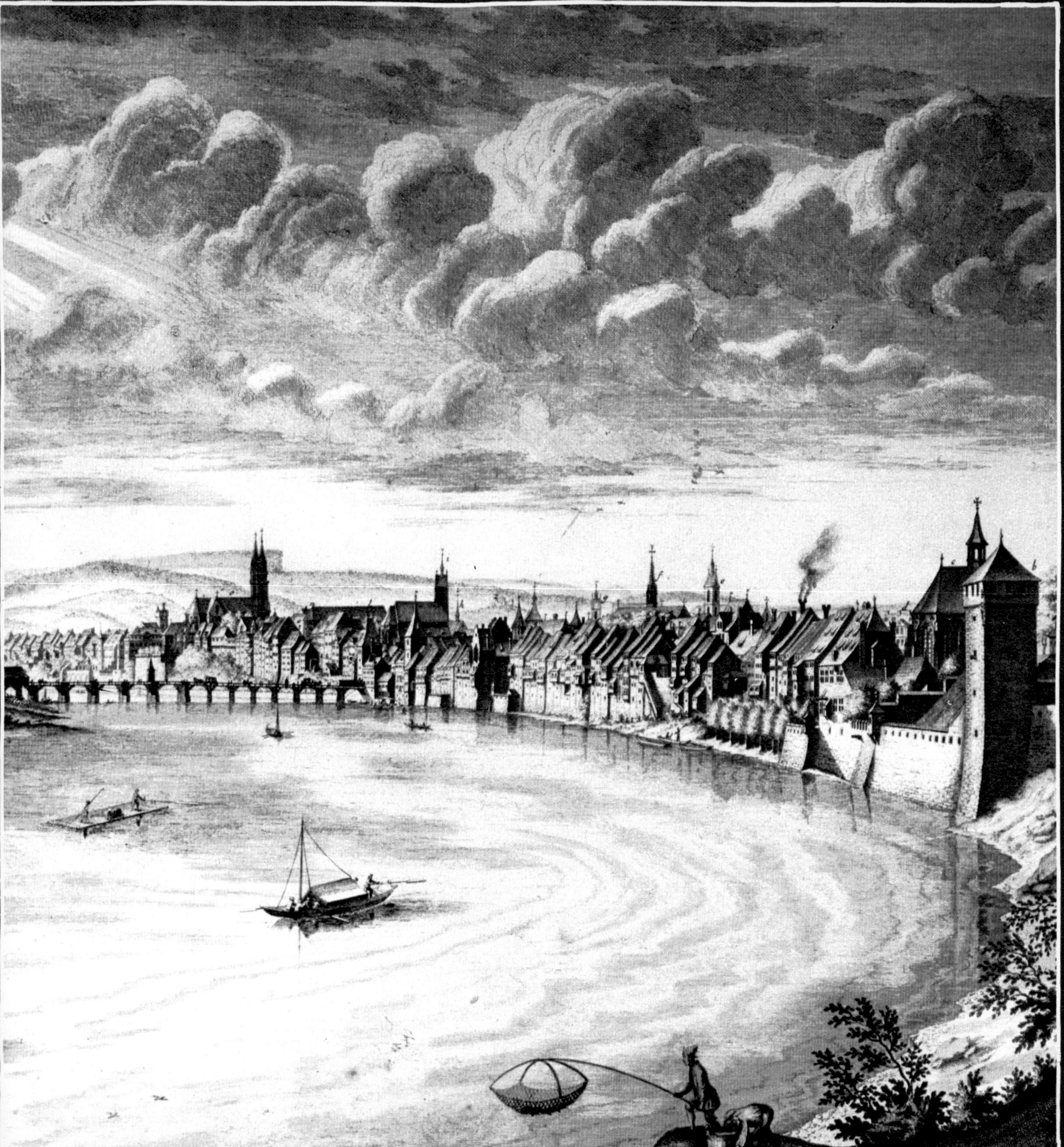

Eugen A. Meier

Rund um den Baselstab

Drei historische Bildbände
über 200 Städte und Dörfer
in der Regio Basiliensis

Band 2
Basels Stadttore, Schwibbogen
und Vorstadtlandschaften
Schwarzbubenland
Dorneck/Leimental
Laufental/Fricktal

Mit einem Vorwort
von Regierungsrat Dr. Edmund Wyß

Birkhäuser Verlag Basel

Vor den Toren der Stadt

Spalentor 12, 16
Steinentor 12, 17
Leimentor 12, 18*
Spalenschwibbogen 12, 19*
St.-Johanns-Tor 13, 20
Aeschentor 13, 21
St.-Johanns-Schwibbogen 13, 22*
Aeschenschwibbogen 13, 23*
St.-Alban-Tor 14, 24
Riehentor 14, 25
St.-Alban-Schwibbogen 14, 26*
Rheintor 14, 27*
Bläsitor 15, 28
Esel- und Wasserturm 15, 29, 30/31*
Eisenbahntor 32
Weichbild der Stadt 33*
Luftmatt 34
Neubad 35
Burckhardtsches ‹Schlößchen› 36*
Friedrichsche Villa 37*
Schlößchen Holee 38
Landgut zum Singer 39, 40/41*
Gundeldinger Weiherschlößchen 42
Gundeldingerfeld 43
Vorstadtlandschaft 44*
Birs und St.-Alban-Teich 45*
Hochgericht auf dem Gellert 46, 47, 48
Letziturm 49
Härdöpfelmärt im Gundeli 50
Schneiderscher Bauernhof 51

Aquarellandschaften
von Heinrich Heitz 52/53*
Lettengut 54
Kleinbasler Waschanstalt 55, 56/57*
Steinenschanze 58
Zur Zeit der Stadtgräben und Schanzen 59
E Feriespaziergang 61
Sonntagsausflug 63
Warteck-Eisweiher 64*
Riehenteich 65*
Horburgschlößchen 66
Wettsteinhäuschen 67
Grenzacherhof 68
Ländliches Idyll 69
Klybeckschlößchen 70
Bäumlihof 71, 72/73*
Schützenmattpark 74
Nachtigallenwäldchen 75

* Farbtafeln

Schwarzbubenland Dorneck/Leimental

Laufental

Fricktal

Bärschwil 78
Bättwil 85
Beinwil 94
Breitenbach 98
Büren 100
Büsserach 107
Dornach 112
Erschwil 119
Fehren 123
Flüh 124
Gempen 130
Grindel 133
Himmelried 136
Hochwald 139
Hofstetten 144
Kleinlützel 149
Mariastein 154
Meltingen 160
Metzerlen 164
Nuglar 170
Nunningen 173
St. Pantaleon 177
Rodersdorf 180
Seewen 185
Witterswil 188
Zullwil 193

Farbtafeln
‹Château de Thierstein› 76
Blick ins Schwarzbubenland 80
Das Reichensteinische Mirakelbild 81
Unteroffizier der solothurnischen Miliz 84
Topographischer Plan
der Leimentaler Dörfer 88/89
Leimentaler Landschaft 92
Altargemälde der St.-Josephs-Kapelle
Kleinlützel 93

Blauen 198
Brislach 203
Burg 207
Dittingen 211
Duggingen 213
Grellingen 216
Laufen 221
Liesberg 230
Laufentaler Bilderbogen 232
Nenzlingen 240
Roggenburg 241
Röschenz 242
Wahlen 246
Zwingen 248
Bassecourt 255
Courrendlin 257
Delémont 259

Farbtafeln
Romantisches Kaltbrunnental 196
Schloß Angenstein 200
Allianzwappen mit Schloß Burg 201
‹La Cascade de la Birs à Lauffon› 204
Dittingen 205

Hellikon 270
Kaiseraugst 272
Magden 275
Möhlin 278
Mumpf 281
Obermumpf 284
Olsberg 285
Rheinfelden 289
Stein-Säckingen 307
Wallbach 310
Wegenstetten 312
Zeiningen 314
Zuzgen 316

Farbtafeln
Ansicht der Stadt Rheinfelden 296/297
Grenzplan zwischen den heutigen Kantonen
Aargau und Baselland 300
Im Fricktal 301

Tafel der Mitarbeiter 319
Quellenverzeichnis 319
Bildverzeichnis 319
Reproduktionen 320
Nachwort 320

Frontispiz
Ansicht der Stadt Basel vom Kleinbasel her, 1745
Kupferstich nach Emanuel Büchel, gestochen von J. M. Weiß

Seiten 8/9
Die Steinenschanze, 1865
Aquarell von Anton Winterlin (vgl. Text Seite 58)

Seite 10
Ansicht der Stadt Basel von Gundeldingen aus, 1745
Kupferstich nach Emanuel Büchel, gestochen von J. M. Weiß

CIP-Kurztitelaufnahme der Deutschen Bibliothek

Rund um den Baselstab: 3 histor. Bildbd. über
200 Städte u. Dörfer in d. Regio Basiliensis/
Eugen A. Meier. – Basel: Birkhäuser.
NE: Meier, Eugen A. [Hrsg.]
Bd. 2. Basels Stadttore, Schwibbogen und
Vorstadtlandschaften/Schwarzbubenland/Dorneck/
Leimental/Laufental/Fricktal. – 1. Aufl. – 1977.
    ISBN 3-7643-0903-2

© Birkhäuser Verlag Basel, 1977
Layout der Eugen A. Meier «Basler Regiobuch-Serie»:
    Albert Gomm swb/asg, Basel
Elektronischer Filmsatz, Kupfertiefdruck,
Reproduktionen und Einband: Birkhäuser AG, Basel

Zum Geleit

Von meinem Geleitwort zum ersten Band der Trilogie ‹Rund um den Baselstab› ausgehend, in welchem ich meine Freude über die fesselnde Darstellung des wechselvollen Geschicks unserer multinationalen Volksgemeinschaft zwischen Jura, Schwarzwald und Vogesen zum Ausdruck gebracht habe, darf ich heute mit Genugtuung vermerken, daß der erste Teil des umfassenden Werks in der Presse wie bei einer äußerst zahlreichen Leserschaft eine begeisterte Aufnahme gefunden hat. Und deshalb fällt es mir besonders leicht, auch den nun vorliegenden zweiten Band von Eugen A. Meiers Basler Regiobuch-Serie mit uneingeschränkter Anerkennung und den besten Wünschen auf den Weg in die Stuben der Geschichtsfreunde diesseits und jenseits unserer Kantonsgrenzen zu schicken: Wieder ist, in glücklicher Zusammenarbeit mit dem Birkhäuser Verlag, Buchgestalter Albert Gomm und hilfsbereiten Lokalhistorikern, ein Bildband entstanden, der hinsichtlich Text, Bild und Ausstattung keine Wünsche offenläßt. Daß unser kenntnisreicher Historienschreiber im Kapitel ‹Vor den Toren der Stadt› alle Stadttore und Schwibbogen, welche auf starken Fundamenten der inneren und äußeren Ummauerung unserer Stadt so malerische Akzente setzten, anschaulich wieder aufleben läßt, weiß ich als charmante Konzession an die Adresse der Basler Leser natürlich besonders zu schätzen. Wenn unseres Stadthistorikers neueste Publikation dieses Mal nicht nur von historischer Bedeutung, sondern auch von besonderer Aktualität ist, liegt dies in der lückenlosen Vorstellung der 13 Gemeinden des Laufentals. Wir wissen, daß die Laufentaler zu dieser Zeit einen politischen Entscheid von größter Tragweite zu treffen haben. Nicht nur für ihre eigene Zukunft, sondern auch für die Zukunft eines umliegenden Kantons. Daß Basel sich heute seiner alten Bistumsgrenzen erinnert und sich überlegt, das nachzuholen, was es 1815 verpaßt hat, nämlich einen Zusammenschluß mit dem Laufental zu suchen, ist kein Geheimnis. Die jahrhundertealte kulturelle und wirtschaftliche Verbundenheit zwischen Basel und dem Laufental wird im dritten Kapitel dieses Bandes eindrücklich belegt. Aber auch die vielfältigen Beziehungen der Fricktaler, der Schwarzbuben, der Dornecker und Leimentaler zu ‹ihrer› Stadt, und gleichermaßen auch umgekehrt, haben ebensolche Würdigung gefunden.
Daß der Autor mit diesem prächtigen Werk seinen 10. großformatigen Bildband, der die kulturhistorische Vergangenheit unseres Gemeinwesens beinhaltet, herausgebracht hat, berechtigt zu herzlicher und dankbarer Gratulation und zur weiteren Beachtung des erfolgreichen Slogans des Birkhäuser Verlags: «Wer Basel liebt – liest Eugen A. Meier-Bücher.»

Regierungsrat Dr. Edmund Wyß

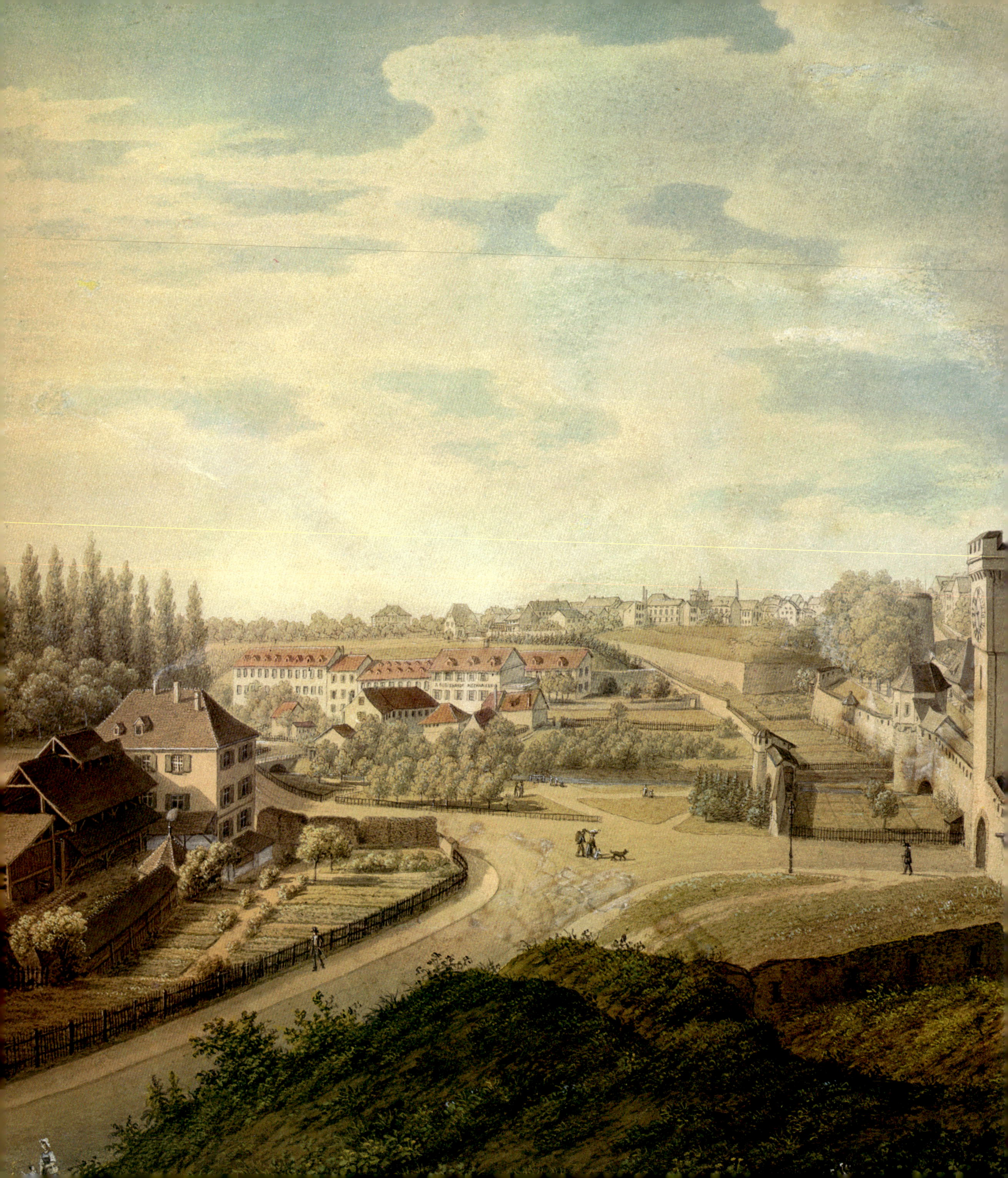

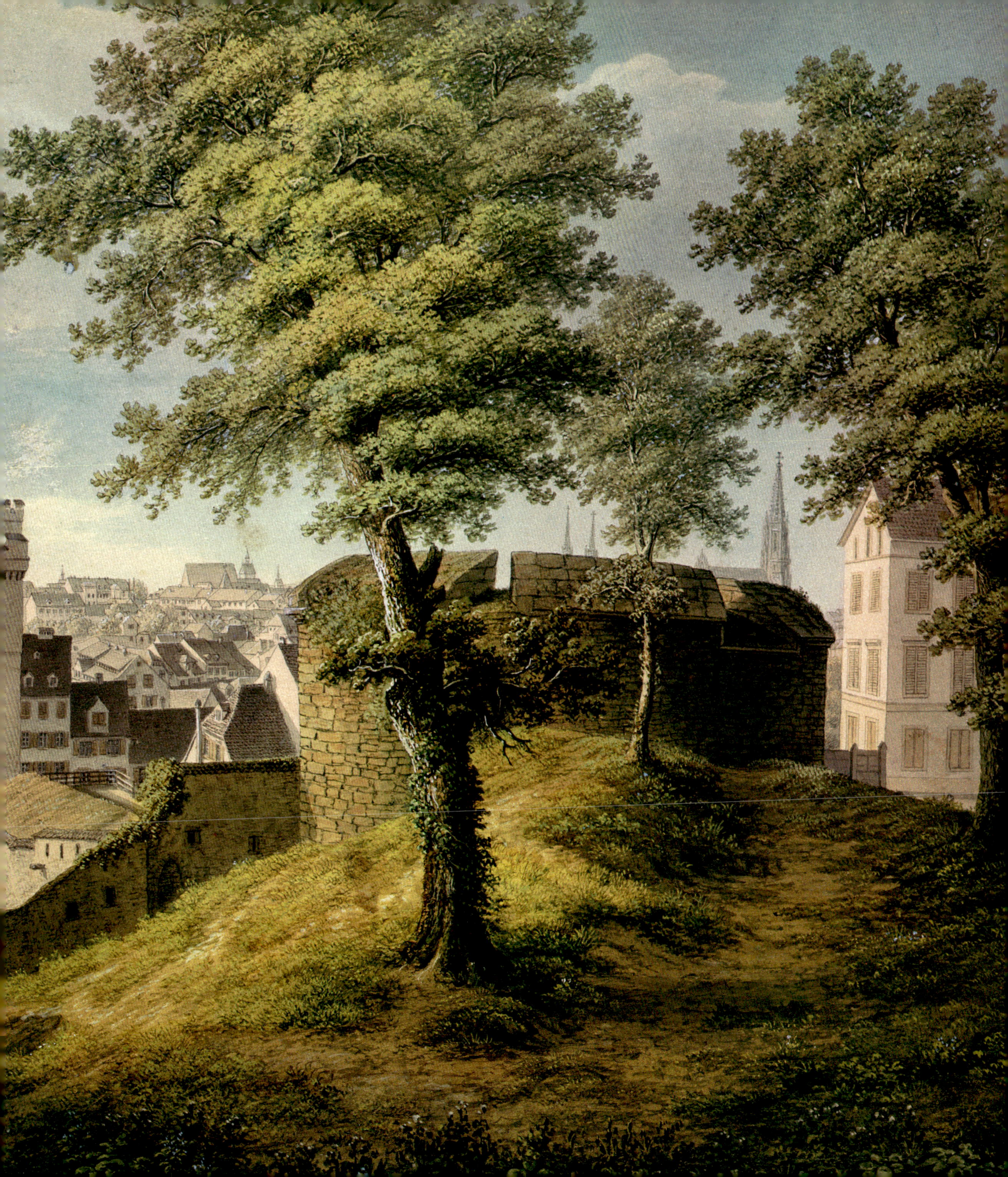

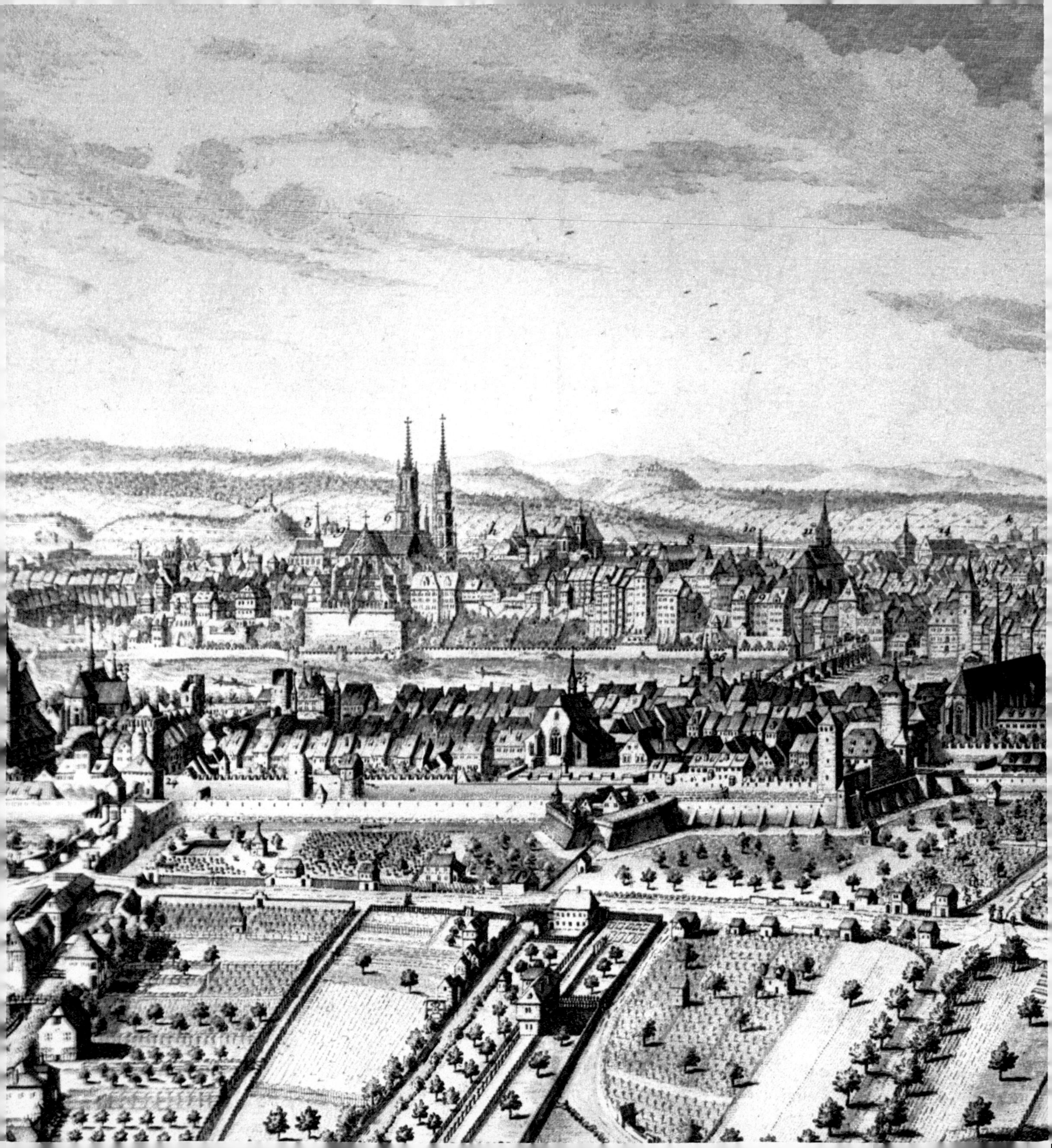

Vor den Toren der Stadt

Wie schön stellte sich die Stadt Basel unseren Blicken dar! Breit ausgedehnt, fest und stattlich lag sie da vor uns, und manch spitzes Türmlein, manch glitzernd Kirchendach ragte um unserer Frauen Münster über die dicht gedrängten Häuser empor. Freilich, als wir näher heranzogen, kam mir manches fast bedenklich vor; denn um die äußeren Häuser und Gassen zog sich nur eine hohe Brustwehr von Pfählen, weiter hinten erst standen Mauern und Türme, und auch diese waren mancherorts halbzerfallen. Da erinnerte ich mich, wie mir einst der Vater erzählt hatte, daß die große und starke Stadt Basel am Rheinstrom von der Hand Gottes sei gestraft worden, welche die Erde berührte, daß sie mächtig erbebte und Häuser, Mauern und Schlösser zusammenstürzten. Seitdem mochten kaum zwanzig Jahre verstrichen sein, und war dies die Ursache, daß die Stadt da und dort halb offen war.

Giselbert von Wetzlar, 1376

Basels Stadttore, Schwibbogen und Vorstadtlandschaften

4   Das Spalentor

Die Befestigungsarchitektur mit dem künstlerischen Schmuck einzigartig verbindend, schirmte das Spalentor die Stadt in majestätischer Würde gegen den Sundgau. Der von zwei mächtigen Rundtürmen befestigte quadratische Torturm wird 1428 als das «newe tor ze Spalen» genannt und hatte wohl eher der Repräsentation des wohlhabenden und kunstverständigen baslerischen Gemeinwesens zu dienen als fortifikatorischen Zwecken. Die besonders von den elsässischen Landleuten innig verehrte Muttergottes wurde samt den beiden Propheten um das Jahr 1430 an der Westfassade angebracht. Vortürme und Vorhof, von einem hohen Hag aus starken Pfählen eingefriedet, sind um 1473 errichtet worden. Verfügten noch 1810 die Behörden ausdrücklich die Erhaltung der Fallbrücke wie der Wolfsgrube, so schienen ihr 1813 die beiden Rundtürme der Straßensperre vor dem Graben überflüssig; der Durchmarsch der alliierten Truppen bewirkte deren Beseitigung. 1866 wurden auch die Ringmauern am Schützengraben und am Spalengraben abgebrochen. Der Flurname ‹Spalen› bezeichnet Querhölzer (Spalen), mit denen steile und feuchte Hänge belegt wurden, um sie zugänglicher zu machen. Im Vordergrund die heutige Missionsstraße.

5   Das Steinentor

Gesichert von den imponierenden Wehranlagen der Steinenschanze, erhob sich das Steinentor ungefähr in der Mitte der hohen, trutzigen Stadtmauer, die sich zwischen den Bollwerken ‹Wag den Hals› und ‹Dorn im Aug› über den Taleinschnitt des Birsigs hinzog. Der auch Hertor genannte quadratische Torturm mit vorkargendem Geschoß war während Jahrhunderten mit einem Vorbau versehen, der bis um 1858 als Wachtstube und Torschreiberwohnung diente. Eine auf einem kleinen steinernen Pfeiler ruhende Fallbrücke vermittelte die Verbindung zwischen dem Tor und dem auf der andern Seite des Wassergrabens liegenden Vorhof. Unter zwei tiefgesetzten, mit Fallgattern versehenen Rundbogen, über denen sich der von einem Spitzturm geteilte Wehrgang wölbte, stürzte der Birsig in die Steinenvorstadt. Im Sommer 1858 wurde der Abbruch des Steinentors und der dazugehörenden Stadtmauer durch das Niederlegen des Wachthauses samt Umfangmauer und Torbrücke sowie durch das Auffüllen des in der Nähe des Tores liegenden Weihers eingeleitet. Das als Stadteingang am wenigsten benützte Tor selbst wurde im Herbst 1866 ohne jeden Widerspruch und von keiner Träne beweint aus der Welt geschafft.

6   Das Leimentor

Im sogenannten Leimentor oder Lyßturm besaß die Stadtmauer zwischen der Steinenschanze und dem Fröschenbollwerk einen kleinen Nebenausgang. Das ursprüngliche ‹Egloffstörlein› wurde allerdings gegen Ende des 14. Jahrhunderts, als durch den Bau des äußern Befestigungsgürtels die Spalener Vorstadtbefestigung ihre Bedeutung verlor, zugemauert, und der zierliche Torbau wurde zu einem Wohnhaus für Stadtdiener umgeformt. Als zu Beginn des 19. Jahrhunderts auf dem ‹Mostacker› die ersten Wohnhäuser entstanden, hatte dann während einiger Jahre das ‹Leimentor› nochmals seine eigentliche Aufgabe zu erfüllen. 1812 überließ der Rat den Torbau der Firma Riggenbach Sohn & Comp. zur Erweiterung ihrer Zuckerfabrik, unter der Bedingung, an dessen Stelle «einen ungefähr 10 à 12 Schuh hohen Behälter für Steinkohlen auf eine geschmackvolle Art errichten zu lassen, damit die in dieser Gegend liegenden Häuser sowohl als auch die neue Straße über den Graben eine angenehme Aussicht gewinnen». Doch weil das Handelshaus Riggenbach bald in Konkurs geriet, gelangte dieses Vorhaben nicht zur Verwirklichung. Obwohl das Militärkollegium in der Folge den «Lysthurm, der in der ganzen Stadtmauer der einzige Thurm ist, der nicht der Regierung angehört», wieder zurückkaufen wollte, «weil er als Flanken Thurm, als Stütz- und Mittelpunkt zwischen dem St. Leonhardts- und Fröschen Bollwerk, ein sehr wesentlicher Posto wurde», verblieb das Leimentor jedoch weiterhin in privaten Händen. 1861 aber wurde die «Liegenschaft No. 367, das Leimenthor genannt, nebst dem dazu gehörenden Schopfe am Stadtgraben, behufs dortiger Correction» doch um Fr. 40 000.– von der Stadt übernommen und umgehend abgebrochen.

7   Der Spalenschwibbogen

Bis zur dritten Erweiterung der Stadtbefestigung und zu dem damit verbundenen Bau des Spalentors Ende des 14. Jahrhunderts bildete der Spalenschwibbogen den Stadtausgang gegen den Sundgau. Der massive, 1428 von Meister Lawelin und 1518 von Hans Frank bemalte Torbogen mit Pyramidendach und Glockentürmchen riegelte den Spalenberg gegen den Leonhardsgraben und den Petersgraben ab. Mit seinen sechs Gefangenschaften lieferte der sogenannte Spalenturm der Bürgerschaft nicht selten willkommenen, angeregten Gesprächsstoff. Für Schwerverbrecher war die nur durch ein Loch zugängliche, ‹fünf Stegen› hohe, mit eichenen Stämmen ausgelegte Gefangenschaft ‹Eichwald› bestimmt. Auch der ‹Hexenkefig› und der dumpfe, gutgesicherte, mit schweren Ketten und einem ‹eingemauerten Leibstuhl› versehene ‹Saal› dienten für den Gewahrsam gefährlicher Häftlinge. «Diese beyden Gefangenschaften sind sehr peinigend und beynahe zum Erstiken eingerichtet, obschon sie in einem offenen Gang zu oberst auf dem Thurm, wo sich noch einige Tortur materialien befinden, gelegen sind.» Am 9. Oktober 1837 wurde der 1652 ausgebesserte Spalenschwibbogen, der «mehr als irgend ein anderer Schwibbogen einen häßlichen und entstellenden Anblick darbietet», als Abbruchgut zur Versteigerung ausgerufen, fand aber keinen Liebhaber. Erst eine Wiederholung der Gant hatte Erfolg, indem ihn Maurermeister Remigius Merian für Fr. 7200.– erwarb. Auf dem Bild ist rechts vom Spalenschwibbogen das von Turmwart und Tapezierer Abraham Sixt bewohnte Haus ‹Zum Spalenturm› zu sehen, links die Häuser des Spezierers Johann Georg Meyer und der Pintenwirtin Schölly-Kron.

8   Das St.-Johanns-Tor

Flankiert vom Thomasturm und dem St.-Johanns-Bollwerk, ragt das St.-Johanns-Tor weit in die elsässische Tiefebene hinein. Die exponierte Stellung der mittelalterlichen Torburg führte nach 1620, durch ‹Hinterfüllung› der alten Stadtmauern, zur Errichtung der Rheinschanze. Im selben Jahrhundert ward dem Vortor eine gefällige kosmetische Veränderung zuteil, indem an der äußern Ecke ein hübscher Barockerker angebracht wurde; auch ließ der Rat die beiden Schußlöcher in fratzenhafte Mäuler kleiden. Das unscheinbare Zeltdach über dem Zinnenkranz war bis 1874 mit einem einfachen Glockenstuhl bekrönt und wurde dann durch ein ‹neuzeitliches› Dach ersetzt. Die baufällige Fallbrücke dagegen mochte man 1828 mit ihrer Wolfsgrube nicht gegen einen festen Übergang tauschen, obwohl «in Zeiten des Friedens, wo ein ruhiger Verkehr Platz finden kann, eine solide Bruck unstreitig weit bequemer, sicherer und im Unterhalt ungleich weniger kostspielig als eine Fallbrücke ist». Links vom St.-Johanns-Tor ist die Kapelle des seit dem 13. Jahrhundert in Basel niedergelassenen Johanniter-Ritterordens zu erkennen.

9   Das Aeschentor

Der quadratische Turm mit seinem spitzen Zeltdach und dem mit zwei kreisrunden Türmchen bewehrten Barrierenhof am Ausgang der Aeschenvorstadt war, trotz seiner schlichten Bauweise, Basels bedeutendstes Eingangstor vom Jura her. Bis 1801 behauptete das Aeschentor, das neben dem Spalentor einzige Stadttor, das in Kriegszeiten offengehalten wurde, sein ursprüngliches Gesicht. Dann fanden der Sternenwirt und der Bärenwirt in der Vorstadt, es sei an der Zeit, die «zwey kleinen Thürnlein, deren daseyn nichts nützet», nun endlich wegzubrechen, da die in den ‹Canton› fahrenden Weinwagen wegen der schlechten Durchfahrt einen Umweg zu nehmen hätten. Die Beseitigung des Vorwerks ist dann allerdings einige Jahre zu früh erfolgt, hatte sich der Wehrturm zur Zeit der 1833er Wirren doch nochmals ernsthaft zu bewähren. 1858 forderte der Bau des Centralbahnhofs den Abbruch des äußern Zollhäuschens, das Auffüllen des Stadtgrabens zwischen dem Aeschentor und dem Steinentor und das Niederlegen des Aeschenbollwerks. Obwohl die Behörden betonten: «Kräftig emporsteigende Türme sind es, welche einer Stadt noch ein individuelles Gepräge verleihen gegenüber der flachen Häusermasse neuer Quartiere oder den häßlichen Kaminen der gewerblichen Einrichtungen», mußte 1861 auch das Aeschentor der Stadterweiterung weichen.

10   Der St.-Johanns-Schwibbogen

Das innere Kreuztor, wie man dem St.-Johanns-Schwibbogen im alten Basel auch zu sagen pflegte, ist in seiner ursprünglichen, uns nicht bekannten Form um das Jahr 1200 erbaut worden; durch sein Portal mündete die Kreuzgasse (Blumenrain) in die elsässische Ebene. Über die Entstehung des Neubaus wie über seine weitere Geschichte fließen praktisch keine Quellen. Erst als die Zeit seines Niedergangs nahte, erhielt der Schwibbogen durch Ludwig Adam Kelterborn 1836 künstlerischen Schmuck. Und wenig Aufhebens bewirkte auch der Gedanke an seine Wegschaffung: Ohne sichtbar zwingende Gründe verfügte der Große Rat 1872 den Abbruch des stadtwärts sonderbarerweise aus der Fluchtlinie der Stadtmauer zurücktretenden St.-Johanns-Schwibbogens. Ende April 1873 «hat das Werk der Zerstörung begonnen, womit ein Stück des alten Basels um das andere fällt». Und Anfang Mai desselben Jahres «ist der St. Johannschwibbogen bis auf die massiven Bogenpfeiler abgebrochen, so daß man wieder durch dieselben gehen und fahren kann. Der obere Blumenrain ist um Vieles heller und freundlicher geworden, und haben nun die dortigen Bewohner eine freie Aussicht auf die frisch grünenden Anlagen des Todtentanzes»! Rechts im Vordergrund, vor dem Haus ‹Zum Lauffenburg›, ist der 1448 errichtete St.-Urbans-Brunnen zu sehen, links außen zwischen dem Segerhof und dem Haus ‹Zum Windeck›, der Eingang zur Petersgasse.

11   Der Aeschenschwibbogen

Die früheste Erwähnung des Aeschenschwibbogens, des gedrungenen Eingangstors zur Freien Straße, ist im Jahre 1261 in einer Urkunde des Klosters St. Urban zu finden. Seit langem aber lebten vor dem Torturm die Brüder St. Mariens, Karmeliter, ihr mönchisches Dasein, das der Verehrung der Muttergottes galt. Im August 1545 ist der Turm des Schwibbogens, dessen Dach ‹zuogespitzt war›, wegen eines gefährlichen Risses von der höchsten Partie bis etwa zur Hälfte verkleinert und mit einem viereckigen Zinnenkranz versehen worden. 1839 gelangte Rudolf Forcart-Hoffmann, der den Schilthof an der Freien Straße 90 von Grund auf neu erbauen wollte, an den Kleinen Rat mit dem Ersuchen, es möchte der Aeschenschwibbogen weggebrochen werden, damit sowohl eine Verschönerung des Platzes erzielt werden könne als auch die enge Einfahrt zur Freien Straße, welche täglich 12 Diligencen und unzählige andere Fuhrwerke passierten, breiter werde. Der Große Rat ließ diesen Antrag denn auch 1840 zum Beschluß erheben, und im selben Jahr noch wurde das vorstadtwärts mit einem frühbarocken Glockengiebel geschmückte Tor niedergelegt, und das Abbruchmaterial fand beim Bau des neuen Schilthofs und des Kaufhauses am Barfüßerplatz Verwendung. Im Vordergrund der Rahmengraben, der 1821 aufgefüllt wurde. Rechts vom Aeschenschwibbogen steht die Kriminalgerichtsschreiberei, links das von Mehlwäger Balthasar Fischer bewohnte Torwächterhäuschen.

12 Das St.-Alban-Tor

Der in den Jahren 1361 bis 1398 erbaute äußere Befestigungsring erhielt mit dem St.-Alban-Tor in seiner östlichen Flanke einen schlanken Torturm, der sich dominierend von der Stadtmauer abhob und einen weiten Blick auf den Rhein und gegen die Hard gewährte. Ein unterhalb des überdachten Zinnenkranzes angebrachter reizvoller Erker mit steilem Pyramidendächlein ermöglichte, ‹ungebetene Gäste› mit siedendem Wasser und Pech zu übergießen. In dieser Gestalt blieb das St.-Alban-Tor bis 1871 erhalten, als die Korrektion des St.-Alban-Torgrabens mit einer Verbindung zur Gellertstraße nach einer befriedigenden Lösung drängte. Trotz breitgeführter Diskussion blieb das Tor stehen, allerdings (bis 1976) mit einem ‹hässlichen› Dach im Zinnenkranz. Die dem St.-Alban-Tor vorgelagerte ‹Kleine Schanze› ist schon 1864 durch Bauunternehmer Hollinger abgetragen worden, der das anfallende Material für das Auffüllen des Stadtgrabens verwenden mußte. Aus dem verbleibenden Rest «links vom Tor wurde 1871 mit Schonung der bestehenden alten Bäume mit verhältnismäßig einfachen Mitteln eine reizende Anlage» geschaffen. Links vom St.-Alban-Tor die mit fünf Türmen bewehrte Stadtmauer gegen das Aeschentor anstelle der heutigen St.-Alban-Anlage.

13 Das Riehentor

Das 1265 erstmals erwähnte Riehentor, auch oberes Tor, St.-Joders-Tor, St.-Theodors-Tor oder Heiligkreuztor genannt, öffnete Kleinbasel gegen Nordosten, der quadratische Turm mit dem flachen, inmitten eines Zinnenkranzes aufgebauten Satteldach trug unter dem originellen Erkerausbau landwärts eine große demontable Kreuzigungstafel mit Maria und Johannes, die der Torwächter bei Regen und Schnee oder bei drohender Gefahr in Sicherheit brachte. Über dem trockenen innern Graben, in dem Hirsche und Rehe sich tummelten, wölbte sich der zinnenbekrönte Befestigungshof, der durch eine Fallbrücke nach außen abgeschirmt war. Bis zum zweiten Mauerwall erstreckte sich das schon 1443 bezeugte, rechts durch den Teich begrenzte Vorwerk, das durch einen wohl aus dem frühen 17. Jahrhundert stammenden Spitzbogen zugänglich war. Zur Zeit des Dreißigjährigen Krieges wurde die ganze Wehranlage mit einer scharfeckigen Schanze verstärkt. 1852 erfolgte mit dem Auffüllen des Stadtgrabens zwischen dem Tor und dem Drahtzug der erste Einbruch in die Befestigungsanlage Kleinbasels. Und als 64 Anwohner mehr Licht, Luft und Raum forderten, wurde 1864 das Riehentor, das man kurz zuvor noch «außer dem Spahlen Thor als das schönste» rühmte, abgerissen. Auf der rechten Seite der Riehenstraße sind das Obrigkeitliche Holzhäuslein und die Häuschen der Lohnwäscher am Riehenteich sichtbar, auf der linken Seite die Ökonomiegebäude des Sommergutes Leonhard Burckhardts, Handelsmann und Meister zum Schlüssel.

14 Der St.-Alban-Schwibbogen

Wie die andern Tore des innern Mauergürtels, ist der St.-Alban-Schwibbogen gegen Ende des 12. Jahrhunderts erbaut worden; seine erste Erwähnung fällt ins Jahr 1254. Mit der Erweiterung der Stadtbefestigung in den Jahren 1361 bis 1388 verlor der Torbogen seine fortifikatorische Bedeutung, doch erfüllte er als Gefängnisturm weiterhin eine der Sicherheit der Stadt dienende Aufgabe. Auch sein allgemein üblicher Name ‹Cunostor› behielt im Volksmund seine Gültigkeit. Diese Bezeichnung erinnerte an einen Müller namens Cuno, der, zum Tode durch den Strang verurteilt, sich durch die Erbauung des östlichen Stadtausgangs gegen St. Alban den Kopf gerettet haben soll. Der bauliche Zustand des sogenannten Vogelkäfigs muß um 1807 sehr bedenklich gewesen sein, konnten die Häftlinge doch den Kerker nach Lust und Laune ohne Mühe verlassen! Als in der zweiten Hälfte der 1830er Jahre alle Untersuchungsgefängnisse der Stadt in den Lohnhof verlegt wurden, stand der Abbruch des St.-Alban-Schwibbogens erneut ernsthaft zur Diskussion. Eine Veränderung aber fand vorerst nur durch die Wegschaffung des vorstehenden Gebäudeteils am St.-Alban-Graben statt, wobei das freie Areal umgehend mit einem weitern Torbogen überbaut wurde. 1878 mußte sich der ‹Dalben Schwinsbogen› indessen endgültig dem Gebot der Zeit beugen: Die Korrektion des St.-Alban-Grabens und des Harzgrabens, als Zufahrt zur projektierten neuen Rheinbrücke, forderte ihre Opfer:

Den St.-Alban-Schwibbogen und das rechts anstoßende, teilweise auf der Stadtmauer stehende Deutschritterhaus.

15 Das Rheintor

Der einzige Stadteingang vom Rhein her ist anfänglich mit einer Fallbrücke gesichert gewesen, die später durch bequemere Eingangstore ausgewechselt wurde. Auch zeigte das trutzige sandsteinrote Rheintor mit dem angebauten Schwibbogen, das stärkste Bollwerk im Befestigungsgürtel der großen Stadt, ursprünglich über dem Portal des Großbasler Wehrs der Rheinbrücke einen geharnischten Standartenträger, auf einem Schimmel mit goldenen Zügeln reitend. Dieses Reiterbild ist dann möglicherweise zugunsten von Turmuhren, die 1531 von Hans Holbein neu bemalt und vergoldet worden sind, entfernt worden. Gehörte solchermaßen das Rheintor allein wegen seiner mächtigen Konstruktion, seiner dekorativen Fassade und seiner kostbaren Uhrwerke zu den eindrücklichsten Bauten der Stadt, so war es doch der Lällenkönig, der seinen Ruhm weit über die Grenzen hinaustrug. Wann dem schwarzbärtigen Fratz mit den unheimlich rollenden Augen und der rotierenden Zunge links oben neben der prachtvollen Turmuhr ein Platz zugewiesen worden ist, ist nicht bekannt (vermutlich 1639). 1830 forderten die Anwohner der Eisengasse den Abbruch des Rheintors, das zwar ehrwürdig sei, aber mit seinem «doch sehr düstern Aussehen unsere Straßen merklich verfinstert». Als dann auch noch eine Sanierung des Brückenkopfs gefordert wurde, verschwand im Februar 1839 das stolze Rheintor samt dem angebauten malerischen Zunfthaus der Schiffleute, wodurch das Stadtbild wohl luftiger, aber keineswegs freundlicher wurde.

16 Das Bläsitor

Der weithin sichtbare Befestigungsturm, ein nüchterner, von mächtigen Quadersteinen erbauter Wehrbau, der auch Isteinertor, St.-Anna-Tor oder Niederes Tor genannt wurde, war seit dem Jahr 1256 bekannt. Er stand zwischen dem Kloster Klingental und dem Rumpelturm (Untere Rebgasse/Kasernenstraße) und öffnete das Kleinbasel gegen die rechtsseitige Rheinebene und das Wiesental. Für die Erhebung von Weggeldern und Zöllen war der Torschreiber mit seinen Gehilfen zuständig, für die um 1831 ein eigenes Häuschen errichtet wurde. Das Bemühen der Behörden, das Bläsitor zu erhalten, gelang auf die Dauer nicht, brachte doch die aufkommende Industrie den Mauergürtel um die Mitte des letzten Jahrhunderts zum Platzen. Schon 1833 müßte der Graben entlang der alten Stadtmauer «hinter dem Klingental beim Bläsitor und gegen den Drahtzug hin» aufgefüllt werden, und im Juni 1867 sollte dann das Bläsitor zugunsten eines breiten Stadtausgangs bei der neuen Klingentalstraße fallen, obwohl das Tor, wie die Behörden versicherten, «wohlthätig aus den übrigen Gebäuden hervorragt, auch wenn die Industrie des dortigen Quartiers seit einigen Jahren ihre noch höher ragenden Dampf- und Rußsäulen daneben gestellt hat». Die lustigen malerischen Fachwerkrebhäuschen, welche auf der Büchelschen Zeichnung zu sehen sind, stehen an der heutigen Klybeckstraße.

18 Der Eselturm und der Wasserturm

Wenn wir auch den Eselturm und den Wasserturm in das Kapitel ‹Vor den Toren der Stadt› aufnehmen, dann haben wir uns in die Zeit der ausgangs des 12. Jahrhunderts erweiterten ersten Stadtummauerung zurückzuversetzen. Diese zog sich durch die Birsigtalsohle zum Aeschenschwibbogen und war auf halbem Weg (beim Barfüßerplatz) mit dem Eselturm und dem Wasserturm befestigt. Der Eselturm, der über dem Einlauf des Birsigs stand und durch einen Letzigang mit dem Wasserturm verbunden war, diente den Behörden als Gefängnisturm in Fällen von Ehezwistigkeiten, Ehebruch, Kuppelei, Sittlichkeitsdelikten, leichtfertigem Lebenswandel und von Völlerei und Schlemmerei. Der Stadtgraben vor der unbezwingbaren Wehranlage war nicht, wie sonst üblich, mit Gemüsegärten, Reben und Spalierbäumen oder mit Tiergehegen belegt, sondern war den Webern zum Trocknen der gefärbten Tücher und Seidenstoffe und den Rotgerbern für ihre Einsatzgruben und ‹Stinkstüblein› verpachtet. 1643 wurde ein im sogenannten Rahmengraben stehender runder Turm abgebrochen und die anfallenden 400 Quadersteine zur Erbauung des Schutzes bei Binningen verwendet. 1820 sind auch der Eselturm und der Wasserturm, die beiden gänzlich verwahrlosten Gefangenschaften, niedergelegt worden. An ihrer Stelle war die Errichtung eines neuen Knabenschulhauses geplant. Als dieses dann aber im ehemaligen Spitalgarten am Steinenberg gebaut wurde (heute Verwaltung des Historischen Museums), wuchs 1824 bei der neuen Birsigbrücke das ‹alte› Stadtcasino in die Höhe.

4 Das Spalentor, 1774
Lavierte Federzeichnung von Emanuel Büchel

5   Das Steinentor, 1774
    Lavierte Federzeichnung von Emanuel Büchel

6   Das Leimentor, 1847
    Aquarell von Johann Jakob Schneider

6

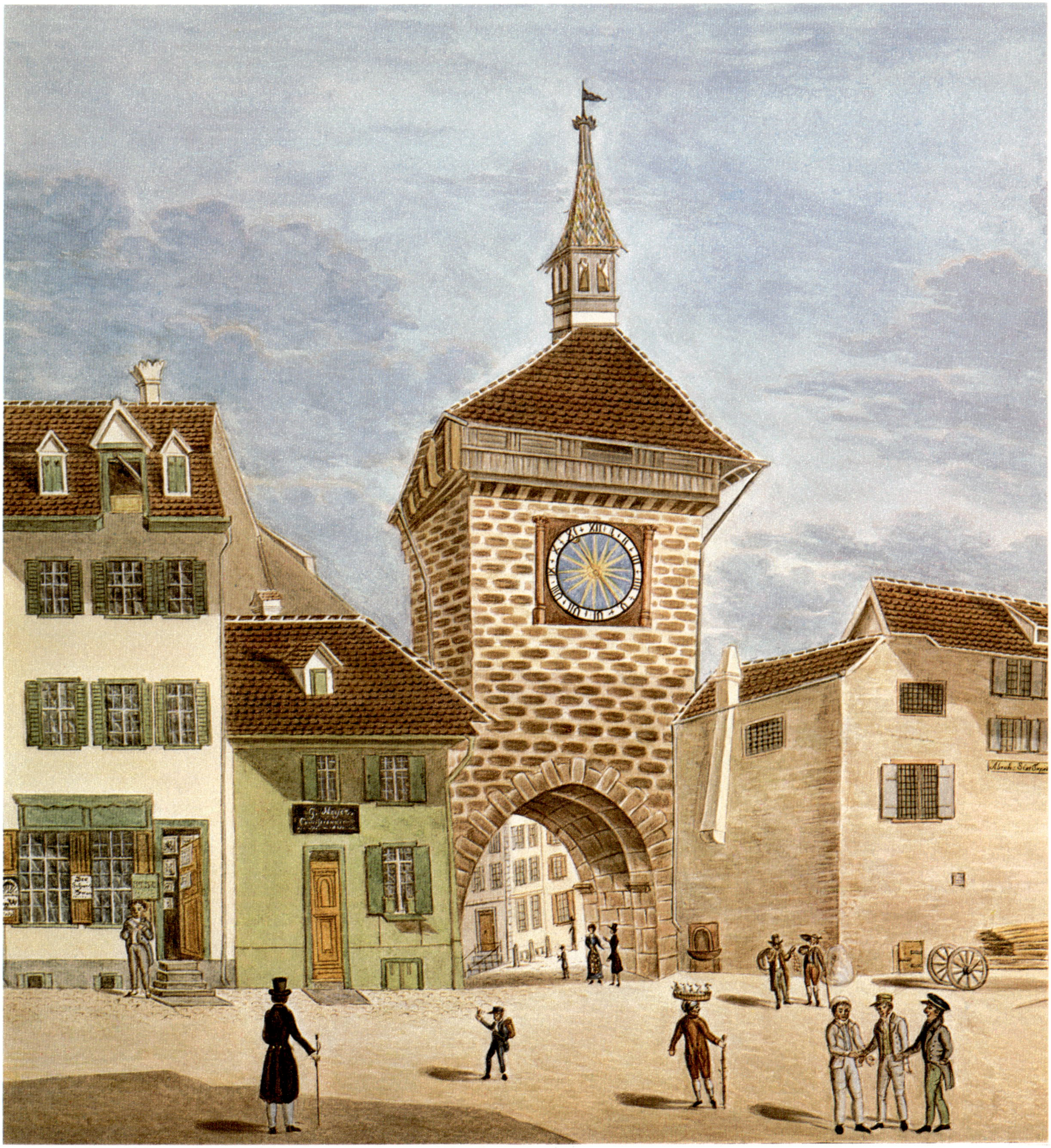

7 Der Spalenschwibbogen, 1827
Aquarell von Peter Toussaint

8 Das St.-Johanns-Tor, 1774
Lavierte Federzeichnung von Emanuel Büchel

9   Das Aeschentor, 1774
    Lavierte Federzeichnung von Emanuel Büchel

10 Der St.-Johanns-Schwibbogen, um 1870
    Aquarellierte Federzeichnung von Anton Winterlin

10

22

11

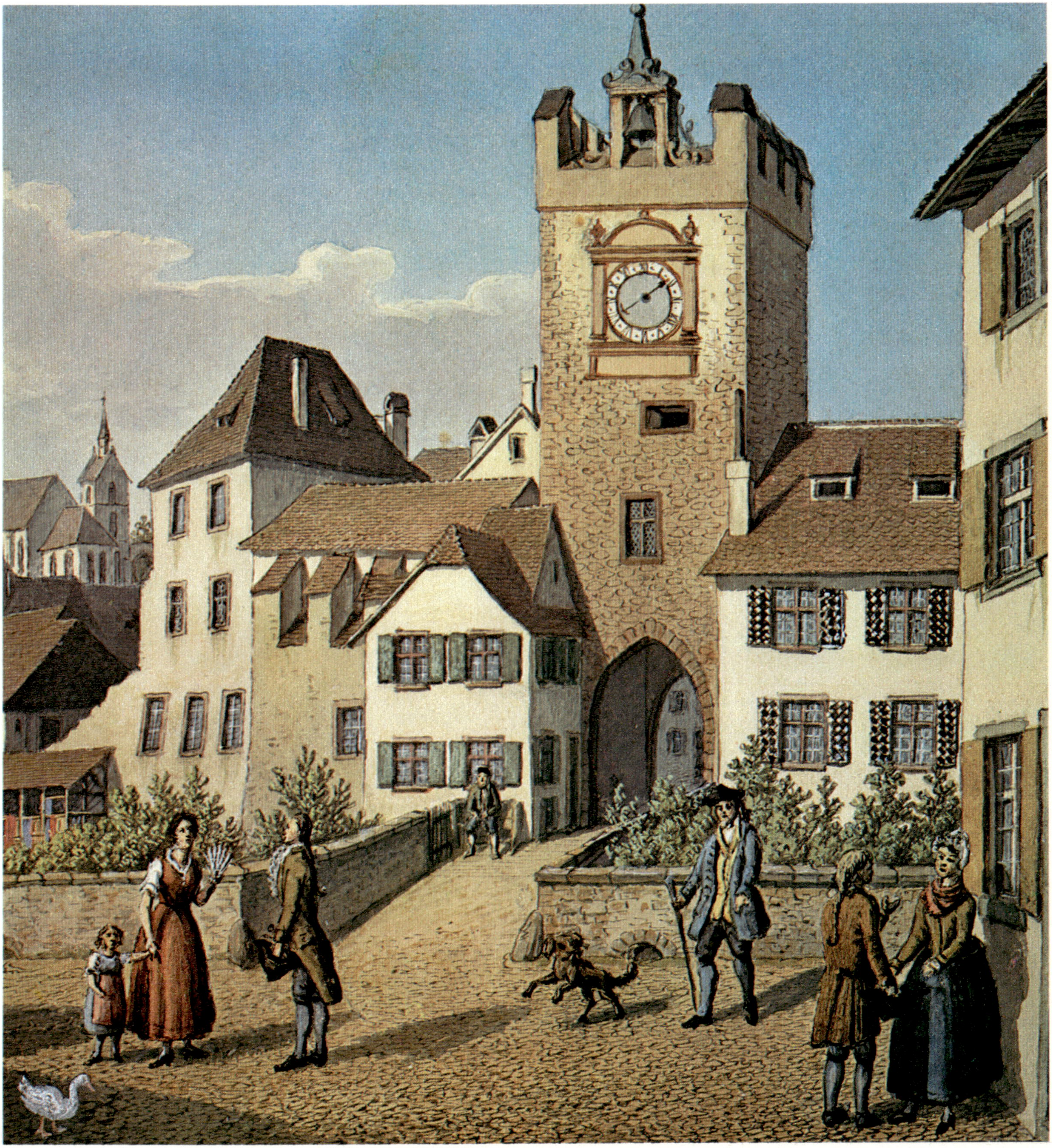

11 Der Aeschenschwibbogen, um 1820
Aquarellkopie von Johann Jakob Schneider

12 Das St.-Alban-Tor, 1774
Lavierte Federzeichnung von Emanuel Büchel

13 Das Riehentor, 1774
Lavierte Federzeichnung von Emanuel Büchel

14 Der St.-Alban-Schwibbogen
Aquarell von Johann Jakob Schneider

14

15

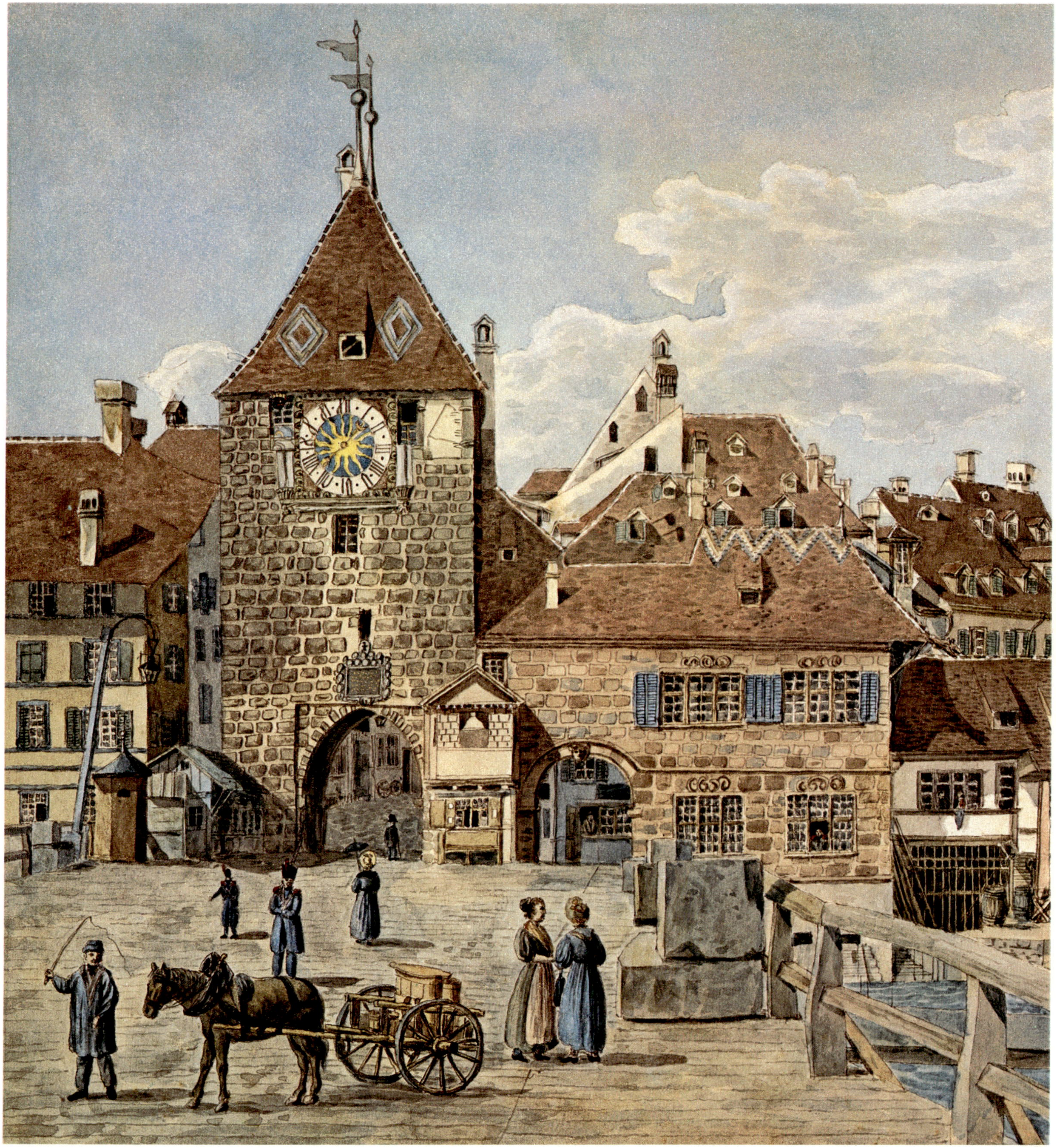

15 Das Rheintor, um 1830
    Aquarell von Achilles Benz

16 Das Bläsitor, 1774
    Lavierte Federzeichnung von Emanuel Büchel

Woher der Name ‹Eselstürmchen›?

«Unten am Steinenberg, zur ältesten Stadtbefestigung gehörend, erhoben sich, nahe beieinander, zwei berüchtigte Türme; der Wasserturm und das Eselstürmchen. Im erstern wurden brutale Ehetyrannen eingesperrt, wenn sie der Obrigkeit viel zu schaffen gaben. Er hieß daher der ‹Bösemännerturm›. Der ‹Böseweiberturm› hingegen, so sagt der Chronist, ist die ganze Stadt, darum er nirgends besonders genennet ist. Der andere Bau war ein Kerker für die zum Tod verurteilten armen Sünder. Eine Folterkammer wird auch damit verbunden gewesen sein, denn der Scharfrichter hatte dort sein Handwerkszeug, wie Daumenschrauben, Zwickzangen, Brenneisen usw. untergebracht. Warum hat nun dieser Turm den sonderbaren Namen Eselstürmchen erhalten? Die einen wollen das Wort vom Namen Etzel herleiten, denn ein Diakon Etzel oder Ezzelin war der Erbauer des Stiftes St. Leonhard (i.J. 1118). Die andern beziehen den Namen auf die Packesel, die mit Proviant für die Geistlichen zu St. Leonhard beständig beim Turm vorbeizogen und dann, mit Kohlensäcken beladen, von den Kohlenstätten, die oben in der Nähe gestanden haben sollen, wieder den Kohlenberg heruntergetrieben wurden. Spreng (1756) leitet den Namen vom Worte Aas ab und sagt, Aas, Aß, Awes, Äsel bedeutet Leiche, und da man die im Kerker steckenden Todeskandidaten auch lebend zu den Rabenäsern zählte, so sei aus Aas- oder Äseltürmchen schließlich ein Eselstürmchen entstanden. Der eigentliche Sinn des Wortes sei somit Totentürmlein, was es auch in der Tat sei. Da alle diese Deutungen gar zu unwahrscheinlich klingen, so sei das Problem von einer andern Seite angepackt: Auf Bildern vom Kornmarkt (Markt- und Richtplatz) aus den Jahren 1651 und 1691 erblicken wir gegen den Brunnen hin neben dem Galgen einen Schandpfahl, das ‹Schäftli›; so genannt nach dem etwas über der Mitte der Säule angebrachten Vorsprung, auf den der Verurteilte gestellt wurde. In der Nähe steht ein weiterer Pranger, der zur Bestrafung von Soldaten der Stadtgarnison diente. Es ist ein langbeiniger hölzerner Esel. Diesen hatte der Delinquent zu besteigen und wurde auf diese Weise dem Gespött der Menge preisgegeben. Solche Bestrafung war der Truppe höchst verhaßt, und einst in einer finstern Nacht wurde der Esel entführt und den Fluten des Rheins übergeben. Doch war bald wieder ein neuer Esel zur Stelle. Nun ist es gut möglich, daß zur Zeit, als das Richthaus sich noch nicht am Kornmarkt befand, der hölzerne Esel vor dem Verbrecherturm unten am Steinenberg seinen Standort hatte. Der Platz paßte für einen Pranger trefflich, vier Straßen schnitten sich dort und die Kaserne war auch nicht weit entfernt. Dazu kommt noch, daß der Turm als Aufbewahrungsort für das Gerät, wenn es nicht im Gebrauche war, gedient haben könnte. So dürfte es also der hölzerne Esel gewesen sein, der dem Eselstürmchen zu seinem Namen verholfen hat.
August Schwarz, 1945.»

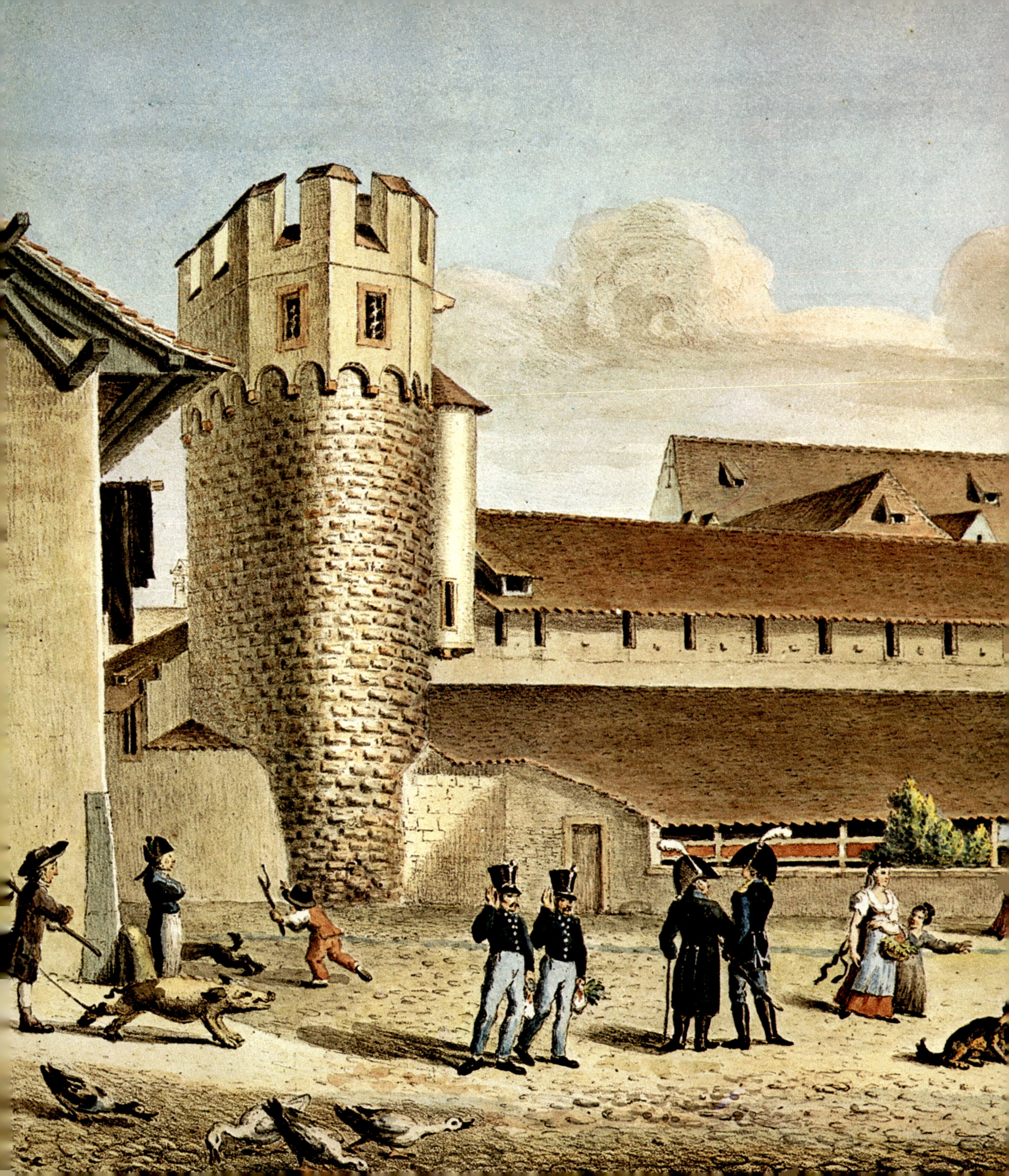

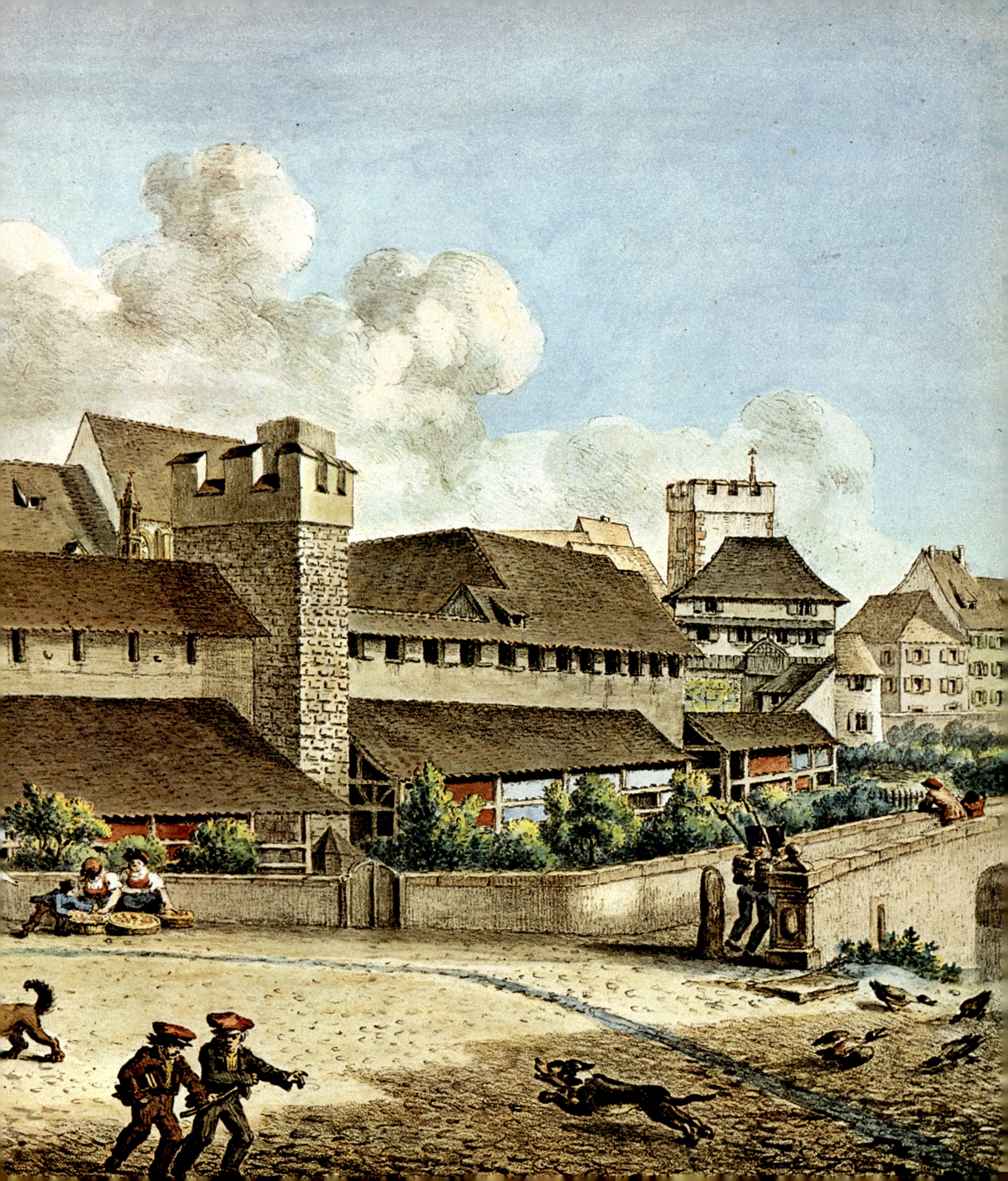

Das Eisenbahntor, um 1860

¹⁹ 1843 beschloß der Basler Große Rat die Weiterführung der Eisenbahn Straßburg–St-Louis nach Basel und den Bau eines Bahnhofes. «Da aber der inwendige Raum zu knapp bemessen war, so mußte die Stadtmauer erweitert werden; ja es wurde sogar ein besonderes Eisenbahntor erstellt, mit mächtigen eisernen Türen, und über den Stadtgräben baute man eine Brücke, über welche der Zug von St. Louis her möglichst majestätisch einherrollte. Das wichtigste war das Tor; war abends der letzte Zug eingetroffen, so wurden die Flügeltüren mit großem Lärm ins Schloß geworfen; es knarrten die Schlüssel und der Bürger konnte beruhigt sein; man konnte ihm in finsterer Nacht keine Lokomotive und keine Eisenbahnzüge stehlen. Der Herr Bürgermeister legte die Schlüssel mit denen der übrigen Stadttore sorgsam unter das Kopfkissen und wußte nun, daß die Stadt wohlbewahrt sei. Auch der Bahnhof, der ringsum vergittert war, wurde nach Eintreffen des letzten Zuges gut abgeschlossen; es gab sogar damals einen sogenannten Bahnhofshund, der zu nachtschlafender Zeit alles bewahren mußte: Wagen, Karren, Kisten und Körbe, sogar den zweibeinigen Nachtwächter, der gewöhnlich um Mitternacht zu schnarchen pflegte, mußte der Bahnhofshund hüten, damit er nicht etwa abhanden komme. Als der definitive französische Bahnhof, der auf dem Platze des jetzigen Zuchthauses stand, eröffnet worden war, geschah das merkwürdige, daß der provisorische hölzerne Bahnhof an der Vogesenstraße draußen plötzlich abbrannte; just als er außer Kurs gesetzt wurde.

Den tiefsten Eindruck machte jedoch der Abbruch des französischen Bahnhofs anfangs der 1860er Jahre; man konnte zuerst gar nicht daran glauben. Lange Zeit füllte man die Gräben zwischen St. Alban- und Aeschentor und beim Steinentor aus; es fielen manche Tore und auch das Fröschenbollwerk; die Steinenschanze, die Wonne der Jugend von anno dazumal, wurde dem Erdboden gleichgemacht. Doch an die Festungswerke beim St. Johannstor getraute man sich nicht; eine Art heilige Scheu warnte die Väter der Stadt davor, die vor kurzem erstellten neuen Mauern schon wieder abzureißen und das stolze Eisenbahntor mit seinen roten Steinen, Zinnen und Treppen zu beseitigen. Es blieb noch lange stehen, zur großen Freude namentlich der Knabenwelt, die dort nach dem Vorbild der Alten ‹Pumpjeh-Musterig› abhielt und von der Höhe des Rondenwegs allerlei Rettungsmanöver vornahm. Nicht immer lief die Sache glatt ab. Zwar die Sprünge in den Graben hinunter hatten, dank der weichen Unterlage, meist keine schlimmen Folgen; aus eigener Anschauung weiß ich noch, daß die Buben jeweilen ihre Kappen vorher in die Tiefe warfen, also gewissermaßen die Schiffe hinter sich verbrannten. Dann blieb ihnen nichts anderes übrig als wohl oder übel zur Kappe hinunter zu springen, getreu dem Dichterwort: ‹Wenn der Mantel fällt, muß der Herzog nach!› Ein Ausweg aus dem Graben wurde nachher immer gefunden; im schlimmsten Falle schlich man bis zum Spalentor hinauf und benützte dort die alte Stege beim ‹Bummehisli›, die den Kundigen das Entrinnen nach dem Petersplatz ermöglichte.
Fritz Amstein, 1918.»
Aquarell von Johann Jakob Schneider

Das Weichbild der Stadt, um 1834

Blick vom Elisabethen-Gottesacker auf die Martinskirche, die Barfüßerkirche, das Stadtcasino und das Münster. Im Hintergrund der Schwarzwald. «In Basel, wie sehr es auch gegen frühere Zeiten an Leben und Bevölkerung verloren, liegt doch noch aller Reichthum und aller Stolz der ganzen Schweiz aufgestapelt, und selbst das aristokratische Bern hat nie mit dem Patrizierthum Basels an Gewalt und Glanz wetteifern können. Stolz und ernst, wie das Münster von Basel, ist anscheinend der Charakter der Einwohner. Wenn man dort durch die stillen Straßen wandelt und im grünen Rheine das Spiegelbild verfolgt, welches die malerisch umher gestreuten Häuser hineingeworfen haben, fühlt man sich von einem träumerischen Quietismus umfangen, der die Atmosphäre der ganzen Stadt zu bilden scheint. Aber wie überall, so macht sich auch gleich der Gegensatz geltend, und mit dem Pietismus und Quietismus contrastirt in dieser Stadt der colossalste Luxus, schimmerndes Wohlleben und prunkender Genuß des Augenblikes. Theodor Mundt, 1839.»
Ölgemälde, vermutlich von Johann Jakob Frey

20

Die Luftmatt, um 1820

21

Das schon 1660 genannte Landgut ‹vor Eschimer Thor außerhalb dem Käppelin gegen St. Jacob› ist von Jeremias Wildt vom Petersplatz, einem der reichsten Männer Basels seiner Zeit, zu einem stattlichen Herrensitz arrondiert worden. Um 1770 war die ungefähr 60 Jucharten haltende ‹Lufft-Matten›, zu der auch die Gundeldingermatte, die Thurneysenmatte, die Riedtmannsmatte und das Hafnermätteli gehörten, mit einem Wohnhaus und dazugehörigem Roßstall und einem Lehenhaus samt Scheunen, zwei Kuhställen und zwei Sodbrunnen überbaut. Ein ernsthaft erwogener Umbau des in seinem Ausmaß relativ bescheidenen Landguts ist während der Ära Wildt unterblieben, «weil niemand ein altes Kleid mit einem Lappen von neuem Tuch flickt».
Nach dem Tod des Bauherrn des schönen spätgotischen Patrizierhauses am Petersplatz fiel das Landgut bei St. Jakob an dessen Tochter, die mit dem kunstsinnigen Handelsmann Daniel Burckhardt, einem Mitbegründer der GGG (Gesellschaft für das Gute und Gemeinnützige), verheiratet war.
Ist das ‹Wildtsche Haus auf der Luftmatte› schon in der ersten Hälfte des 19. Jahrhunderts abgetragen worden, so hat sich «das friedliche Bauerngut mit seinem behäbigen Hof und seinen grünen Matten bis in die jüngste Zeit (1932) unangetastet behaupten können», obwohl die Regierung schon 1917 den Erben von Alfred Merian-Thurneysen vom Andlauerhof am Münsterplatz, der auch über die Landgüter Surinam und Schöntal verfügte, die Aufteilung des von der St.-Jakobs-Straße, der Sevogelstraße, der Engelgasse und des St.-Alban-Rheinwegs begrenzten Luftmattareals erlaubt hatte.
Aquarell eines unbekannten Kleinmeisters

Das Neubad, 1780

Während rund hundert Jahren blühte im Rebgelände vor dem Spalentor ein reges Badeleben. Professor Benedict Staehelin berichtete 1742 seinen Stadtvätern, er habe bei seinen Untersuchungen über die im Vaterlande entspringenden Wasserquellen das Glück gehabt, eine anzutreffen, welche aller Gattung Steine im menschlichen Leib in reines Pulver verwandle und auflöse. Zwanzig Jahre später erhielt Rudolf Mory, der Ziegler zu Binningen, die obrigkeitliche Erlaubnis, die ‹steinzermalmende Quelle zum Nutzen der menschlichen Gesellschaft› auszubeuten und ein Badehaus zu bauen. Und so konnte der Kleinbasler Stadtbote Johann Heinrich Bieler wenige Jahre später berichten: «Im Juny 1768 wurde beim Holee das Neue Bad erstemal geöffnet, welches hernach täglich bis im Oktober von vielen 100 Personen theils aus Curiosität, alda ein Glas Wein getruncken, theils mit Tantzen divertiert. Auch hatten's viele täglich für die Gesundheit besucht und probatum für gut befunden.»
Bis 1857 blieb das Neubad im Besitz der Familie Mory, dann wechselte es unter verschiedenen Malen die Eigentümer. In den 1860er Jahren ließ der Thurgauer Conrad Raas mit großem Aufwand das Bad überholen, worauf wieder viele Gäste angefahren kamen und an heißen Tagen unter den großen Linden, die südlich vom Hauptgebäude wohltuenden Schatten spenden, den kühlen Trunk serviert haben wollten. 1893 übernahm Albert Perottet-Wanner das Neubad, und es verblieb dann während nahezu 70 Jahren Eigentum seiner Familie. Unter ihrer Leitung ist die Badwirtschaft zu einem beliebten Ausflugsziel der Spaziergänger und zum wohlbekannten Festplatz der großbaslerischen Jugendvereine geworden. Während der Fasnacht besuchten die Quartierbewohner mit Vergnügen die Maskenbälle im Neubadsaal, welche der sonst gestrenge Papa Perottet mit Schmiß und Humor veranstaltete; später diente der gemütliche Saal vorübergehend der Abhaltung religiöser Versammlungen.
Als vierzehntes Glied in der Reihe der Neubad-Besitzer haben sich die Bauunternehmer Werner und Ulrich Stamm eingetragen. Sie ließen die Pforten des von ihnen umfassend und mit erlesenem Geschmack renovierten Gasthauses im Spätherbst 1962 wieder öffnen. Um das Heilwasser aber kümmern sich seit Jahren keine Leidenden mehr, dafür jagen Forellen durch die kristallklaren Wasser.
Aquarell von Hieronymus Holzach

Das Burckhardtsche ‹Schlößchen›, um 1880

23 Auf dem an der Ecke des damaligen St.-Alban-Torgrabens und der Hardstraße stadtauswärts gelegenen ehemals Davidschen Grundstück ließ 1873 Alfred Burckhardt-Vonder Mühll (1837–1914) durch den Architekten Gustav Kelterborn ein standesgemäßes Herrschaftshaus errichten. Die im verspielten Stil der Neogotik aufgeführte Villa diente dem Sohn von Bürgermeister Johann Jakob Burckhardt ausschließlich als Wohnhaus, befand sich das Domizil seines Geschäftes, der Rohseidenhandlung und Seidenzwirnerei Koechlin, Burckhardt & Co., doch am Brunngäßlein 24 bzw. am Riehenteichweg 4. Später bewohnten das Burckhardtsche Herrschaftshaus Emilie Merian-Heusler, Esther Sarasin-Merian und Dr. Gustav Küry; heute ist es im Besitz der Immo Hansa AG. Die links anschließende klassizistische Villa (St.-Alban-Anlage 50) hat 1863 Architekt Wilhelm Dejosez im Auftrag seines Schwiegervaters, des Fabrikanten Rudolf Friedrich Hofer-Vortisch, erbaut.
Aquarell von Johann Jakob Schneider

Die Friedrichsche Villa, um 1870

Anstelle eines einfachen einstöckigen Gartenhauses am St.-Alban-Torgraben, das 1854 niedergebrannt und nicht wieder aufgebaut worden war, ließ um 1865 Baumeister Leonhard Friedrich-Hug durch seine Leute ein «mit Schiefer gedecktes Wohngebäude in Mauern mit gewölbtem und geströmtem Souterrain und Keller nebst einem Anbau gegen den Hof ohne Stockwerk» erbauen. Ein Käufer für die großzügige Liegenschaft, die samt einem «Waschhaus mit einseitigem Dach mit Falzziegeln» einen Wert von Fr. 59 200.– aufwies, aber fand der tüchtige Unternehmer erst Anno 1871 in Heinrich Adalbert Mylius und dessen Gattin, Elisabeth Gemuseus. Mylius, angesehenes Mitglied der Geschäftsleitung der Anilinfabrik J. R. Geigy, der auch die Würde des Deutschen Konsuls bekleidete, behagte es im Feudalsitz vor den Toren der Stadt nur wenige Jahre. Schon 1877 bezog Dr. Johann Jakob Burckhardt-Burckhardt (Verhörrichter, Staatsanwalt und Regierungsrat) mit seiner Familie die wohlproportionierte Villa an der St.-Alban-Anlage, welche 1915 dann von seinem Sohn Ernst Otto Burckhardt-Boeringer, Architekt, übernommen wurde. Dieser bewohnte indessen das Haus nicht, sondern veräußerte es 1917 dem Kaufmann Lazar Dreyfus-Salomon, dessen Nachkommen es bis zum Abbruch Anno 1939 verblieb. Die Neuüberbauung des Areals St.-Alban-Anlage 45 erfolgte umgehend durch Architekt Arnold Gfeller.
Aquarell von Johann Jakob Schneider

Das Schlößchen Holee, um 1830

25 Das romantische Schlößchen mit dem markanten Staffelgiebel und dem runden Treppenturm am Fuße des sanften Hügelzugs, der sich von Binningen bis Allschwil erstreckt, erscheint erstmals im Lichte der Geschichtsforschung in Verbindung mit David Joris. Jan van Brügge, wie sich der ‹Erzketzer› und Wiedertäufer aus Delft auch nannte, führte in Basel das Leben eines weltgewandten Edelmannes, dessen sagenhafter Reichtum ihm den Erwerb des Spießhofs am Heuberg, des Hauses zur Trotte am Schützengraben, des Weiherschlosses Binningen, des Schlößchens oberes mittleres Gundeldingen und der Landgüter Holee, Margarethen und des Roten Hauses (heute Schweizerhalle) erlaubten. Auf dem Areal des rund 120 Jucharten haltenden, ursprünglich ganz im Besitz der Dompropstei befindlichen Holeeguts, welches das Gebiet von der Dorenbachbrücke bei Binningen über das Holeeletten bis gegen die Schützenmatte und über den Langen Loh bis gegen Allschwil umfaßte, hatte der baufreudige Niederländer «an statt eines alten Huß ein ander Huß von nuwem puwen lassen».

Nach dem Tod des verkappten Sektenführers Anno 1556, dessen Leiche später exhumiert und auf der Richtstätte vor dem Steinentor öffentlich verbrannt wurde, und dem Zusammenbruch der Joristengemeinde ging die «Behussung und Sitz das Holee genant» über Hans Georg von Brugg, einen Neffen von Joris, Baschi Gullingag und Leonhard Respinger 1605 an den Diepflinger Rudolf Stehelin. Und dieser setzte als Mitbesitzer den französischen Edelmann Constantin de Rocbine, Sieur de Saint-Germain, ein, der durch letztwillige Verfügung zugunsten der Mülhauser französischen Kirche Holee mit 1000 Gulden belastete.

Im Frühjahr 1663 ließ sich Hans Rudolf Faesch im Holee nieder, nachdem er seiner schwachen Stimme wegen des Predigtamts enthoben worden war und fortan mit der Stellung eines Ratsredners und Rathausknechts vorliebnehmen mußte. Ihm folgte 1691 sein Schwager Matthias Ehinger, dessen Nachkommenschaft das Holee bis Anno 1831 verblieb. Die Ehinger bewohnten das Gut allerdings nicht selbst, sondern vermieteten das Schlößchen und ließen die Landwirtschaft durch einen Lehenmann besorgen. Noch erfreute sich während einiger Jahre Nikolaus von Brunn, Pfarrer von St. Martin, der ländlichen Abgeschiedenheit, dann übernahm 1843 Bierbrauer Rudolf Debary das Schlößchen und wandelte es zu einer Bierbrauerei samt Pintenwirtschaft (die als solche bis um 1930 betrieben wurde), und Rudolf Brändlin, Brauer des bekannten Löwenfels-Biers, baute beim Holee gar noch einen kühlen Lagerkeller in den Berg. Durch das Salmenbräu Rheinfelden, welches von 1901 bis 1973 als Besitzer zeichnete, blieb der ehemalige spätmittelalterliche Wohnsitz noch während Jahrzehnten der Bierbrauerei verbunden. Seit 1973 steht das inzwischen von modernen Mehrfamilienhäusern umgebene Holeeschlößchen unter Denkmalschutz.

Miniatur eines unbekannten Kleinmeisters

Das Landgut zum Singer, um 1856

Wo sich heute das vornehme Wohnhaus Karl-Jaspers-Allee 4 erhebt, war bis vor wenigen Jahren ein letzter Hauch der einst typisch baslerischen Landhaus-Romantik spürbar: Noch stand (bis 1974) das Stammhaus des vormaligen Landsitzes zum Singer, ein einfacher vierachsiger Zweckbau inmitten einer prachtvoll angelegten und sorgsam gepflegten Parkanlage, der wohltuend und beruhigend auf seine längst modernisierte Umgebung einwirkte. Die spätere Entwicklung des Landguts läßt sich mit Hieronymus Bernoulli-Respinger (1745–1829), dem kenntnisreichen Naturforscher, der um das Jahr 1820 als Besitzer der Liegenschaft ‹Herdsträßlein 305› erscheint, in Verbindung bringen. 1834 bewirtschaftete der Langenbrucker Martin Singer den in seinem baulichen Kern ins 17. Jahrhundert zurückreichenden Landsitz, der als ältester des Gellertquartiers galt. Carl Vischer-Merian vom Blauen Haus, der den Singer vor 1862 erwarb, erweiterte die alten Gebäulichkeiten am Herdsträßlein mit einem stattlichen spätklassizistischen Herrenhaus (das 1928 dem Altersheim der Basler Frauenzentrale an der Speiserstraße 98 weichen mußte). Den sogenannten alten Singer, der nach dem Bau des neuen Herrenhauses zur Gärtnerwohnung umfunktioniert worden war, erwarb 1924 Architekt Robert Grüninger. Das von ihm mit auserlesenem Geschmack zu ‹einem wahren Bijou› umgestaltete Haus wurde knapp 50 Jahre später, trotz energischem Einspruch von Heimatschutz und Denkmalpflege, neuzeitlichem Wohnraum geopfert. Das elegante spätbarocke Treppengeländer mit reichem Antrittspfosten, das aus der 1919 abgebrochenen Engelmannschen Apotheke an der Ecke Untere Rheingasse und Greifengasse stammte, aber fand durch eine glückliche Fügung wieder den Weg ins Kleinbasel und wird demnächst die Innenausstattung eines reizvoll umgebauten Jahrhundertwendehauses am Unteren Rheinweg eindrücklich verschönern.
Aquarell von Louis Dubois

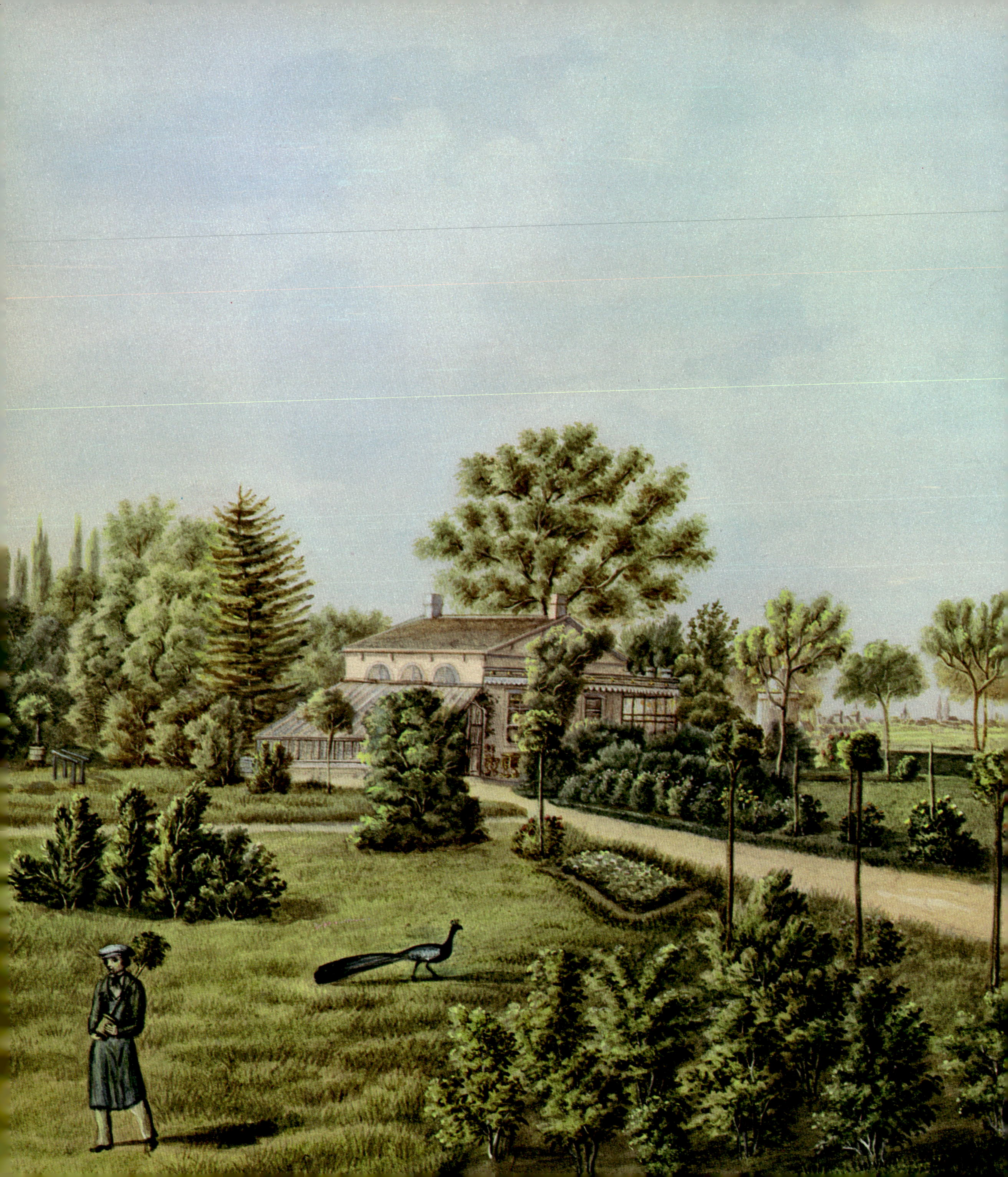

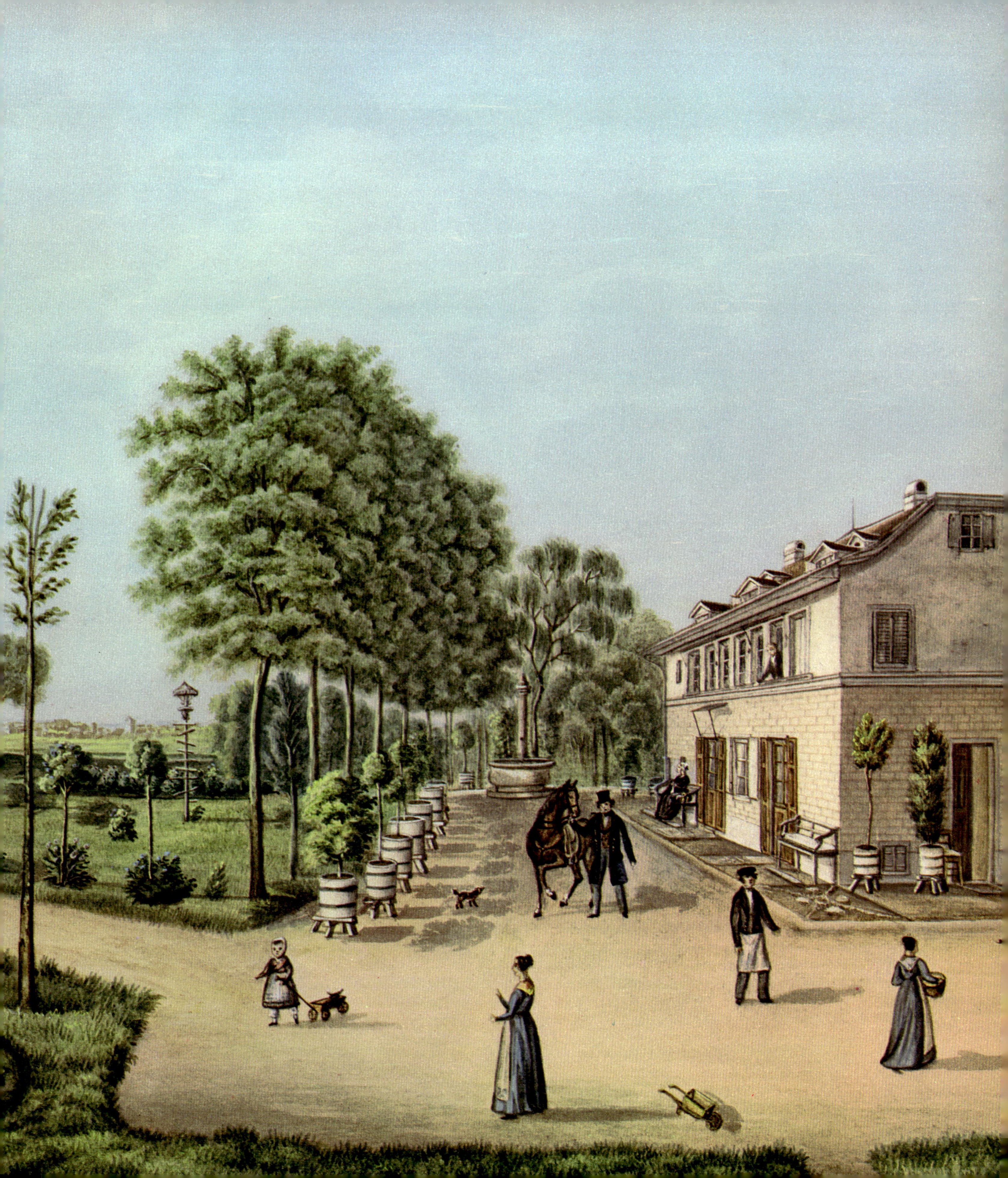

Das Gundeldinger Weiherschlößchen, 1640

28 Das äußerste der vier bei den drei mächtigen Linden und dem steinernen Kreuz an der Straße gegen Münchenstein gelegenen Gundeldinger Schlößchen entstammte dem letzten Jahrzehnt des 14. Jahrhunderts. Es gelangte 1508 in den Besitz des wohlhabenden Jacob Meyer zum Hasen, der für «wygerhuse, geseß, schüren und hoffstatt, gärten, reben, ackern, matten, rütinen, holz und velde, weg und stege mit allem byfang begriffen, ehafften rechten und zugehörungen, genant Großen Gundeldingen» blanke 350 Rheinische Gulden hingelegt hatte. 1529 verkaufte der mächtige Bürgermeister Groß-Gundeldingen, das er durch Zukauf von Land beträchtlich erweitert hatte und mit kunstsinnigem Empfinden dauernd in bestem baulichem Zustand hielt, dem Walliser Jörg Supersaxo. Doch ehe der große Gegenspieler Matthäus Schiners im idyllischen Weiherhaus Wohnsitz nehmen konnte, ereilte ihn der Tod. 1610 wählte Theobald Ryff das Lusthaus in ländlicher Stille zu seiner Sommerresidenz. Seinem Sohn indessen wurde das große Gut zu einer untragbaren Last, so daß er es 1660 dem Juristen Felix Platter vom obern mittlern Gundeldingen verkaufen mußte, auf dessen Grundstück ein kräftiges, eisenhaltiges Mineralwasser aus dem Boden sprudelte. 1704 untersuchte der berühmte Arzt Theodor Zwinger (1658–1724) das Gundeldinger Wasser, von dem schon Thomas Platter (1499–1582) zu berichten wußte; es war geruchlos, klar, trübte sich aber, wenn man es einige Tage stehenließ, färbte das sandige Erdreich leicht hochrot und war spezifisch schwerer als gewöhnliches Wasser. Die Quelle wurde von Tausenden besucht und war noch um 1800 ein Stelldichein der Heilungsuchenden. Das Quellwasser, welches zum Teil in Röhren in die Stadt geleitet wurde, ist trotz ärztlicher Empfehlungen – Zwinger plante den Bau eines Pumpbrunnens – nie gefaßt worden, und um die Mitte des vorigen Jahrhunderts ist es schließlich völlig in Vergessenheit geraten.
Mit dem Aussterben der Platterschen Familie zu Beginn des 18. Jahrhunderts setzte auf Groß-Gundeldingen eine Folge rascher Besitzerwechsel ein, und Bürgermeister Andreas Burckhardt, Rechenrat Jeremias Wildt vom Petersplatz und die Banquiers Isaac Dreyfus Söhne schrieben sich u.a. als weitere Schloßherren zu Gundeldingen ein. Von 1917 bis 1953 diente das charmante Weiherschlößchen noch als Rettungshaus und Mädchenheim der Heilsarmee, dann wurde es im Zuge einer Neuüberbauung (Gundeldingerstraße 446) abgebrochen.
Tuschzeichnung nach einer Radierung von Johann Heinrich Glaser

Das Gundeldingerfeld, um 1840

«Vor uns dehnt sich das weite Gundeldingerfeld, teils mit Obstbäumen bestandene Grasflächen, teils Getreide-, besonders Weizenfelder. Als Fortsetzung der Güter- und Dornacherstraße ziehen sich üble, steinige Karrenwege gegen die Pulverhäuser hinaus bei der alten Reinacherstraße. Die Gundeldingerstraße ist in ihrem äußern Teil eher schmal, aber mit hohen, alten Bäumen bestanden; ein Stück weit, beim ‹Schlößchen›, ist sie von einer immer feuchten, moosbewachsenen Mauer begrenzt, von der die zierlichen Löwenmäulchen zum grün überwucherten Straßengraben herabhängen. Kein Haus außer einem kleinen Pachthof mit schattigem Baumgarten ist weit und breit in der Ebene zu sehen. Scheinbar endlos dehnt sich das Reinacherfeld gegen Süden, wo Himmel und Erde in feinem Dunst zusammenfließen.
Wir steigen den Batterieweg hinan. Der Weg ist rauh und von ungleicher Breite, vom Regen ausgewaschen, an vielen Stellen schmutzig und tief durchfurcht von den Rädern bäuerlicher Fuhren. Rechter Hand wuchert hohes Gestrüpp, mit wohlriechenden Heckenrosen durchsetzt; links geht's an großen, tiefen Tümpeln vorbei, auf deren schmutziggrün oder braun schimmerndem Wasser allerhand Getier sein Wesen hat; etwa ein Fröschlein quakt verschlafen oder springt in die rettende Flut. Diese ‹Weiher› sind ein beliebter Aufenthaltsort der Gundeldingerjugend. Weiter oben zeigt sich links vom Weg auf Grasboden eine Ruhebank; sie ist im Viereck um einen Kirschbaum herumgezimmert. Wir gehen vorbei. Der Weg tritt in einen Einschnitt wie ein Hohlweg; rechts über ihm ist eine zweite aussichtsreiche Bank zu sehen. Ich laufe links hoch über dem Hohlweg; da wachsen in Abständen mehrere Heckenrosenbüsche mit ihrem herbholden Geruche, aus denen im Spätjahr die roten ‹Hagenbutten› hervorleuchten. Der Weizen steht schon in Halmen, die Ähren sind zwar noch grün und neigen sich kaum. Drüben am Hügel werden ‹Heuschöchlein› gemacht, damit zeitig geladen und eingefahren werden kann. Frauen und Mädchen regen die fleißigen, braunen Arme mit den weißen, kurzen Leinenärmeln. Tiefer Friede ringsum! Die sich bewegenden Gestalten der Arbeitenden, etwas weiter zurück zwei mächtige dichtbelaubte Bäume auf der Kuppe der Erdwelle, heben sich so schön vom lichten Horizont ab, daß ich – unbewußt, wie Kinder die Natur genießen – meine Freude daran habe, stillzustehen, um nur recht lange das Bild betrachten zu können. Man glaube ja nicht, Kinder hätten keinen Natursinn, keine Augen für das Malerische eines Landschaftsbildes! D. Scheurer, 1915.»
Kreidelithographie von Georges Danzer

Vorstadtlandschaft, um 1820

30 «Als Spaziergänge sind zum empfehlen: In der Stadt selbst: Pfalz am Rhein beim Münster mit hübscher Fernsicht, der Harzgraben am Rhein bei dem Albanschwibbogen. Wälle: die St. Albanschanze und Thal, die Elisabethenschanze, St. Leonhards- und Petersschanze beim St. Petersplatz, Rheinschanze und Todtentanz. Spaziergänge zunächst vor der Stadt: Vom Spahlenthor zur Schützenmatte (wo Freunde der Schützenkunst sich vom April bis October täglich üben können). Vom Steinenthor längs dem Birsigbache im Lustwäldchen bis Binningen oder zum Margarethenhügel (eine kleine halbe Stunde, schöne Aussicht, besonders beim Abend, Lustwäldchen); wer noch eine halbe Stunde weiter bis zur Batterie und zwar nicht sehr mühsam steigen will, hat eine noch viel herrlichere Aussicht zu genießen. Vom Aeschenthor bis zum Monument von St. Jacob beim Sommercasino, von wo eine Straße gegen die Gundeldingen (Lustwäldchen eine halbe Stunde von Basel, mehr des Morgens zu besuchen) und nach dem schöngelegenen Mönchenstein, eine andere nach St. Jacob führt. Vom St. Albanthore längs dem Birscanal oder auf dem obern Wege ebenfalls nach St. Jacob. Vom Riehentor längs dem Rhein gegen das Grenzacher Horn oder längs dem Mühlteich zur Wiese, wo ebenfalls Lustwäldchen. Von dem St. Blasienthor nach Kleinhüningen oder zum Neuenhause (woselbst eine hübsche Fernaussicht vom ersten Stocke) und ebenfalls Lustwäldchen. Alle diese Orte können in einer halben Stunde erreicht werden. In der Entfernung einer Stunde findet man in den Dörfern Weil, Grenzach, Mönchenstein, Arlesheim, Muttenz, Sonntags meist immer Gesellschaft, ebenso auf der Leopoldshöhe, dem ersten badischen Grenzzollamte, St. Crischona 1½ St.» (1840)
Kolorierte Umrißradierung von Johann Jakob Biedermann

Birs und St.-Alban-Teich zwischen Brüglingen und St. Jakob, 1746

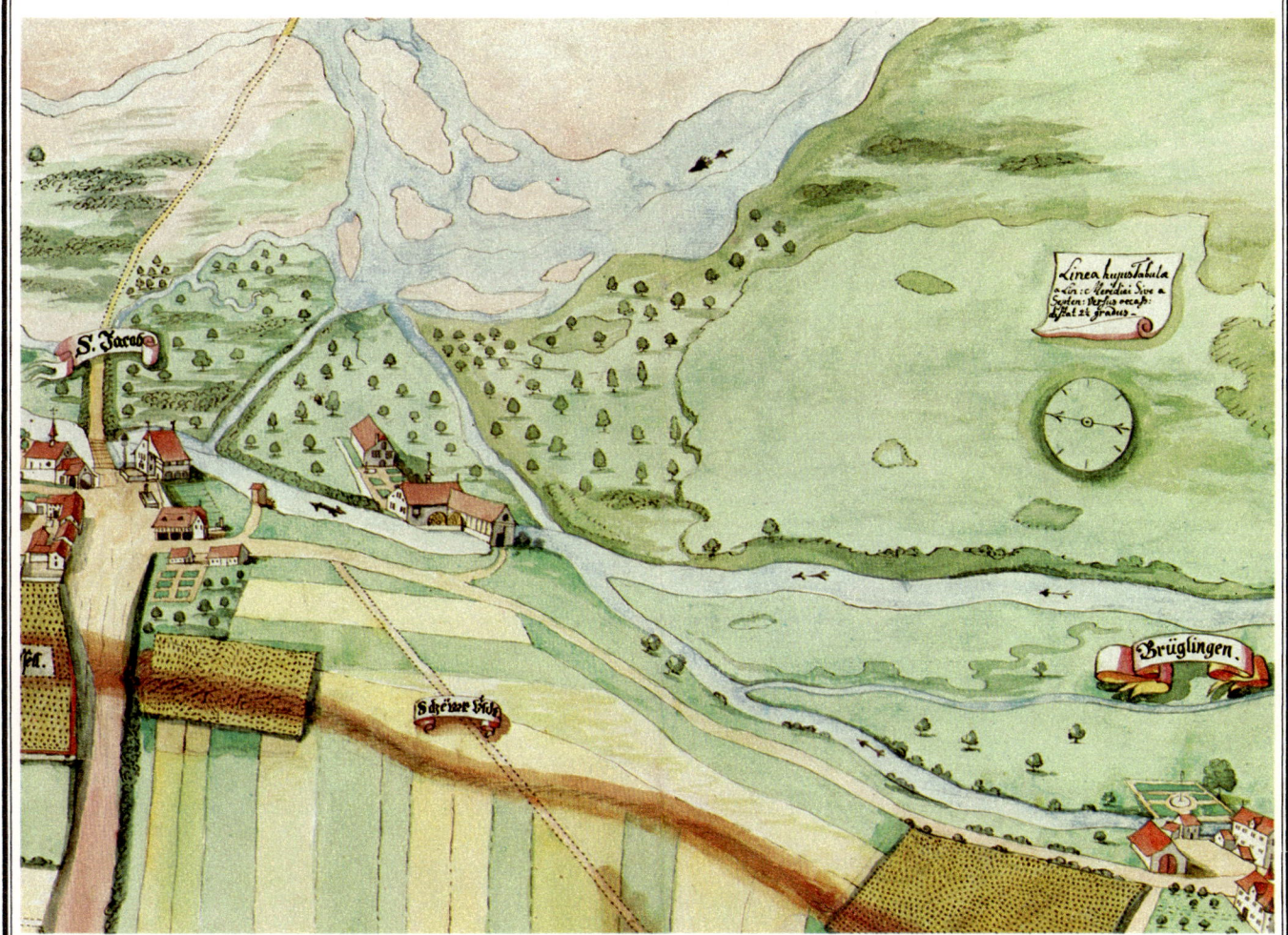

«Die Birs entspringt im Jura, am Fuße des Felsen Pierre Pertuis, in einer Höhe von 2370′ über dem Meere, durchströmt das Münsterthal, Delsperger- und Lauffenthal, nimmt deren Bäche auf, und ergießt sich nach circa 14stündigem Laufe, ¼ Stunde über Basel, in den Rhein. Bei der Schneeschmelze und anhaltendem Regen läuft sie bisweilen stark an, und sezt die Niederungen an ihren Ufern unter Wasser. Das Wasser ist bei der Quelle sehr mild. Zum Waschen ist es nicht gut brauchbar, weil es sich nicht gerne mit der Seife vermischen läßt, zum Färben dient es ebenfalls wegen seiner Rauhigkeit nicht, und der Sand obwohl fein läßt sich wegen seiner schlammigen Bestandtheile nicht zum Mörtel mengen. Den größten Nuzen gewährt dieser Fluß Basel durch einen Canal, den sogenannten St. Albanteich, welcher 1 Stunde von der Stadt, 29 hoch über der Birsmündung gefaßt und nach der Stadt geleitet wird. Dieser Canal ist uralt. Schon im 11. Jahrhundert muß einer da gewesen sein, 1310–1330 wurde er bei St. Jakob gefaßt, und endlich 1624 der jezige angelegt. Er trieb erst nur die 12 Mühlen des Klosters St. Alban, doch kamen nach und nach noch andre Gewerbe dazu, und jezt treibt er 34 Räder.»
(1841)
Aquarellierter Situationsplan

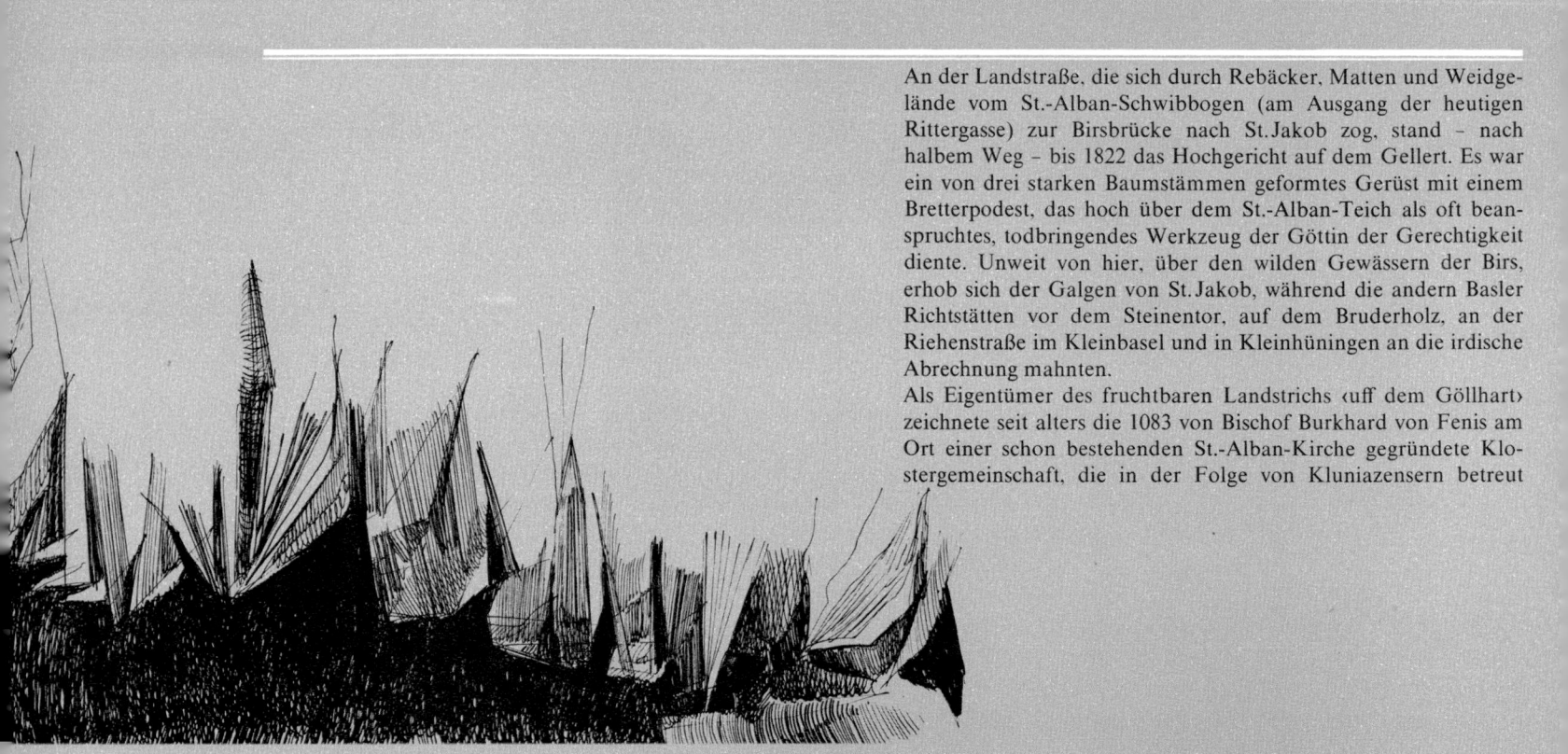

Das Hochgericht auf dem Gellert

An der Landstraße, die sich durch Rebäcker, Matten und Weidegelände vom St.-Alban-Schwibbogen (am Ausgang der heutigen Rittergasse) zur Birsbrücke nach St. Jakob zog, stand – nach halbem Weg – bis 1822 das Hochgericht auf dem Gellert. Es war ein von drei starken Baumstämmen geformtes Gerüst mit einem Bretterpodest, das hoch über dem St.-Alban-Teich als oft beanspruchtes, todbringendes Werkzeug der Göttin der Gerechtigkeit diente. Unweit von hier, über den wilden Gewässern der Birs, erhob sich der Galgen von St. Jakob, während die andern Basler Richtstätten vor dem Steinentor, auf dem Bruderholz, an der Riehenstraße im Kleinbasel und in Kleinhüningen an die irdische Abrechnung mahnten.

Als Eigentümer des fruchtbaren Landstrichs ‹uff dem Göllhart› zeichnete seit alters die 1083 von Bischof Burkhard von Fenis am Ort einer schon bestehenden St.-Alban-Kirche gegründete Klostergemeinschaft, die in der Folge von Kluniazensern betreut wurde. Daß die frommen Mönche in der zweiten Hälfte des 14. Jahrhunderts keine Begeisterung zeigten, auf Geheiß von Bürgermeister und Rat den zerfallenen Galgen in ihrem ‹Hoheitsgebiet› wieder aufzurichten, mag verständlich erscheinen. Wie unpassend hätte das makabre Zeugnis menschlicher Sündigkeit die friedvolle Landschaft durchbrechen und den von einer einfachen Feldkapelle akzentuierten Auslauf zu gottergebener Meditation und für feierliche Prozessionen verletzen müssen. Prior Theobald von Villars-la-Combe (1363–1373) wandte sich deshalb mit einem scharfen Protest gegen die Obrigkeit, die den Galgen, der «vor vil Ziten zem heilgen Crütze uff dem Lusbule (Lysbüchel) an einer offenen Straße stunt», vor den St.-Alban-Schwibbogen verlegen wollte. Es sei für «unser Gotzhus, unsern Gütern und ouch den Burgern ze Basel, die da Güter hant, gar schedelich», zu St. Alban wieder einen Galgen, sei er aus Stein oder aus Holz, zu bauen. Noch rief der wortgewaltige Sprecher des Konvents aus, die Ratsherren sollten «üwer Selen und üwer ewige Seligkeit bedenken und das jüngste Gericht, so ein jegklich Mönsch, si sin bös oder gut, ze Gerichte stan mus», doch die Obrigkeit blieb standhaft und ließ sich von ihrer Verfügung nicht mehr abbringen.

Die Unnachgiebigkeit des Rats gegenüber den Mönchen zu St. Alban wurde schließlich noch durch die Anlage eines auffallend stattlichen Galgengerüsts, an dem im selben Zug bis zu neun ‹Verbrecher› vom Leben zum Tod gebracht werden konnten, unterstrichen. So rückte der im Bereich der Bannmeile gelegene Galgen auf dem Gellert zur eigentlichen Großbasler Hauptrichtstätte für zum Tode durch Erhängen, Enthaupten oder Rädern Verurteilte auf; manch tragisches Schicksal sollte fortan beim Kreuzstein nach St. Jakob, an der Grenze der Rechtshoheit, unbarmherzige Erlösung finden ...

Die Todesstrafe wurde, vornehmlich im mittelalterlichen Basel, mit einer Bedenkenlosigkeit gesprochen, die uns heute erschaudern läßt. Kaum ein Jahr verging, ohne daß sich die Bevölkerung nicht an öffentlichen Hinrichtungen weiden konnte. Menschliches Leben galt wenig, wenn es zur Sicherheit der Bürgerschaft herhalten mußte. Deshalb wurden besonders einfache Leute, wie Untertane, Arbeitslose, Landstreicher und Bettler, mit brutalster Härte angefaßt. Angehörigen der Kaufmannschaft, des Gewerbes und der Wissenschaft dagegen gewährte man größte Milde und ließ es bei Geldstrafen oder Verbannung bewenden. Daß die Obrigkeit mit aller Strenge um Ruhe und Ordnung in der Stadt besorgt war, ist allerdings bis zu einem gewissen Maß verständlich. Basel, als pulsierender Mittelpunkt des Handels und des Verkehrs, zog magnetisch dubiose Gestalten und Räuberbanden an, die sich beidseits des Rheins reiche Beute versprachen. Trotz Türmen, Mauern und Toren war es nicht möglich, die Stadt hermetisch abzuschließen, so daß gerissene Verbrecher oft entweichen konnten. Auch aus diesem Grunde verhängte die Obrigkeit für relativ harmlose Vergehen demonstrativ die Todesstrafe. Bei den Stadttoren montierte Körperteile von Gevierteilten, auf hohe Stangen gesteckte Köpfe von Enthaupteten oder an Galgen hängengelassene Leichname sollten Einheimische wie Fremde mit Abscheu erfüllen und lichtscheues Gesindel von Schandtaten abhalten.

Daß bei der regen Beanspruchung des Galgens das Henkergerüst gelegentlich Abnützungserscheinungen aufwies, verwundert nicht. Das Ratsprotokoll von 1719 gibt darüber Auskunft: «Die letzmahlige Aufrichtung des Hochgerichts vor St. Alban Thor ist den 19. Aprilis 1694 durch das Lohnambt (Baudepartement) beschehen. Also, daß nachdeme die Hölzer und alles andere darzu nöthige in Bereitschafft und fertig gewesen, die Lohnamts-Bediente und Arbeiter sich in der Ordnung der Procession mit einem klingenden Spihl an den Ortt des Hochgerichts hinauß begeben, die Aufrichtung verrichtet und nach der Hand sammenthafft widerumb in vorgemelter Procession in die Statt hinein und auf die Metzgerstuben gezogen, woselbsten sie mit einem Nachtessen, darzu der Wein auß dem Herrenkeller hergegeben, regalirt worden.»

1821 «richtete eine beträchtliche Anzahl Güter Besitzer vor dem St. Alban Thor» das Gesuch an den Rat, es möchte das Hochgericht auf dem Gellert abgetragen werden. Diesem Begehren stimmten die Stadtväter ohne Einwand umgehend zu. Eine gewisse Unsicherheit herrschte einzig bei der Vergebung der Abbrucharbeiten, da sich sowohl Scharfrichter Peter Mengis, der am 4. August 1819 die letzte Hinrichtung in Basel vollzogen hatte, wie der ‹unter dem Nahmen Galgenhans› bekannte Lehenmann Johannes Knecht um den Auftrag bewarben. Galgenhans anerbot sich, die Arbeit gegen Fr. 400.– zu übernehmen, ‹Exekutor› Mengis dagegen offerierte einen Preis von Fr. 600.–, da die Wegschaffung «zwey Spitzhämmer, zwey Bickel, zwey Hauen, zwey Hebeysen, zwey Schaufflen, ein par Kaltmaysel, ein Eisenschlegel sowie ein par Schubkärren» erfordere. Das günstigere Angebot fand schließlich Annahme, so daß Knecht im Januar 1822 «die drey Säulen dieses Hochgerichts nebst der darumstehenden Mauer» abtragen und die anfallenden Steine auf die äußere Birsfelder Matte führen konnte.

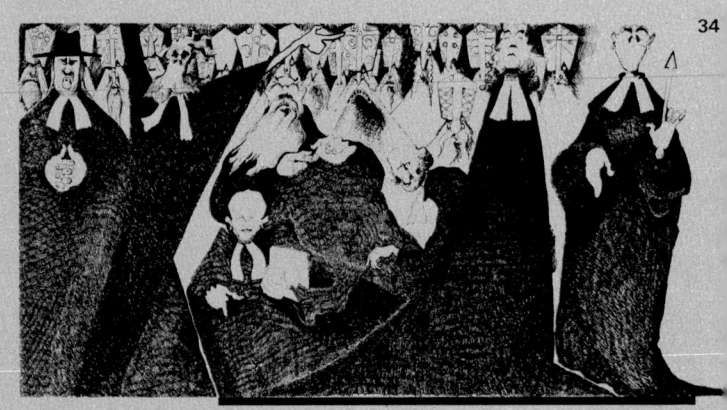

Mit der Liquidation der blutbefleckten Stätte war der Weg der Landspekulation geebnet. Das begehrte Rebgelände vor dem St. Alban-Tor, auf dem 1643 das erste Rebhäuslein nachgewiesen ist, rückte zur vornehmen Bauzone wohlhabender Bürger auf. Schon 1858 meldeten nicht weniger als 82 Interessenten ihre Absicht an, sich auf dem ‹Göllhart› (= gelichtete Hard) niederzulassen. 1910 wohnten bereits gegen 4000 Leute auf dem Gellert, und heute sind es über 12 000 Personen, denen der ehemalige Grund und Boden der Kluniazenser zu St. Alban zum engeren Lebensbereich geworden ist. Aber nur wenige wissen, daß beim Verbindungsbahneinschnitt an der Gellertstraße unzählige arme Seelen unter dem gnädigen Beistand eines ‹Brüderleins›, so nannte man die mönchischen Beichtväter, durch des Henkers Hand der Allmacht Gottes übergeben wurden ...

Federzeichnungen von Martin H. Burckhardt, 1973

Der Letziturm, um 1900

Am 8. Januar 1844 ereignete sich im Letziturm im St.-Alban-Tal ein schweres Unglück: «In dem Thurme der Stadtmauer befand sich ein Gemach, das dem 60jährigen Jakob Frehnder, Papierer, hauptsächlich zu seiner Schlafstätte diente. Derselbe wollte sich in jener Unglücksnacht ein Paar Amadischen (Pulswärmer) färben und zündete deßwegen in seinem Schlafgemach Kohlen an, auf welchen er Blauholz kochte. Ehe nun die Kohlen gelöscht waren, legte er sich zu Bette; durch den starken Kohlendampf kam er dem Ersticken nahe, so daß er kläglich um Hülfe rief. Auf seinen Hülferuf eilten mehrere Personen herbei. Da die Thüre verschlossen war, wurde sie aufgesprengt. Frehnder, der bereits fast bewußtlos war, wurde aus dem Bett herausgenommen und an die Luft gebracht, und nachdem er sich bald darauf etwas erholt hatte, wieder in's Bett gelegt. Wie es nun bei solchen Anlässen geht, so geschah es auch hier, die Zahl der Herbeieilenden wurde immer größer. Das Gemach des Frehnders füllte sich endlich mit 10 Personen an. Mit diesen brach nun plötzlich der Boden ein und alle stürzten, ehe sie auch nur einen Gedanken zur Rettung fassen konnten, in die Tiefe des Thurmes herab, in dessen Mitte sich ein Sodbrunnen befindet. Joseph Häfelfinger, der sein einziges Kind unter den Herabgestürzten wußte, war der erste, und zuerst der einzige, der sich mit treuer Hülfeleistung andrer an einem Seile in die Tiefe des Thurmes herabließ und seinem edeln Muthe ist es nächst Gottes rettender Hand hauptsächlich zu verdanken, daß Frau Wahl, Johannes Heiniger, Friedrich Heid und Rosina Keller, von welchen die beiden erstern einige Zeit in augenscheinlichster Todesgefahr waren, noch konnten gerettet werden. Franz Wahl und Margreth Häfelfinger waren todt, die übrigen mehr oder weniger verletzt.

Photo Emil Lotz

Härdöpfelmärt im Gundeli, um 1910

37 «Gundeldingen ist eine alte alemannische Niederlassung der Sippe des Gundolt. Wir treffen den Namen zum ersten Mal in einer Urkunde vom Jahre 1194 des Klosters Beinwil, welches hier Grundbesitz hatte. Die vier Weierhäuser, Groß-Gundeldingen und die drei kleinen Gundeldingen, bestanden alle schon im 14. Jahrhundert. Zurzeit (1924) ist das Gundeldinger-Quartier ungefähr 50 Jahre alt. 1862 finden wir außerhalb der Bahnhofanlage sieben Straßen mit zirka 30 Häusern, worunter den Schnurrenweg, heute Hochstraße, und den Erdbeergraben, heute Güterstraße. Heute sind es zirka 20 Straßen mit ungefähr 1500 Häusern, begrenzt von dem Birsigtal im Westen, von der Dreispitzanlage im Osten. Die etwas sehr regelmäßige Anlage des Straßennetzes ist auf einen Vertrag von 1874 zurückzuführen, den die süddeutsche Immobilien-Gesellschaft in Mainz mit der Stadt Basel abschloß zwecks Verwertung von 130 Jucharten Bauland, die sie von sechs Grundbesitzern erworben hatte. Es gab eine Zeit, da man Gundeldingen das ‹Mainzer Quartier› nannte und eine Straße den Namen ‹Mainzerstraße› erhalten sollte.

Heute ist das Bauland beinahe erschöpft. Es sind aber zwei Schulhäuser zu unserer Verfügung und zwei Postbureaux. Wir haben sogar ein Kasino, eine Maschinenfabrik, und eine Bierbrauerei. Die katholische Kirche ist gebaut; eine reformierte harrt ihrer Erstellung. Das Elektrizitätswerk hat uns mit einem großen Neubau beglückt und zwei hübsche Anlagen sind in dem Häuserkomplex ausgespart. Noch erinnert der ‹Festhügel› an die weihevollen Tage des Festspiels von 1892 und der Margarethenabhang an dasjenige von 1901. Die Zeit ist allerdings vorbei, wo das heimatlose ‹Fozzel-Dorli› in einer Höhle des Schlößligutes, in der Nähe des Pumpwerks beim Jakobsbergerhölzli, sein Wesen treiben konnte; aber noch immer haben wir die gute Luft von der Bruderholzhöhe aus erster Hand. Die Gundelinger verstehen es immer noch, zusammenzuhalten, wenn sie in irgend einer Quartierangelegenheit von der Regierung sich vernachlässigt glauben. Und wenn wir der heranwachsenden Jugend im Quartier und unterwegs nach der Stadt zuhören, so tönt es unentwegt fröhlich und mit einem gewissen Stolz: ‹Wo gohsch in d'Schuel?› ‹In's Gundeli.› ‹Wo bisch dehaim?› ‹Im Gundeli.›»

Repro Peter Rudin

Der Schneidersche Bauernhof, um 1925

Bis 1937 stand an der Burgfelderstraße 116, inmitten des gegen die Friedmatt gelegenen alten Obstgartens, das Schneidersche Bauerngut als letzter selbständiger Landwirtschaftsbetrieb im Stadtbann. Wohnhaus und Ökonomiegebäude waren so baufällig geworden, daß eine Renovation sich bei der geplanten Erweiterung des Straßennetzes nicht mehr lohnte, weshalb beide dem Abbruch verfielen. Damit war, nach der Auflösung des andern Schneiderschen Gutes (im Gebiet zwischen der heutigen Largitzenstraße und der Glaserbergstraße), innert kurzer Zeit das zweite bäuerliche Anwesen in jener Gegend aus dem baslerischen Stadtbild verschwunden. Beide Höfe waren um 1790 vom Langenbrucker Heinrich Schneider-Hänger erworben worden, der sie seinen Söhnen Heinrich und Martin vererbte. Diese betrieben die Güter mit unterschiedlichem Glück, weil ein großer Teil des Grundbesitzes auf Elsässer Boden lag, was besonders während des Ersten Weltkriegs zu großen Schwierigkeiten führte. Für ihre vorzüglichen Milchprodukte bekannt, hatten die Schneiders jedoch nie Mühe, in der Stadt dankbare Kunden zu finden. 1937 «nahm mit schwerem Herzen der letzte lebende Besitzer Abschied von der väterlichen Scholle, die ihm trotz den gewaltigen Veränderungen, welche die nähere und weitere Umgebung des Bauerngutes durchgemacht hat, lieb und teuer geblieben ist».
Photo Bernhard Wolf

38

Heinrich Heitz (1750–1835), einer alten Basler Kunsthandwerkerfamilie entstammend, ist der informierten Nachwelt in erster Linie als begabter Holzschneider bekannt, dessen zahlreiche Holzschnitte von Verlegern bedeutender Werke sehr begehrt waren. In seiner Freizeit stellte er auch des öftern seine Qualitäten als Zeichner wie als aufmerksamer Landschaftsmaler unter Beweis.

39

DIE S. PETERS SCHANTZ IN BASEL

Das Basler Staatsarchiv verwahrt eine Serie von kleinen, im klassizistischen Stil komponierten Aquarelllandschaften von Heinrich Heitz, bei denen immer anmutig die Beschaulichkeit im Vordergrund steht. So auf der Petersschanze einen sich der Lektüre hingebenden Herrn, im Neubad zwei Erholungsuchende, im Stadtgraben sich tummelndes Rotwild, bei St. Jakob einen vom Predikanten bewillkommneten Wandersmann und beim Birsfall in Dornach einen Salmenfischer.

Das Lettengut, 1883

44

Auf dem Areal der nachmaligen Hausnummer 95 der Neubadstraße, welche damals vom Bahnübergang Schützenmattstraße bis zur Holeestraße führte und nur von drei Liegenschaften flankiert war, lag bis zur Mitte der 1940er Jahre das hablische Lettengut des Bürgerspitals. Der zum Landwirtschaftsbetrieb gehörende ausgedehnte ‹Spitalgarten› zog sich weit gegen den heutigen Bernerring hinaus. 1861 wiesen die Gebäulichkeiten des Gutshofes einen Wert von Fr. 54 000.– aus und umfaßten neben dem Wohn- und Ökonomiegebäude eine Scheune mit Stallung, einen Anbau, ‹worin Backstube und Schweineställe›, einen Anhangschopf in Holz und einen Milchkeller. 1904 forderte der Ausbau der Neubadstraße eine erste Dezimierung der prachtvollen Baumallee. «An Stelle dieser Bäume kommt auf der rechten Seite, 4 Meter zurücktretend, eine Reihe junger Bäumchen. Der Streifen zwischen der Straßenlinie und der Allee wird als Weg für Fußgänger hergerichtet. An der Einmündung der Straße in den Bundesplatz sind an den Seiten gärtnerische Anlagen angebracht.» Auch nach der Stillegung der Bewirtschaftung in den beginnenden 1920er Jahren verlieh der Lettenhof der Umgebung immer noch währschaften ländlichen Charakter, der erst mit dem Bau der Allerheiligenkirche (1951 eingeweiht) endgültig verblaßte.
Aquarell von Johann Jakob Schneider

Die Kleinbasler Waschanstalt, 1874

In der Absicht, auch im Kleinbasel eine Bad- und Waschanstalt zu errichten, erwarb 1878 die 1865 gegründete Kommission der öffentlichen Bad- und Waschanstalt unter der Ägide Gottlieb Burckhardt-Alioths von J. R. Geigy ein Stück Land beim Mattweg am Riehenteich. Hier schrubbten, klopften und schwenkten in der Folge die Kleinbasler Frauen ihre Wäsche, nachdem solches bis in der 1824 in der vom Bauamt erstellten Badanstalt unterhalb der Schorenbrücke geschehen war. Daß beim Trocknen der Kleidungsstücke moralisches Mißbehagen zum Ausdruck kam, überrascht nicht wenig. Doch die Drei Ehrengesellschaften Kleinbasels, Wächter von Traditionen und guten Sitten, empörten sich wirklich wegen solcher ‹Vorfälle›: «Das Auge der Vorübergehenden wird durch die skandalöse Mannigfaltigkeit der waschenden und trocknenden Gegenstände beleidigt und selbst das Zartgefühl und die Sittlichkeit besonders der Kinder etwas stark in Anspruch genommen.» Zwei der 37 Lohnwäscherinnen jener Zeit, Witwe Schmidt-Bantlin und Witwe Strobel-Heinzelmann, bewohnten das letzte auf dem Bild sichtbare Haus am Riehenteichweg. Rechts im Hintergrund das Le Grandsche Rebhäuslein an der Riehenstraße.
Aquarell von Johann Jakob Schneider

Pfarrer Hieronymus d'Annone (1697–1770) hat den schweren Beruf der Wäscherinnen mit großer innerer Anteilnahme zu einem geistlichen Epilog gerundet:

Möchten doch die Wäscherinnen
Bei der Arbeit Gutes sinnen!
O, sie trügen mit dem Lohn
Auch die Himmelsfrucht davon.

Wir armen Weiber haben nun
Mit unsrer Wäsche viel zu tun.
Der Leib empfind't's, wir werden matt;
Wohl dem, der Gott im Herzen hat!

Das Zeug, das man jetzt säubern soll,
Ist schwarz und freilich unratsvoll.
So sind wir alle von Natur:
Wie nötig wär' auch uns die Kur.

Nun waschen wir es schön und weiß;
Doch macht ihm erst die Lauge heiß:
Sie dringt durch jedes Fädelein
Und baucht's von Ruß und Flecken rein.

Die Lauge, die uns beizen muß,
Heißt insgemein die wahre Buß',
Wo Gottes Zorn das Herze preßt,
Und Sünd' und Schulden fühlen läßt.

Wie find't der Mensch sich hier so schwarz!
Die Sünde klebt ihm an wie Harz,
Das Herze klopft in Schuldennot,
Man weint und fürchtet gar den Tod.

Die Leinwand spinnt und webt und schlicht't
Und baucht und wascht sich selber nicht.
Nein, es bringt eine fremde Hand
Das Werk so nach und nach zu Stand.

Hier faßt man alles Stück für Stück,
Kein Stücklein bleibet je zurück,
Man salbt's mit Seife, klopft und reibt,
Bis nichts unsaubers überbleibt.

So wirket auch, der Schöpfer heißt,
In seinem Sohn durch seinen Geist,
Und macht bald langsam, bald geschwind,
Nachdem er's gut und nötig find't.

Da greift er's immer ernstlich an.
Das Werk ist nicht so flugs getan,
Der Sünder selber kann's auch nicht;
Durch Gott allein wird's ausgericht't.

Doch hält man wie die Leinwand still,
Dem, der uns neugebären will,
So geht es ohne Fehlen gut
Mit Leib und Seel', mit Sinn und Mut.

Ist dann das Zeug genug gespült
Und auch beim Brunnen abgekühlt,
So wird es an die Sonn' gebracht,
Die vollends weiß und trocken macht.

So, wenn der Mensch erneuert ist,
So wird ihm auch die Not versüßt
Und auf den Schuld- und Sündenschmerz
Scheint ihm die Gnadensonn' ins Herz.

Jetzt sieht er erst die Wahrheit ein,
Wie Gott so groß, wie er so klein;
Jetzt find't er erst in Gottes Wort
Die Kraft, die Ohr und Herz durchbohrt.

Jetzt merkt er erst, wie Christi Blut
So groß' und starke Wunder tut;
Jetzt fühlt er erst an Leib und Seel'
Des Heil'gen Geistes Zucht und Öl.

O Sonne der Gerechtigkeit,
O wär' ich doch auch schon erneut,
Von deinem Gnadenschein bestrahlt,
Lebendig, weiß und rot bemalt!

Zuletzt, wenn man's zum Kasten trägt,
Wird's ordentlich zurecht gelegt;
Und wenn es dann noch Falten hat,
Macht man's mit Bügeleisen glatt.

So, wann der Herr sein Werk vollbracht,
Und er den Menschen neu gemacht;
So trägt er ihn der sel'gen Ruh
In seiner Arch' und Tempel zu.

Wer sich nun hier zu schicken weiß,
Dem macht nicht Tod noch Hölle heiß:
Er fährt im Glauben fröhlich hin,
Denn sterben ist nun sein Gewinn.

Mein Schmelzer! nun so bitt' ich dich:
Bewirke hier, vollende mich,
Dass ich fein fröhlich, rein und schön
Kann in die Ewigkeiten gehn.

Die Steinenschanze, 1865

47 «Die Steinenschanze war immer für die Jugend ein bedeutender Anziehungspunkt; denn dort gab's noch düstere Gewölbe und Kasematten; auch ging die Sage, daß unter den alten Brettern des Pulverturmes noch ziemlich viel verstreutes Pulver herumliege, das für Zettemli, Feuerteufel und Bodensprenger selbstverständlich hochwillkommen war. In den Gewölben verwahrten die Buben auch ihre Waffen, die in den damaligen Quartierhändeln eine so große Rolle spielten; Stecken, Stangen, in Salz gelegte Knutti und sogar ein verbuckeltes Schlachthorn. Nicht jedem waren die Zugänge bekannt; ein besonders geheimnisvoller Pfad führte vom Rondenweg über den Birsig durch ein Türchen auf den Dachboden des Bollwerkes; von dort konnte man durch Ausheben der Ziegel mittelst einer aus Dachlatten zusammengenagelten Leiter in den Pulverturm hineingelangen. In der letzten Zeit seines Bestehens war er übrigens nur mangelhaft verschlossen und es bedurfte keiner besonderen Kunst, hineinzukommen. Es war am 6. Mai 1861, als drei junge Eidgenossen, L. Grillo, J. Jenny und J. Dürrenberger, alle 14 bis 15 Jahre alt, in den Mauern das süße Nichtstun pflegten und von den Herrlichkeiten des Rittertums träumten. Plötzlich entdeckte der eine auf dem alten Brett des Fußbodens ein Pulverkorn und will es anzünden. Es brennt nicht. Der andere kratzt mit einem Stäbchen in der Bretterfuge herum und es gelingt ihm, noch einige Pulverkörner zu Tage zu fördern. Das muß doch brennen, sagt er: Ein Knall, den man in der ganzen Stadt hörte, ertönte; eine wahre Feuergarbe loderte gen Himmel; das Pulver, das sich im Laufe vieler Jahre unter den Brettern angesammelt hatte, war explodiert. Der gewaltige Luftdruck hatte die Knaben nach allen Richtungen geschleudert; in ihren brennenden Kleidern schrien sie auf und wälzten sich im Grasboden der Schanze; dann kamen Leute herbei und sorgten dafür, daß die drei ins Spital geführt wurden. Abends vier Uhr war es, als die Explosion erfolgte; um halb fünf Uhr stand schon ganz Basel auf der Steinenschanze und besah sich die Zerstörungen. Nun, es war genug an den Dreien; zwei derselben konnten nach wochen- und monatelangem Schmerzenslager wieder hergestellt werden; der dritte aber, der vierzehnjährige Dürrenberger, der eigentlich nur durch Zufall an den Unglücksort gekommen war, starb drei Tage später am Himmelfahrtstage, dem 9. Mai. Als er begraben wurde, trugen acht gleichaltrige Knaben den Sarg in Schlingen, das heißt in Tüchern, die zu Schleifen geknüpft waren; von Zeit zu Zeit wurde der Sarg abgestellt und acht andere Knaben lösten die Träger ab. Und wiederum war ganz Basel auf den Beinen. Zwischen zwei dicken Spießbürgern, die nicht genug auf die Verderbtheit der Jugend schimpfen konnten, stand ein kleiner, heulender Bengel von acht Jahren, der sich zwar in diesem Falle frei von Schuld und Fehle wußte, und dieser heulende Bengel war ich selber. Damals faßte ich den festen Vorsatz, nie im Leben mit Pulver zu spielen; leider habe ich mir später doch öfters die Finger verbrannt. Fritz Amstein, 1921.»
Aquarell von Anton Winterlin (Farbbild S. 8/9)

Anno 1850: Zur Zeit der Stadtgräben und Schanzen

Um 1850 war unsere Stadt noch klein, gegenüber heutigen Begriffen, obschon Basel schon damals als eine der größten Schweizerstädte galt. Die eigentliche Stadt war durch die Wälle und Gräben begrenzt, die durch die heutigen Promenaden, die Zierde unserer Stadt, angedeutet werden und sich vom St. Albantor in einem Bogen um die Stadt bis zum St. Johanntor hinzogen. Das St. Albantor war dazumal noch in seiner alten Gestalt und wurde erst später behelmt, zugleich mit dem St. Johanntor. Der Letziturm am St. Albanrheinweg und die alte Stadtmauer außerhalb des St. Albantales (Dalbeloch zu baseldeutsch) erinnern noch an die ehemalige Stadtbefestigung. Das Bollwerk beim Tor ist nun zu einer hübschen Anlage, dem St. Albanschänzli, umgewandelt. Vom St. Albantor zogen sich Mauer, Wall und Graben bis zum Aeschentor (Eschemertor) und von hier bis zum heutigen Zentralbahnplatz. Hier bogen die Festungswerke rechts ab, um sich gegen das Birsigtal zu ziehen. Links und rechts standen das Elisabethen- und das Steinenbollwerk, massige Bastionen, die ebenfalls zu Anlagen umgewandelt sind. Zwischenin stand, am Ausgange der heutigen Steinentorstraße, das Steinentor, das in den 60er Jahren abgebrochen wurde. Vom Steinentor führte ein hölzerner Steg innerhalb der Stadtmauer über den Birsig, der hier einen kleinen Fall bildete, nach der Leonhardsschanze mit gleichnamigem Bollwerk. Außerhalb dieser Schanze, wo sich die jetzige hohe Promenade befindet, befand sich ein alter Friedhof, wo sich bei Niederlegung des Bollwerkes noch gut erhaltene Leichen zeigten. Die Befestigungen zogen sich von hier weiter bis gegen die Lyß und das Spalentor. Am Ausgang der jetzigen inneren Leonhardsstraße war die Mauer unterbrochen und wurde mit einem hölzernen Gittertore abgeschlossen, das nachts geschlossen wurde. Am Ende der inneren Schützenmattstraße, der früheren Fröschgasse, stand das Fröschenbollwerk, das um die 60er Jahre fiel. Das heute noch stehende Spalentor schloß die Spalenvorstadt ab. Von hier zogen sich die Festungswerke außerhalb des Stachelschützenhauses fort, bildeten eine Ecke, um beim heutigen Bernoullianum östliche Richtung anzunehmen. Außerhalb der Mauer lag der Spalengottesacker, der jetzige botanische Garten. Die hohe Schanze, die Stelle des jetzigen Bernoullianums, war mit zwei Pulvertürmen flankiert, wie überhaupt die ganze Befestigungsanlage mit Bastionen, Türmen und Mauerzinnen ergänzt wurde. Vom hohen Wall hatte die Befestigungsanlage wieder östliche Richtung, sprang dann nach Norden vor bis zum jetzigen Werkhof, und zog sich schließlich zum St. Johanntor und zum Rhein. Beim Bau der Eisenbahn Straßburg-Basel in den vierziger Jahren des letzten Jahrhunderts galt es, den Eingang, den die Bahnlinie nötig hatte, zu schützen. Es wurde ein Eisenbahntor gebaut mit Zinnen und einem mächtigen eisernen Gittertor, das nachts geschlossen wurde. Auf dem Platze der Strafanstalt, des Schellenmätteli und des Frauenspitals, stand der französische Bahnhof, der bei Errichtung des jetzigen Zentralbahnhofes mit diesem vereinigt wurde. Das St. Johanntor mit der jetzt restaurierten Rheinschanze schloß die Befestigungen rheinseits ab.

In der Altstadt standen zu Mitte des vorigen Jahrhunderts noch einige Schwibogen oder Tore der innern Stadt, die durch Peters- und Leonhardsgraben, Kohlen- und Steinenberg und Albangraben begrenzt wurden. Wir erinnern uns noch des St. Johann-Schwibogens zwischen Seiden- und Erimannshof am oberen Ende des Blumenrains, der in den 70er Jahren abgebrochen wurde, sowie des St. Alban-Schwibogens am Ausgange der Rittergasse mit seinen beiden Toröffnungen. Dieser Schwibogen fiel erst mit dem Bau der Wettsteinbrücke in den 70er Jahren. Vor den Toren befanden sich vor 50 Jahren nur wenige Häuser; dafür Matten, Äcker und Reben. Vom Spalentor auswärts bis zum Birsig waren eigentliche Rebgelände mit zahlreichen Rebhäuschen. Wir erinnern uns noch recht gut, in einem solchen Rebhäuschen in der Gegend der jetzigen Marienkirche im Jahre 1858 einige Tage zugebracht zu haben, da einer unserer Arbeiter das betreffende Häuschen bewohnte. Die ehemalige Wirtschaft zum Mostacker verdankte ihren Namen den zahlreichen Reben, innerhalb deren sie stand. Außerhalb des Spalentores lag das Birmann'sche Gut, zu dem ein kleines Wäldchen gehörte, in dem sich auch einige Bäume mit wilden Kirschen befanden. Wir haben von denselben ab und zu gekostet. Zu Beginn der sechziger Jahre begann man dieses Terrain zu überbauen.

Die Stadtgräben bildeten dazumal, wo man von Geschäftsferien noch nichts wußte, den Land- und Erholungsaufenthalt vieler Bürgerfamilien. Fast jede Bürgerfamilie besaß im Stadtgraben ein Stück Allmend, ein Gärtchen, das durch einen Lattenzaun von dem des Nachbars getrennt wurde. Fast in jedem Gärtchen befand sich ein kleines Gartenkabinett oder eine sog. Laube aus Schlingpflanzen, mit Tisch und Bank versehen. Nach dem Abendessen zog die ganze Familie in das Gärtchen im Stadtgraben, besorgte die nötigen Gartenarbeiten, wie Spritzen, Jäten, Binden und dergl. Viele Obstbäume, Beerenfrüchte, auch Gemüse wurden gezogen. In einem eingegrabenen Regenfaß wurde das Wasser gesammelt. Im Herbste wurden die reifen Früchte nach Hause geholt, wenn nicht lose Buben die Bäume und Sträucher schon vorher geplündert hatten. Nach den Gartenarbeiten setzte man sich zu gemütlichem Geplauder, an dem sich auch der Gartennachbar beteiligte, bis die Dunkelheit oder das Schlafbedürfnis zum Heimgehen mahnte. Früher verlangte das auch der Torschluß.

Einen interessanten, wenn auch nicht edlen Anblick hatte die Jugend von dazumal in der alten School zwischen Sattel- und Sporengasse. Von den damaligen Zuständen macht man sich heutzutage kaum einen Begriff. An der Sattelgasse befanden sich die große und kleine Schlachthalle und der Stall, die Kuttlerei und Kalbsmetzg. Zwischen Schlachthalle und Stallung führte ein öffentlicher Durchgang an den Verkaufsbänken der Metzger vorbei an die Sporengasse. An diesen Verkaufsbänken wogen die Metzgermeister ihrer Kundschaft das Fleisch aus, und wir erinnern uns noch gut, wie der damalige Oberst und Ratsherr Sl. Bachofen u.a. mit vorgebundener Schürze seine Kunden bediente. Nebenan befand sich die Metzgernzunft mit Zunftsaal und Wirtschaft im ersten Stock. Zur Schlachthalle hatte jedermann

Zutritt, und die Zuschauer standen dicht herum, wenn ein Ochse geschlachtet wurde. Das Tier wurde mit einem Strick um die Hörner an einem Ring am Boden kurz festgebunden, mit mächtigem Hammerschlage gefällt, dann gestochen, entblutet, ausgeweidet und aufgehängt. Dazumal war als kräftigster und tüchtigster ‹Schläger› der Metzgerbursche Fritz Langenbuch bekannt, der sich später an der Greifengasse etablierte. Manchmal mißglückte auch ein Streich; das schlecht getroffene Tier erhob sich wieder, sprengte die Fesseln, wobei alle Zuschauer die Flucht ergriffen und Panik entstand. Die Schlachtung der Kälber und sonstigen Kleinviehs war nicht weniger aufregend und trug gewiß nicht dazu bei, bei den Zuschauern edle tierfreundliche Gefühle hervorzurufen. Aufregend waren auch die Schlachtungen in der School der Weißengasse, wo die Juden schächteten. Dem Tiere wurden die Füße gefesselt und zusammengezogen. Nachdem es so zu Falle gebracht war, wurde es in die Höhe gewunden. Ohne Betäubung wurde dann der Schächtschnitt vorgenommen und das Tier zum Verbluten gebracht. Für Kleinbasel befand sich im Parterre des Waldecks eine Verkaufshalle für Fleisch. Im Höflein, das zwischen dem Waldeck und dem Nachbarhause lag, wurde auch Kleinvieh geschlachtet. Der Bau des neuen Schlachthauses vor dem St. Johanntor machte diesen Zuständen ein Ende.

Die Bäcker wohnten und betrieben ihren Beruf vorwiegend in den Vorstädten. In der innern Stadt sollen keine Bäcker geduldet worden sein, angeblich wegen der Feuersgefahr. Eine Ausnahme bildete Bäckermeister Fluck-Pajot am Blumenrain, rheinseits. Dafür hatten aber fast alle Bäcker ein Brotdepot in der Brotlaube, der heutigen Wirtschaft zur Brodlaube gegenüber. Von der Ecke Sporengasse bis dahin, wo heute das Schirmgeschäft Jouve sich befindet, zog sich diese niedere, vorne mit Fenstern versehene Halle, eben die Brotlaube hin. In dieser Lokalität verkauften die Bäcker ihr Brot, um ihren Kunden den Weg in die Vorstadt zu ersparen. Für den Vertrieb des Kleingebäcks sorgten die Wegglibuben, die alle Erzeugnisse der Kleinbäckerei in Körben feiltrugen, welche sie an Riemen über die Schultern hängten. Es gab damals eine ziemliche Anzahl solcher Wegglibuben. Der längst verstorbene Zeichnungslehrer, Ad. Kelterborn, ein geborener Hannoveraner, tat stets, wenn einem Schüler eine Zeichnung nicht gelang den Ausspruch: «Aus dir wird nichts als ein Wegglibub oder ein Handlanger» und begleitete diesen Ausspruch mit einer fühlbaren Bewegung des Lineals.

Gedenken wir kurz, wie es zu damaliger Zeit bei Feuersbrünsten zuging. War ein Brand ausgebrochen, so ertönten als Alarmzeichen drei kurze Schläge auf die Trommel. Der Hochwächter auf dem Münster oder zu St. Martin stieß in sein Feuerhorn und verkündete durch sein Sprachrohr die Lage des Brandortes. Wegen des geringsten Brandausbruches wurde die ganze Stadt alarmiert. Nahm der Brand größere Ausdehnung an, so wurde der Alarm durch Hornsignale wiederholt oder Generalmarsch geschlagen, in welchem Fall das Militär, das für Brandfälle auf Pikett gestellt wurde, ausrücken mußte. Mit der Einführung des Grellingerwassers, des Hydrantennetzes und einer neuen Feuerordnung wurde es auch auf diesem Gebiete besser. Wer unter der alten Generation erinnert sich nicht noch daran, wie der Hochwächter des Martins- oder Münsterturms jeden Viertel- und Stundenschlag mit ebensovielen Hornstößen wiederholen mußte, zum Zeichen, daß er wache. Später wurden dann Kontrolluhren eingeführt und noch später das Amt des Turmbläsers ganz aufgehoben.

Vor fünfzig und mehr Jahren waren die Zustände in der Stadt Basel noch viel gemütlicher und familiärer als heutzutage. Fast alle Bewohner eines Quartiers kannten einander, und diese Bekanntschaften erstreckten sich auf die halbe Stadt. Des Abends saß man auf den festen oder transportabeln Bänken vor den Häusern und besprach die Tagesereignisse. Die wenigen Zeitungen erschienen erst morgens; amtliche Anzeigen wie Ganten, Erhöhung der Brottaxe, verlorene Kinder, Aufgebote usw. wurden durch den Stadttambour verkündet. So wurde u. a. der Kriegsausbruch im Jahre 1870 noch durch den Stadttambour bekannt gemacht. Die öffentlichen Brunnen waren ein regelmäßiges Stelldichein für das weibliche Geschlecht und vorab für die Dienstboten. Die Mägde entschuldigten ihr langes Bleiben am Brunnen mit der Ausrede, sie hätten warten müssen, obschon sie ihrem Schatz dabei ein Rendez-vous gaben. Die Wasserbeschaffung war eine wichtige Hausarbeit für fast die ganze Bevölkerung. Es gab keine Hauswasserleitungen wie jetzt und nur die Herrschaftshäuser hatten Brunnen in ihren Höfen. Das Wasser mußte an den öffentlichen Brunnen geholt werden. In jeder Küche stand ein sog. Wasserbänkchen mit einigen Kupfer- oder Holzzübern, die stets gefüllt sein mußten, namentlich auch zu Feuerlöschzwecken. Die bessersituierten Familien hatten in der Küche ein Wasserfaß oder eine gedeckte Stande, das sie durch einen Wasserträger füllen ließen, der diese Arbeit täglich besorgen mußte. Diese Berufsart ist nun ausgestorben. Bei Wäsche und Reinigungsarbeiten war der Wasserverbrauch natürlich ein größerer. Für Wasch- und auch für Feuerlöschzwecke sammelte man in den meisten Häusern, sofern Platz war, das Regenwasser in Fässern, das namentlich beim Waschen gute Dienste leistete.

Eine Arbeit, die heutzutage vielen Hausfrauen unbequem und zeitraubend wäre, bildete das Feueranmachen, das bei den heutigen Gasküchen wegfällt. Wie viel Verdruß gab es oft, wenn das Anfeuern nicht gelingen, das Feuer wegen des grünen Holzes nicht brennen wollte!

Es war eine idyllische Zeit, damals zur Zeit der Stadtgräben und Schanzen, bis die Ausdehnung der Stadt die Mauern und Wälle zum Weichen, die Stadtgräben zum Ausfüllen brachte. Namentlich die Buben weilten gerne auf den Schanzen und in den Stadtgräben. Mancher heimliche Gang in die Stadtgräben bot Gelegenheit, verbotene Früchte zu naschen. Als dann mit der Zufüllung begonnen, und die Stadtgräben zu Schuttablagerungs- und anderen Zwecken benutzt wurden, da erwachte neuer Tatendrang der Jugend, die sich als Alleinherrscherin auf diesem Terrain fühlte. Aus Erde, Steinen und altem Abbruchmaterial wurden Höhlen, Küchen, Ritterburgen und dergl. gebaut. In diesen Küchen wurde auch Feuer angemacht, Kartoffeln und Schnecken gebraten, alles brennbare zusammengetragen und verbrannt, bis der mächtige Rauch einen sog. ‹Blauen›, wie man die damaligen Stadtpolizisten nannte, herbeilockte und die ganze Bubenschar zur Flucht zwang. Hatte aber der Wächter des Gesetzes einen Kollegen mitgebracht und beide Ausgänge des Stadtgrabens besetzt, so war guter Rat teuer. Doch da halfen die Kletterkünste der Buben über die gefährliche Situation hinweg. An Mauerritzen, Schlingpflanzen und dergl. kletterte man in die Höhe, verschwand durch eine Schießscharte oder Mauerloch und schlug dem Manne des Gesetzes ein Schnippchen. Viel war doch im Stadtgraben nicht zu verderben, und wir konnten die Strenge der Polizei nicht begreifen.

Außer den Stadtgräben waren die Schanzen ein beliebter Tummelplatz der Jugend. Die zahlreichen Bäume boten Gelegenheit zum Klettern. Allerlei Kriegsspiele, Räuberlis, Ballspiele wurden getrieben, auch die Gassenhändel kamen hier zum Austrage. Sie endigten oft mit regelrechten Gefechten. Schon vor der Fastnacht – den ‹Karneval› mit seinem Prinzen und monarchischen Allüren kannte man damals noch nicht – begannen diese Gassen- und Quartierhändel. Bei den ‹Klepperizügli›, die man heutzutage nicht mehr kennt, gab es Gelegenheit zu Rempeleien zwischen den verschiedenen Zügli. An der Fastnacht setzten sich diese Reibereien und Anrempelungen fort, um mit den Sommerferien ihr Ende zu erreichen. Da standen die Steinlemer gegen die Spalemer, die Gerbergäßlemer gegen die Aeschlemer, die Heuberglemer gegen die Spalenberglemer usw. Die Buben gingen nur mit Knütteln bewaffnet in die Schule. Jeder währschafte Bube hatte einen aus einem Seil gedrehten, in Salz- oder anderm Wasser gehärteten ‹Knuti› im Schulsacke oder im Wams verborgen, um nach der Schule einem allfälligen Gegner gegenübertreten zu können. Herr Lehrer Meyer-Kraus zu St. Leonhard, der Stecklimeyer, wie man ihn nannte, hatte in seinem Klassenzimmer stets eine Menge solcher konfiszierter Kampfgeräte aufgehängt.

Außer den Stadtgräben und den Schanzen bot auch der Birsig vortreffliche Gelegenheit zu allerlei Kurzweil und Unterhaltung. Außerhalb der Stadtmauer beim Nachtigallenwäldchen bis gegen Binningen gingen wir fischen und fingen Grundeln, eine Art graugrüne, fingerlange Fischchen und Krebse. War der Fang ergiebig, so wurde er nach Hause gebracht und durch die Schwestern auf der Puppenküche mit anderen Leckereien zu einem Miniaturfestessen zubereitet, was uns noch köstliche Erinnerungen wachruft. Auch der untere Birsig stadteinwärts war für viele Stadtbuben ein beliebter Tummelplatz, namentlich die Strecke zwischen Steinentor und Blömli, der jetzigen Häusergruppe am unteren Steinenberg. Manches von den Anwohnern in den Birsig geworfene Jnventarstück fand bei uns Buben passende Verwendung. Mit Stöcken und sonstigen Waffen machten wir Jagd auf die Ratten, die am Birsig recht zahlreich waren. Die Grenze unseres Gebietes war das Gewölbe unter dem Barfüßerplatz, in das weiter vorzudringen wir der Finsternis wegen uns nicht getrauten. Auch bildete der Fall beim Schiff sowieso eine Grenze. Unterhalb war der Birsig von Häusern eingeschlossen und nur für Anwohner zugänglich. Nur durch die Gucklöcher an den verschiedenen Überbrückungen konnte man einiges erhaschen. Die zahlreichen Holzlauben mit ihren geheimen Örtchen und Orgelpfeifen bildeten einen romantischen, aber nicht schönen Anblick. Ab und zu ein Wasserrad, Hühner und Gänse gaben willkommene Abwechslung. Von den Anwohnern wurde aller Unrat, alles Überflüssige kurzweg in den Birsig geworfen, diesen allgemeinen Schutt- und Mistablagerungsplatz. Ja, der Hauskehricht wurde lange von der öffentlichen Verwaltung in den Birsig geschüttet, und dem nächsten Hochwasser blieb es überlassen, eine gründliche Reinigung vorzunehmen. Daß der Birsig damals ein fortwährender Krankheitsherd war, ist deshalb leicht zu verstehen.

Ähnliche Krankheitsherde bildeten auch die sog. Lochbrunnen, deren es eine Menge gab und die an der Ausbreitung von Epidemien auch mitschuldig waren. Solche Lochbrunnen waren das Goldbrünnlein zwischen Steinentor und Steinenbrücke; der Blömlibrunnen bei der Blömlikaserne, der Gerberbrunnen am Gerberberg, die Lochbrunnen auf dem Markt und in der Sattelgasse, der Postbrunnen beim Stadthaus, und zahlreiche ähnliche Brunnen in Privathäusern. Da das Wasser stets frisch und kühl war, die laufenden Brunnen aber nicht immer frisches, kühles Wasser lieferten, holten sich viele Leute von diesen Lochbrunnen ihr Wasser zum Mittagstisch, in Krankheitsfällen usw., obschon diese Brunnen einfach den Grundwasserabfluß des Hochplateaus bildeten, der oft durch Fäkalien verunreinigt wurde. Auf diese Weise läßt sich die frühere große Sterblichkeitsziffer leicht erklären. Die in den Jahren 1866/67 eingeführte Grellingerwasserleitung machte diesen fatalen Zuständen ein Ende. (1912)

E Feriespaziergang

In unsere Zite-n-isch nit alles uf's Land; me-n-isch ordelig dehaim bliebe. Do krieg i emohl d'Erlaubnis mit mim jingere Brueder und em e Nochbersbueb e Feriespaziergang z'mache. I waiß hitte nonig-bin i e-n-Astandsdame gsi, oder händ mi die Buebe mießbschitze. Uf jede Fall ha-n-i mi mießen wehre, daß d'Buebe-n-unterwegs nit Regewirm vertrampt und Eiderli plogt händ; 's Ahenke vo Klette ha-n-i nit kenne verbiete. Zerst sind mer zum Spaletor us, dernoo usse-n-am domolige Stadtgrabe-n-entlang bis zum Mostacker zuer Schitzematte und schließlig zuer Haseburg, obe-n-am jetzige Hasebergli. Dert isch in sälle Zite-n-e Gartewirtschaft gsi, wo me nit numme Wi, sundere-n-au Kaffi und Stribli biko het. Aber so wit het unser Vermeegeli nit glängt, denn wo mer alli unseri Batze zämmeglegt händ, sind 's exakt fimfezwanzig Santim gsi, kaine meh und kaine weniger. Aber domols het me 's kenne riskiere; me-n-isch halt iberall billiger ewegg ko, als hitte. Mer sind also selbdritt mit fimfezwanzig Santim in d'Haseburg und händ e halbe Schoppe Wi fir zwanzig, e Fläsche Wasser, drei Gleser und fir fimf Santim Brot bstellt. D'Kellnere-n-isch gar frindlig gsi trotz unserer magere Bstellig; sie het alles flink brocht und dernoo sind mer gar vergniegt binenander gsesse-n-und händ agstoße, daß d'Gleser tschätteret händ. Im Nochbersbueb schiint der Wi in Kopf gstiege z'si; er het ämmel uf aimol uf d'r Tisch klopft und g'sait: «Lose-n-emol; wenn i groß bi, stell i alli schene Maitli in ai Raihe-n-und zell a: Rumpedibum drei Holderstock, und das wo use kunnt, hirot i.» – Do ha-n-i gfrogt: «Darf i au in d'Maitliraihe sto?» – «Nai», sait er, «Di will i nit; Du kasch dernoo mi Magd si!» - Das het mi ehnder b'elendet, denn i ha gwißt, daß si Vatter e Hus gha het mit sechs Stapfle dervor. Und do ha-n-i mängmol denkt, wie flott as es wär, wenn i emol in säll Hus kennt inehirote; do kennt i der ganz ganz Tag vom Morge bis an Obe alli sechs Stapfle-n-abe gumpe; niemets derft mehr ebbis sage-n-und das wär fein. - D'Kellnere-n-isch allewil go luege-n- und het no, wo mer furtgange sind, gsait, mer solle doch au-n-e-n- anders Mol wieder ko! - Was dä Bueb abitrifft, so isch er speter e-n-Aidon worde-n-und isch ledig gstorbe; i ha recht trurt um en! Zwai mol im Johr het's mi Vatter ganz nobel gä; do isch er als mit is zuem Her Dokter Seiffert uf Binnige spaziere gange. In de Fufziger Johre-n-isch Binnige no-n-e haimelig klai Buredorf gsi; kai Riesegmaind wie hitte, wo sogar no mehr Iwohner het, als die basellandschaftligi Hauptstadt. Me-n-isch wiederum zuem Spaletor us, am Frescheboollwerk vorbii, der Schitzematte-n-entgege; 's het an dr Schitzemattstroß herzlig wenig Hiser gha und usse-n- am Mostacker isch nyt gstande-n-als e Bernerhus mit gschnitzlete Laube, und die Ludwigischi Isegießerei; au-n-e Rebhisli het me kenne gseh. Derno isch der Schitzematteweiher ko mit sine viele Fresche, wo-n-als z'nacht e Haidespektakel verfiehrt händ; 's Schitzehus und zwaihundert Schritt witer usse d'Spittelschire mit eme Bänkli dervor, wo anno 1884 abbrennt isch, händ so ziemli 's End vo der Stadt bildet. Dert, wo jetzt d'Rütimeyerstroß isch, het e schreeg Feldwegli in der Richtig gege Binnige-n-ibere gfiehrt; dert dure-n-isch me gange, wenn me het welle-n-in d'Gartewirtschaft vom Her Dokter. Er het e scheene Baumgarte gha mit ere Riti; der Vatter het Wi trunke-n-und mir händ Wasser mit Burebrot biko und derzue erst no-n-e Stickli Käs. Das händ mer scheen mitenander verzehrt, denn wenn sälbismol ain ebbis schlimms bosget het und isch in's Zuchthus ko, und e Kind het gfrogt, worum er igspeert werd, so het me-n-em gsait: «Er het Käs ohni Brot gässe!» - Und in's Schellehus händ mir Kinder nit welle.

Ganz bsunders im Gidächtnis isch mer mi ersti Isebahnfahrt bliebe; mer händ mit em Vatter emohl vom Santihansbahnhof, usse-n-an der Lottergaß, wo jetzt 's Schellehus isch, derfe-n-uf Burgliber fahre. Um der Bahnhof umme-n-isch e groß Gitter gsi; der Lokomotiv het mer bsunders imponiert, wil er so scheeni goldglänzigi Messingbänder um der Kessel umme gha het. Fir in Wage-n-ine z'ko het me mießse-n-e Schritt nä wie-n-e Bergstiger in de-n-Alpe-n-und mit Schrecke denk i no an die enge Käste vo der dritte Klaß. E-n-Erwachses het kuhm kenne-n-ufrecht drin sto! e halb Dotzed het mieße nebe-n-enander sitze und derbii het's rechts und links vom zwelfplätzige Coupé e-n-ainzig Fensterli gha, nit greßer als e Schiefertafele, wie sie d'Erstkläßler bruuche. D'Kundigdehr händ alli franzesisch gschwätzt und wo's an's Abfahre gange-n-isch sind d'Wäge-n-und d'Lit ummenander grittlet worde, 's isch e Schand und Spott gsi. Langsam isch me-n- unterem Isebahntor duregfahre-n-und iber die helzigi Stadtgrabebruck; o wie gern hätt i zuem Fensterli useglueget, aber es sind so viel Kepf dervor gsi, daß i hel nyt gseh ha. Aber scheen het's mi aineweg dunkt, trotz der Druckete-n-und trotz em Dubakrauch, wo-n-aim in dem niedere Kaste fast erstickt het. In Burgliber isch in der Station e ‹Commissionnaire› gstande, me het em numme gsait der schehn Schoseph, dä het gege-n-e klai Trinkgeld de Lit ghulfe-n-usem Wage-n-usstiege; 's het aber iberall ghaiße-n-er helf lieber de Junge-n-als de-n-Alte, und lieber de Jumpfere-n-als de Here.

Wenn's au zimli mager zuegange-n-isch mit der Unterhaltig in unsere Ferie, so händ mer deswege trotzdem nie langi Zit gha. D'Maitli händ frieger au viel mehr schaffe mieße-n-als hittigstags; Summer und Winter het me mieße Wasser trage; 's het domols noch kai Grelligerwasser gä; am Brunne het me mieße 's Wasser hole-n-und am Brunne het me-n-au der Salat gwäsche und mit Sand d'Holzziber wiß gfegt. Und dehaime het me 's Zinngschir mit Schafthai und Lauge butzt, bis es glitzeret het, wie Silber; Fenster und Böde-n-und Stege het me gfegt und dernoo mit Sand gstrait, wo me bim alte Sand-Merzli kauft het.

So isch allewil ebbis los gsi; Unerfrailigs und Erfrailigs, wie me's nimmt. Zuem Erfraile het fir uns die großi Musterig ghert uf der Schitzematte, der groß Familietag, wie me-n-em au gsait het, wo alles mitgmacht het, was Bai gha het. Z'erst sind d'Sappeurs mit Schurzfell, Beil und Bäremitze ko, d'Musik mit Glecklispiel und Tschinnerette nit z'vergesse. Der Her Kapellmaister Lutz, wo dirigiert het, isch mer als vorko wie-n-e Gott. I ha spehter emohl in de Champs Elysées bi Paris e Revue gseh - sälbismol, wo der Kaiser vo Rußland schier gmarixlet worde wär -, aber 's het mer lang nit so-n-e scheene-n-Idruck gmacht, wie unseri großi Musterig selig. Lengs der Schitzematte, der Stroß no, sind Tisch und Bänk ufgstellt gsi, an dene sich no-n-em Exerziere-n-und Schieße d'Mannschaft niederglo und gsterkt het. Wer e Vatter oder e-n- Unkle-n-oder e Brueder derbii gha het, isch persee au an Tisch gsesse; selbverständlig händ au d'Fraue-n-und sogar d'Kinderwägeli nit gfehlt - me het allerdings kaini finseligi Stoßwägeli kennt, wie hitte, sundere strammi Korbwäge zuem Zieh, solid baut, so daß me-n-im Notfall het au kenne der Ma druf haimfiehre. Zue dem isch's allerdings an der Musterig nie ko. Mir händ maistens bi der Spittelschire der Vatter erwartet; d'Mueter het is e Krueg Wi, e Fläsche Wasser, drei langi Wirst vom Metzger Vonkilch und e Laib Brot ipackt; 's het iberhaupt alles Proviant usegschlaipft, was me numme het kenne trage. Das isch e Fest gsi! Mir händ dert d'Wurstschibli unzellt biko, was sunst nit der Fall gsi isch. Aber erst der Haimweg in d'Stadt! Het ain am Gobeschieße-n- ebbis gwunne, ebbe-n-e Bettflasche, so hett er si stolz um dr Hals ghängt; der Haimmarsch d'Spale-n-i het sich zuem e Triumpfzug gstaltet und mängmol het's no zmitts in der Stadt inne klepft, 's isch aifach e große Firtig gsi, die großi Musterig; kai Mensch het gschafft, und bim zuenachte hat me Lit mit eme Dämpis gseh, wo sunst so niechter gsi sind, wie-n-e Wasserguttere. (1911)

Sonntagsausflug, um 1900

«Es ist wahr, noch in der ersten Hälfte des vergangenen Jahrhunderts wußte man herzlich wenig von der allgemeinen Ausreißerei, die heute Trumpf ist. Man ging höchstens im Sommer bei schönem Wetter etwas mehr vors Tor, als in andern Zeiten, spazierte den Stadtgräben und Wällen entlang, kehrte wohl auch im alten Mostacker ein oder ließ sich von einem guten Freund, der zwischen Aeschen- und St. Albantor ein altväterisches Landgütchen besaß, zu einem Schöpplein einladen. Unten im Stadtgraben, wo die Burger Salat und Bohnen pflanzten und sich weidlich ärgerten, wenn böse Buben ihnen die Barelleli und Spalierbirnen mausten, wurde frische Luft geschöpft, und man erholte sich dort vom Dunst der Stadt und dem Duft des Birsigs, des Rümelinbachs und der Teiche; frische Landluft gabs damals auch unmittelbar vor dem St. Johannstor, wenigstens empfiehlt eine Jungfer Gernler in einem Basler Blättlein vom 5. Juli 1821 ‹ein wohlkonditioniertes Losament beim Spittelgottesacker in der gesunden Luft vor dem St. Johannsthor›. Nur ganz reiche Leute, von denen man sagte, ‹sie hänäs und vermeeges›, zogen wirklich aufs Land hinaus; die große Mehrzahl blieb in und um Basel; die Bänklein vor den Häusern der Stadt waren im Juli und August nicht schlechter besetzt, als sonst; im Gegenteil. Freilich, als dann die Eisenbahn kam und das Fahren bequemer und billiger wurde, da wuchs der Zug nach dem Land; das Reisefieber wurde genährt durch wohlwollende Ärzte, die ihren Patienten irgend ein nahrhaftes Freßbädli verordneten; einer sagte es dem andern, und so kam es, daß alljährlich das gelobte Land, da Milch und Honig fließt, von neuem und vermehrt aufgesucht wurde. Heute ist es so weit gekommen, daß von den meisten Familien nur noch Bruchstücke in Basel zu finden sind; hier ein verlassener Strohwitwer, der traumverloren seiner Gattin nachsinnt, oder auch nicht; dort eine in Freiheit dressierte Strohwitwe, die nicht recht weiß, was sie mit ihrer ungewohnten Freiheit anfangen soll, kurz, ganz zerfahrene Geschichten und alles im Interesse der Erholung, Kräftigung und Stärkung der Nerven, des Magens, des Herzens und diverser anderer höchst zerrütteter Organe.» (1910)
Photo Morf & Co.

Der Warteck-Eisweiher, 1881

49 Weil ohne Eis in der Bierbrauerei keine Gärung möglich war, entschloß sich der Besitzer der Brauerei Warteck an der damaligen Bahnhofstraße (heute Riehenring) Anno 1876, beim Fasanenweg in den Langen Erlen einen Weiher zur Gewinnung dieses überaus wichtigen Betriebsstoffes anzulegen. Dies erlaubte in kalten Wintern eine Eisbeschaffung in nächster Nähe der Brauerei. Das Eis konnte bei Bedarf schon bei einer Dicke von 7 Zentimetern mit Äxten und Sägewerkzeugen abgebaut werden. In langen Stangen wurde das ‹geerntete› Eis auf schwere Leiterwagen geladen und von Elsässer Fuhrleuten in die Brauerei gefahren. Oft blieben Dutzende von solchen Eiswagen während längerer Zeit auf der Strecke, ehe ihre gefrorene Last durch starke Hände im Brauereikeller eingelagert werden konnte. Vermochte bei milder Witterung der Weiher in den Langen Erlen kein Eis herzugeben, dann hatte die Eisbeschaffung am Seewener Eisweiher, am Sempachersee oder im Klöntal zu erfolgen. Für die Familie Füglistaller aber bildete das Eis immer ein zentrales Problem, das seine Schatten auch in den familiären Kreis werfen konnte. So berichtete 1883 Frau Jeanette ihrem in einer Brauereischule weilenden Sohn Bernhard: «Heute werden wir mit dem Eisen fertig; es ist alles angefüllt. Es ist auch ein schönes Weihnachtsgeschenk für den lieben Vater und mir ein großer Kummer weniger für ihn.»
Mit dem Aufkommen von Eismaschinen gegen Ende der 1870er Jahre zeichnete sich auch für die Bierfabrikation eine umwälzende Vereinfachung ab. 1884 legte Ingenieur Emil Bürgin dem Regierungsrat Pläne zum Bau eines «kontinuierlichen Betriebs einer in seiner Liegenschaft zur Ziegelmühle aufzustellenden Eismaschine» vor; die Errichtung der ‹Basler Eisfabrik› am Untern Rheinweg 18 wurde Bürgin 1887 bewilligt. Ein Jahr später baute Wilhelm Zeller für die Aktienbrauerei zum Sternenberg an der Utengasse die erste Eismaschine. Und wiederum ein Jahr später entschloß sich die Brauerei Warteck zur Installation einer Eismaschine ‹Linde› in ihrer neuen Brauerei am Burgweg. Den alten Eisweiher bei der nachmaligen Eisenbahnüberführung an der Fasanenstraße verkaufte das Warteck 1899 der Großherzoglich-Badischen Bahnverwaltung.
Aquarell von Johann Jakob Schneider

Am Riehenteich, 1875

In den Langen Erlen bei der Schliesse am Wiesenwuhr mit dem Wuhrhäuslein am Wildschutzweg und dem sogenannten andern Fall des Riehenteichs (Einlauf des Lörracher Teichs).
«In de Lange-n-Erle nimmt dr Riechedych e Gump zue sym Briederli abe, wo-n-em uus dr Schließi entgeege kunnt, und grad dert, bym Zämmefluß, wird dur e Stellfalle sy Heechi regliert. Die Stellfalle-n-isch, zuem greeschte-n-Erger vom Wisebammert, e-n-Aziehigspunggt erschte Rangs fir is gsi. Mr hän nit näbe dure kenne, ohni z'brobiere-n-an de Spindle z'drille-n-oder sunscht Kaiberei z'mache. Laider sin aber gwehnlig d'Hebel feschtgschlosse gsi. Zuem Gligg! Sunscht hätt d'Glaibasler Induschtrie allerhand erläbe kenne.
Ähne-n-an de Stellfalle hinderet sy Lauf nyt meh bis an die erschte Fabriggräche. Stolz und spreed schießt 'r drvoh, zwische-n-uuralte Baim und under em moosbiwaxene Staibriggli dure. Kuum hän dr Himmel und d'Sunne Glägehait, dur's Bletterdach abe-n-in's Wasser z'giggele-n-und in's schwarzgrien Band e glaine-n-Yschlag vo Blau und Gold z'wäbe. 's isch mr wie-n-e-n-alte, fascht vrgässene Draum im Gidächtnis hafte blibe, das lieb Stiggli Dych, und vo Zyt zue Zyt gseh-n-i wider d'Zwyg vo de-n-Erle-n-und Ulme in's Wasser singge, stilli Bahne zieh und glysle mit em Dych, wie wenn's zwische-n-ihne-n-e groß Ghaimnis gäbbt, und d'Miggli und d'Wasserjumpfere hopse-n-iber d'Flechi und flimmere-n-im Glascht vo dr Sunne-n-und lehn glaini Wälleli z'rugg im Wasser. Theobald Baerwart, 1921.»
Aquarell von Johann Jakob Schneider

Das Horburgschlößchen, um 1840

⁵¹ Das entzückende wehrlose Schlößchen auf dem Horburg, an der Landstraße, die vom Bläsitor zur Wiesenbrücke führte, hatte Dietrich Forcart-Ryhiner, Tuchhändler und Meister zum Schlüssel, im Jahre 1713 «von Grund auf erbauet, mit einer Maur umgeben und sowohl zum Nutzen als zur Belustigung eingerichtet». 1786 erwarb Anna Catharina Holzmüller das Gut vor St. Bläsi um 16 000 Pfund, und zwei Jahre später heiratete die begüterte Witfrau Jakob Christoph Mäglin, Meister zu Schiffleuten, der dadurch Mitbesitzer des vornehmen Landhauses wurde. Die Bewirtschaftung des Gutes dagegen übernahm gegen einen jährlichen Pachtzins von 800 Pfund Bargeld, 100 Pfund Butter und täglich zwei Maß Milch Lehenmann Peter Habegger. Das Tavernenrecht, das zur Liegenschaft gehörte, nutzte Mäglin jedoch persönlich, indem er Wein ausschenkte und Fuhrleute, die erst nach Torschluß gegen die Stadt kamen, beherbergte. Den schönen Saal mit den Stuckdecken und die Kegelbahn aber vermietete er einem sogenannten Kämmerlein, das die Pflege der Gemütlichkeit und der Kameradschaft bezweckte.
Anno 1836 hielt Dorothe Vest auf dem Gut Groß-Horburg Einzug. Sie hatte von ihrem Vater, dem reichen ‹Bändelvest›, ein großes Vermögen geerbt und spielte mit dem Gedanken, das Schlößchen samt seinen Nebengebäuden neu erbauen zu lassen. Das großartige Bauprogramm, das Amadeus Merian hätte ausführen sollen, aber blieb schon beim Ökonomiehaus stecken, weil sich die «geschiedene Frau Müller mit einem Herrn Spaar verlobt hatte, welcher auch zum Sparen rät» und die im Kleinbasel bekannte ‹Sparerin› von ihrer Baulust abhielt!
Von 1857 bis 1898 war das Horburgschlößchen im Besitz von Gustav Heitz, der auf dem weiten Areal eine Kunstgärtnerei betrieb. Den 1884 auf Fr. 47 700.– geschätzten Gebäudekomplex mit dem mit Türmchen und Laube ausgestatteten Wohnhaus und sechs Nebengebäuden umgab Heitz mit einem herrlichen Garten von Blumen, Sträuchern und seltenen Bäumen. Die nächsten Besitzer, die Architekten Romang und Bernoulli, überließen das herrschaftliche Haus für einige Jahre der an Platznot leidenden Mädchenprimarschule. 1915 wurde das nun ganz verlotterte Schlößchen an der Horburgstraße 98 abgebrochen, worauf Spenglermeister Gustav Vollmer das Areal neu überbaute. Und vom «sehr anmutigen Landgut im Löbl. Canton Basel, etwan eine Viertelstunde von der minderen Stadt entfernet, auf einer lustigen Ebne an der Landstraße ohnweit der Wiesenbruck gelegen» und der schönen und angenehmen Aussicht, «insonderheit von der am Haupt-Gebäude gegen Mittag stehenden Gallerie, da sich das Auge in Betrachtung der Stadt und umligender Landschaft ergötzen kann», blieb keine Spur!
Kolorierte Radierung von Isaak Pack

Das Wettsteinhäuschen, um 1850

Im oberen Kleinbasel, an der Ecke Claragraben/Riehenstraße, steht Basels ältestes Wochenendhaus: das sogenannte Wettsteinhäuschen. Es lag einst, wie viele andere Gütlein bis zur Stadterweiterung in der zweiten Hälfte des letzten Jahrhunderts vor den Toren der Stadt, in einem ausgedehnten Rebgelände und diente seinen Bewohnern als Hort der Muße und der Erholung. Es war eines jener vornehmlich auf kleinem Grundriß in die Höhe gebauten Häuschen, die im Erdgeschoß genügend Platz für landwirtschaftliche Gerätschaften enthielten und im Oberstock eine wohnliche Stube für gemütliche Stunden aufwiesen. Was es aber von andern Rebhäuschen augenfällig unterschied, war sein gemauertes rundes Treppentürmchen, das auf besondere Wohlhabenheit seiner Erbauer schließen läßt. Ob diese wirklich der Familie Wettstein angehörten, ist nicht festzustellen. Auch die Überlieferung, die Stadt habe den aus dem Jahre 1571 datierten kleinen Landsitz Bürgermeister Johann Rudolf Wettstein für dessen hervorragende staatsmännische Verdienste zum Geschenk gemacht, findet keine aktenmäßige Bestätigung.
Als zu Beginn der 1890er Jahre das Wettsteinhäuschen in Besitz des Staates überging, bewarb sich die Basler Künstlergesellschaft mit Erfolg um die Miete des restaurierten ‹poetischen Bauwerks› und benützte es in der Folge für ihre Bedürfnisse bis zum Bezug der neuen Räumlichkeiten in der Kunsthalle Anno 1898. Dieser neuen Bestimmung als ‹Künstlerlokal› blieb das Wettsteinhäuschen bis heute verhaftet, fühlte sich doch nach dem Bildhauer und Medailleur Hans Frei auch Bildhauer Alexander Zschokke vom ‹alterthümlichen Charakter des Gebäudes› angezogen. Mit der Verbauung der unmittelbaren Umgebung des Wettsteinhäuschens mit einem ‹Lawn-Tennisspielplatz› durch den FC Basel – «der das Fußballspiel in Basel eingeführt hat und nun auch das Lawn-Tennisspiel einem weitern Kreis bekannt machen möchte, um seiner Bestimmung gerecht zu werden, die gesunden und edlen englischen Leibesübungen bei der Jugend Basels einzubürgern» – aber war die Regierung 1895 nicht einverstanden.
Aquarell von Johann Jakob Schneider

Der Grenzacherhof, um 1930

53 Wo die Grenzacherstraße (Nr. 119) und die Peter-Rot-Straße (vormaliger Duttliweg) sich kreuzen, stand bis im Herbst 1935 der sogenannte Grenzacherhof. Die früheste Erwähnung jenes Bauerngehöftes an der damals noch einsamen Landstraße nach Grenzach stammt aus dem Jahr 1807, als ein Johann Georg Ebert das aus einem Wohnhaus, einer Scheune samt Stallung, einem großen Schopf und einem bescheidenen Lehenhaus bestehende Gut bewirtschaftete. 1830 ließ der Besitzer das alte Anwesen durch ein neues ersetzen. Und so umfaßte der Grenzacherhof fortan «ein neues Wohngebäude mit 2 Stockwerken, ganz in Mauern, einen Anbau mit einem Stockwerk, Stallung, Futtergang und Scheune, ebenfalls in Mauern, und ein Flügelgebäude mit Stallung, Remise, Brennhaus, Lehenmanns- und Gärtners-Wohnung, Heu- und Fruchtboden», das je zur Hälfte aus Mauern und Riegeln gebaut war.

Nach 1854 ging die umfangreiche Liegenschaft an Friedrich Kern-Bischoff, der die bauliche Substanz des Besitzes (u. a. durch die Errichtung einer Zwirnerei), beträchtlich mehrte. Dem dynamischen Bandfabrikanten und eidgenössischen Oberst war kein langes Leben beschieden: Er starb 1865 im Alter von erst 48 Jahren. «Das ungewöhnlich zahlreiche Geleite, welches der Leiche des Herrn Oberst Fr. Kern folgte, zeigte, daß Basel einen seiner bedeutendsten Männer verloren hat. Hr. Kern hat im Jahre 1842 ein Seidenbandfabrikationsgeschäft gegründet und demselben im Lauf der Zeit, unterstützt von seinen jüngern Brüdern, eine große Ausdehnung gegeben. Neben seinem Geschäft hatte er sich mit besonderer Vorliebe und mit bestem Erfolg dem Wehrwesen gewidmet und stieg bis zum Grad eines eidg. Obersten (1857). Als solcher war er Inspektor des 12. Militärkreises, welcher das Waadtland umfaßt, und war nicht nur wegen seiner militärischen Tüchtigkeit, sondern namentlich auch wegen seiner Gutherzigkeit sehr geschätzt.»

Später ging das nun Kernsche Gut genannte Anwesen an die Verwaltung der Badischen Eisenbahn, die es Betriebsangestellten als Wohnung zur Verfügung stellte. Ende der 1920er Jahre erwarb die F. Hoffmann-La Roche & Co. AG das für sie günstig gelegene Landgut und ließ es 1935 im Zuge der Expansion des Unternehmens abbrechen und durch ein Garagegebäude ersetzen, das seinerseits 1971 einem Fabrikneubau weichen mußte.

Ländliches Idyll, um 1890

Auf welcher Flur vor den Toren der Stadt einst dieses landwirtschaftliche Anwesen mit der sonntäglich gekleideten Bauernfamilie gestanden ist, läßt sich nicht mehr feststellen. Immerhin paßt die nachfolgende Schilderung einer ‹alten Baslerin› aus dem Jahre 1932 genau zur herrlichen Photographie: «Jedesmol isch's e Fraid gsi, wenn d'Mamme gsait het, mr gienge z'Obe go kiehwarmi Milch dringge; am halber Fimfi het me sich parat gmacht. Ebbe-n-emol isch 's Schuggi Schaub mitko; vom Minschterplatz dr Spittelsprung (jetz haißt's Minschterbärg) ab, d'Äschevorstadt us, in d'St. Jokebstroß. Wyter usse-n-isch e-n-Alee vo prächtige Nußbaim gstande, bis zum Streßli, wo zuem Luftmatthus gfiehrt het. Dert rächts an sällem klaine Hysli isch e-n-Echo gsi, und wenn d'Großmamme mitko isch, so het si jedesmol gruefe: ‹Epfelkiechli›, und mir Kinder händ is iberbotte mit allerlai Gschrai. Wenn me zuem Hus ko isch dur die scheene Matte, sin mr zerscht dur dr kiehl Husgang ko, wo großi flachi Holzbeggi ufgschtellt gsi sin, daß dr Ruum obe uf käm, vo däm me dr Angge gmacht het. Hinderem Hus isch e Bank gsi, uf däm isch d'Heinimännene gsässe-n-in ihrem blaulynige Rogg und wysse Hemdermel und het's Anggefaß drillt; e fein gflochtene Mischthufe-n-isch vor em Stall gsi und e Brunne. Am Lattehag isch au e lange Bangg gsi; do hämmer druf gspilt, wie me's jetz nimmi duet. Mr hän us Blueme-n-e ganzi Molzyt härgrichtet, d'Madde het is alles gliferet. Us Schoofgarbe hämmer Bluemekehl fabriziert. 's Gras het Spinat gä und d'Maddebliemli d'Eier druf. Us Bluemestengel sin Sparse worde, us de Wurzle vom Kerbel Gäliriebli und d'Frichtli vom Bäreklau hän 's Usmachmues gä. Alles isch uf runde Bletter agrichtet worde. Zletscht hämmer no e ganzi Gsellschaft vo Jimpferli und Fraueli gmacht. Näbe dr Madde-n-isch e Kornfäld gsi mit vyl Kornrose-n-am Rand, vo däne het me d'Knepf gnoh, obe het me-n-e Stiggli Stihl lo stoh, d'Knepf het me-n-usenander dailt, drus sin die scheenschte sydige Reggli fire ko, vom rainschte Wyß bis zuem dunkelschte Rot. Am säxi hämmer mit Schobbegleser in Stall derfe, dert isch vom Konrad dry gmulche worde mit heerligem Schuum. Vo Bazille het me domols no nyt gwißt, e groß Stigg ganz dunggel Burebrot, sälberbaches, het me derzue biko und wemme fertig dermit gsi isch, het me-n-ans Haimgoh und Abschidnämme dänggt und isch seelevergniegt uf em Minschterblatz aglangt. Jetz isch die ganzi Herrligkeit lengscht verschwunde und au sälle brächtige Buurehof, Luftmatt ghaiße, verschwindet; denn, wie dr Ätti zuem Bueb sait in dr ‹Vergänglichkeit› vom Hebel: 's chunt alles jung und neu und alles nimmt en End und nüt stoht still. Hörsch nit, wie 's Wasser ruuscht und siehsch am Himmel obe Stern an Stern? me meint, vo alle rüehr si kein und doch ruckt alles witers, alles chunt und goht.›»

54

Das Klybeckschlößchen, 1859

55   Unweit der Einmündung der Wiese in den Rhein, wohl im ausgehenden 14. Jahrhundert erbaut, hat das idyllische Klybeckschlößchen bis ins Jahr 1955, als die fruchtbare, von den Höhen des Schwarzwalds und des Juras geschützte Niederung längst von einem dichten Häusermeer besiedelt war, die Kleinhüninger an die Zeit der vornehmen Ratsherren und Landvögte erinnert.
1402 ist das ‹wygerhus ze Kluben› mit Ritter Hans Reich als Eigentümer erstmals erwähnt, dem Achtburger Friedrich Rot, Papierer Heinrich Halbisen d. J., die Abtei St. Blasien und das Stift Säckingen folgten. 1522 wechselte der Besitz aus der Hand des Steinschneiders Sigmund, der auch die zum Gute gehörenden beiden Papiermühlen und die Säge betrieb, in das Eigentum der Stadt Basel. Und diese veräußerte ihn schon kurz danach mit Verlust dem Arzt, Bergwerksbesitzer und Kronenwirt Berchtold Bartter. Nach regem Besitzerwechsel war es 1738 wiederum die Stadt, welche das Klybeckschlößchen in Obhut nahm und es diesmal zum Sitz des Landvogts von Kleinhüningen bestimmte. Zudem wurde das gegenüberliegende verwahrloste Gebäude zu einem Pfarrhaus eingerichtet und den Seelsorgern Kleinhüningens bis 1808 zugewiesen.
Bis zur Französischen Revolution walteten die Obervögte Frey, Iselin, Mitz, Buxtorf, Kienzel, Faesch und Schorendorf zu Klybeck ihres Amtes und erfreuten sich eines recht beschaulichen Daseins. Mitunter sorgte allerdings die Natur für Abwechslung, etwa wenn die Wiese Hochwasser führte und das Land unter Wasser setzte oder wenn wilde Tiere sich in der Gegend herumtrieben. So wurde im ‹Wolfswinter› 1640 der Knecht des Klybeckmüllers auf dem Weg in die Stadt von zwei Wölfen angefallen. Doch stürzten sich diese dann auf seinen mutig umsichbeißenden Hund und zerrissen diesen in Stücke, derweil der Knecht sich in Sicherheit bringen konnte.
1798 beschloß die Nationalversammlung den Verkauf der aufwandreichen und unbewohnten landvogteilichen Residenz, kannte die Helvetik doch keine Vogteien mehr. Für 14800 Pfund erwarb Güterfuhrhalter Lucas Iselin das Schlößchen, das dann über die Familien Miville, Heimlicher und Abt 1903 in den Besitz der Basler Baugesellschaft gelangte, die es zu einem Mietshaus umbaute. 1955 wurde das Klybeckschlößchen schließlich abgerissen, und an seiner Statt erstand ein modernes Wohn- und Geschäftshaus (Eckliegenschaft Klybeckstraße/Kleinhüningerstraße). Das untere Klybeck, ein Ende des 17. Jahrhunderts vom Spezierer Kaspar Hauser errichteter stattlicher Bauernhof, ist 1873 niedergebrannt und nicht wieder aufgebaut worden.
Aquarell von Johann Jakob Schneider

Der Bäumlihof, 1816

«Klein Riehen, dieses wegen seiner Anmuth und Lieblichkeit in allen seinen Anlagen, und wegen seinem Garten, Fruchtbäumen und Orangerien, sowohl als wegen den dazu gehörigen Wiesen und Äckern längst berühmte Gut, verdient auch seine Celebrität mit allem Rechte. Die in der ersten Hälfte des verflossenen Jahrhunderts aufgeführten Wohn- und Landwirthschafts-Gebäude, stehen in einem Hofe beysammen, welcher von dem herrlichen Garten durch eine große Esplanade mit eisernen Gitterstäben unterschieden ist, und in den ein in der Mitte befindliches Portal, aus dem mit einem laufenden Brunnen versehenen Hofe hinführt; der nunmalige Eigenthümer desselben Herr Samuel de J. Jakob Merian von Basel, hat die Gebäude und den Garten nach dem heutigen Geschmack erneuert und vortrefflich verschönert. Die zwey Fischweyer, welche im Jahr 1661 unfern diesem Landgut auf dem sogenannten Galgenfeld ausgegraben worden, sind im Jahr 1799 auf Befehl der damaligen Regierung verkauft, sodenn zugeworfen und in schöne Wiesen verwandelt worden.»
(1805)
Aquarell von Matthias Bachofen
(vgl. Bd. 1, p. 37)

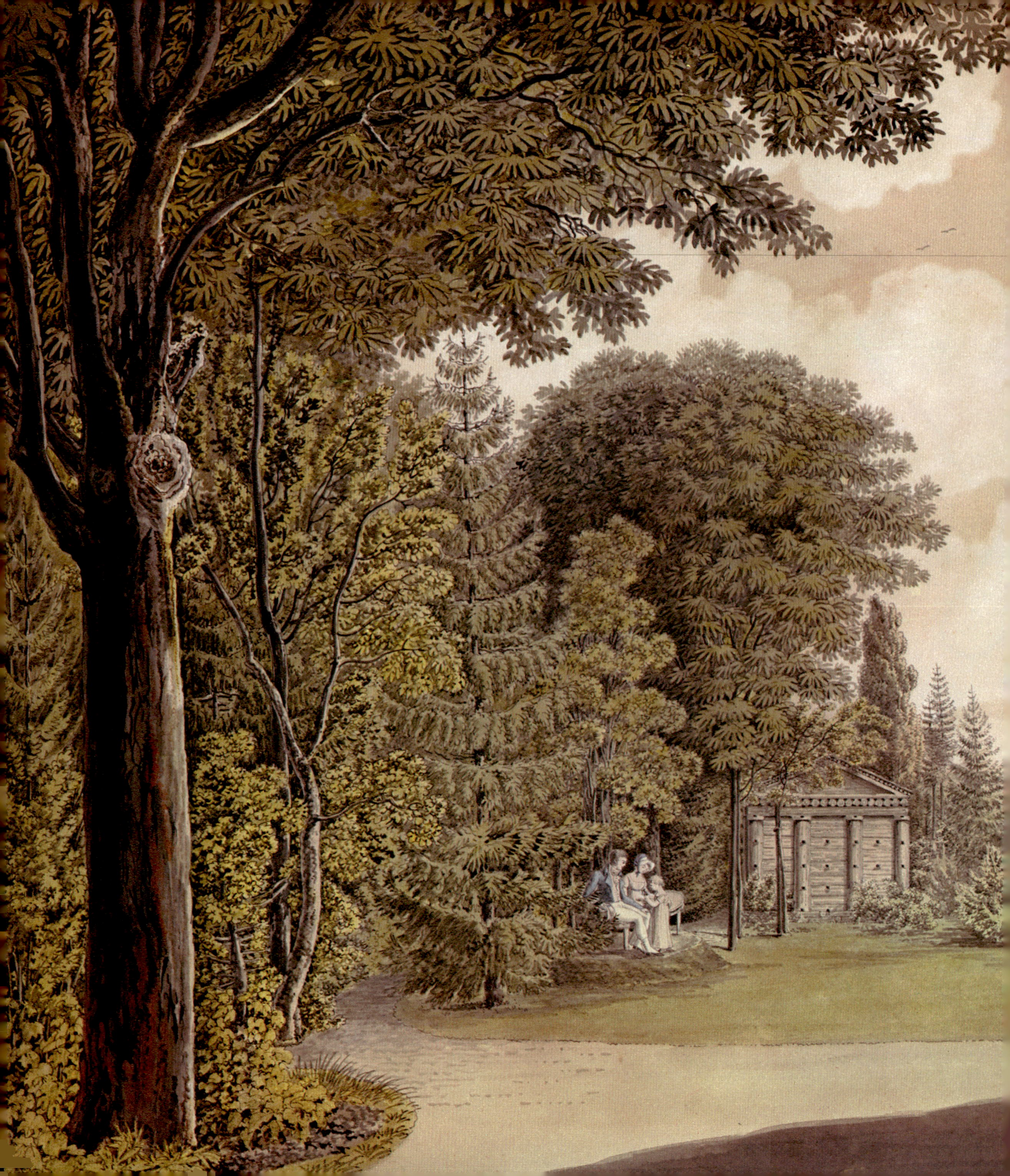

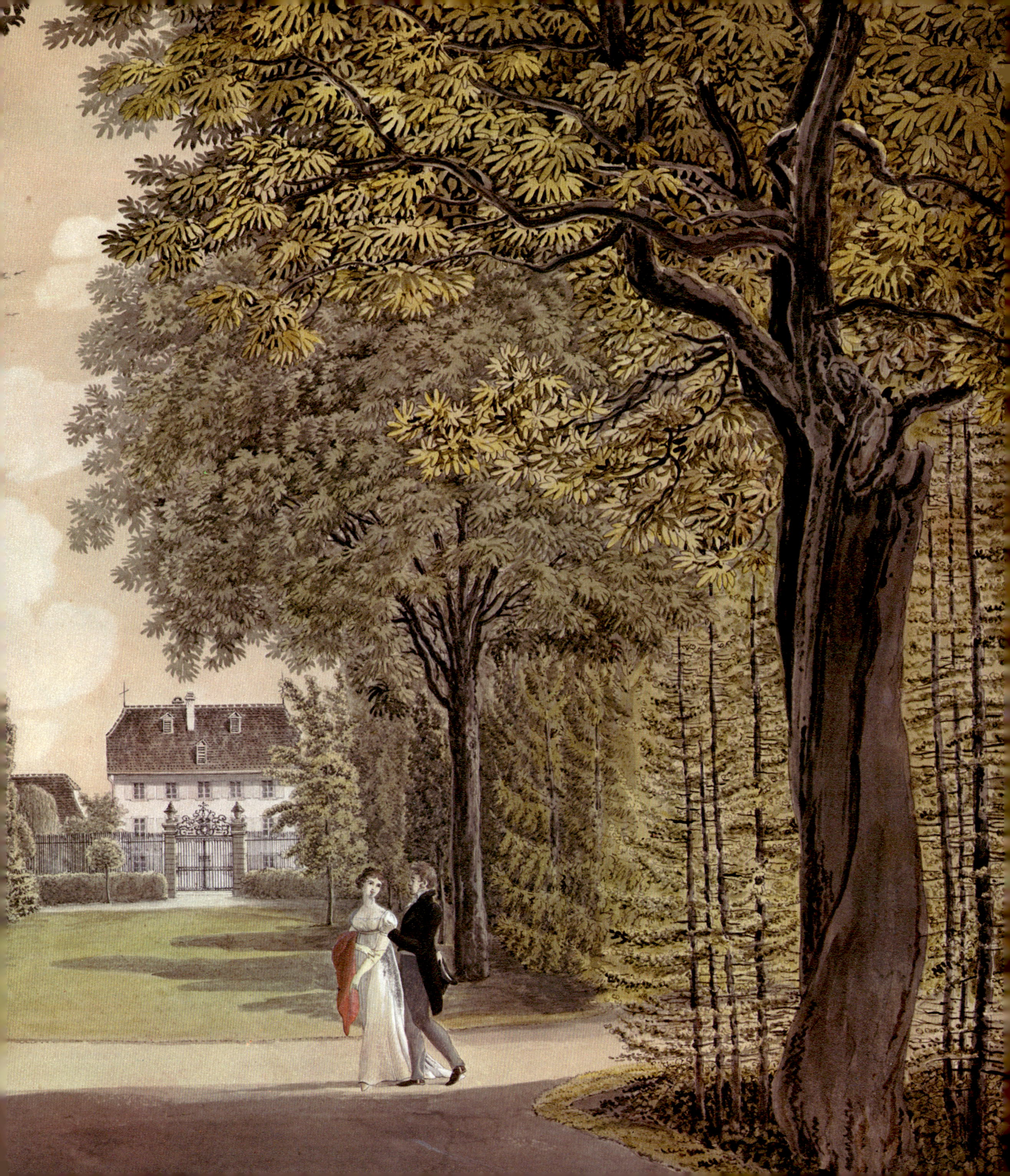

Der Schützenmattpark, um 1902

58 «Es ist die neue Schützenmatt-Anlage eine der schönsten der Stadt geworden und legt beredtes Zeugnis ab von dem Fleiß und Können unserer Stadtgärtnerei. Auf zwei Seiten bilden Baumalleen den Abschluß und an der südwestlichen Lisière dehnt sich die übrige Schützenmatt-Allmend aus, auf deren Boden nächstes Jahr die baslerische Gewerbe-Ausstellung zu stehen kommt. Besonders wirkungsvoll ist die zum ‹Neubad› führende alte Lindenallee, die den Park abgrenzt und in deren Hintergrund die neue Pauluskirche, deren Rohbau nun vollendet ist, eine feierliche Staffage bildet. Auf der andern Seite wird die Anlage durch die Baumreihe des Weiherweges begrenzt. Inmitten des Parkes befindet sich die große Spielmatte, umgeben von einem Kranz junger Kastanienbäume. Rings um dieselbe führt ein Spazierweg mit seitlichen von Gesträuch umgebenen Einbuchtungen, in denen Ruhebänke angebracht sind. Oberhalb des Spielplatzes steht der Musikpavillon, seine Front dem Schützenhaus zugekehrt. Auf einem Steinuntergrund ruht der halbkreisförmige Riegelbau, dessen äußeren Wände mit Wetterschindeln bedeckt sind. An dem Saume der Anlage stehen das Häuschen des Ziegenhalters und ein solches für die Aufnahme des Gärtner-Werkzeuges. Bei der Eisenbahn, in der Nähe des Bahnüberganges am Weiherweg, befindet sich hinter Tännchen versteckt ein Abort. Ein anderes Häuschen, das sich am Eingang der Schützenmattallee befindet, dient als Trinkhalle; es können dort Erfrischungen eingenommen werden. Der Park bietet in seiner Gesamtheit ein hübsches harmonisches Landschaftsbild und wird schon jetzt sehr stark besucht, insbesondere auch von der lieben Jugend.» (1900)
Photo Metz & Co.

Das Nachtigallenwäldchen, 1913

«Das Nachtigallenwäldchen ist den Großbaslern besser bekannt als den Einwohnern des minderen Basel. Von jeher war es eine beliebte Promenade für ältere Herren und Hundebesitzer und namentlich für Ornithologen, da man des Birsigs wegen allerhand freifliegende Vögel beobachten konnte. Da wippte elegant und zierlich die Bachstelze am Bord herum, Schwanzmeislein kamen in Gruppen eingefallen und man freute sich über diese zierlichen Gesellen, die aus einem kleinen Körperchen und einem endlosen Schwänzlein bestehen und einander immer viel zu berichten wußten. Oder eine Kohlmeise schimpfte irgendwo herum, besonders wenn sie auf das Eichhörnchen stieß, das in elegantem Schwung von Baum zu Baum turnte. Auch der Buchfink wiederholte seine Strophe, und aus dem benachbarten Zoologischen hörte man allerhand Tierstimmen. Daß man je einen Fisch gefangen im Birsig, glaube ich nicht, obwohl sich Buben jeden Alters mit dem Fischfang abgaben; der Bach war von jeher der Tummelplatz der männlichen Jugend. Auch die Kinderwagen mit dem Buschi fehlten, es ist eben zu schattig in dem Wäldchen, das zu jeder Jahreszeit ein prächtiges Bild bot. Im Frühjahr erlebte man das erste Erwachen der Bäume, während im Herbst die bunte Pracht des sterbenden Laubes unser Auge entzückte, da sich jeder Ast nochmals im Wasser spiegelt.
In früheren Zeiten galt das Nachtigallenwäldchen als unsicher. M. Neustück, der Basler Vedutenmaler, der in seiner Zeit als Sonderling betrachtet wurde, als Maler aber hoch geschätzt war, pflegte seinen Abendschoppen in Binningen zu genehmigen. Bei seiner oft sehr späten Heimkehr sicherte er sich gegen allfällige unangenehme Begegnungen durch das lose Mittragen von Pfeffer, den er offen in der Tasche bei sich trug und welchen er einem Angreifenden ins Gesicht geschleudert hätte. Man hat aber nie von derartigen Angriffen etwas vernommen. Zu jener Zeit, als noch die ‹Haiwogschangi› sich an der heutigen Station des Birsigtalbähnchens aufhielten, ging man auch nicht gerne in der Dämmerung in das Wäldchen, man traf manchmal sehr wenig Vertrauen erweckende Gestalten. Heute bummelt man geruhsam in dieser Promenade, sofern unsere geschäftige Zeit ein Bummel zuläßt.» (1939)
Photo E. Schill

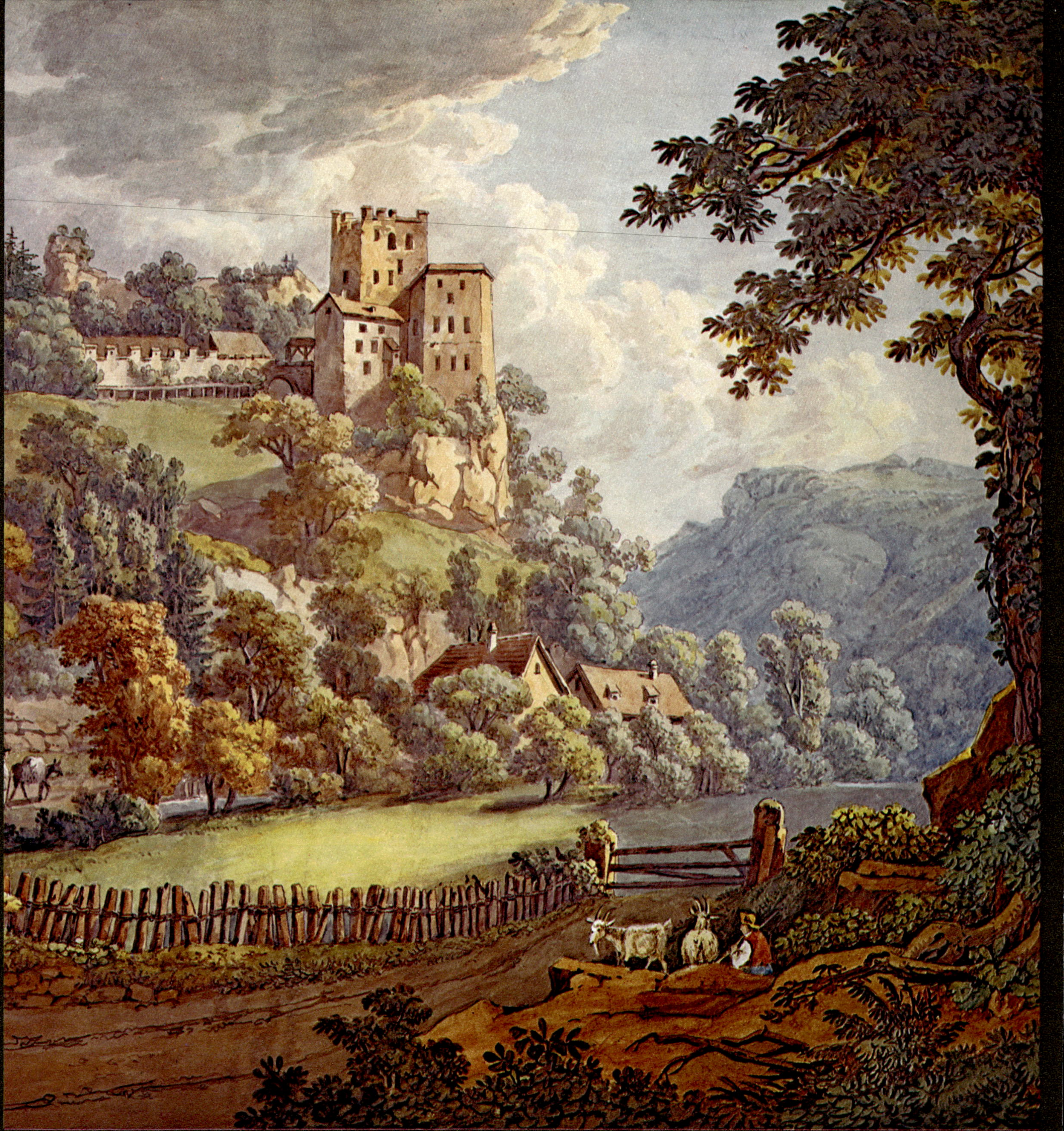

Das Schwarzbubenland

Ein Land mit vielen Höhen und Tiefen: 300 bis 1200 Meter über dem Meeresspiegel, 177 Quadratkilometer Fläche, fast fünfmal größer als der Halbkanton Basel-Stadt! Einst eine Einheit im Norden der Hohen Winde und östlich der Sprachgrenze bis zum Sundgau hinüber: Fürstbistum Basel. Aber gegen Ende des Mittelalters stürzten sich zwei Rivalen auf das Grenz- und Durchgangsland: die Stadt Basel und Solothurn. Wer kann dem lieben Nachbarn die besten Bissen wegschnappen? Die Tage der Feudalherren waren gezählt. Und weil im Mittelland der Berner Bär den solothurnischen Vormarsch stoppte, mußte sich der junge Staat Solothurn im Jura schadlos halten. Die Landkarte verkündet jedem Betrachter, in welchen Erdenwinkeln sich die Solothurner einnisten konnten und die bizarren Lücken zeugen davon, daß man die länderhungrigen Eroberer nicht nach Lust und Laune schalten und walten ließ.

Albin Fringeli, 1972

Bärschwil

Bärschwil, von Bergen eingekesselt und auf drei Seiten vom Bernbiet umschlossen, ein Grenzgebiet schon in alten Tagen. Zwischen dem deutschen und dem welschen Teil des Bistums Basel bis zum Jahre 1792 eingeklemmt, dann bis zum Jahr 1815 direkter Nachbar Frankreichs. Seit 1527 solothurnisches Untertanenland, aber dennoch mit dem Birstal und dem Elsaß vertrauter als mit den Herren und Meistern jenseits der Juraberge. Ein Reservat bis in die neueste Zeit hinein. Ein Paradies für einen Naturforscher wie Amanz Gressly, dessen Eltern bei der heutigen Station Bärschwil eine große Glashütte betrieben. Hier bestand vorher eine Eisenschmelzerei. Und deshalb gehen die Dörfler heute noch auf die ‹Schmelzi› oder auf die ‹Glashütte› hinab, wenn sie in die Fremde reisen wollen.

Die Basler kennen das ‹Kleinod›. Der Fringeliberg ist ihr bevorzugtes Ausflugsziel. Trollblumen, gelber Enzian, Versteinerungen, Aussicht nach dem Val Terbi und nordwärts zum Rhein beglücken den Wanderer. Bis zum Ende des 18. Jahrhunderts hieß der Berg, nach einem solothurnischen Besitzer, der schon zweihundert Jahre früher weggezogen war, der ‹Karlisberg›. Allmählich bürgerte sich der Name des neuen Besitzers als Flurname ein: das Fringeli. Beim Fringeli lassen sich übrigens Spuren uralter Eisengewinnung nachweisen. Alter Tradition entspricht in ‹Bermeswiler› (1275) auch der Abbau von Kalk und Gips und, seit Beginn dieses Jahrhunderts, die Fabrikation von Zement.

Während der Reformation sind die Bärschwiler mit ihrem neugläubigen Prädikanten durch die thiersteinischen Dörfer gezogen, um die Altäre und Bilder aus den Kirchen zu entfernen. Bald aber sind sie zum alten Glauben zurückgekehrt.

Allerlei Zauberformeln haben sie sich im stillen anvertraut. Mit ihnen hofften sie, ihr hartes Schicksal mildern zu können. Überfälle durch fremde Krieger, durch den

60 ‹Château de Thierstein dans le Canton de Soleure›, um 1820. Aquarell von Peter Birmann (vgl. Seite 109).

---

s Glüt vo Bärschbel

I ghör ne Glogge lüte,
Si mahnt mi wider dra,
Aß ig syt ville Johre
Ghei rächti Heimet ha.

My Mueter, die het grine,
Doch i bi d Matten us,
My Höfli stoht vergässe;
I suech ne guldig Huus.

I tanz uff fröndi Gyge
Und sing mit fründe Lüt,
Doch ghör i dure Lärme
Mänggmol ne Gloggeglüt:

«Wär d Heimet cha vergässe,
Wird nie ghei Ruehi ha.
Will är am Tag nit loose,
Im Traum no mahn en dra.»

Albin Fringeli

Schwarzen Tod, durch Tierseuchen, durch Erdrutsche (Gritt) haben nicht vermocht, die Menschen aus ihrem lieben Winkel zu vertreiben. Ihr Glaube gab ihnen die Kraft zum Ausharren und Hoffen. Für seinen Glauben ist der Bärschwiler Johann Bochelen, der im sundgauischen Illfurt als Pfarrer wirkte, am 24. Juli 1798 in Colmar als Märtyrer gestorben.

In eine mystische Welt führt uns manches Geschichtlein, mit dem uns die Alten einst von der warmen Kunst herab erfreut haben. Was sie erzählten von dem Muttergottesbild am Steinweg?

Die Madonna von Meltingen und die von Mariastein, sie sind wohl außerhalb der engeren Heimat bekannter als das alte, geschnitzte Muttergottesbild, das einen aus einem hölzernen Kästlein so freundlich anschaut. Nicht viele, die eilig vorüberziehen, hinauf ins Dorf oder hinab an die Birs, ahnen, warum unsere Vorfahren dieses Bild just an dieser Stelle aufgehängt haben.

Das war so: Freche Räuber hatten einmal in der Kirche von Bärschwil das Allerheiligste und die goldene Monstranz gestohlen. Auf ihrer Flucht warfen sie die Hostie weg. Mit der Monstranz aber suchten sie das Weite. Kein Mensch hatte eine Ahnung, nach welcher Himmelsrichtung die Taugenichtse entflohen waren. Als aber am nächsten Tag der Hirt sein Vieh den Steinweg hinuntertrieb, da blieben alle Tiere auf einmal stehen und fielen auf die Knie. Dem Hirten graute ob diesem Schauspiel. So etwas hatte er noch nie erlebt. Er trampelte verlegen umher und wollte seine Tiere aufscheuchen. Alle Mühe war umsonst. Jetzt holte er den Pfarrherrn. Sorgsam suchten die beiden den Weg ab. Siehe da. Hier lagen ja die Überreste der geraubten Hostie. Der Hirte eilte unverwandt zur nahen Kirche und zog an den Glockensträngen, als hätte es gegolten, einen hohen Festtag einzuläuten. Bald war die ganze Gemeinde auf dem Tabakhügelchen vor der Kirche versammelt. Mit Kreuz und Fahne schritten alle zusammen den Steinweg hinunter, um das geweihte Brot zu holen und es prozessionsweise in die Kirche zurück zu geleiten. Erst jetzt erhoben sich die Kühe und Rinder und zogen gemütlich los nach ihrem Weideplatz hinter der Burgholle. An der großen Eiche am Steinweg befestigten die Bärschwiler in jenen Tagen das liebliche Muttergottesbild.

Als in den siebziger Jahren die Bahn durchs Birstal gebaut wurde, da opferten die Bärschwiler nicht nur dreißigtausend Franken, damit sie ebenfalls eine Bahnstation erhielten, nein, sie fällten überdies die majestätischen Eichen am Steinweg. Auch die Muttergotteseiche mußte dran glauben. Bevor man ihr mit einer Axt eine Wunde schlug, befestigte man das Kästlein mit der Madonna dicht daneben in einer Felsennische. Und damit sie ja nicht zürne, stellten die Bärschwiler später ein eichenes Kreuz daneben. Die Kinder bringen ihr Blumen. Und oft flackert noch spät in der Nacht eine Kerze in der Felsennische. Einmal ging ein Spötter zu später Stunde hier vorbei. Er hielt ein Weilchen an, nicht um ein Gebet zu verrichten, sondern um sich eine Prise Schnupftabak zu Gemüte zu führen. Die geisterhaft flackernde Kerze reizte ihn. «Marieli, willst auch eine Prise?» rief er zum Madonnenbild hinauf. Die Antwort ist nicht ausgeblieben! Schon in der gleichen Nacht fühlte der Mann ein eigentümliches Beissen an der Nase. Der Schmerz hörte nimmer auf. Im Gegenteil. Mit jedem Tag wurde er unerträglicher. Nach wenigen Wochen starb der unbedachte Kerl am Krebs...

---

61 Der untere Dorfplatz mit einem der drei malerischen Dorfbrunnen. Im Hintergrund die Pfarrkirche St. Lukas mit dem aus dem Jahre 1726 stammenden Kirchenschiff, um 1960. Federzeichnung von Gottlieb Loertscher.

62 Blick ins Schwarzbubenland, 1799. Neben dem ‹Schwarzbueb›, links außen, sind in der Ferne die Dörfer Zullwil, Nunningen, Bretzwil, die Ruine Gilgenberg und der Aletenkopf zu erkennen. Aquarell von Matthias Bachofen.

63 Das Reichensteinische Mirakelbild, das von der wundersamen Rettung des Junkers Hans Thüring Reich von Reichenstein bei Mariastein berichtet, 1543. Ölgemälde auf Holz von C.H. (vgl. Seite 154).

S Chrüz im Churzäggerli

Bim Hof im Churzäggerli z Bärschbel stoht es schöns steinigs Chrüz mit der Johrzahl 1759. Alt Lüt wüsse no, worum as mes ufgstellt hed: Ne Maa z Bärschbel isch vomene tollwüetige Hung bisse worde und hed die wüesti Chranket au überchoo und zwar uf di schlimmsti Art. Er isch bös und agriffig worde wines hungrigs, wilds Tier. Us Notwehr und für as nid noo nes größers Unglück gscheh, hed me ne müese erschieße. A der Stell, wo dä arm chrank Maa gstorben isch, hed me do das Chrüz ufgstellt.

Der Buur ufem Chrüzäggerli weiß no meh drüber z brichte: Ane 1938, grad denn, wos im Huggerwald brönnt hed, hei eusi Buebe, der Sepp und der Peter, das alte Chrüz abem Sockel gnoo, fürs gründlig z putzen und uszbessere. I der Nacht druf, wo das Chrüz am Bode glägen isch, hed eini vo eusne Chüe im Staal eso mörderlig afo brüele. Mir si sofort uuf go luege, hei aber nid chöne usefinge, was ere fehli. Si isch eifach vergelstered gsi und hed i eir Angst eisder sittilige hingere a Bode glotzt. I ha se do tätschled und gstreichled und ere guet zuegredt, biß is dunkt hed, si sig jetz wider im Gleus und förcht si nümme. Womer derno usem Staal göi, gumped abem leere Chrüzsockel es schwarzes, fröndes Hüngli und springt gägem Dorf zue dervoo. Jetz si mir is sofort einig gsi: Morn scho mues das Chrüz wider ufgstellt wärde! Mir hei das Flächten- und Mieschzüg abem Stamm und de Balke gribled und se do wider ufem Sockel festgmacht. As mer mit de Heuwäge besser durechöme, hei mers um ne guete Meter gäge Weste verschobe und früsch yzemäntet. Zidhär hei mer nüt me Ungrads gmerkt, weder bim Chrüz no im Staal.

Elisabeth Pfluger

81

64 ‹D Chätterii›, die Marketenderin, um 1935

Katharina Kluge, als ‹Chätterii› im Schwarzbubenland weit bekannt, versorgte während Jahrzehnten auch die Bewohner der entlegensten Höfe mit Schürzen und mit Unterwäsche. In jungen Jahren trug sie ihr vielseitiges Sortiment in einer großen ‹Hutte› zu ihrer Kundschaft, später, als ihre Kräfte nachließen, benutzte sie dafür ein Korbwägelchen. Die gutmütige ‹Granizlere› brachte mit ihrer Handelsware jeweils auch Grüße von Bekannten und Verwandten über die Juraberge und war deshalb überall wohl geschätzt. – Photo Leo Gschwind.

65 Behutsam, fast mit einer Andacht, dengelt Bauer Josef Fringeli seine Sense, um 1940. Wie der Ruf des Uhus, so gehört auch der Klang des Dengelns heute zu den seltenen Geräuschen auf den Bauernhöfen.

66 Die Glashütte von Bärschwil, 1802

Es sind über hundert Jahre verflossen, seit ein einfacher, aufgeweckter Laufner die Glashütte von Bärschwil aufgesucht hat. Neugierig hat er die Glashütte betrachtet; dann ist er über die hölzerne Brücke auf den solothurnischen Boden hinübergeschritten, um auch die schöne Gartenanlage am Fuße der steilen Felsen zu bewundern. Und dann ist Peter Frey heimgegangen und hat in seiner ‹Chronik› die folgenden Zeilen niedergeschrieben: «Laufen hat zwo Getreidemühlen und zwo Sagen und eine Glashütte, die von den Landleuten die Schmelze genannt wird. Auf dem rechten Ufer der Birs steht das Wohnhaus des Eigentümers. Das Wohnhaus, die Birsbrücke und die von Felsen überragte Gartenlaube bilden eine interessante Gruppe. Die Glashütte beschäftigt etwa 150 Arbeiter; es sind meistens Ausländer. Sie braucht jährlich etwa 1500 Klafter Holz. Gegen Ende des 18. Jahrhunderts kam Stephan Gresli, der 1806 den 22. April nachmittags halb zwei gestorben ist, auf Laufen, als ein unbemittelter Mann und kaufte den Platz, wo jetzt das Stammhaus steht. Er fragte die Stadt an, ob er auf Laufner Boden eine Glashütte bauen könne. Es wurde ihm bewilligt. Er bezahlte jedes Jahr den Zins. Weil aber die Einnahmen immer größer wurden, so wurde der Zins auch größer, bis 1837 die Witwe Gresli den Platz für 2000 Fr. abgekauft hat. Es scheint mir, als hätten Er und Sie das Gelübde gemacht, den Laufneren, Bärschwil und Grindel zu verdienen zu geben, so lange als sie können, wenn ihnen Gott das Glück gebe. Er und Sie haben es gehalten. Sie haben ihre Arbeiter behalten, auch wenn sie nicht mehr schaffen konnten, sie haben jeden Samstag ihren Lohn bekommen. Auch wenn sie einen am Sitzen oder Liegen angetroffen hat, hat sie ihm den Lohn gleichwohl gegeben. Sie hatte keine Profosen bei ihnen wie die Schellenwerker, wie es heutzutag im Laufental der Brauch ist. Und sie hatten Gottes Segen. Am Anfang hat Gresli Geld leihen müssen, um seine Arbeiter auszuzahlen. Später hat er vier Glasen und über zwölf Sennhöfe gekauft. Nach dem Tode der Frau sollten die unnützen Arbeiter abgedankt werden, und so wurde fast alles abgedankt. So blieb auch Gottes Segen zurück. Einer von den Herren war im Eidgenössischen Generalstab gewesen, der andere war Amanz Gresli, der berühmte Natur- und Altertumsforscher. Er hat ein Werk französisch in Neuenburg ausgegeben.» – Aquatinta von F. Hegi nach Peter Birmann.

67 Höherer Unteroffizier der solothurnischen Miliz als ‹eidgenössischer Zuzüger› in Basel, 1792. Aquarellierter Umrißstich von Franz Feyerabend.

Franz Feyerabend fecit.

Johan: Affhollder — Feldweubel
vom Contin.t Solothurn

Des Bärschwiler Müllers wundersame Heilung

Von einer sonderbaren Krankheit wurde 1649 der Bärschwiler Müller Hans Jecker befallen. Er fiel in eine tiefe Ohnmacht und gab kein Lebenszeichen mehr von sich. Vergebens rief man ihn beim Namen, «war nicht anderst als wann man mit einem Stock redete». Eine ganze Nacht lag er wie tot da, «biß die schöne Morgenröth den liechten Himmels-Kreiß bestrichen, darauff dann die wahre Sonn der Barmhertzigkeit (Maria) den verschetzten Menschen mit ihren mütterlichen Gnaden-Strahlen dergestalten beschinen, daß selbiger einsmahls beseelt wurde», nachdem seine Frau eine Wallfahrt nach Mariastein versprochen hatte. Bald darauf pilgerte das glückliche Ehepaar dorthin, ließ das Wunder schriftlich niederlegen und stiftete eine Votivtafel mit folgendem Spruch:

> Ein groß Wunder, seltzamer Zuestandt
> Bezeug ich hie und mach bekant.
> In ein Kranckheit fiehl ich zuer Stundt
> Urblötzlich, zuevor frisch und gesundt.
> Sinn und Verstandt war mir genommen,
> Den Pfarherr ließ man zue mir kommen,
> Fandt mich da ligen ohne Zeichen,
> Köndt s Heilig Sacrament nit darreichen,
> Hinzwüschen that das Eheweib mein
> Ein Fahrt verloben in den Stein.
> Maria Hilf war baldt vorhanden,
> Dan ich baldt früsch und gsundt uffgstanden.
> Fragte, waß die Umbstehende machen.
> Nach deme ich bericht war der Sachen,
> Hab das Gelübt verricht nechster Zeit.
> Gott sey drumb danckht in Ewigkeit.
> Hans Üeckher,
> Müller und Burger zue Berschweyl

Von hohen Felswänden ummauert

Bärschwyl, in der Volkssprache Bärspel, früher Berniswiler, Pfarrdorf mit 579 Einwohnern und 109 Häusern. Diese Ortschaft ist in einem tiefen, abgelegenen Bergkessel versteckt und fast rings von hohen Felswänden ummauert. Wer sie von Grindel her besucht, erblickt sie erst, wenn er sich ihr auf 400 Schritte genährt hat, zu seinen Füßen liegend. Der Boden ist wegen den überall verbreiteten Mergellagern mit fettem Graswuchse bekleidet. Der 1 Stunde entfernte Fringeli wurde als ergiebige Fundgrube von Petrefakten angeführt. Die Pfarrbücher melden, daß hier 1725 Pfarrer Wyß im Geruche der Heiligkeit gestorben sey, und daß man nach vier Jahren beim Baue der Kirche seinen Leichnam unverletzt gefunden habe. Der schweizerische Heroidendichter J. Barzäus verweilte hier ein Jahr als Pfarrer. 1780 kam von Pisoni, dem Baumeister der St. Ursuskirche in Solothurn, das Pfarrhaus zu Stande, welches eines der schönsten des Kantons ist. Es lehnt sich mit der Kirche an den Berg an, wie denn hier kaum 1000 Schritte ebener Boden zu finden ist. Durch diese Gegend wurde vordem stark Schleichhandel getrieben, welches auf die Sittlichkeit des Volkes höchst verderblich einwirkte. Die Bewohner nähren sich von dem Wiesenbaue; auch gewähren die Arbeiten in den Gypsgruben einigen Verdienst. Eine schmale tiefe Bergschlucht windet sich von Bärschwyl nach der Birs hinunter. Zuerst gelangt man dem geschwätzigen Bach entlang zu der romantisch gelegenen Mühle und der Holzsäge. Ein hübscher Wasserfall, der in einer Seitenschlucht vom Grindelbach gebildet wird, ist gewiß werth, in dem dichten,

68 Der Rollwagenzug, um 1920

Für den Transport von Gips und Mergel vom Dorf zur Fabrik bei der Station bedienten sich die Bärschwiler während einiger Jahrzehnte des 1894 mit einem Aufwand von Fr. 40000.– erbauten Rollwagenbähnchens. Die Zugführer standen auf den schmalen Plattformen, rauchten gemütlich ihre Pfeife und zogen in den gefährlichen Kurven die Bremsen. Mit vorgespannten Pferden erreichten die leeren Wagen dann wieder die Höhe des ‹Gupfs›.

schattigen Gebüsche besucht zu werden. Hier zeigen sich merkwürdige Tuffbildungen. Nach einer halben Stunde erreicht man die Schmelze, wo bis 1780 Eisen geschmolzen wurde. Herr Gresli, dieser gewerbthätige Mann, erbaute dann die Glashütte, die jenseits der Birs auf bernischem Boden, an der Straße von Basel ins Münsterthal, steht; die ausgedehnten Wohngebäude liegen auf solothurnischem Boden. Die Petrefaktensammlung von A. Gresli, die Jedermann gerne gezeigt wird, enthält viele Stücke seltener Juraversteinerungen, die man in andern größeren Sammlungen vergebens suchen wird. Beim nahen Wiler, einem Sennberge, werden wieder alte Stollen auf Eisenbohnerz geöffnet. (1836)

Bättwil

Am Nordfuß der ersten bewaldeten Vorfalte des Blauen, zwischen Bättwiler Berg und ‹Köpfli›, liegt das Dörfchen Bättwil. In lockerer Bauweise, an der parallel zum Hang verlaufenden Straße, bildet es eine geschlossene Siedlung, die ihren bäuerlichen Charakter bis heute bewahrt hat. Scheunen, Ställe und gewölbte Keller mit Rundbogeneingängen werden heute noch benützt und zeugen von Landwirtschaft und Rebbau.

Urkundlich faßbar ist die alte Alemannensiedlung erstmals um die Mitte des 13. Jahrhunderts. Aus Königsbesitz war der Weiler ins Eigentum des Klosters Reichenau gelangt. Dieses übertrug in der Folge die hohe Gerichtsbarkeit lehensweise dem Bischof von Basel, die niedere den Grafen von Thierstein. Letztere wiederum verpfändeten ihre Rechte an die Herren von Andlau. Im Jahre 1509 erhielt Solothurn von den Thiersteinern die Erlaubnis, dieses Pfand auszulösen. Dadurch entstanden ernsthafte Spannungen zwischen der Aarestadt und Basel. Nach dem Tode des letzten, kinderlosen Grafen drohten 1519 kriegerische Auseinandersetzungen um die Erbschaft. Durch eidgenössische Vermittlung erhielt Solothurn 1522 zwei Drittel der Rechte an Bättwil zugesprochen; der letzte Drittel gelangte fünf Jahre später in den Besitz Solothurns.

1579 war «das dörfflein Betwyler clein, und sint nit über siben oder acht Purengewerb allda». Tatsächlich stammen die sieben bemerkenswertesten Häuser aus dem 16. und 17. Jahrhundert. Zu ihnen zählt die Mühle, die ins 15. Jahrhundert zurückgeht. Ihr erster Lehensbrief datiert von 1515, ihr letzter aus dem Jahre 1850. Sie blieb meist generationenlang im Besitz der gleichen Familien.

Kriegerische Auseinandersetzungen mögen von jeher einer baulichen Entwicklung des grenznahen Dorfes im Wege gestanden haben, liegt doch bereits 500 Meter hinter dem Dorf ausländisches Gebiet. Armagnaken und Söldner im Schwabenkrieg hatten den Weiler heimgesucht. Zur Zeit der Reformation fanden die Bauernunruhen im nahen Elsaß ihren Widerhall im Leimental. Schweden und Kaiserliche raubten und plünderten während des Dreissigjährigen Krieges. Französische und alliierte Truppen leisteten sich zu napoleonischen Zeiten in größern und kleinern Abteilungen Übergriffe oder belasteten die Einwohner mit Kontributionen und Frondiensten. Da blieb wenig Raum für ein gedeihliches Wachstum.

Zum Gottesdienst pilgerten die Bättwiler zur uralten Mutterkirche des hintern Leimentals, nach Wißkilch auf elsässischem Gebiet. Dort begruben sie auch ihre Toten. Aus einem Gelöbnis während einer Viehseuche erhielt

Bättwil 1744 eine eigene Kapelle mit drei Altären, aber erst zehn Jahre später wurde ihnen gestattet, darin die Messe feiern zu dürfen. Die Errichtung eines eigenen Friedhofes wurde fünfzehn Jahre lang vom damals allgewaltigen Dorfmeier hintertrieben. Erst die Sorge der Gnädigen Herren in Solothurn, ihre Untertanen vor der Beeinflussung durch das revolutionäre Frankreich zu schützen, verhalf der Gemeinde zu einer eigenen Begräbnisstätte bei der Dorfkapelle. Sie wurde zur Jakobinerzeit von flüchtigen eidverweigernden Priestern und andern Emigranten, die in Bättwil Unterschlupf gefunden hatten, mit kirchlichen Ausrüstungsgegenständen beschenkt.

Die Neuumschreibung der staatlichen Grenzen wie der Bistumsgrenzen hatte einen tiefen politischen Graben in die ehemalige Einheit des Leimentals gerissen. Deshalb wurde 1808 Bättwil mit Witterswil zu einer neuen Pfarrei zusammengeschlossen. Ein Grenzstein am alten Totenweg an der Kantonsgrenze zwischen Solothurn und Basel-Land bei Benken stellt einen letzten Zeugen der einstigen Zugehörigkeit der ehemaligen Martinskirche zu Wißkilch dar. Sie selbst ist ganz verschwunden.

69 Typisches Leimentaler Bauernhaus, um 1930

Das Bauernhaus Doppler, eines der ältesten Häuser in Bättwil, zeigt den typischen alemannischen Baustil: Wohnhaus, Scheune und Stall unter einem First. Bemerkenswert ist das gotische Stufenfenster im Giebel. Darunter der rundbogige Kellereingang. Auch der Eingang zum Stall neben der Haustüre weist einen Rundbogen auf. Typisch ist auch das kleine Lüftungsfensterchen neben der Stalltüre. Das ganze Anwesen wirkt behäbig und solid. Es erinnert auch an die ‹Dopplerknaben›, die in der rauhen Zeit nach dem Schwabenkrieg, Anno 1505, in das Pfarrhaus zu Wißkilch eindrangen, Fleisch, Speck, Hemden und Linnen raubten, die Betten zerrissen, die Federn durch das ganze Haus zerstreuten, den Stubenofen und die Fenster zerschlugen, mit den Fensterrahmen Feuer machten in der Stube, dieses dann mit Wein löschten und bei Hühnerbraten und Wein zechten und praßten. Es handelte sich dabei um Söhne einer achtbaren Familie, die damals ihr ‹Halbstarkentum› auf diese Weise zum Ausdruck brachten! – Photo Ernst Baumann.

70 Blick in die Mühle, um 1930

Die Bättwiler Mühle gehörte zu den ältesten Gewerben des Leimentals. Sie muß schon im 15. Jahrhundert in Betrieb gewesen sein. Vor dem Jahre 1515 hat Hans Müller die «Mülli zu Bättwyl von nüwem uffgebuwen». Eine große Sorge bildete die Beschaffung der Wasserkraft, beschweren sich die Bauern doch des öftern in Solothurn, weil der Müller ihnen das Wasser wegnehme, «das sie nit mögent ir maten wesren». An den Müller Joseph Grolimund erinnert ein Steinrelief aus dem Jahre 1759, das neben einem kunstvollen Kreuz auch das Wappen des Standes Solothurn bzw. seiner Familie trägt. Im Oktober 1976 ist die seit 1963 stillstehende Mühle ausgebrannt.

71   Flurprozession, um 1940

«... Ein Sonnenstrahl bricht durch die Wolken, Wärme flutet über die feuchten Felder. Die Äcker beginnen zu rauchen. Das ist Opferrauch, heiliger Rauch – Rauch eines Dankopfers an den Herrn dieses Himmels und dieser Erde, der da der Herr ist aller Himmel und aller Erde ... Das war es, was ich vergessen hatte: stillzustehen und meine Hände zu falten. Ich falte die Hände und der Rauch meines Dankopfers hüllt mich ein ...» Besinnliche Betrachtungen aus dem Werk ‹Lob des Leimentals› von Hermann Hiltbrunner, 1943. – Photo Leo Gschwind.

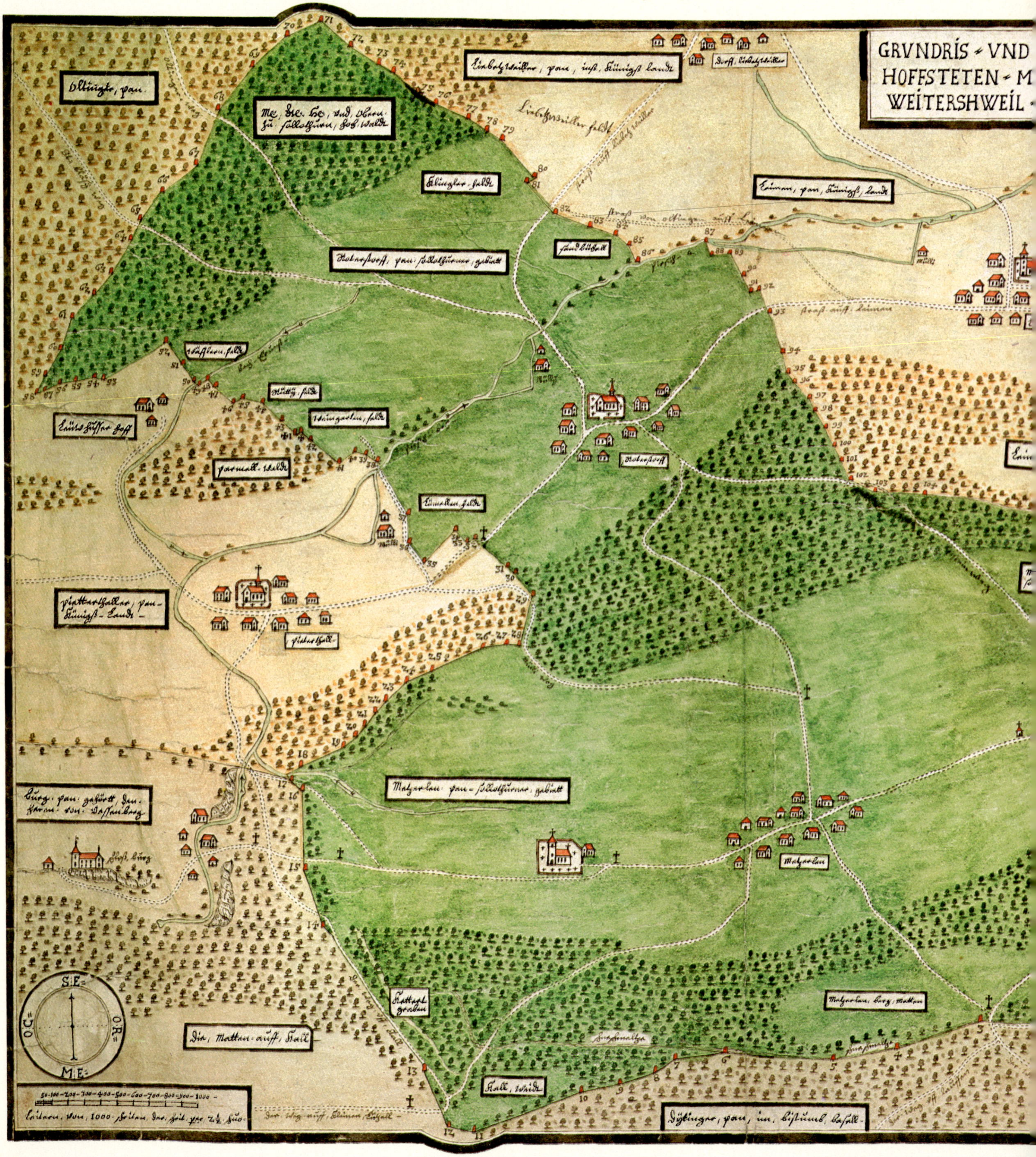
GRVNDRIS - VND
HOFFSTETEN - M
WEITERSHWEIL -

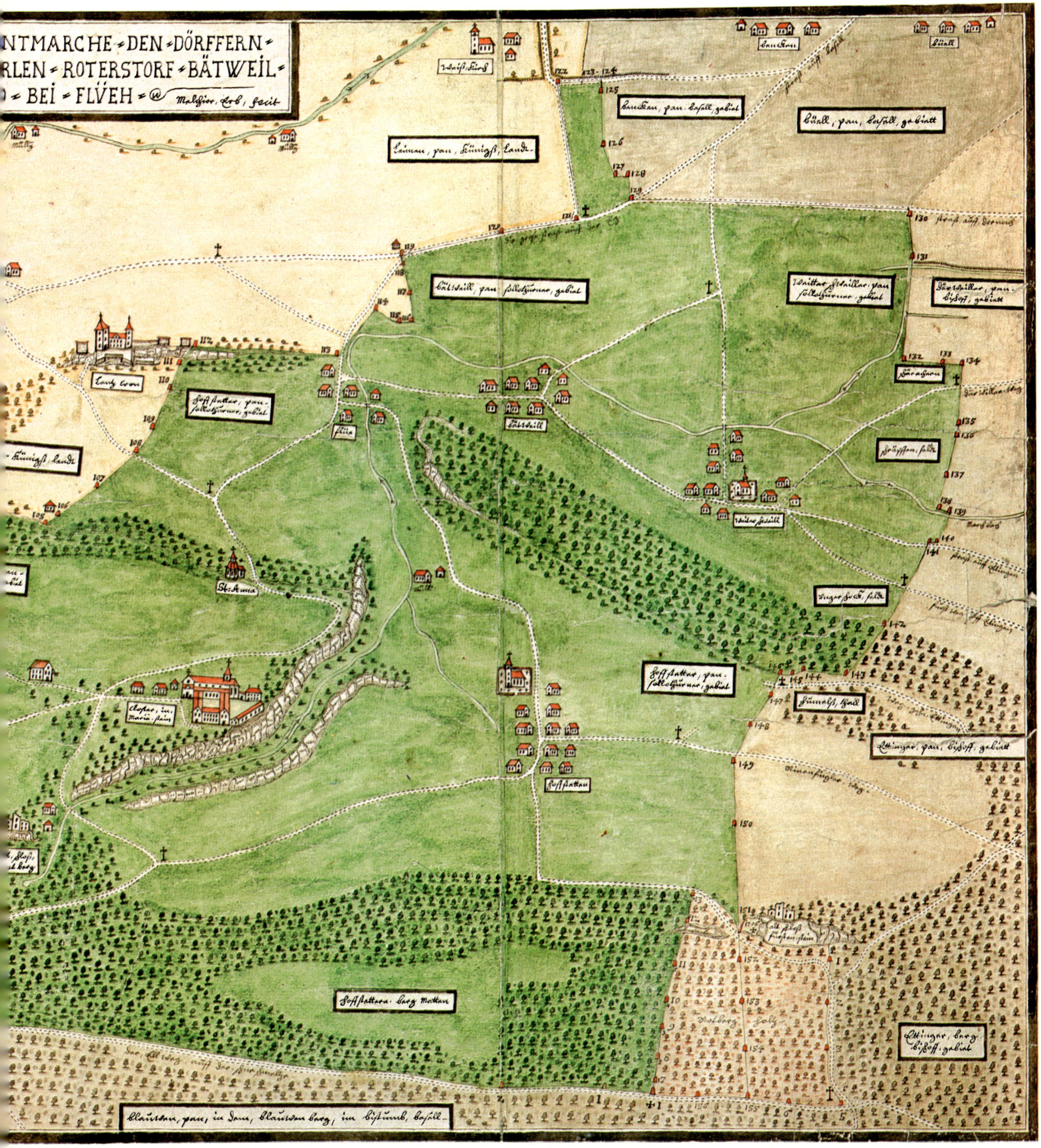
NTMARCHE - DEN - DÖRFFERN -
RLEN - ROTERSTORF - BÄTWEIL -
- BEI - FLVEH -

72 Topographischer Plan der Leimentaler Dörfer der solothurnischen Amtei Dorneck von Feldmesser Johann Melchior Erb, um 1700.

73 **Jugendliche ‹Kirsigünnerin›, um 1930**
In der leichtwelligen fruchtbaren Landschaft nördlich des Dorfes finden sich auch zahlreiche Obstbäume. Schwer zu sagen, wo der Glanz kräftiger leuchtet: in den klaren Augen des bezopften Mädchens oder auf den prallen Kirschen, die gestrupft – ohne Stiel – aus dem Spankorb uns appetitlich entgegenlachen. Die Früchte sind für Konserven bestimmt. Es muß eine reiche Ernte sein, und an ‹Kirsigünnern› dürfte es auch nicht fehlen, stehen doch drei Leitern an einem Baum! Daß die Kirsigünner gegenüber jedermann eine offene Hand hatten, wußte schon Hermann Hiltbrunner zu bestätigen: «Nie habe ich einen Leimentaler Bauern gesehen, der einem vorübergehenden Kind nicht eine ordentliche handvoll Kirschen gegeben hätte.» – Photo Leo Gschwind.

74 **Auf dem Feld, um 1930**
Im Zeitalter der technisch rationalisierten Landwirtschaft wirkt das Bild geradezu nostalgisch, nimmt sich doch die alte ‹Bänne› gegenüber den modernen Mistzettmaschinen recht bescheiden aus. Zufriedene Behäbigkeit kennzeichnen Vater und Sohn: Gemeinsam wird die Arbeit an die Hand genommen, ohne Hetze, aber auch ohne übertriebene Gemütlichkeit. – Photo Höflinger.

75 Das ursprüngliche ‹Herz-Jesu-Bätthüslein› trägt als besonderes Kennzeichen ein Glockentürmchen, das zur Fassade vorgezogen worden ist. Zu seinen Ausstattungsgegenständen gehören auf Weißblech gemalte Stationen und eine dramatische Darstellung der Heiligen Familie. Federzeichnung von Gottlieb Loertscher.

Bätt- und Witterschweyl
So auf der Ebene besser hereinwerts ligt, seind zwo Gmeind, aber ein Meyerthumb. Hat einen gueten Ackerbauw, Reben zue beden Orthen und guete Matten. Alldaselbsten haben unsere G. Herren neben der Stifft Basel den Korn-, Herr Obervogt auf Gilgenberg aber den Weinzehenden. Zue Witterschweyl im Dorf hat es ein neuw erbaute Kirchen. Jr, der Underthanen Pfarr aber ist zue Weißkirch im Leimener Bann, alldahin die Todten auch begraben werden, gehen alternative ein Sonntag umb den andern nacher ermeltem Leimen und Weißkirch. Der Herr Pfarrherr residiert zue Leimen, hat seine Pfrundt von beden Orthen zuempfahen. Zue Bethwyl hat es ein schön neuw wolerbaute Mühlin. (1645)

Wenn euse Vatter dänglet het
Wenn euse Vatter dänglet het,
am Obe vor em Huus,
de bin i mängisch, statt is Bett,
no chly dur s Wägli uus.
De han i ob em Huus am Rein
still glost uf d Dängelitön.
Es het mi dunkt, nüt kling so rein,
un gar nüt syg so schön.
De han i dänkt, so müeß es sy,
hätt tuschet um keis Gäld.
Ha glost und gstuunt, bi glücklich gsi
und zfride mit der Wält.
    Ueli Hafner

Sonderbarer Ursprung

Das ‹Seelenheil› heißt das eine Ende der Schulmatte im Bättwiler Bann. Diesen Namen verdankt sie folgendem Vorfall: Im Dezember 1790 war in die Kirche von Witterswil eingebrochen und das Ziborium entwendet worden. Als die Diebe mit ihrer Beute zur genannten Wiese bei Bättwil gekommen waren, seien ihnen die Füße wie festgewurzelt im Erdreich steckengeblieben. Das schlechte Gewissen habe die Schuld an diesem beängstigenden Zustand ihrem sakrilegischen Raub zugeschrieben. Um wenigstens mit heiler Haut davonzukommen, hätten sie das heilige Gefäß an Ort und Stelle vergraben. Als einige Tage später der Müller von Benken nach Witterswil habe fahren wollen, seien die Pferde stehengeblieben und weder mit Zureden noch mit Schlägen voranzutreiben gewesen. Über dem Feld habe ein unerklärliches Licht geschwebt. Der Müller sei ins Dorf geeilt und habe sein Erlebnis berichtet. Als man im Beisein des Pfarrers nachgegraben habe, sei der Speisekelch zum Vorschein gekommen. So hätten die Diebe ihr Seelenheil gerettet und der Matte zu ihrem Namen verholfen.

76 Von Hermann Hiltbrunner des öftern feinfühlig beschriebene Leimentaler Landschaft, 1968. Tempera von Jacques Düblin.

77 Altargemälde in der St.-Josephs-Kapelle bei Kleinlützel, das die Vermählung des Heiligen Joseph mit Maria zeigt, 1757. Ölbild von Xavier Hauwiller.

Eine liebliche Berggegend

Beinwyl, ein ehemaliges Kloster und eine Pfarre, die aus den vielen zerstreuten Alpenhöfen des romantischen Beinwylerthales besteht. Sie hat 377 Einwohner und 119 Häuser. Die Kirche ist sehr dunkel und ohne Zierde; auch die übrigen Gebäulichkeiten sind einfach; nur die Lage des Klosters (denn diesen Namen führt es noch immer fort) und die liebliche Berggegend geben Beinwyl einen eigenen Reiz. Diese alten Klostergebäude sind Eigenthum des Klosters Maria Stein. Hier wohnt ein Pfarrer und ein Statthalter des Abtes, welcher der Ökonomie vorsteht; denn das Kloster besitzt viele Sennhöfe, Waldungen, und treibt selber bedeutende Alpenwirthschaft. Der gegenwärtige Statthalter Athanasius Brunner besorgt die Ökonomie musterhaft; er brachte es dahin, daß die Besitzungen des Klosters endlich einmal durch den gewandten Feldmesser Martin Walker geometrisch aufgenommen wurden. Viehzucht und Alpenwirthschaft ist der fast einzige Nahrungszweig dieser Thalbewohner. Viel Holz, auch Butter, Käse und fette Kälber werden von hier nach Basel ausgeführt. Mehrere hochgelegene Bergköpfe bieten schöne Fernsichten dar und lohnen die Mühe des Hinaufsteigens reichlich. Wo man jetzt fette Weiden mit zahlreichen Heerden erblickt, war vor 800 Jahren eine wüste einsame Wildniß, Huzonsforst genannt. Das Kloster wurde gegen das Ende des 11ten Jahrhunderts von drei Grafen unbekannten Stammes gegründet. Wahrscheinlich war, wenigstens einer derselben, ein Graf von Thierstein; denn dieses Haus besaß fortwährend die Advokatie über dasselbe; auch schenkte es ihm im Laufe der Zeiten viele Rechte und Besitzungen, so zwar, daß es vom ursprünglichen Geiste abwich und wegen Pracht und Verschwendung in ökonomische Verlegenheit gerieth. Dieses war vorzüglich unter dem adelichen Abte Walraf von Thierstein der Fall, und nur die Häuslichkeit seines Nachfolgers Heinrich Rothacker konnte dem gänzlichen Ruin vorbeugen. 1444 wurde es von österreichischen und 1499 von schwäbischen Räuberhorden ausgeplündert. (1836)

77

Beinwil

Die ehemalige Benediktinerabtei Beinwil im solothurnischen Lüsseltal führt ihren Ursprung ins ausgehende 11. Jahrhundert zurück. Die neueste kritische Forschung möchte die Gründung Beinwils in die Zeit zwischen 1085 bis 1124 setzen. In den ersten Jahrzehnten erlebte die kleine Hirsauer Gründung am Paßwang eine vielversprechende Blüte. Ums Jahr 1200 besaß die Abtei ein eigenes Scriptorium und eine beachtenswerte Bibliothek. In den folgenden Jahrhunderten litt das abgelegene Kloster schwer unter den kriegerischen Unruhen. Brände und Überfälle brachten die klösterliche Siedlung an den Rand des Abgrundes: 1491 plünderten die Laufener das Kloster, 1499 die Österreicher.

Die Gründer und Stifter Beinwils, zu denen die Grafen von Saugern (Soyhières) gehörten, übten das Amt des Kastvogts aus, das nach ihrem Aussterben an die Grafen von Thierstein überging. Mit dem Tod des letzten Thiersteiner Grafen übernahm Solothurn die Kastvogtei über Beinwil.

Nach dem Hinschied des letzten Konventualen von Beinwil, Pater Konrad Wäscher, Anno 1555 berief der Rat von Solothurn Administratoren aus verschiedenen Klöstern und aus dem Weltklerus nach Beinwil. Dem Rheinauer Mönch Pater Urs Buri (1622–1633) gelang es, wieder einen neuen Konvent heranzubilden, so daß 1633 Pater Fintan Kieffer aus Solothurn zum Abt von Beinwil gewählt werden konnte. Er übertrug das Kloster Beinwil am 13. November 1648 nach Mariastein. Beinwil wurde in der Folge von einem Pater Statthalter bis zur Aufhebung im Jahre 1874 verwaltet. Seither amtet immer ein Benediktiner von Mariastein als Pfarrer der weit verstreuten Gemeinde.

80 Sonnenhalb im Beibel, um 1850

«Sonst wird der Orth gegen Auff- und Nidergang der Sonnen mit sehr hohen Bergen umgeben, doch zum studieren und rühwigem geistlichen Leben, wegen deß gesunden Luffts, für vast tauglich und angenehm gehalten.» (1666) – Aquarell von Anton Winterlin.

78 Die alte Klosterschmiede, um 1930

Die malerische Hammerschmiede unweit des Klosters Beinwil wird 1693 erstmals erwähnt, als der Konvent die Nagelschmiede samt Krautgarten um 200 Pfund dem Urs Misteli verkaufte. Doch schon 1699 erfolgte der Rückkauf durch das Kloster, da der Schmied außerstande war, sein vom Sturm verwüstetes Haus wieder instand zu setzen. Als letzter Pächter erscheint 1858 Georg Ankli von Zullwil. 1955 ist die alte Klosterschmiede auf Veranlassung der solothurnischen Denkmalpflege restauriert worden und darf sich heute als einzige Hammerschmiede mit Wasserrad und Stampfhammer des Kantons sehen lassen. – Photo Max Widmer.

79 Der Stab des Seligen Esso

Wohl die bedeutendste Kostbarkeit des Klosters Beinwil-Mariastein ist der romanische Abtstab. Nach der Beinwiler Klostertradition gilt er als der Hirtenstab des ersten Abtes von Beinwil, Esso, des Seligen († 1133), der ihn aus dem Kloster Hirsau mitgebracht hat. Abt Niklaus Ziegler von Öhningen bei Stein am Rhein, der von 1503 bis 1513 regierte, ließ die beschädigte Elfenbeinkrümme in Silber fassen.

«Die elfenbeinerne Krümme des Essostabes beschreibt einen Fünfviertelkreis. Ihr sechskantiger Schaft beginnt sich unmittelbar über der oberen der zwei, die Verbindung zwischen Stab und Krümme beschließenden Sechskant-Zwingen zu wölben und endigt zentral in einem Drachenkopf, welcher eine nach links fliehende Gazelle angreift. Das gehetzte Tier wird außerdem durch einen reiherartigen Vogel bedroht, der, auf dem Drachenhaupt fußend, auf seinen zurückgewendeten Kopf einhackt. Diese Tiergruppe schmiegt sich als durchbrochenes, beidseitig bearbeitetes Hochrelief füllend ins Rund der Volute ein.»

81   Die Abtei Beinwil, 1757

«Das Defilé erweitert sich: Man trifft in das schöne, stille, von Alpweiden eingeschlossene Beinweiler-Thal. An den Berghängen Sennereien; von hier aus wird der Fleischbedarf für Basel hauptsächlich geliefert. Die Gemeinde Beinweil liegt weit umher zerstreut und zählt 58 Wohnhäuser mit 430 Einwohnern (heute 350). Es hat ein altes steinernes Wirtshaus. Auf einer Anhöhe liegt das kleine, alterthümlich gebaute Kloster Beinweil, 1807 Fuß über Meer.» (1867). – Getuschte Federzeichnung von Emanuel Büchel.

82   Die Beinwiler Taufschale

Die als sogenannte Almosenschüssel bezeichnete Beinwiler Taufschale, eines der vielen wertvollen kirchlichen Geräte aus dem alten Kloster Beinwil, ist heute im Historischen Museum in Basel verwahrt. Das schöne

Zeugnis handwerklicher Kunst des 15. Jahrhunderts zeigt ein in Messing hochgetriebenes Relief mit dem Lamm Gottes mit Osterfahne und Kelch.

83 Pater Leodegar mit Bauarbeitern, 1954

Mit unendlicher Hingabe versah während mehr als 30 Jahren Pater Leodegar Huber aus dem Kloster Mariastein das alte Klösterlein an der Lüssel. Unter seiner Amtsführung wurde die Ende der 1920er Jahre dem Zerfall nahe Klostersiedlung in 15 Bauetappen einer gründlichen und glücklichen Renovation unterzogen. Auch erhielt die Kirche dank den Anstrengungen des unermüdlichen Benediktiners eine neue Orgel.

84 Gasthof Neuhüsli, um 1850

«Eine Stunde oberhalb dem Kloster liegt am nördlichen Fuße des Paßwangs das starkbesuchte Wirthshaus Neuhäusli, das sich durch gute Bedienung und durch Billigkeit vorzüglich empfiehlt und unter die besten gezählt wird. Es hatte vormals den Namen ‹Zum dürren Ast›. Ein schönes neues Gasthaus soll hier an die Stelle des jetzigen gebaut werden. Die gesunde Berggegend ist für Curisten ungemein zuträglich, von denen sie zahlreich zum Sommeraufenthalt ausgesucht wird, theils der Molken wegen, theils um die reine Luft und das sorgenfreie Leben zu genießen. Von hier kann man in einer Stunde die Höhe des Paßwangs erreichen;

Fuhrwerke nehmen Vorspann. Fußwege führen ins Nunniger- und Guldenthal. Von der Straße erblickt man die ganz nahe neue Glashütte im Bogenthale, welche die gewerbthätigen Herren Gresli errichten ließen.» (1830) – Lithographie von R. Rey nach C. Guise.

85   's Eiermarieli, um 1924

Zu den auffallendsten Erscheinungen im Dorf gehörte ‹'s Eiermarieli›, ein kleines, rundes Weibchen, das, in einem desolaten Häuschen wohnend, durch den Verkauf von Eiern ein karges Leben fristete. Ihm mag das Mißgeschick zugeschrieben worden sein, das sich 1902 in Basel ereignete: «Montag abends halb 9 Uhr gieng eine Frau aus dem Solothurnischen, die einen schweren mit Eiern gefüllten Korb auf dem Kopfe trug, über die hölzerne Passerelle des provisorischen Bundesbahnhofes. Auf der Treppe diesseits der Einsteigehalle fiel die Frau, jedenfalls durch die schwere Last niedergedrückt, plötzlich rückwärts um, wobei der Inhalt des Korbes, zirka 600 Eier, größtenteils in Brüche gieng; der Inhalt lief in Strömen die Stufen hinunter. Einige Passanten halfen der bedauernswerten Frau, so gut es gieng, wieder auflesen, doch ist ihr durch den Unfall ein beträchtlicher Schaden erwachsen.» – Photo Leo Gschwind.

Breitenbach

Der Bezirkshauptort Breitenbach bildet nicht bloß den wirtschaftlichen und politischen Mittelpunkt, sondern auch ein Zentrum, welches das kulturelle Leben des Bezirks Thierstein beeinflußt. Bis zum Untergang der Alten Eidgenossenschaft im Jahre 1798 war das auf dem Gemeindeboden von Büsserach liegende Schloß Thierstein der Sitz des Vogts, der im Auftrag der Gnädigen Herren und Oberen von Solothurn über die Untertanen wachte. Auch im kirchlichen Leben spielte das Bauerndörflein Breitenbach eine überaus wichtige Rolle. Unterhalb des Dorfes lag die alte Kirche des Tals: die Propstei Rohr. Im Westen vermochte die St.-Fridolins-Kapelle viele Prozessionen anzulocken. Wer Unglück im Stall hatte oder von einem Augenleiden geplagt wurde, suchte beim Apostel der Alemannen, beim Heiligen Fridolin, Hilfe.

Als Besitz der Benediktiner von Beinwil hatte der Dinghof Rohr eine große Bedeutung. Hier wirkten die Grafen von Thierstein als Richter. Als Grenzdorf hatten die Breitenbacher manchmal zu leiden. Oft sind fremde Krieger ins Dorf eingedrungen, um zu rauben und zu morden. Das war in den unruhigen Tagen des Alten Zürichkrieges, des Schwabenkrieges und in der Zeit, als die Franzosen das benachbarte Fürstbistum Basel besetzt hatten, der Fall. Neben den Äckern und Feldern betreuten die Breitenbacher in ruhigen Zeiten auch ihre Reben. Viele Lüsseltaler suchten bei begüterten Bauern Arbeit. Man zahlte im 19. Jahrhundert den Taglöhnern einen Lohn von einem bis zwei Franken. Im Winter erhielten sie jedoch nur 60 bis 80 Rappen und die Kost.

Im Jahre 1903 war die Gemeinde Breitenbach einverstanden, dem weitsichtigen Büsseracher Bürger Albert Borer zu versichern, man werde ihn während zehn Jahren nicht mit Steuern belasten, wenn er eine Industrie einführe. Das Wagnis gelang. Aus den Isolawerken wurde eine Weltfirma, deren Bedeutung kaum mehr ermessen werden kann. Die Isola steht da und hat dafür gesorgt, daß die sozialen Verhältnisse sich sehen lassen dürfen. 1904 erhielt Breitenbach eine Uhrenfabrik, später eine Seidenbandfabrik und eine leistungsfähige Buchdruckerei. Das Dorf wuchs. Fremde Leute haben sich angesiedelt. Es kann nicht mehr von einer Landflucht geredet werden. Als Repräsentanten der neuen Zeit dürfen die neue Kirche, die Fabrikbauten, die Wohnblöcke und das Spital bezeichnet werden. Aus dem Bauerndorf ist eine stadtähnliche Siedlung geworden.

86 Das sogenannte ‹Glückshämpfeli›, der allerletzte Abraum eines Fruchtackers, wurde nach altem Brauch von einem Taglöhner in Namen der Dreieinigkeit in dreifachem Schnitt gemäht, am Kirchweihsonntag in der Dorfkirche geweiht und dann in der Wohnstube hinter das Kruzifix gesteckt. – Photo Leo Gschwind.

Der Kirchenraub in Rohr, Anno 1718

Bis in die Mitte des 19. Jahrhunderts hinein stand die Breitenbacher Kirche nicht ‹mitten im Dorf›. Man hat sie erst damals aus dem ‹Rohr› (zwischen Breitenbach und Brislach) heraufgeholt. In Rohr blieb nur noch das Pfarrhaus stehen. Eine Kapelle zeigt noch den Platz der ehemaligen Propstei Rohr an.

In der Nacht vom 22. auf den 23. Januar 1718 wurde die Kirche von unbekannten Dieben ausgeraubt. Der Tabernakel wurde aufgebrochen, «das Ciborium entfrömbdet, darvon der Fuß von Kupfer wohl vergoldet. Die Schalen von Silber waren ungefähr bei 20 Basel-Pfund wert. Die Heilg. Hostien sind ordentlich auf dem Altar beysammen gelegen, der Opferstock eröffnet, und das wenige, so sich darinnen befunden, hinweg genommen, erfunden worden.» Die Diebe haben an zwei Stellen versucht, in die Sakristei einzudringen. Es gelang ihnen nicht, hineinzukommen.

Der Thiersteiner Landvogt Joseph Wilhelm Settier meldete diesen krassen Vorfall als «untertänigster und gehorsamster Bürger und Diener» seiner Obrigkeit, die er als «Hochgeachte, Hochwohlgeborene, Gestrenge, Hoch- und wohlweise, Hochgebietende Gnädige Herren und Obern» anredete.

Gewiß hat die exzentrische Lage der alten Kirche den Diebstahl begünstigt, die Gauner ermutigt. Der Vorfall zeigt uns aber – wie so viele andere Ereignisse aus der ‹guten alten Zeit› –, daß es ungerecht wäre, unsere Zeit zu verfluchen und ihr die Vergangenheit als Tugendspiegel vor die Augen zu halten.

Dreirädrige Dilligence

Einen sonderbaren Anblick gewährte uns Donnerstags mittags der von Fehren kommende Einspänner-Postwagen, indem derselbe mit Windeseile in Staubwolken gehüllt mit nur drei Rädern unsere Ortschaft passierte, allwo das Gefährt über den Haufen geworfen wurde. Zum Glück waren keine Passagiere im Wagen. Nur der Postillion erhielt im Momente, als er sich unter dem umgeworfenen Fuhrwerk hervormachen wollte, durch einen Hufschlag des Pferdes eine klaffende Kopfwunde. Das Pferd soll durch das Verlieren des Rades scheu geworden sein. (1902)

87 Die St.-Fridolins-Kirchkapelle, um 1940

Im Feld draußen, abgelegen vom Industriedorf Breitenbach, scheint die ‹gute alte Zeit› erhalten geblieben zu sein. Seit dem 15. Jahrhundert hat das 1441 erbaute und 1633 restaurierte ‹Fridlis-Chäppeli› die Verehrer des Apostels der Alemannen angezogen. In schweren Zeiten sind auch die Laufner nach Breitenbach gepilgert, den Heiligen um Beistand zu bitten. Die Gründung der Kapelle ist durch Abt Johann von Beinwil erfolgt, nachdem er bei der Weihe einer neuen Äbtissin in Säckingen eine Reliquie des Heiligen Fridolin erhalten hatte. Die bei der Kapelle fließende und als heilkräftig geltende Quelle soll nämlich dort entsprungen sein, wo der heilige Pilger auf der Wanderschaft seinen Stab in den Boden stieß. Als Opfergaben verehrten die Wallfahrer dem Heiligen außer Münzen Garn, Werch und Honig. – Photo Max Widmer.

88 **Alt und Neu begegnen sich, 1965**

Einst gingen die Breitenbacher ins ‹Rohr› hinab zur Kirche. Die ‹Propstei Rohr› zwischen Breitenbach und Brislach erinnert noch an jene Tage. Um die Mitte des 19. Jahrhunderts entsprachen die Behörden dem Wunsch der Bevölkerung, eine neue Kirche gehöre ins Dorf. Hundert Jahre später entschied sich die Kirchgemeinde für ein modernes Gotteshaus, und so ragten für kurze Zeit die beiden gegensätzlichen Türme nebeneinander zum Himmel.

Eines der schönsten Schulhäuser

Breitenbach, Pfarrdorf, mit 526 Seelen und 87 Häusern, in der Amtei Thierstein, an der wilden Lüssel und der Straße von Zwingen durch das Beinwylerthal über den Passawang. Kein Dorf dieser Amtei erfreut sich einer so ebenen Lage und so fruchtbaren Bodens, wie Breitenbach. Es ist der Sitz des Oberamtmanns von Dorneck-Thierstein. Das neue Schulhaus, mitten im Dorfe gelegen, gereicht ihm zur Ehre und Zierde; es ist eines der schönsten im Kanton, heiter, geräumig und in jeder Beziehung zweckdienlich. Pfarrkirche und Pfarrhaus sind außerhalb dem Dorfe und heißen Rohr. Von hier führt eine Straße nach dem Dorfe und Bade Meltingen, das eine Stunde entfernt ist. Nach Breitenbach ist der Weiler Schindelboden pfarrgenössig, der eine weitsichtige Lage hat und mit Himmelried eine politische Gemeinde bildet. Der nahe Berghof Kastel mit ausgedehnten Matten und Weiden wurde 1674 Herrn J. von Roll für sein beim Gutzelen-Thor in Solothurn gelegenes Gartenhaus abgetreten, das zum Behufe des Schanzenbaues abgebrochen werden mußte. (1836)

89   Gruß aus Breitenbach, um 1900.

Büren

Wenn der Wanderer von Liestal herkommend durch das fruchtbare, anmutige Oristälchen hinauf schreitet, nach ungefähr sieben Kilometern eine letzte, fast rechtwinklige Wegbiegung nimmt, so wird er da auf einmal wie aus einem Traum erwachend aufschauen: Vor ihm liegt ein Dörfchen, allerseits umgeben von hohen Mauern, die bewaldete steile Höhen sind.

Kein Wunder, daß in solch geschützter Lage, in der übrigens auch ein guter Tropfen Wein gedeiht, sich schon in ältester Zeit Menschen niedergelassen haben. Ob Höhlenbewohner oder Pfahlbauer hier gehaust haben, davon weiß niemand mit Bestimmtheit zu berichten. Indessen gibt es auch in Büren unerforschte Höhlen, die von alten Sagen der Bergmännlein geheimnisvoll umwoben sind. Wir denken da vor allem an die zwei bekannten Höhlen an der Lochfluh.

Mit größerer Bestimmtheit tauchen vor uns die Zeiten auf, da römische Eindringlinge in das von den Helvetiern verlassene Land Einzug hielten. Meisterhans vermutet in Büren eine römische Siedlung. Wahrscheinlich hat zu dieser Zeit ein Verbindungsweg Nunningen-Rechtenberg-Seewen-Büren existiert, der den Verkehr mit dem ansehnlichen Augusta Rauracorum ermöglichte. Der Forscher nimmt an, daß Büren ein Weiler oder Hof gewesen ist, der sich ‹Uf Gruben›, nahe beim Hause Joseph Herspergers im untern Dorfteil, befunden haben muß. Alte römische Funde weisen darauf hin, so zahlreiche Gold-, Silber-, Kupfer- und Bronzemünzen. Sogar Überreste einer römischen Wasserleitung, alte tönerne Wasserröhren, wurden in der Gegend des Chälebrunnen ausgegraben.

Auch aus der frühgermanischen Zeit fehlen Belege nicht, die eine Besiedlung zu dieser Zeit wahrscheinlich erscheinen lassen. Von den Häusern, die damals ganz aus Holz gewesen sein müssen, fehlt heute jede Spur. Hingegen beweisen uns Grabstätten, die zur frühgermanischen Zeit immer in der Nähe der Hütten aufgeschüttet wurden, daß hier Menschen gehaust haben müssen. Auch der Name hat frühgermanischen Ursprung. Er deutet deutlich darauf hin, daß Büren schon zu dieser Zeit einige Wohnungen gehabt haben muß. Buron heißt nämlich ‹bei den Häusern›. Urkundlich kommt der Dorfname Büren im Jahre 1174 zum erstenmal vor.

Der Landstrich Büren gehörte einst zur Herrschaft Pfirt

Das Wohnhaus der Familie Heinrich Saladin, um 90 das Jahr 1910

Bis zur letzten Jahrhundertwende wohnte man auch in Büren sehr einfach. Die meisten Familien verfügten nur über eine geräumige Stube. In den Bauernposamenterstuben beanspruchten Bandwebstuhl, Bändelhaspel und Spüelimaschine einen großen Teil des Raums. Das Ehebett, ein Kasten, eine Kommode, ein Tisch mit einigen Stühlen und ein Kinderbettli, das während des Tages unter das Elternbett geschoben wurde, bildeten die ganze Ausstattung. Die Küche lag in der Regel mitten im Haus, ohne Tageslicht und ‹schwarz wie die Hölle›. Noch zu Beginn unseres Jahrhunderts vermochten sich die ‹einfachen› Leute keine Matratze zu leisten; sie hatten sich mit einem Strohsack zu begnügen, darauf einen Spreuersack und als Bettzeug ein selbstgewobenes Unterleintuch. Gegen die Kälte schützten mit Kirschenkernen gefüllte Steinsäcklein. Und so war es selbstverständlich, daß im Winter der Ofensitz des großen Kachelofens am begehrtesten war. – Photo Lüdin AG.

und ging dann zum Teil an das Bistum Basel, zum Teil an die Herzoge von Österreich über. Der Bischof von Basel gab die nördliche Hälfte von Büren mit der Burg Sternenfels zu Lehen. Diese Burg wurde als Grenzfeste gegen die Sitzgauer Grafen erbaut, die mit dem Bischof nicht immer in Frieden lebten. Als Leheninhaber erscheint 1317 der Ritter Gätzmann Münch von Münchenstein. Nach dem Aussterben der Herren von Büren aus dem Geschlecht der Münche 1419 kam die Burg mit Zubehör an den Basler Bürger Konrad Sintz, welcher sie 1429 mit Einwilligung des Bischofs an den Edelknecht Hans von Ramstein verkaufte. Die Burg war damals zerfallen und wurde nicht wieder aufgebaut. 1522 kamen die bischöflichen Rechte mit der Herrschaft Thierstein an Solothurn.

Der südliche Teil von Büren war von den Pfirter Grafen als Erbe an den Herzog von Österreich gekommen. Im Dorf Büren erhob sich die jüngere Burg oder das Weiherhaus. Vielleicht entstand sie erst nach dem Erdbeben von 1356, nachdem die Burg Sternenfels zerfallen war. Die Herzogin Anna von Braunschweig verlieh das Weiherhaus 1419 dem Grafen von Thierstein und Hermann Geßler in Gemeinschaft. Der Thiersteiner versetzte seinen Anteil im Einverständnis mit der Herzogin an Niklaus Meyer von Basel, der sich dann ‹Meyer von Büren› nannte. 1426 wurde er im Felde bei Gundeldingen von einem seiner Hörigen erschlagen.

1502 erwarb Solothurn von Heinrich und Oswald von Thierstein um 2300 Gulden mit der halben Herrlichkeit des Dorfes und der Herrschaft Dornach «das Schloss, Burgstall und die Herrschaft Büren und das Dorf, dazu gehörend mit Twing und Bann hohen und niedern Gerichten».

Bei Raubzügen, die dem Entscheid von Dornach vorausgingen, hatte das Weiherhaus stark gelitten. 1525 fiel ein Teil des Schlosses samt allem Hausrat in den dabeiliegenden Weiher. Wieder ausgebessert, wurde es von Solothurn zu Erblehen gegeben. Die Lehensleute gaben sich wenig Mühe, das Schloß in gutem Stand zu erhalten. Es wurde ein baufälliges Haus und sank immer tiefer bis zur Bauernwohnung. Vorerst, im Jahre 1538, wurden Büren und das Schloß dem Edlen Thoman Schaler von Leymen geliehen. 1542 kam es an Niklaus Escher von Zürich, 1555 an Eglin von Offenburg. Schon 1836 war das Haus von Bauern bewohnt. Der Weiher wurde damals ausgetrocknet und in Pflanzland umgewandelt. Heute heißt ein Häuserkomplex östlich vom Dorf das ‹Schlößli›.

91 Beim Teigkneten, um 1930

Obwohl heute noch in zahlreichen Bürener Bauernhäusern aus Sandsteinen und Lehm gebaute Backöfen stehen, wird die traditionelle ‹Burebachete› nur noch gelegentlich als Liebhaberei betrieben. Die mit einem roten oder grünen Garbenbändchen mit dem Holzrädchen zusammengebundenen Garben wurden nach der Ernte in die behäbigen Scheunen eingefahren und dann zur Winterszeit mit dem Dreschflegel bearbeitet. Dem Grundsatz getreu, trockenes Mehl ergebe während des Jahres eine zusätzliche ‹Bachete›, wurde das Mehl während des Backvorgangs immer in der Nähe des Ofens aufbewahrt. Gebacken wurde gewöhnlich alle acht Tage. Zur Lagerung gelangte das Brot dann meist in den Keller. – Photo Otto Furter.

92 Beim Brotbacken, um 1930

Der halbrunde Backofen ist mit Lehm und mit einem flachen Sandsteingewölbe abgedeckt. Die Feuerung erfolgte direkt im Backraum mit sogenannten Wällen, der Rauch wurde in das an die Fassadenseite angebaute Kamin abgeführt. Als besonderer Leckerbissen galt am Backtag die sogenannte Mueltsche, ein kleines schrumpfiges Brötchen, das aus den Teigresten gebacken wurde. – Photo Otto Furter.

93 Während des anstrengenden Backtages blieb der Bäuerin nicht viel Zeit, auch noch ein währschaftes Mittagsmahl zuzubereiten. Und weil der Backofen ohnehin warm war, gab es an diesem Tag – besonders zur Freude der Kinder – ausnahmslos Wähen auf den Tisch: In unserm Fall eine saftige Zwetschgenwähe! Um 1930. Photo Otto Furter.

94 **Am Dorfbrunnen, um 1940**
Büren, umgeben von steilen Höhen und bewaldeten Hängen, hatte mit seiner Trinkwasserversorgung kaum Probleme. Schon um das Jahr 1600 stand vor dem Pfarrhaus ein laufender Brunnen, dessen Wasser der Quelle am Aeschberg entsprang. 1900 wurden die ersten Wasserleitungen für die Wohnhäuser angelegt, die von der Belchenquelle gespiesen wurden. – Photo Otto Furter.

95 **Kirschenumschlagplatz, um 1947**
Wenn Anfang Juni die Kirschen zur Reife kommen, ist fast buchstäblich das ganze Dorf mit der Ernte beschäftigt, gilt Büren doch mit seinen über 5500 Kirschbäumen als größter Schweizer Produzent hochwertiger Tafelkirschen. Seit 1935 werden mit Vorliebe die Hauptsorten ‹Muttenzer, Schauenburger, Basler Adler, Holinger› und Herzkirschen gehalten. Die Pflege des Kirschbaums verlangt viel Arbeit, der Verdienst dagegen ist verhältnismäßig bescheiden, beträgt das Arbeitseinkommen pro Baum im besten Alter doch jährlich kaum hundert Franken! Wurden die geernteten Früchte früher auf dem Fassungsplatz unter der alten Linde von den Kunden direkt abgeholt und bar bezahlt,

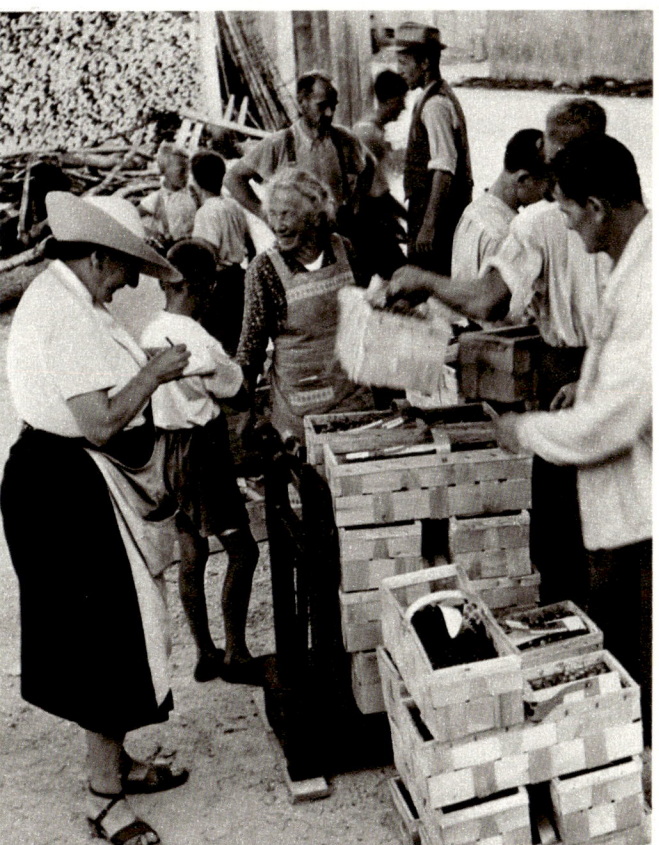

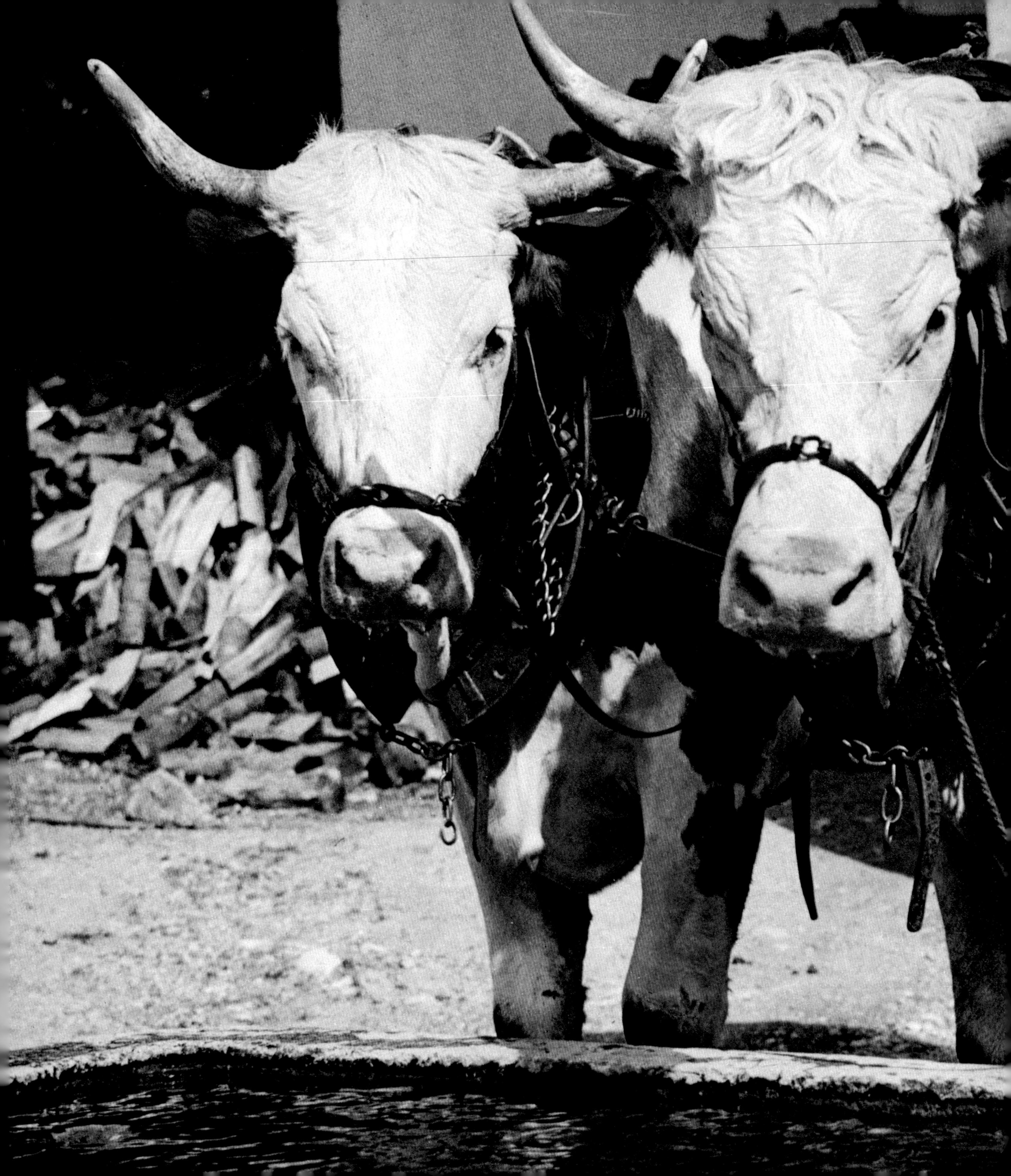

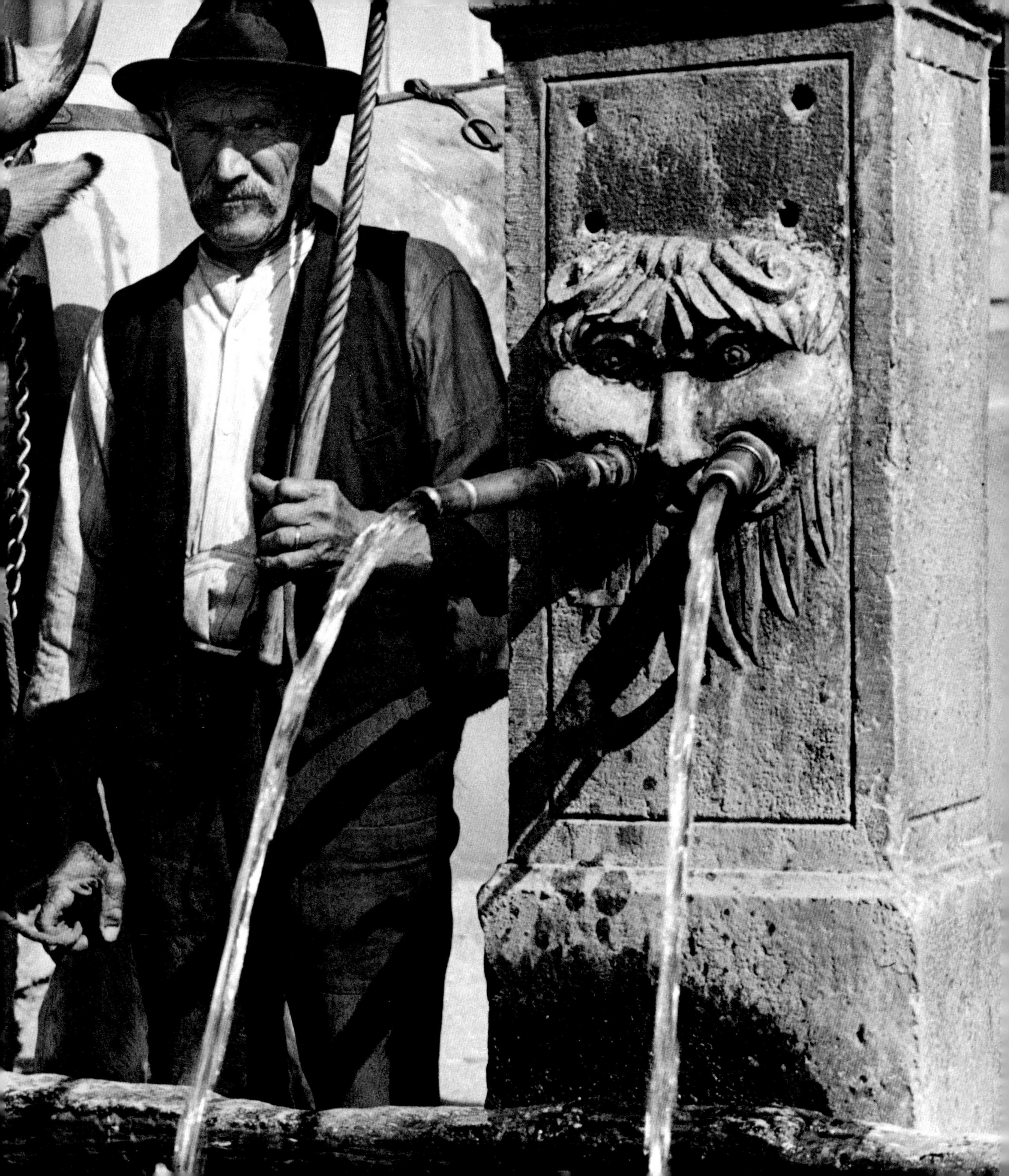

so wird die süße Fracht heute in Lastwagen oder mit der Eisenbahn zum Verteiler gefahren. – Photo Furter.

96 Getreideernte, um 1940

1956 hat Büren sein letztes Ochsen- und Kuhgespann verloren: Die zunehmende Rationalisierung hatte auch den traditionsverbundensten Bauern zum Traktor gedrängt! Die Verwendung von Ochsengespannen war besonders wirtschaftlich, galt der Ochse doch als billigstes Zugtier. Für den Zug auf steinigen Wegen wurden seine Hufe mit einer Eisenplatte beschlagen. Das Anspannen erfolgte durch das Stirnjoch oder mit dem Kummet. – Photo Otto Furter.

Jedem Königlein sein Schlösschen

Büren, ein Pfarrdorf mit 473 Einwohnern und 83 Häusern, in der Amtei Dorneck, welches südlich von dem Schartenfluhstocke im schmalen Hintergrunde eines tiefen Thales liegt, das gegen die Ebenen Liestals ausmündet. Nebst dem Getreidebau wird hier auf ungefähr 20 Jucharten Weinbau getrieben, der einen sehr guten Wein liefert; vorzüglich wird der sogenannte Sternenberger gerühmt, der am sonnigen Fuße jenes Berges wächst, auf dessen Felsengipfel der Burgstall Sternenberg ist, eine vormals Thiersteinische Besitzung. Auch in Büren baute in jenen Zeiten, wo fast jedes Dorf sein Königlein hatte, ein solcher sein Schlößchen, und umgab es mit einem Weier; jetzt wohnt daselbst ein schlichter Landmann; die Froschgruben sind in blühendes Pflanzland umgeschaffen. Der Pfarrhof ist groß, das Schulhaus klein; die Unterrichtsweise verbessert sich. Die Besorgung des Frucht- und Weinzehntens (von letztern in guten Jahren bei 40 Saum) nimmt die Thätigkeit des jeweiligen Pfarrers so sehr in Anspruch, daß er leicht die Kirchen- und Schulgeschäfte außer Acht lassen könnte, wenn anders sein Seeleneifer nicht überwiegend wäre. Wirthshaus: Kreuz, das an Sonntagen aus dem Kanton Basel stark besucht wird. (1836)

97 Ährenleserinnen mit reichem Ertrag auf dem Heimweg. Ein Bauer mit gutem Herz ließ auf seinem Getreidefeld nur den groben Rechen fahren, damit sich auch die Arbeit der Ährenleserinnen (armen Mitbürgerinnen) lohnte.
Photo Leo Gschwind.

98 Dem Dorfbrunnen im Oberdorf in der Nähe der Kirche kam insofern besondere Bedeutung zu, als beim Wasserspender der sogenannte Lasterstein stand, auf welchem große und kleine Sünder zur Strafe für ihr Vergehen zur Schau gestellt wurden. Beim 1828 erbauten Schulhaus und der mächtigen Linde befand sich ebenfalls ein Brunnen. Hier spielte sich das Leben ab, Mandate wurden verlesen und die Fasnacht ‹verdungen›. Um 1950.

Büsserach

Die profane und kirchliche Geschichte Büsserachs ist aufs engste verknüpft mit dem um 1085 gegründeten Benediktinerkloster Beinwil. Schon bei der Gründung des Klosters erhielt dieses, nebst der Abtskammer in Beinwil, die Kirchensätze von Erschwil und Büsserach. Das Dorf muß schon von den Alemannen besiedelt worden sein, denn beim Abbruch der alten Kirche fand man mehrere Steinkistengräber mit Beigaben.

Die zwei markanten Wahrzeichen Büsserachs sind der gotische Kirchturm von 1464 und die Burgruine der Grafen von Thierstein. Die alte Kirche wurde im Laufe der Jahrhunderte mehrmals umgebaut oder vergrößert. Im Jahre 1951 entschloß man sich zum heutigen Kirchenbau. Obwohl die alten prächtigen Barockaltäre ins Bündnerland verkauft worden sind, konnte bedeutsames Kunstgut erhalten werden.

Das dörfliche Leben im alten Büsserach spielte sich bei den Brunnen im Oberdorf ab. Oberhalb der alten Kirche wurden die amtlichen Erlasse verlesen. Nicht weit vom Brunnen entfernt stand der ‹Lasterstein›, auf dem Fehlbare zur Schau gestellt wurden, «damit die übrigen Furcht bekommen und sich vor dem Bösen hüten».

Den ersten Unterricht, der von einem Geistlichen erteilt wurde, erhielten die Büsseracher im alten Pfrundhaus. Der Administrator von Beinwil, P. Gregor Zehnder OSB, ließ das Haus durch den Erschwiler Meister Benedikt Borer 1617 erbauen; es lag unmittelbar unterhalb der Kirche auf Klosterboden. Dieses Pfrundhaus besaß im 17. Jahrhundert eine gewisse Berühmtheit. Der solothurnische Stadtschreiber Franz Haffner schrieb darüber: «In seinem Keller sprudelte ein Wässerlein aus einem harten Felsen herfür, braungelber Farb. Der fürstbischöfliche, baslerische Dr. Colon, der es untersuchte, vermutete, es täte ab Gold und Silber fließen.» Haffner kam 1648 eigens zu seiner Schwiegermutter, Maria Pfluger, der Gattin des reichen Büsseracher Müllers, um sich an diesem Wunderquell kurieren zu lassen, wobei ihm die Badekur tatsächlich Linderung brachte. So blieb der

Zuspruch groß, und die Landleute brauchten das Wasser je länger je mehr mit spürbarem Nutzen. Im Jahre 1830 aber wird bedauernd vermerkt, das Brünnlein im Pfarrhof von Büsserach fließe noch, doch habe es seine alte Kraft verloren. In den siebziger Jahren wurde das Pfrundhaus niedergelegt, und der Pfarrer nahm Wohnung im sogenannten Fruchtstock, der Zehntenscheune des Klosters Beinwil. 1961 wurde dieses Haus abgerissen und ein neues, geräumiges Pfarrhaus errichtet.

Das einstige Bauerndorf mit ärmlicher Bevölkerung ist heute ein stattliches Industriedorf geworden. Zu Beginn des 19. Jahrhunderts fand die Hausweberei Eingang. Im Jahre 1862 ließ der Basler Industrielle H. F. Sarasin in Büsserach eine Fabrik für Seidenzwirnerei bauen. Um die Jahrhundertwende fanden dort gegen 120 Frauen und Mädchen guten Verdienst. Die Krise von 1931 führte dann aber zur Stillegung des Betriebs.

Heute besitzt Büsserach ein blühendes Gewerbe. Im Verhältnis zu seiner Wohnbevölkerung dürfte Büsserach mit 1584 Einwohnern und mit über vierzig selbständig Gewerbetreibenden das gewerbereichste Dorf des Kantons Solothurn sein. Trotz diesen Verdienstmöglichkeiten im eigenen Dorf arbeiten viele Leute auswärts, vor allem in Breitenbach und in der Region Basel.

99 Die alte Kundenmühle, 1832

Bis 1963 klapperten die schweren Mühlsteine der Büsseracher Kundenmühle ihr eintöniges Lied. Das Gewerbe lag während Jahrhunderten in den Händen der Familie Altermatt, die weiterum hohes Ansehen genoß und bedeutende Männer hervorbrachte wie Abt Josef von Mariastein. Der Müller von Büsserach, dessen Mühle 1655 durch einen Brand völlig zerstört wurde, aber umgehend wieder neu erstand, genoß eine Vorzugsstellung, durfte er doch Weizen, Hafer und Korn auch bei den Bauern der Nachbargemeinden zum Mahlen holen. Auch stand nur ihm das Wasserrecht an der Lüssel zu, so daß Drechsler und Säger während der Trockenzeit ihre Betriebe stillegen mußten. Der Kanal führt heute noch vom Wuhr zur Mühle. – Bleistiftzeichnung von Emil Bischoff.

Schloß Thierstein, um 1820 (Farbbild S. 76)

«Ob dem Dorfe Büsserach, wo sich das Thal aufschließt, schauen von steilen Felsen herab, der sich in den Engpaß hinausdrängt, die stolzen Trümmer des Steines Thierstein, einer der schönsten Burgruinen der Schweiz, die von allen Seiten einen äußerst imposanten Anblick gewährt. Diese Burg war, wenn nicht die Wiege, die bei Wittnau im Frickthale stand, doch der spätere Sitz der reichen Grafen von Thierstein, die während der Zeiten des helvetischen Ritterthums in der Geschichte oft genannt werden. Mit den freien Bürgern Basels führten sie manche unrühmliche Fehde, und wollten sogar ihre Stadt mit Mord und Brand heimsuchen, was aber mißlang, 1466. Mit Solothurn, wo sie Burgrecht hatten, waren sie in Freud und Leid verbunden. Die vielen Unannehmlichkeiten, welche sich diese Stadt wegen der fehdesüchtigen Grafen mußte gefallen lassen, mag sie durch die Erwerbung eines großen Theils ihrer Ländereien vergessen haben. Der Stamm dieser Dynastenfamilie erlosch 1519. Oswald von Thierstein hatte sich am Tage bei Murten ausgezeichnet, indem er die bundsgenössische Reiterei in den heißen Kampf und zum glorreichen Siege führte. Das Schloß war die Wohnung des Landvogtes bis zum Einzuge der Franzosen; da wurde es mit dem Bedinge verkauft, daß es bis in 8 Tagen abgebrochen sey, was auch geschah; jetzt steht nur noch die eisenfeste Ruine der alten Grafenburg, die gewiß würdig wäre, von Künstlerhand dargestellt zu werden.» (1836)

Der letzte Abschnitt des ‹Chronisten› bedarf insofern einer Berichtigung, als der Erschwiler Bäckermeister Josef Borer, der von der Solothurnischen Verwaltungskammer Schloß Thierstein auf Abbruch übernahm, diese Verpflichtung nur teilweise erfüllte. Was an Ruinen übrigblieb, kauften Anno 1857 August de Bary und Eduard, Alfred und Gustav Bischoff aus dem Besitz der Gemeinde Büsserach zum Preis von Fr. 600.–. Mit jugendlichem Elan bemühten sich die von Burgenromantik beseelten Basler um die Erhaltung Thiersteins, legten eine Brüstungsmauer an, eine Terrasse, einen Keller und ein Schloßzimmer. Durch Schenkung gelangte Schloß Thierstein 1894 in den Besitz der Sektion Basel des Schweizerischen Alpenclubs, deren Mitglieder sich seither mit großem Einsatz um einen fachmännischen Unterhalt sorgen und das ehrwürdige Gemäuer mit pulsierendem Leben erfüllen.

Ein Wunderbrünnelein

Büsserach, Pfarrdorf in der Amtei Thierstein, am Ausgange des Beinwylerthales ins Laufenthal, wo die Lüssel hervorrauscht und öfter die Ufer beschädiget. Es zählt in 89 Häusern 554 Seelen. An den Fuß des Berges hingebaut und von einem Kranz der herrlichsten Fruchtbäume umgeben hat das Dorf einen schönen Anblick. Die Straße über den Passawang führt hindurch. Das Schulhaus ist neu, aber zu klein, weil es (1826) nach dem Kopfe der Dorf- und Landmagnaten und nicht nach dem Plane erbaut wurde. Die Kirche hat eine gute Orgel. Seit 15 Jahren bringt die Seidenweberei den Bewohnern Büsserachs ansehnlichen Verdienst; es stehen da über 50 Webstühle. Das Büsseracherbrünnlein im Keller des Pfarrhauses, dem die alten Chronisten Wunderkräfte zuschrieben, fließt noch, aber spärlich und hat die alte Kraft mit dem Glauben an sie verloren. Hier findet man auch eine Gypsmühle, Ziegelhütte, Säge usw. Der Feldbau verbessert sich. Die Abstellung des Weidganges würde auch hier dem Wohlstande der Bürger ersprießlich seyn. Wirthshaus: Kreuz, gut. (1836)

100   Die Beweinung Christi, um 1450

Die bemalte Holztafel aus Büsserach zeigt Maria, die «den Oberkörper des toten Heilandes in den Armen hält. Zu ihrer Linken ein farbig prächtig hervorgehobener Engel mit Krone. Auf der andern Seite die als Edelfrau gekleidete Stifterin. In der von Männern in kurzem Wams durchschrittenen Landschaft die Kreuze von Golgatha.»

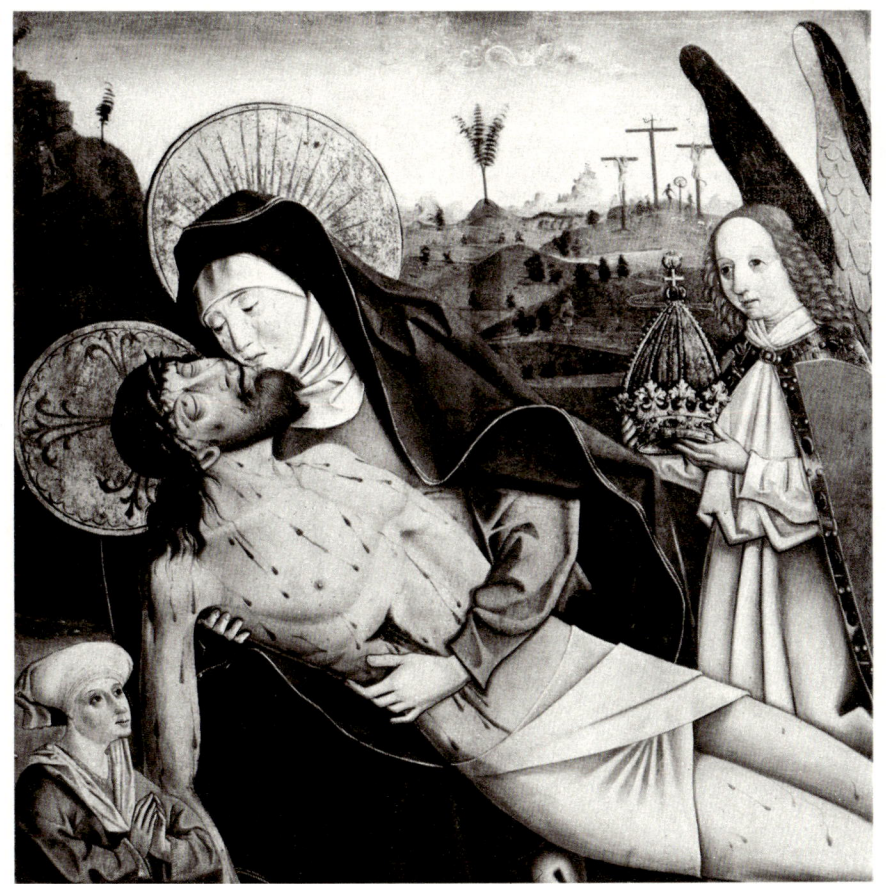

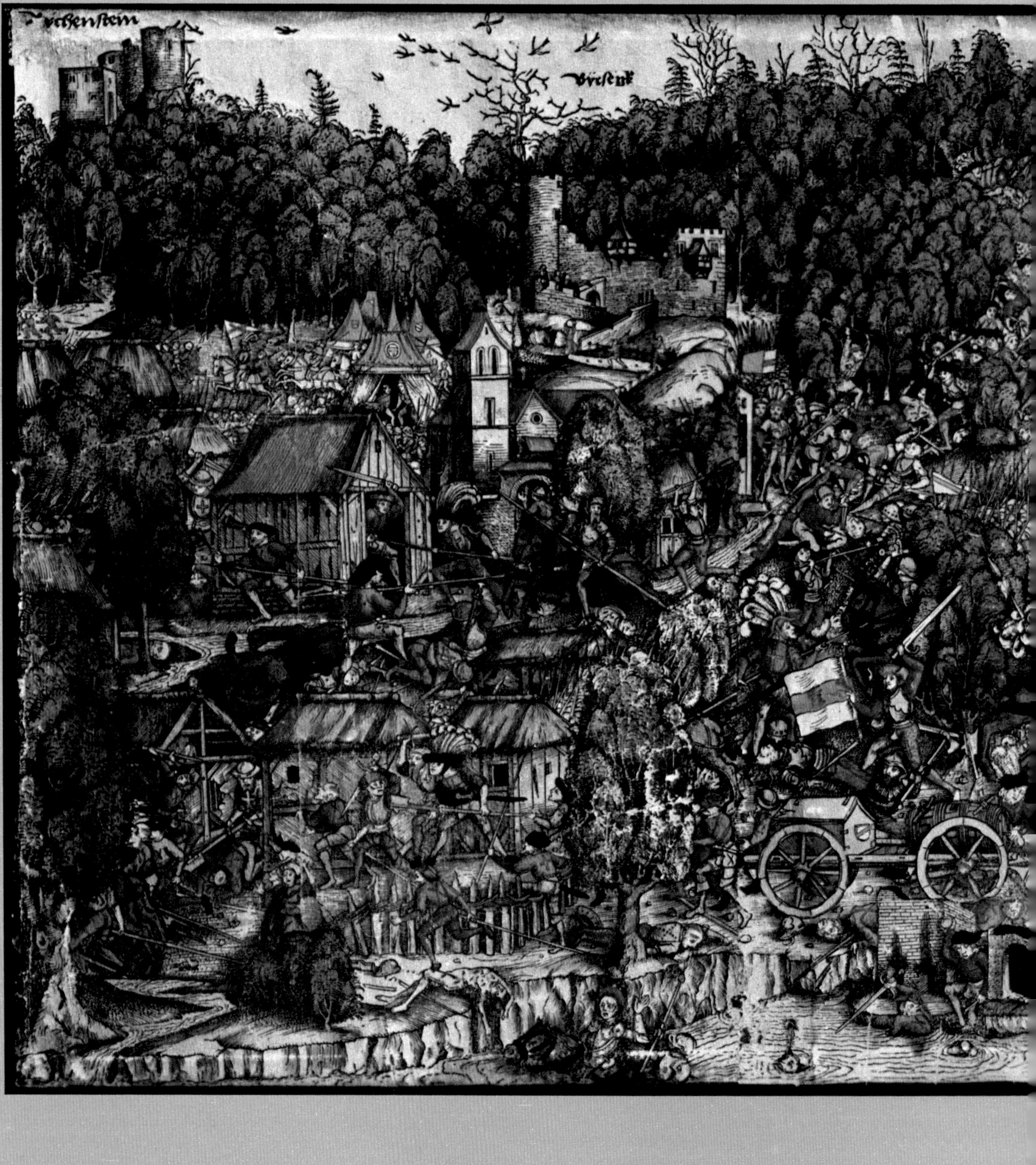

DORNECK
1499

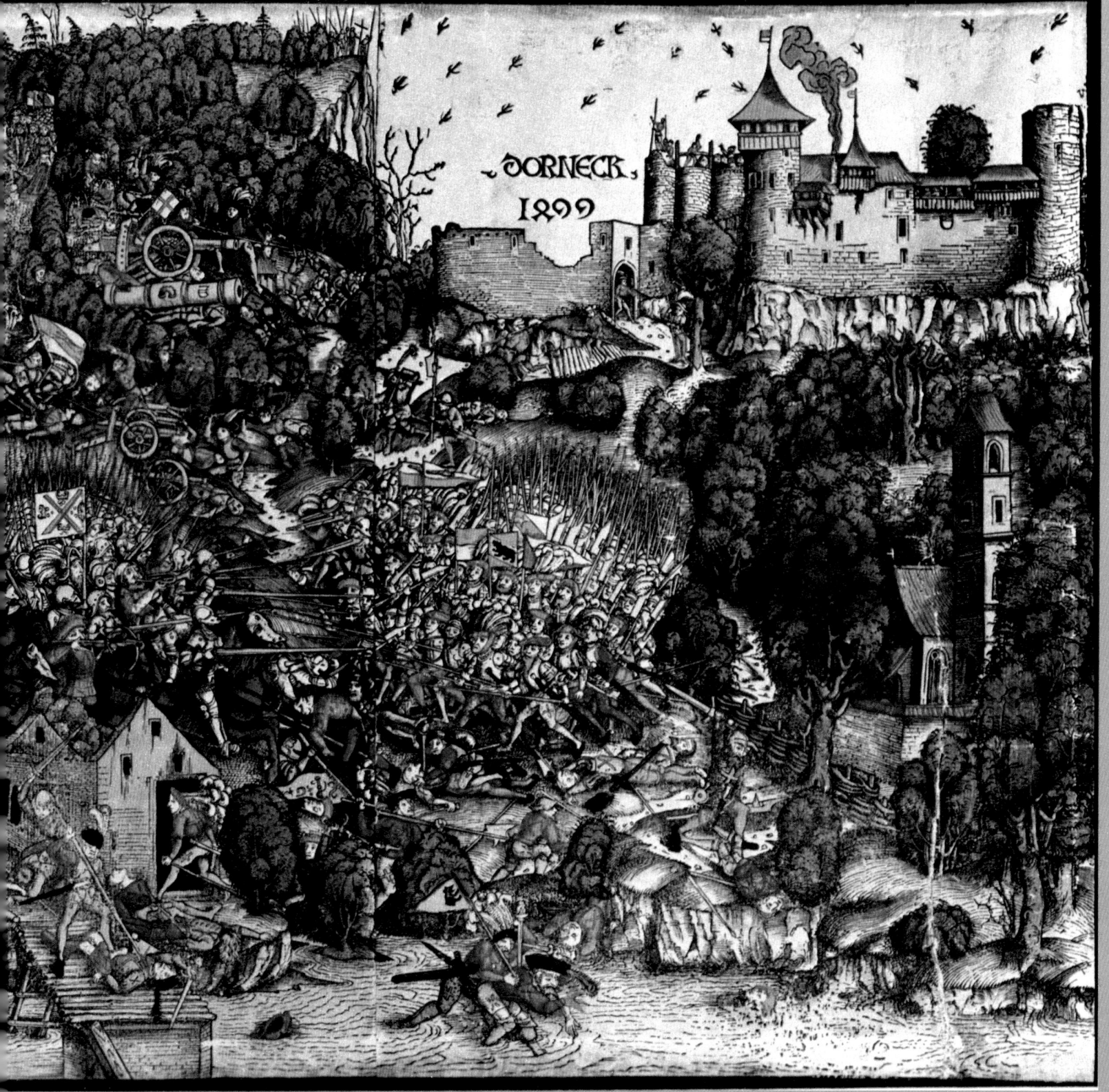

Dornach

Am 22. Juli 1499 riß eine bedeutsame kriegerische Auseinandersetzung ein kleines, kaum bekanntes Dorf ins Licht des Weltgeschehens: Die Eidgenossen lagen damals in erbittertem Kampf gegen den deutschen Kaiser, der sie wieder vermehrt unter seine Oberhoheit zwingen wollte. In einer mächtigen Zangenbewegung versuchte Maximilian I., die unbotmäßigen Eidgenossen einzuzingeln und niederzuwerfen. Doch die Absicht, im ‹Schwabenkrieg› die Eidgenossen zu schlagen, endete vor der Feste Dorneck, auf den Feldern und in den Weinbergen des Bauerndörfleins Dornach mit einer schmerzlichen Niederlage, und der Name Dornach erschien fortan als Symbol schweizerischen Heldentums und Tapferkeit.

Wie entsprechende Funde beweisen, muß der sonnige Hang oberhalb der Birs schon in der Vorzeit bewohnt gewesen sein. Und der Römer Turranius war es denn auch, welcher der Siedlung den Namen gegeben hat: ‹fundus turraniacus› (Gut des Turranius); im Jahre 1223 erscheint die Bezeichnung ‹Tornacho›. Die Geschichte des Dorfes ist aufs engste mit dem Schicksal der ‹Burg ze Tornegg› verbunden, die 1360 urkundlich zum erstenmal erwähnt wird. Die Grafen von Thierstein-Farnsburg hatten die Feste nach dem Großen Erdbeben von 1356 wieder aufgebaut. Durch Verkauf kam sie dann mit dem halben Dorf Dornach an Herzog Rudolf IV. von Österreich, dessen Nachfahre, Leopold IV., sie 1394 dem Basler Bürger Henman dem Efringer veräußerte. Durch geschickte Verhandlungen mit Bernhard von Efringen gelang es 1485 der Stadt Solothurn, in den Besitz der ‹burg genant Dornegk› zu kommen und damit den Landbesitz bis an den Juranordfuß auszudehnen. 1502 verstand es Solothurn, dem das mächtige Bern jede Vergrößerung des Territoriums im Mittelland abzuschlagen trachtete, auch noch den Rest des Landes und ‹die halbe Herrlichkeit› des Dorfes Dornach und der Herrschaft Dorneck samt Kirchensatz und den Fischenzen zu erwerben. Bis zu ihrem Untergang Anno 1798 durch die Franzosen blieb Dorneck Feste und Sitz von nicht weniger als 60 Solo-

101 Die Schlacht bei Dorneck, 1499

«Als Kayser Maximilianus I. A. 1499. die Eydgenossen bekriegte, versammlete der Kayserl. General, auf Anstiften Hans Immer von Gilgenberg, ab dem Rhein und in dem Elsas und Sundgäu 15000. Mann zu Roß und zu Fuß, zoge vor Basel herauf, willens der Stadt Solothurn das Schloß Dornach wegzunehmen, in Meynung, daß die Eydgenossen da nicht wurden können zu Hilf kommen. Weil aber der Landvogt auf Dornach, Benedict Hugi, seine Oberkeit zeitlich dieses Anzugs halber berichtet hatte, als mahneten selbige ihr übriges Volk auf und lagerten sich mit ihrem Panner den 21. Jul. mit 1500. Mann in und um Liechstal, und als folgenden Tags 400. Züricher und das Panner von Bern mit vielem Volk alldort zu ihnen gestoßen, zogen sie gesammter Hand dem belagerten Schloß in höchster Stille zu, und hielten sich im Gebirge hinter dem Schloß nahe in einem Wald bey einandern verdeckt. Als nun die Österreichischen mit Aufschlagung der Zelten, Flechtung der Hütten, kochen etc. beschäftigt waren, auch viel Haubtleut ganz sorglos in den Bad-Hemdern herum giengen, und wol nicht gedachten daß ein Schweitzer vorhanden wäre, drungen dieser drey Eydgenößischen Städten Völker nach 3. Uhren Abends, nach verrichtetem Gebet, durch Stauden und Stöck den Berg herunter auf die sorglosen Feinde an, und machten alles nieder was sie bey den Stucken und Zelten antrafen, also daß ein große Unordnung in dem Lager entstuhnde, und keiner recht wußte, wie er daran wäre. Es nahmen auch darvon ein Theil würklich die Flucht, die andern aber und sonderlich die Reuterey setzten sich dapfer zur Gegenwehr, und gaben den Eydgenossen wol zu schaffen, indem es zu einem doppelten Angrif kommen, und in dem ersten viel der Eydgenossen verschossen und verstreuet waren, und dem flüchtigen Theil des Feinds nachjagten, der andere Theil aber, und sonderlich die Reuterey, sich wieder gesammlet und auf dem Feld zwischen Arlesheim und Dornach ein hartes Gefecht entstanden, daß der Sieg ein gute Weil im Zweifel stuhnde, bis 800. Lucerner und 400. Zuger mit ihren Pannern, dem Schlacht-Feld zugeeilet, und nachdem sie zuerst bey 200. welsche, die sich um der Beut willen von dem Berner-Panner abgesöndert, ehe sie wußten, daß sie den Eydgenossen zugehörten; erschlagen, den Feind auch dapfer angegriffen, und also mit gemeinsamer Dapferkeit denselben völlig in die Flucht gebracht, und ihme bis für Basel nachgejagt, wegen Müdigkeit aber sich wieder in der Feinden Lager zurück gezogen, Gott um den verliehenen Sieg auf den Knien gedanket. Viele der Gebeinen wurden alldort in eine aufgebaute Capelle oder Beinhäuslein, zum Angedenken, zusammen gelegt; und sollen auch noch von den Flüchtigen viel in ihren Rüstungen erstickt seyn, und etliche ein Meil Wegs über ihr Heymat hinaus, ja einige gar sich zu Tod geloffen seyn.» (1752) – Kolorierter Einblattholzschnitt.

thurner Landvögten! Wenig ist aus der Dorfgeschichte des Mittelalters bekannt: An der Birsbrücke entwickelte sich das ‹Brüggli›, ‹Dornachbrugg›, zu einer eher städtischen Siedlung. Dort wurde 1672 auch ein Kapuzinerkloster als Absteigequartier und Vermittlungskloster zwischen den im Elsaß und in der Schweiz gelegenen Häusern des Ordens gegründet. Am Fuße der Burg scharten sich die Bauernhäuser von Oberdornach eng um die St.-Mauritius-Kirche, deren Anfänge sich nicht ergründen lassen. Die Tatsache aber, daß sie dem heldenhaften Anführer der Thebaischen Legion geweiht ist, läßt auf ein hohes Alter schließen. Im 1301 erstmals urkundlich bezeugten Gotteshaus beerdigten die Eidgenossen die in der Schlacht von Dornach erschlagenen feindlichen Anführer. Seit 1949 beherbergt die St.-Mauritius-Kirche das Heimatmuseum Schwarzbubenland.

Im Jahre 1874 brach für Dornach die Neuzeit an, öffnete doch die Jurabahn – wie später auch die 1902 in Betrieb genommene Birseckbahn – die Verbindung zur engern und weitern Nachbarschaft. In der Nachkriegszeit geriet Dornach in den Sog der nahen Stadt, und die Bevölkerung wuchs auf über 5000 Einwohner. Trotzdem versuchen die Dornacher ihr eigenständiges Kulturleben weiter zu pflegen und zu erhalten. Das ‹Portiunggeli› (Wallfahrtsfest in Erinnerung an das von Franz von Assisi wiederhergestellte Bethaus Portiuncula außerhalb Assisis), die Schlachtfeier und das historische Schießen bei der Schloßruine bilden dabei die tragenden Elemente.

102 Die Schlachtkapelle, 1874

Wenige Jahre nach der Schlacht von Dornach wurde zu Ehren der Gefallenen eine Gedächtniskapelle errichtet. In dem 1512 geweihten schlichten Gotteshaus ist in der Folge alljährlich am St.-Magdalenen-Tag die Schlachtjahrzeit gehalten worden. Da der Standort der Kapelle sich als ungünstig erwies und nicht alle Wallfahrer in ihm Platz finden konnten, entschlossen sich die Behörden 1641 zu einem Neubau mit angebautem Beinhaus. Die geistliche Betreuung übertrugen die Kapuziner 1833 dem Ortspfarrer. 1874 forderte der Bau der Jurabahn den Abbruch der Schlachtkapelle und des Beinhauses, welche dem neuen Verkehrsmittel denn auch bedenkenlos geopfert wurden.

Der Riese Felix

Nicht nur um das alte, zerfallene Hülzisteiner Schlößlein winden sich Sagen, auch auf dem Dornacher Schloß haben sich Gespenster eingefunden.

Einst stieg auch ein Knechtlein nachts die Schloßmatt hinauf. Bleich glänzten die geborstenen Mauern der mächtigen Burgruine im Mondschein. Je näher das Knechtlein der Höhe kam, um so unheimlicher wurde es ihm zumute, denn es lag eine Totenstille über der Gegend. Kein Windlein blies über das Gras, keine Grille zirpte wie sonst. Da plötzlich ertönte ein schriller, markerschütternder Pfiff. Entsetzt sah das Knechtlein um sich und erblickte droben auf dem äußern runden Turme, den man den Hexenturm nennt, eine schwarze, riesenhafte Gestalt, die mit grünen Glotzaugen auf ihn niederstarrte und die sich eben anschickte, seine langen Arme nach ihm auszustrecken. Zu Tode erschreckt rannte das Knechtlein den Berg hinab, während es hinter ihm drein polterte, wie wenn der ganze Berg losbrechen wollte, und durch die Luft erscholl ein schauerliches Gebrüll, unter welchem das Knechtlein den Ruf ‹Felix› heraus zu hören vermeinte.

Das arme Knechtlein bekam einen geschwollenen Kopf und war lange nicht mehr arbeitsfähig, und von jener Zeit an erhielt das Schloßgespenst den Namen Felix.

103 Der Amtshausplatz in Dornachbrugg, 1835

«Am ebenen Gestade der Birs liegt das eine Viertelstunde vom Dorfe Dorneck entfernte und dahin pfarrgenössige Dorneck-Brugg, welches der gutgebauten Häuser wegen das Ansehen eines kleinen Fleckens gewinnt. Der Fluss zieht hier eine Strecke weit die Grenze. Hier ist der Sitz des Amtsgerichtspräsidenten und des Amtschreibers. Unter den Einwohnern herrscht viel Leben und große Thätigkeit. Sie treiben Landbau, Weinbau, auch etwas Gewerbe. Das Wirthshaus zum Ochsen ist jedem Reisenden zu empfehlen.» (1836) – Aquarell von F. Graff.

104 Dornachbrugg, 1665

«Unter dem Schloß Dornegg ligt das Dorf, Kirch und Pfarr gleiches Namens, dahin auch Pfarrgenößig Gempen, und ein ander Dorf, das zum Unterscheid des ersteren Dornach an der Bruck gennent wird: es hat daselbst eine schöne von Steinen gewölbte 50. Schritt lange Bruck über die Birs, wie auch nebst der Kirch eine A. 1640. erbaute schöne Capell S. Mariae Magdalenae, hinter welcher die Gebein deren, so in der daselbst vorgegangenen Schlacht, von deren gleich hernach; von den Feinden umkommen, ligen thun: es findet sich auch daselbst ein aus Beytrag der Lands-Oberkeit und anderer freywilliger Steuren erbautes Cappuciner-Kloster, und ward A. 1622. daselbsthin ein großes Gebäu zu einem Kaufhaus erbauet, darinn auch der Landschreiber wohnet: Die Pfarr daselbst wird von dem Raht zu Solothurn bestellet, und gehöret in das Bischöffl. Baselische sogenannte Leimenthaler-Capitul.» (1752) – Aus dem Grenzplan von W. Spengler.

105 Schloß Dorneck, 1754

«Das Schloß Dorneck / darinn der Vogt gewöhnlich sitzet / ligt an der rechten Seiten der Byrß vor Rheinach über / 2. Stund wegs von der Statt Basel / auff einem zimblich hohen Felsen wol und vest erbawen auch mit einer feinen Anzahl Stucken auff Räderen und nothwendiger Kriegs Munition versehen / hat neben anderen Commoditeten deß Baws einen Sod- oder Radbrunnen mit beständ- auch lebendig gutem Trinckwasser / 45. Klaffter tieff in den harten Stein gehawen: Von disem Schloß thut man weit in das Suntgöw / ober Elsaß / Marggraffschafft Baden hinauß sehen / besonders aber die Statt Basel sampt vier anderen Schlösseren / benandtlich Pfeffingen und Byrseck / so Bischoffisch / Reichenstein so vnbewohnt vnd der Edlen von Reichenstein Stammhauß / und dann das veste und herzliche Schloß Landscron.» (1666)

1798 steckten die Franzosen das Schloß, das vermutlich nach dem Großen Erdbeben von 1356 anstelle der eingestürzten Burganlage errichtet worden ist, in Brand. Die Ruine schenkte die Gemeinde Dornach 1902 dem Staate, der Restaurationen durchführen ließ. – Getuschte Federzeichnung von Emanuel Büchel.

Sonntagsschänder

Ein schöner Zug wird von unserem Gerichtspräsidenten erzählt, der gewiß auch in der Zeitung erwähnt werden darf, da in der heutigen Zeit es gar selten vorkommt, daß staatliche Organe für Heiligung des Sonntags einstehen. Kam da an einem jüngst vergangenen Sonntag ein Bauer aus dem benachbarten Kanton Baselland mit einem Leiterwagen über die Grenze, um im Banne Dornach Heu zu holen. Auf der Straße trifft unser Gerichtspräsident den Sonntagsschänder, stellt ihn zur Rede und verbietet ihm die werktägliche Arbeit. Der Bauer aber macht sich trotz der Mahnung daran, sein Heu heimzuholen, hatte aber die Rechnung ohne unsern Gerichtspräsidenten gemacht, der ihm einen Landjäger nachgeschickt. Der Bauer mußte sein Heuen einstellen, wurde über die Grenze gewiesen und muß für seine Widersetzlichkeit und Sonntagsschändung Fr. 24 Buße bezahlen. Möge man sich anderwärts an unserm Gerichtspräsidenten in dieser Beziehung ein Beispiel nehmen. Wir sagen ihm Dank. (1902)

Makabre Geschichte

Letzten Samstag erhängte sich Gärtner R., wohnhaft in Dornachbrugg, beim Sternenhof an der Reinacherstraße im Wäldchen an einer Fichte. Bevor er zu dieser That schritt, kehrte er noch in einer Wirthschaft ein und trank ein sog. Stämpfeli Schnaps mit den Worten: ich bezahle, wenn ich retour komme. Nach dem Selbstmord wurde seine Frau in Kenntniß gesetzt, und als sie auf den Platz kam, waren die ersten Worte: «Du wüeste Sauh ... du, was hesch du g'macht, du Sauh ...» und versetzte ihm ein baar tüchtige Schläge in's Gesicht. Polizeiwachtmeister Peier fragte sie, ob sie ihren Mann nach Hause nehmen wolle, die Frau erklärte nein! durchaus nicht. Nachher führten sie den Toten nach Basel in die Akademie. Bei der Abfahrt fragte die Frau den Wachtmeister, wie viel sie für ihren Mann bekomme, worauf der Wachtmeister sagte: «Mir wei derno luege.» Damit ist der Fortschritt um einen Fähnrich gekommen. (1898)

106   Der Kirchplatz in Oberdornach, 1855

Noch heute bildet Oberdornach einen geschlossenen Dorfteil mit alten Liegenschaften, deren Firste zusammengebaut sind. Die Erbauer der behäbigen Bauernhäuser bezogen ihre Einkünfte aus dem Rebbau. Als um die letzte Jahrhundertwende eine Rebenkrankheit die Kulturen vernichtete, entschlossen sich die Dornacher zum Anbau von Kirschbäumen, die sich ausgezeichnet und ertragreich entwickelten. Im Mittelpunkt der Bleistiftzeichnung steht die frühmittelalterliche Pfarrkirche St. Mauritius, in welcher seit einigen Jahren das Heimatmuseum untergebracht ist.

107   Birsfall, Brücke und Schlößli, um 1860

«Das Pfarrdorf Dorneck-Dorf, welches mit Dorneck-Brugg 675 Seelen und 133 Häuser zählt, liegt in einer der reizendsten und wegen den klassischen Stellen merkwürdigsten Gegenden der Schweiz, am westlichen Fuße des Schartenfluhstockes, in geringer Entfernung der Birs, die hier das enge Thal verlassend, in die lachenden Ebenen Basels hervorströmt. Die Häuser, unter denen sich mehrere durch ihre städtische Bauart auszeichnen, hüllen sich in einen Wald der schönsten Obstbäume; gegen Arlesheim und gegen die Ufer der Birs hinunter sind die sonnigen Hügel mit Reben bekränzt, die mit großer Sorgfalt gebaut und gepflegt werden; das Ackerland ist nicht ausgedehnt. Der Wohlstand des Dorfes hat sich in den letzten Zeiten bedeutend gehoben, seitdem auf dem Schlosse Dornach keine Landvögte mehr hausen, die jeden physischen und geistigen Aufschwung hemmten. Die schöne, mit einem niedlichen, von Trauerweiden beschatteten Gottesacker umgebene Pfarrkirche steht in der Mitte des Dorfes. In dieser früher ganz unbekannten und unansehnlichen Dorfkirche, in diesem früher wenig genannten Winkel der Schweiz, ruhet die irdische Hülle eines der denkwürdigsten Männer Europas, des großen Mathematikers Maupertuis, der 1759 bei dem berühmten Bernoulli in Basel, starb.» (1836) – Bleistiftzeichnung von Anton Winterlin.

Der Brückeneinsturz 1913

Am Morgen des unglückschwangern 13 Heumonds bemerkte man, daß der Strom des Wassers nach der Dornachischen Seite hin immer stärker werde, und die dem Gestade ansitzende Wohnung und Scheune des Zollers dem Einsturze vollkommen ausgesetzt sey. Sogleich ließ Herr Oberamtmann noch 6 Männer herbeyrufen, diese bedrohten Gebäude zu räumen und im Falle des wirklichen Einsturzes das Gebälke desselben von der Brücke abzuleiten. So glaubte er alle erforderlichen Anstalten getroffen zu haben, dass wenigstens für Menschen keine Gefahr so leicht eintreten könne. Allein bey aller Zweckmäßigkeit seiner genommenen Maßregeln war es nicht zu verhindern, daß nicht Leute, welche blos Neugier hergeführt hatte, und die bey dem großen Gewühle unter den Arbeitenden leicht übersehen werden konnten, auf die Brücke kamen, auf welcher sie mit andern vom Unglück ergriffen wurden, als um 2 Uhr die eine Seite eines Jochs, auf welcher das Brückengewölbe ruhte, und ohne daß man ihre Schadhaftigkeit eben so groß und ihrem Einsturz so nahe erkennen mochte, einsank und mit der daranstoßenden Gefangenschaft von dem übrigen größeren Theil der Brücke herunter in die Fluth stürzte. Es befanden sich 48 Menschen auf diesem Theile der Brücke, von welchen 37 bey des durch die Gewalt des hochangelaufenen Flusses, als durch die Last der heruntergefallenen Mauerstücke den erbärmlichsten Tod fanden. In den Gefängnissen, die in dem am Eingange der Brücke befindlichen Thurm eingerichtet waren, befanden sich drey Personen. Einer von diesen gehört auch in die Zahl der unglücklich Umgekommenen.

108 Das alte Goetheanum, um 1920

Als Rudolf Steiner (1861–1925), der Begründer der Anthroposophie, sich 1913 entschloß, den Sitz seiner Bewegung in die Schweiz zu verlegen, gelangte Dornach unversehens in den Blickpunkt der Geisteswelt. Nach seinen Plänen erstand auf der prächtigen, aussichtsreichen Terrasse oberhalb des Dorfes das Goetheanum. 1923 ersetzte ein monumentaler Betonbau die imposante Holzkonstruktion des Gründers, die in der Silvesternacht 1922 bis auf die Grundmauern niedergebrannt war. Das neue Goetheanum, Zentrum der Allgemeinen Anthroposophischen Gesellschaft und der Freien Hochschule für Geisteswissenschaft, genießt als Stätte eindrücklicher dramatischer, musikalischer und eurhythmischer Aufführungen europäischen Ruf. Die Anthroposophie glaubt, durch ‹geistige Schau› ein höheres Wissen von den übersinnlichen Kräften erlangen zu können, als deren Erscheinungsbild die natürliche Welt und der Mensch in ihr verstanden werden. – Photo Heyebrand-Osthoff.

Sankt Nepomuk

Wo die Birs kommt hergezogen
Zu dem Städtlein Dornachbruck,
Steht auf einer Brücke Bogen
Altersgrau Sankt Nepomuk.

Und bei Sonnenschein und Regen
Schaut getrost der heil'ge Mann,
Wie auf krausen Lebenswegen
Sich die Menschheit plagen kann.

Jeder schleppet seine Bürde,
Und nach Schicksals wirren Los
Hält das ‹Wäre› und das ‹Würde›
Lebenslang uns atemlos.

Sprudelnd unter ihm mit Schäumen
Stürzt der Fall mit Schluck und Gluck –
Ruhevoll, als wie in Träumen,
Steht der fromme Nepomuk.

Ja, der Gleichmut ist vom Guten:
Solch ein Geist verzehrt sich nicht;
Ewig friedvoll auf die Fluten
Blickt sein steinern Angesicht.

Emil Beurmann

109 Am Drahtzug, um 1920
Die Gründung der Metallwerke AG, Dornach, im Jahre 1895 durch den Goldschmied Simon Vogt und den Kaufmann Philipp Silbernagel setzte dem alten Bauerndorf neue wirtschaftliche Fundamente. Das Unternehmen vermittelte der Bevölkerung nicht nur dringend notwendige Arbeitsplätze, sondern zeigte bald auch großes soziales Verständnis. So erfolgte 1920 der Bau des Bezirksspitals auf die Initiative der Metallwerke. Heute finden in der ‹Metalli› 1100 Arbeiter und Angestellte ihr Auskommen.

Erschwil

Die Entstehung Erschwils im obern Lüsseltal liegt im Dunkeln. Auch über die Herkunft des Ortsnamens läßt sich nichts erfahren. Die erste urkundliche Erwähnung des Dorfes fällt ins Jahr 1147, als Papst Eugen III. dem Kloster Beinwil die Besitzungen in ‹Hergiswilre› und ‹das gesamte Zehntrecht bis hinauf zur Lammersfluh› bestätigte. Die Kastvogtei der Grafen von Thierstein über das Kloster Beinwil brachte es mit sich, daß ‹Eriswilre› (1152) bis ins Jahr 1522, als die Vogtei Thierstein zu Solothurn kam, gräflicher Herrschaft unterstand.

Die enge Verbundenheit mit dem Kloster mag der Grund gewesen sein, daß Erschwil bereits im 11. Jahrhundert eine eigene Pfarrei bildete: Bereits 1219 wird eine Kirche in Erschwil erwähnt und ihre durch den Bischof von Basel vorgenommene Inkorporation von Rom bestätigt. Die heutige Pfarrkirche ist in den Jahren 1847/48 nach den

110 Das ‹Beibel-Pöstli›, um 1910
Bis 1922 besorgte die zentrale Fuhrhalterei in Erschwil die Post- und Reiseverbindung von Erschwil zur Bahnstation Zwingen und nach Laufen. Zusätzlich stand ein kleinerer Postwagen in Betrieb, der für die tägliche Bedienung des ‹Neuhüsli› in Oberbeinwil eingesetzt wurde. Eine Weiterführung der regelmäßigen Postkurse bergaufwärts ließ der starke Anstieg der Paßwangstraße nicht zu.

Plänen Pater Fintans ab Hirt aus Mariastein erbaut worden. Hundert Jahre später stellte sich auf dem Chordach ein Fund von unschätzbarem Wert ein: Ein lateinisches Kreuz aus der Zeit um 970 bis 1100, das nun als einzigartige Kostbarkeit den Kirchenschatz bereichert. Schon 1642 vermochte sich Erschwil, in Gemeinschaft mit der Nachbargemeinde Büsserach, einen eigenen Schulmeister zu halten. 1704 wurde eine ständige Schule eingerichtet und im Jahre 1747 ein Schulhaus gebaut. Die wirtschaftliche Grundlage der Gemeinde lag schon früh in der Eisengewinnung. Bereits 1474 lieferte ein Hammerschmied von Erschwil 21 Zentner Eisen nach Solothurn. 1512 errichtete der Basler Hans Auenstein im Dorf einen Schmelzofen, ein Läuterwerk und ein Hammerwerk. Nach Auensteins Tod wurde die Anlage an dessen ehemaligen Mitbürger Altenbach verpachtet, der als aufsehenerregende Neuerung eine neue Schmelze mit einem von der Lüssel getriebenen Gebläse anlegte. 1552 erhielt wiederum ein Basler, Josef Sundgauer, das Lehen zur Pacht. Er baute einen neuen Schmelzofen, für den das Holz aus immer größerer Entfernung herbeigeholt werden mußte. Das Problem der Kohlholzbeschaffung erwies sich in der Folge als kaum lösbar. Der Schmelzofen von Erschwil wird denn auch in diesem Zusammenhang Anno 1678 zum letztenmal erwähnt. An die einst blühende Eisenindustrie erinnert das Gemeindewappen, das einen Erzpickel und einen Schmiedehammer zeigt. Bis zu Beginn unseres Jahrhunderts vermittelte dann, neben der nur mäßig betriebenen Landwirtschaft, die Seidenbandweberei der Bevölkerung zusätzlichen Verdienst. Heute finden viele der 900 Erschwiler in den Industrien von Breitenbach ihr Auskommen. Die Landwirtschaft ist aus dem Dorfkern nahezu verschwunden. Erfreulicherweise dürfen fast alle Familien des Dorfes ein Eigenheim bewohnen; größere Mietwohnungen und Überbauungen sind in der Gemeinde keine anzutreffen.

111 Die Lange Brücke, 1757

Die ‹Lange Brücke› zwischen Erschwil und Beinwil bedeutete für unsere Vorfahren ein kleines Weltwunder! Eine wunderliche Brücke muß es schon sein, nicht wahr? Sie ist nämlich im Laufe der Jahre gewachsen! Zwar nur in der Einbildung gewisser Leute. Wir können nämlich lesen, die ‹Lange Brücke› sei hundert Meter lang, – in einer Zeitung durfte man sogar vernehmen, sie habe eine Länge von zweihundert Metern! Da ist der alte U.P. Strohmeier 1836 zuverlässiger. Er meldet uns: «Eine halbe Stunde tiefer unten im Tale (unterhalb des Klosters Beinwil), nachdem die Straße geflissentlich über einen Hügel geführt wurde, da sie doch ganz bequem dem Bache entlang hätte geleitet werden können, scheinen auf einmal hohe senkrechte Felsenmauern den Weg zu verrammeln, die 225 Fuß fortlaufend und kaum 10 Fuß voneinander stehend einer Straße zur Seite des Flusses nicht Raum ließen. Nach dem Plane des Bauherrn Jos. Suri wurde bei Anlegung der neuen Straße über den Paßwang in diesen Felsenschlund über die Länge des Flusses eine 120 Fußlange Brücke künstlich hineingebaut. Kaum bemerkt man das in den Engpaß hineingezwungene merkwürdige Werk, welches den Namen ‹Lange Brücke› führt.» Auch David Herrliberger zählt die ‹Lange Brücke› in seiner ‹Topographie der Eidgnoßschaft› 1758 zu den Merkwürdigkeiten der Schweiz. Er zieht sogar einen Vergleich mit der Teufelsbrücke. Herrliberger gibt (im Widerspruch zu Strohmeier) den Abstand zwischen den Felswänden mit 20 bis 24 Schuhen an. Die Brücke sei «auf Angeben des erfahrenen Ingenieurs, Herrn Urs Joseph Sury, Burgers von Solothurn, und dißmaligen Jungraths und Bauherrn des Löbl. Standes, beschlossen» worden. Dadurch habe man dem «Anlaufe des ungestümen Gewässers herrührenden Ungemach» für immer steuern können. Der Baumeister dieses großen Werkes war Jacob Schnotz der Jüngere. Landvogt L.U. Surbeck auf Thierstein berichtet 1796 von der Großen Brücke. Da in der Lüssel in der Kammer Beinwil oft Schwellen angelegt wurden, um auf diese Art zu ermöglichen, das Holz in die Birs hinab zu flößen, wurde die Straße oft überschwemmt und beschädigt. Die Männer aus den Vogteien Thierstein und Gilgenberg waren verpflichtet, die Straße zu reparieren. Als die Meltinger Anno 1796 gegen diesen Zwang aufbegehrten, belehrte sie der Landvogt, daß sämtliche Gemeinden «aus Hochobrigkeitlichem Befehl einander müßten helfen.» Er schickte die Klagenden mit dem Troste heim, sie seien nicht die einzige Gemeinde, der man diesen Frondienst auferlegt habe. Albin Fringeli. – Getuschte Federzeichnung von Emanuel Büchel.

112 Die Erschwiler Mühle, um 1920

Wie alle Mühlen im Amtsbezirk Thierstein von der traditionsreichen Müllerfamilie Altermatt betrieben wurden, so verfügte diese auch über das Erschwiler Gewerbe. Als die imposante Mühle zu Beginn der 1930er Jahre durch einen Brand zerstört wurde, hatte die örtliche Müllerei allerdings schon so viel an Bedeutung verloren, daß ein Wiederaufbau nicht mehr erwogen wurde.

Der reichste Mann

Es war anno 1873. Damals wirtschafteten auf dem Riedhof bei Erschwil noch die damaligen Eigentümer, Gebrüder Bleuel. Mitten im Gelände des Hofes, westlich vom Haus, am Wege nach Erschwil, liegt ein Grundstück, das damals einem armen Manne aus Erschwil gehörte. Dieses alte, bucklige Männlein, mit einer schwarzen, baumwollenen Zipfelkappe auf dem kahlen Haupt, kam mehrere Tage hintereinander auf sein Grundstück, eine Wiese, mähte allemal wieder ein Plätzlein Emdgras, breitete es aus und nachher ebenso die Schöchlein vom vorherigen Tag. So arbeitete das Männlein den ganzen Tag unverdrossen an seinem Emd. Zur Mittagessenszeit kam es dann jeweils mit einem hart gewordenen Stück Brot nach dem Riedhaus, um dasselbe am Brunnen aufzuweichen und so genießbar zu machen als Mittagessen; es erhielt dann aber jedesmal von der Küchenmagd einen Teller mit warmer Speise vorgesetzt. Nun kommt das Interessanteste erst: Ich kam gelegentlich mit einem der Herren Bleuel auf dieses Männlein zu sprechen, und da bemerkte Herr Bleuel, das sei der reichste Mann in Erschwil. Auf meine Entgegnung, das könne dem Tun und Lassen nach schier nicht möglich sein, antwortete Herr Bleuel in seiner derben Ausdrucksweise: «Woohl! woohl! er isch zfriede mit däm, wo-n-er het.» Ein seltenes Beispiel von Zufriedenheit und Anspruchslosigkeit!

113 **An der Lenzengasse, um 1930**

«Erschwyl, Pfarrdorf mit 499 Einwohnern und 103 Häusern, in der Amtei Thierstein. Es liegt am Ende des Beinwylerthales, an der Straße über den Paßwang und wird von der schnell vorbeifließenden Lüssel in zwei Hälften getheilt. Das Dorf, von steilen, hohen Bergen eingeengt, hat gute Wiesen, vortreffliche Mergelgruben, aber Mangel an Äckern. Die Pfarrkirche, etwas vom Dorfe entfernt, an den Bergvorsprung hingebaut, nimmt sich gut aus. Der Pfarrer, ein Conventual von Maria-Stein, wohnt in Büsserach, welches nur eine halbe Stunde entfernt ist. Der Bergbau auf Eisen, der noch in der Mitte des 16. Jahrhunderts hier stark betrieben wurde, ist längst eingegangen, so wie das Hüttenwerk. Weil das Stricken keinen Verdienst mehr giebt, sind die Einwohner genöthiget, den Boden besser zu bauen, was zuträglicher ist für Geist, Herz und Gesundheit. Auch die Seidenwebstühle fangen an einzuwandern.» (1836)

114 Das Dorfbild Erschwils ist heute noch weitgehend erhalten und die ursprüngliche Anlage deutlich erkennbar. Die Gewerbe auf der rechten Seite der Lüssel sind allerdings verschwunden, dafür kommt die Kirche mehr zur Geltung. Um 1960. Federzeichnung von Gottlieb Loertscher.

Traurige Erinnerung

Ein schauderhaftes Gewitter, wie die ältesten Leute sich keines ähnlichen erinnern, ist am Sonntag Nachmittag über uns gekommen. Schon um 2 Uhr hatten wir ein Gewitter mit Hagelschlag. Das war aber nur das Vorspiel dessen, was später kommen sollte. Um 5 Uhr hingen schwere Gewitterwolken auf unsern Bergen und ließen nichts Gutes ahnen. Bei völliger Windstille brach es dann los, aber schaurig und schrecklich, daß man jetzt noch zittert im bloßen Gedanken an das Vergangene. Blitz auf Blitz, Donner auf Donner folgte während fast anderthalb Stunden, während ein sündfluthartiger Regen mit starkem Hagel untermischt herniederströmte. In einigen Augenblicken waren alle Bergbächlein von der langen Brücke bis gegen Büßerach hinunter in wilde Ströme verwandelt, welche ganze Massen von Schutt und Steinen in das Thal hinabwälzten. Das Bett der Lüssel war bald überfüllt und überschwemmte theilweise die Straße. Alle Gassen des Dorfes glichen wilden Bächen, welche Scheunen und Ställe mit Schutt anfüllten. Bis tief in die Nacht hinein hatten die Leute alle Mühe, um den Wassern und Schutt zu wehren. – Aber welchen Anblick boten am andern Morgen die Felder! Wohl neun Zehntel vom Heugras liegt am Boden zerhackt von den Hagelkörnern und niedergerissen von den Wasserströmen. Ein großer Theil des Feldes, besonders auf der Seite gegen Grindel, Mutzwil und Beinwil ist von tiefen Gräben durchzogen, der gute Boden weggeschwemmt bis auf den steinigen Grund, viele Wiesen sind mit Steinen und Schutt so bedeckt, daß Hunderte von Wagenladungen abgeführt werden müssen; Kartoffel und andere Pflanzungen sind größtentheils ganz verschwunden, das Wasser hat sie mit sammt dem Boden weggeschwemmt; kleinere und größere Erdrutschungen zählt man über 40, einige so groß, daß wohl 10-20 Jucharten Land dadurch verwüstet sind. Mit einem Worte, es ist ein Bild der Verwüstung und Zerstörung, das aller Beschreibung spottet. Etwas Ähnliches ist in unserer Gegend noch nicht erlebt worden. In der Geschichte Erschwils bildet der 23. Mai 1898 eine traurige Erinnerung.

Fehren

Das kleine Dorf am Meltinger Wallfahrtsweg entwickelte sich aus einem alemannischen Gutshof ‹Ferren›. Im Jahre 1527 wurde Fehren käuflich vom Stand Solothurn erworben und gehörte fortan zur politischen Gemeinde Breitenbach. Noch 1836 erwähnt der Historiker Urs Peter Strohmeier: «Fehren, ein Weiler, und eine eigene Gemeinde an der Straße von Breitenbach nach Meltingen, mit 91 Einwohnern und 14 Häusern.»

Um die Jahrhundertwende verzeichnete das Dorf bereits 27 Häuser und 124 Einwohner, die vor allem von der Viehzucht lebten. 1941 war die Einwohnerzahl auf 270 angestiegen, und 1965 zählte das Dorf bereits 360 Einwohner. Diese Entwicklung ist sicher dem Aufschwung der Industrien in Breitenbach und Laufen zuzuschreiben.

1863 hatte Fehren eine eigene Schule erhalten. Früher besuchten die Fehrener Kinder die Schule in Zullwil. Schon 1797 wünschten die Bürger von Fehren ein eigenes Gotteshaus, und der Rat in Solothurn erlaubte es, doch kam es erst 1902 zum Bau einer Kapelle. Das kleine, anspruchslose Gotteshaus wurde der Heiligen Ottilia geweiht, und 1936 erhielt Fehren sogar eine Reliquie der besagten Heiligen. Seit 1957 werden jeden Sonntag in der Kapelle Gottesdienste abgehalten. 1967 konnte schließlich die neue Kirche eingeweiht werden. Nun ist Fehren nicht bloß ein kleiner Weiler mit ein paar Häuserzeilen und Höfen, es ist ein wirkliches Dorf geworden und hat mit dem neuen Gotteshaus auch ein charakteristisches Gesicht bekommen.

In Fehren gibt es ein kleines, aber aktives Vereinsleben. Eine Musikgesellschaft und ein gemischter Chor suchen das musikalische Leben des Dörfleins zu fördern. Die jungen Leute engagieren sich im Turnverein und Sportclub des benachbarten Breitenbach. Das kirchliche Leben wird nach wie vor durch Breitenbach bestimmt, da es Fehren bis heute noch nicht möglich wurde, einen eigenen Seelsorger für ihre Gemeinde zu bestellen.

Der Söiriter vo Thierstei

S wilde Gjeeg, wo vom Thiersteischloß gäg der Ruine Gilgebärg und wider zrugg stürmt, hed fast i jedem Dorf, wos streift, en angere Name. Es heißt s Hollegjeeg, s Nachtgjeeg, s Litstelgjeeg oder d Riedbärgchrieger sige losgloo. Dä wo die Trybede steukt und jagt, isch der Söiriter, der Gspaanjeger, s Riedbärgtschäpperli oder der Riedbärgfuerme.

Ne Bueb vom Fehre hed einisch im Spanholz Föhren- und Tannzäpfen ufgläse. Do hed er ufsmol eso nes arigs Pfyffen i der Luft köört. Er hed der Chopf ufgha und glustered; do isch vom Lingebärg här der Gspanjeger mid sir Söitrybede derhär cho zjeuke. Der Bueb isch gleitig abeghuured; er hed woll gwüßt, as em bis drei Fueß überem Bode nüt cha gscheh. E Rotte Wildsöi isch voruus pochled, gsteukt vonere Meute Hüng, wo glärmed hed, aß eim fast s Trummelfäll versprängt hed. Hingedry isch der grüen Gspanjeger uf sim Griß cho z'stürme und si Gelle hed alls übertönt: «Ho hoop! Ho hoop! Drei Schritt us Wäg!» Wos Gjeeg verby gsi isch, hed der Bueb kei Fidutz me gha zum Holze. Er isch ganz sturm gis, so heinem d Ohre glüted; drum hed er si halbvoll Sack ufe Rügge gschlunggen und isch hei pächiert. S isch höchsti Zit gsi. Hingeranem hed der Rägen afo prätsche und es isch es Hudelwätter choo wi no sälte. – Elisabeth Pfluger.

115 Der aus einem riesigen Monolithtrog und zwei Wasserstrahlern bestehende Dorfbrunnen von Unter-Fehren. Federzeichnung von Gottlieb Loertscher.

116   Auf der Straße nach Büsserach zum Weidgang, um 1930. Photo Leo Gschwind.

117   Zu den Vorbereitungen für die Ernte gehörte das Strohbanddrehen: Langes Roggenstroh, das sogenannte ‹Schaub›, wurde auf kunstvolle Weise zu starken Strohbändern gedreht und geflochten, mit denen dann im Sommer flinke Bauernhände die Garben bündelten. Photo Leo Gschwind.

Flüh

Zwischen Landskronberg und dem Hofstetter Chöpfli liegt das Dörflein Flüh; es zählt ungefähr 400 Einwohner und gehört zur Gemeinde Hofstetten. Gräberfunde deuten darauf hin, daß die Gegend von Kelten, Römern und Alemannen bewohnt war. Flüh gehörte im Mittelalter zur Herrschaft Rotberg. Diese Herrschaft war ursprünglich Reichsgut und kam im Jahre 1515 mit Mariastein durch Kauf an die Stadt Solothurn. Im Kaufbrief wird auch das Bad Flüh erwähnt, ebenso in einem 1541 zwischen Solothurn und Jakob Reich von Reichenstein, Vogt und Pfandherr zu Pfirt, geschlossenen Vertrag. Jener Jakob Reich von Reichenstein hatte die Landskron neu ausbauen lassen. Im Jahre 1541 grassierte in der Gegend die Pest. Um der Ansteckungsgefahr zu entgehen, zog sich Hans Thüring, Reich von Reichenstein, der Sohn des erwähnten Jakob Reich von Reichenstein, nach Mariastein zurück, um mit seiner Familie «daselbst die bessere Luft zu genießen». Am Luzientag (13. Dezember) stürzte der Junker im Garten des Wallfahrtspriesters 24 Klafter tief in den Abgrund, ohne großen Schaden zu nehmen. Zum Dank für die wunderbare Rettung ließ der Vater im folgenden Jahr ein großes Mirakelbild malen. Es ist zugleich die erste bildliche Darstellung von Flüh. Am Rand der stark überhöhten Felsen ist die Wallfahrtsstätte mit dem Priesterhaus und der St.-Anna-Kapelle zu sehen, gegenüber die Landskron. Im Tal erblicken wir die Mühle und das Bad Flüh. Die Mühle ist ein zweistöckiger Bau mit einem kleinen nördlichen Anbau. Das Bad, ein Gebäude mit großen gotischen Fenstern, ist nur zum Teil sichtbar. Zum Zeichen, daß es solothurnisches Hoheitsgebiet ist, trägt es ein rotweißes Wetterfähnchen.
Die Quelle zu Flüh wurde schon früh, dank ihrem Eisen-

118 Der Magdalenenbrunnen, um 1930

«Anfangs des 19. Jahrhunderts soll, nach einer mündlichen Überlieferung, eine noble Dame aus dem Auslande am 22. Juli wegen einem Augenleiden in Mariastein gewesen sein. Bei der Heimreise soll diese Dame an einem kleinen Brünneli in Flühen die Augen gewaschen haben. Da diese Dame bald Besserung ihres Augenleidens fand, kam sie öfters nach Flühen, um ihre Augen zu pflegen. Aus Dankbarkeit ließ diese Patientin das einfache Brünneli schön ausbauen. Eine Statue der hl. Magdalena wurde mit einer steinernen Umfassung und runder Kuppelung schön und kunstgerecht aufgestellt. Die Umfassung muß aber erst später fertig erstellt worden sein, denn die große Kugel weist die Jahreszahl 1834 auf. Wann dieser Brunnen aufgebaut wurde, weiß man nicht genau; zu lesen ist nur: Im Magdalenenbrunnen wurde in einer steinernen Bildnische das Bild der hl. Magdalena mit aufgelösten Haaren aufgestellt. Im Jahre 1905 kam öfters eine noble Italienersfrau aus Basel mit einem kleinen Mädchen nach Flühen. Da dieses Kind wahrscheinlich ein Augenleiden hatte, wusch diese Frau dem Kinde jedesmal die Augen am schönen Magdalenenbrunnen. Vermutlich hat sich das Leiden des Kindes gebessert. Diese unbekannte Frau ließ bald darauf die Statue der hl. Magdalena herausnehmen und in Basel renovieren, und das Bild wurde neu aufgestellt.» – Photo Leo Gschwind.

gehalt und der Temperatur von 12 °C als Medizinalwasser geschätzt und aufgesucht. Wie die andern drei bedeutenden Bäder des Standes Solothurn (Attisholz, Lostorf und Meltingen) war auch Flüh obrigkeitliches Lehen.

Der erste mit Namen bekannte Lehensträger ist Hans Feygel (1543). In dieser Zeit scheint das Bad schon ziemlich bekannt gewesen zu sein, denn 1542 hielt sich der Markgraf Bernhard von Baden daselbst auf. Der Basler Chronist Christian Wurstisen, dessen Chronik 1580 zum ersten Male erschien, schreibt über Flüh: «Im selbigen Schlund hat es unterhalb einer hohen Flue (daher das Ort Flühen gennenet wird) eine trefflich große Brunnenquelle in einer Wießmatt, welches die Umsäßen für ein heilsam Badwasser achten, deßhalben allda in die Badkästen leiten, wärmen und darinnen für Müde, Raud und Grindigkeit der Haut, ihrer Gesundheit pflegen.»

Daß man Bäder auch gerne des Vergnügens halber aufsuchte, ist im 16. Jahrhundert verständlich, und daß es dabei öfters zu Ausschreitungen gegen gute Sitte kam, ist mehrfach belegt. So auch in Flüh. Denn als der Generalvikar Thomas Henrici 1640 auf seiner Visitationsreise sich in Mariastein aufhielt, vernahm er vom Pfarrer von Hofstetten von den Ärgernissen, die sich im Bad Flüh zugetragen hätten. Er gelangte deshalb auch an den Rat zu Solothurn mit der Bitte, dieser möge dem Unwesen Einhalt gebieten.

Das Bad wurde im 17. Jahrhundert besonders von Basel aus besucht, wie 1666 berichtet wird: «In Flüechen hat es ein gut Gliderbad, mit einem Würtshaus, Mühlin und Sagen. Das Schweffelwasser quellet auß dem Boden herfür und wird von dem Frühling an biß zu End Augusti von den Benachbarten und Burgern der Statt Basel, so um 2 Stund entlegen, stark besucht.»

Bewegte Zeiten erlebte Flüh anläßlich des Spanischen Erbfolgekrieges (1708/09), als es mit Truppen besetzt wurde, und durch die Errichtung von Palisaden für den Grenzschutz während des Toggenburger Krieges (1712). Vor dem Ersten Weltkrieg wurde Bad Flüh zum letzten Male baulich erneuert. Mit den Jahren verwahrlosten die Gebäude mehr und mehr. Und schließlich wurde das verfallende Gebäude ein Objekt für die örtliche Feuerwehr, als es 1969 zu einem Raub der Flammen ward.

Eine wichtige Funktion übernahm die Birsigtalbahn, die am 3. Oktober 1887 eröffnet wurde und am 1. Mai 1910 bis nach Rodersdorf geführt wurde. Sie bringt alljährlich einen großen Strom von Pilgern, Touristen und Passanten teils zum Wallfahrtsort Mariastein, teils in die herrlichen Wälder des Blauengebietes. In jüngster Zeit wird das Bild von Flüh belebt von vielen Jugendlichen, die im nahen Schulzentrum ihre weitere Ausbildung holen.

Die Flühmühle

Mit der durch Feuer verursachten Zerstörung der alten, ehrwürdigen Flühmühle hat das solothurnische Leimental und die Umgebung Basels überhaupt einen in Beziehung auf landschaftlichen Reiz sehr empfindlichen Verlust erlitten. Der Schreiber dies und mit ihm gewiß jeder Freund der Romantik hat auf seinen Spaziergängen und Fahrten ins Gebiet des Jurablauen, wenn ihn der Weg von Flüh auf das Plateau von Mariastein führte, immer mit Wohlgefallen den Blick auf ‹die Mühle im Tal› schweifen lassen, die wie ein altes Kloster, unberührt von den Fortschritten unzeitlicher Kultur und Bautechnik, in idyllischer Ruhe dalag. Der Bau stammte aus dem Jahr 1640, wie die Inschrift ob der Haustüre lautete, also aus einer bewegten Zeit, wo die Kriegsleute Österreichs, Schwedens, Frankreichs und Spaniens den Boden ringsherum mit ihrem Blute düngten und die ehernen Huftritte ihrer Rosse die Felder zerstampften; es war die trübe Zeit des Dreißigjährigen Krieges. Für unsere Gegend waren zwar bereits die ärgsten Drangsale vorüber, aber der endgültige Friedensschluß ließ noch acht Jahre auf sich warten.

Wer sich die für damalige Zeiten zweifellos stattlichen Gebäulichkeiten, die 270 Jahre lang allen Stürmen Trotz boten, besah, mußte zum Schlusse kommen, daß der Erbauer ein reich begüterter Herr gewesen sein muß. Vielleicht die Herren von Reichenstein auf der Landskron. Das Kloster Mariastein bestand damals bekanntlich noch nicht, kann also kaum als Bauherr in Betracht fallen. Es wäre tief zu beklagen, wenn an Stelle des alten Bauwerkes jetzt ein Gebäude treten würde, das, wie so manches andere aus Zement und Backstein aufgeführt, unserm nüchternen Zeitalter zwar alle Ehre machen, dem prächtigen Landschaftsbilde aber wenig zur Zierde gereichen würde. (1909)

119   Flüh und Schloß Landskron, 1754

«Flüehe ligt in einem Boden, so allein ein Bad und Würtshaus, obenher hat es ein Mühlinen und unden ein Sagen, ist Lehen von unseren Gnädigen Herren und Oberen. Grenzt an Landtscronen, so ein sehr vestes Haus und den Edlen Reichen von Reichenstein zuestendig, sonsten dem Haus Österreich einverleibt. In diser Revier gleich hinderem Haus in den Matten hat es einen Schwebel-Bronnen, so aus dem Boden entspringt und übersich quellet, welches Wasser sehr guet zum Baden und der Ursachen von den benachbarten vom friehen Johr an bis zue Endt des Augusti stark besucht wirt, gewärmbt und von dem Kessel durch einen Canal in die Badkästen gefiehrt. Gleich daroben ligt angerege Vestung Landtscronen, allda es einen großen Rebacker, so den besten roten Wein ausgibt.» (1645)

«Das Wasser von Flüehen quellet hell vnd klar auß der Erden herfür, dessen Eygenschafft ist, fürnemblich wüste Eißen und Geschwär. Item alle Gepresten der Mutter und Haupt zuheylen: es verzehrt alle überflüssige Feuchtigkeiten, hilfft auch den lahmen Glidern etc. Das Wasser muß über Fewr gewärmet werden. Ist ein Lehen von der Obrigkeit zu Solothurn, und mit einem Badhauß zimblich versehen, man köndte aber dasselb und andere Gelegenheiten für die täglich ankommende Gäst wohl verbessern.» (1666) – Getuschte Bleistiftzeichnung von Emanuel Büchel.

120 Postillion Franz Monnerat, der nach der Jahrhundertwende zweimal täglich den Postkurs Flüh-Mariastein-Metzerlen besorgte, zählte während Jahren zu den populärsten Männern der Gegend. – Photo Leo Gschwind.

Breakfahrten nach Flühen

Wir lasen kürzlich ein Inserat, nach welchem der Wirt zum Badhotel in Flühen an jedem schönen Herbstsonntag von Basel aus Breakfahrten nach Flühen und zurück zu veranstalten gedenkt. Die Idee hat sehr gut gefallen und es kann nur begrüßt werden, wenn die Interessenten des Thales nach und nach dazu kommen, für die Hebung des Verkehrs in dem an Naturschönheiten so reichen Birsig- und Leimenthale mehr als bisher besorgt zu sein. Wir machten die Fahrt mit. Die Gebrüder Settelen hatten ein sehr hübsches Break zur Verfügung gestellt, auf dem es sich recht behaglich sitzen ließ. Es waren im ganzen 8 Teilnehmer, ein für das junge Unternehmen gewiß vielversprechender Anfang. Punkt 20 Minuten nach 10 Uhr war Abfahrt vom Heuwageplatz aus, und Flühen erreichten wir über Binningen, Bottmingen, Oberwil, Benken, dem bekannten Wirkungskreis des Liederdichters Pfarrer Oser, in kaum anderthalb Stunden, nach einer ebenso lohnenden wie angenehmen Fahrt. Der Badwirt hatte für ein treffliches Diner Sorge getragen. Mit dem Mittagszuge waren übrigens noch eine Anzahl von Basler Familien eingerückt, welche die vorzüglichen Forellen angelockt haben mochten. Der Töchterchor von Kleinbasel erfreute die anwesenden Gäste durch den Vortrag einiger hübschen Lieder und nur zu früh mußte an den Aufbruch gedacht werden. Um halb 7 Uhr traf die Gesellschaft wieder in Basel ein und war jeder wohl darin einig, daß ihm der Sonntag ein paar recht gemütliche Stunden gebracht hatte. Wir empfehlen die noch kommenden Breakfahrten weitern Kreisen bestens, umsomehr noch, als der Preis von Fr. 7 (inbegriffen das Diner in Flühen) ein bescheidener genannt zu werden verdient. (1901)

121 Bad Flüh, um 1754

«Zur Pfarrgemeinde Hoffstetten gehört das zwischen den Ausgang des engen Felsenthales gleichsam eingekeilte Dorf Flüe (Flühen). Hier ist eine schon lange bekannte und früher stark besuchte Badeanstalt mit drei großen durch Galerien verbundenen Gebäuden, die zwar 1809 in bessern Zustand gestellt wurden, aber dessen ungeachtet doch noch etwas Großväterliches an sich haben. Desto freundlicher und zu angenehmen Ausflügen einladend ist die Umgegend; in einer halben Stunde erreicht man das Kloster, oder die 1814 gesprengte Bergveste Landskron mit ihrer ausgedehnten Fernsicht nach dem Elsasse und den Badischen Gebirgen. Das Badwasser ist eisenhaltig, mit Kalk gemischt, zeigt Spuren von Chlorinsalzen und wird gegen Rheumatismus gerühmt. Das Bad hat gegenwärtig allen Zuspruch verloren, so daß im letzten Sommer gar nicht einmal mehr gebadet wurde.» (1836) Einen erneuten Aufschwung erlebte Bad Flüh dann wieder um die letzte Jahrhundertwende: «Das Bad ist ein vom Dorf gänzlich getrennter Häuserkomplex und besitzt 30 aufs feinste und komfortabelste eingerichtete Zimmer mit 50 Betten, großen Lichthof, 2 Glasveranden, eine offene Veranda, 3 elegante Speisesäle, einen Lesesaal, geräumige Bad- und Gießräume, überall mit elektr. Licht und Dampfheizung ausgestattet, aus welchem Grunde die Anstalt hauptsächlich zu Frühjahrs-, Herbst- und Winterkuren empfohlen wird, indem dieselbe das ganze Jahr geöffnet ist. In unmittelbarem Anschluß an die Badegebäude, welche inmitten ausgedehnter Parkanlagen und Spielplätzen liegt, erheben sich rechts und links sehr steile, dicht bewaldete Anhöhen aus romantischen Felsen bestehend, welche das Bad gegen rauhe Nord-Nordostwinde schützen. Die Behandlungsweise der verschiedenen Krankheiten besteht in kalten und warmen Anwendungen, Kräuter-, Fichtennadeln-, Soole-, Wechsel- und elektr. Bädern, Abwaschungen, Güssen und Wickeln je nach dem Zustande und Bedürfnisse des Patienten. Eine bequeme Wassertretbahn mit starkfließendem reinem Quellwasser ist kürzlich angelegt worden. Pflege und Wasseranwendungen jeder Art werden durch ausgebildetes und geprüftes Personal ausgeführt. Somit kann die Wasserkur, welche erfahrungsgemäß im Winter gebraucht ebenso günstige Resultate

123 Die Station Flüh und der Gasthof ‹Zur Landskron›, um 1900. Um diese Zeit zählte ‹Flühen› 25 Häuser und 154 katholische Einwohner, die sich vornehmlich dem Anbau von Getreide widmeten. Photo Emil Birkhäuser.

erzielt wie in den übrigen Jahreszeiten, im Bad Flühen das ganze Jahr hindurch unter Genuß aller Bequemlichkeiten angewendet werden.»

Nach wechselvollem Geschäftsgang wurde 1962 der Badebetrieb endgültig eingestellt, und 1970 verschwand mit dem Abbruch der alten Gebäude die letzte sichtbare Erinnerung an die Badeherrlichkeit in Flüh, obwohl die neu gefaßte Badquelle als ‹Juvenilquelle› das Trinkwasser für die nun auf dem Areal stehenden Wohnblöcke liefert. – Lavierte Federzeichnung von Emanuel Büchel.

122 Der Flühschmied, um 1935

«In der Schmiede des Anton Gunti in Flühen arbeitete ein Jos. Borer-Erismann von Erschwil, zuerst als Geselle, später auf eigene Rechnung. Borer wurde in amtl. Registern als Flühschmied bezeichnet. In der Zeit der Jahre 1832 oder 1835 kam der Bischof von Straßburg einige Tage in die Ferien ins Kloster Mariastein. Der Bischof wurde von Basel aus mit einer Kutsche gebracht. Da diese Kutsche einen kleinen Defekt bekommen, hielt der Kutscher auf der Rückfahrt bei der Schmiede in Flühen an. Nachdem die Reparatur fertig war, meinte der Schmied, jetzt könnte er billig nach Basel fahren, um einige Einkäufe zu besorgen. Ohne an Unannehmlichkeiten zu denken, erlaubte der Kutscher dem Schmied in die Kutsche einzusteigen und mitzufahren. Doch kaum angefahren, stutzten einige Leute, worauf noch der Kutscher sich einen Witz erlaubte, indem er im Spaß sagte: ‹Er isch selber drinn.› Da aber der Kutscher merkte, daß jetzt die Sache ernst genommen wurde, und auch der Schmied am Kutschenfenster winkte, war er froh, schnell von der Stelle fortzukommen. Allein auch in andern Dörfern glaubten die Leute, es sei der Bischof und wollten ihm die gebräuchliche Ehre erweisen. Bald wurde aber gegen den Flühschmied Anzeige gemacht. Vor dem Oberamt leugnete natürlich der Schmied, daß er die Absicht gehabt habe, die Leute zu narren. Der Oberamtmann warf ihm auch noch vor, er habe ja sogar den Leuten den Segen gegeben am Fenster der Kutsche. Doch der Schmied war nicht verlegen, er sagte, Herr Oberamtmann, ich habe den Leuten nur abgewunken: ‹Ich binen jo nid!› Es wurde diese Angelegenheit später auch in Gedichtsform geschrieben.» – Photo Leo Gschwind.

Eine imposante Ruine
«Pater Anselmus hatte die Güte, uns nach dem eine halbe Stunde entfernten Hügel von Landskron zu führen. Im Hinansteigen bewunderten wir fortwährend die imposante Ruine. Aber einmal angelangt, sahen wir lange Zeit Thürme und Mauern, Graben und Wall, die neben uns waren, gar nicht mehr an. Unsere Blicke waren gefesselt von der wunderschönen Aussicht und schweiften freudetrunken in der Ferne umher ... Zu den Füßen von Landskron liegt das prächtige, fruchtbare Leimenthal mit seinen reichen Dörfern und weiter hinaus die Gefilde des Elsasses.
Auf hohem Felsstock erhebt sich der alte, vollständig erhaltene Donjon (Bergfried), ein majestätisches vierseitiges Mauerwerk, von demselben durch einen Schloßhof getrennt der kleinere Donjon, dessen eine Hälfte heruntergestürzt ist, während die andere noch in vollständiger Höhe dasteht. Auf der südlichen Seite sieht man in die gewölbten Gänge der zum Theil gesprengten Cassematten hinein. Hausgroße Mauerstücke liegen in den tiefen Schloßgräben übereinander.» – Fr. Isenschmid, 1854.

Gempen

*Weithin sichtbar schiebt sich der jähe Abbruch der markanten Schartenfluh des Gempenstollens, die höchste Erhebung des Dorneckbergs, in das Birstal. Dahinter kuschelt sich auf beinahe 700 m Höhe in einer von Wäldern ringsumschlossenen Mulde das kleine Dorf Gempen. Der Name soll vom lateinischen Wort ‹campus› (Feld) kommen. Die Bewohner bebauen auch heute noch mit großer Sorgfalt ihre Felder, und die wohlmundenden Gempener Kirschen sind auf dem Basler Markt sehr geschätzt. Früher wurden auch die Basler Stubenöfen mit dem fein gespaltenen und gebündelten Holz aus den Gempener Waldungen angeheizt.
Das Gebiet von Gempen – der Ort wird 1277 erstmals urkundlich erwähnt – gehörte dem Domstift Basel, das hier ein eigenes Hofgericht, einen Dinghof, besaß. Die Rechtsverhältnisse, die im Laufe der Jahrhunderte durch*

124 Am Weg nach Nuglar, 1828
Die Dorfpartie am Weg nach Nuglar zeigt ein Bild ländlicher Unberührtheit. In geschlossener Reihe staffelt sich Haus an Haus. Die Leitern am Giebel weisen auf die Kirschbäume in der Gemeinde. Die Schafherde vor dem mit Steinen beschwerten Stadel berichtet von einer bescheidenen Viehwirtschaft. Die beiden Männer haben Zeit zu einem Schwatz. Auch heute bietet Gempen und seine Umgebung ein Bild der Gemächlichkeit und Ruhe, das nur durch das Treiben der Touristen gelegentlich unterbrochen wird. – Sepiablatt von F. Graff.

125 Das Gasthaus zum Kreuz, ein beliebter ‹Luftkurort› der Städter um die letzte Jahrhundertwende, der den Gästen neben bester Verpflegung auch ein kurzweiliges Landleben bot.

126 **Gempenrennen, um 1912**
1911 erlaubte die Solothurner Regierung dem Automobilclub Basel, auf der Gempenstrecke – sofern keine Rennen stattfänden ... – die ‹Bergprüfungsfahrt Oberdornach-Gempen› durchzuführen: Eben brachte ein rassiger Sportwagen glücklich eine scharfe Kurve hinter sich. Der Chauffeur hat seine Schirmmütze zur Förderung der Stromlinie verkehrt aufgesetzt. Der Beifahrer versucht, seine Gewichtsverlagerung, mit welcher er das Fahrzeug in der Kurve stabilisieren wollte, zu korrigieren. In feierlichem Sonntagsgewand schauen die Besucher dem ‹lebensgefährlichen Treiben› zu.

Verkäufe und Verpfändungen immer unklarer geworden waren, rückten Gempen im 16. Jahrhundert unbeabsichtigt ins Rampenlicht eidgenössischer Geschichte:
Die länderhungrigen Städte Basel und Solothurn suchten von den immer mehr in Geldnöten geratenen vornehmen Besitzern möglichst viel Gebiet und Rechte zu erwerben. Die Aarestadt kam den Baslern im Dorneck durch den Erwerb des Dinghofs 1518 und des Kirchensatzes zwölf Jahre später zuvor. Als Zeichen ihrer Rechtshoheit errichteten die Solothurner in der Gemeinde Gempen einen Galgen, den die Basler unter dem Schutz eines Militäraufgebots umhauen und zerstückeln ließen, weil nach ihrer Meinung das Hohe Gericht des Sisgaus ihnen zustand. Solothurn fühlte sich in seinen Rechten geschmälert. Es mobilisierte Soldaten und Geschütze und schickte sie auf den Weg nach Basel, um die erlittene Unbill zu rächen. Die eidgenössischen Stände schalteten sich ein und erzwangen eine Vermittlung, die Basel widerstrebend annehmen mußte. Formell wurde zwar das Recht der Rhein-

127 Mit verbissenem Gesicht dagegen nimmt der Motorradfahrer die steinige Kurve. Seine Ausrüstung ist sportlich modern: Über seinem weißen Hemd mit dunkler Krawatte trägt er eine Lederjacke. Reithosen und Ledergamaschen ergänzen die Montur. Eine weiche Schildmütze bedeckt das Haupt. Sein linker Fuß streift den Boden, um einen bevorstehenden Sturz aufzufangen. Beachtenswert ist auch die prächtige Signalhupe auf der Lenkstange.

stadt anerkannt; in der Praxis hatte aber Solothurn die Hohe Gerichtsbarkeit auf seinem Gebiet im Sisgau erlangt. Dieser ‹Galgenkrieg› hätte beinahe den Austritt Basels aus der Eidgenossenschaft zur Folge gehabt. Auf lange Zeit hegten jedenfalls die Basler eine tiefe Mißstimmung gegen die andern Stände. Dazu trugen auch die konfessionellen Gegensätze seit der Reformation bei.

Zuständig für die Seelsorge in Gempen war von jeher das Domkapitel, das aber die Johanniter in Basel damit beauftragte. Bei der Gründung der Universität wurden die Gempener Kirchengüter an diese übertragen, die damit auch die seelsorgerliche Verantwortung für das Dorf übernahm. Der Basler Reformator Ökolompad führte 1529 auch in Gempen die Reformation ein. Da aber im folgenden Jahr Solothurn den Kirchensatz erwarb, überließen die Gempener den Entscheid über ihre Konfessionszugehörigkeit ihren Gnädigen Herren und verzichteten auf deren Wunsch auf das ‹Basler Wäsen›. 1534 beauftragte Solothurn die Pfarrei Dornach mit der Seelsorge in Gempen. Erst 1756 nahm ein Kurat ständigen Wohnsitz in der Gemeinde, die seit 1828 eine eigene Pfarrei bildet.

Die heutige Kirche ist 1788 nach den vom Solothurner Kathedralbauer Pisoni geprüften Plänen des Gempener Zimmermanns Peter Vögtli errichtet, 1902 erweitert und 1966 gründlich restauriert und modernisiert worden.

Auf der Schartenfluh – fälschlich aber hartnäckig Gempenstollen genannt – ragt seit 1894 der bekannte Aussichtsturm über die Baumkronen. Eine geplante Zahnradbahn vom Bahnhof Dornach zu diesem Anziehungspunkt kam nicht zur Ausführung. Trotzdem erfreuen sich jährlich Tausende von Städtern der herrlichen Aussicht ins weite Land, die mit geringer Mühe erwandert und in aller Ruhe bewundert werden kann.

128 Sinnspruch auf Schönmatt. Photo Peter Rudin.

129 Die Dorfkirche, 1947

Die Blasiuskirche in Gempen und das Pfarrhaus dürften die erste Kirche im Kanton darstellen, die nach den Richtlinien des Zweiten Vatikanischen Konzils renoviert wurde. Der schlichte Bau birgt in seinem Innern einen modernen Altar und Taufstein von Albert Schilling. An der rechten Chorwand befindet sich das altehrwürdige Sakramentshäuschen aus dem 15. Jahrhundert. Von der frühern unbedeutenden Ausstattung ist sonst nichts übriggeblieben. Ein neues vierstimmiges Geläute hängt im Turm. Die Gempener haben mit der Renovation ein bedeutsames Wagnis auf sich genommen, das in jeder Hinsicht vollkommen gelungen ist. – Holzschnitt von E. Bärtschi.

Eines der höchsten Bergdörfer

Gempen ist ein Pfarrdorf mit 297 Seelen und 54 Häusern, auf der Hochebene, die sich östlich der Scharte ausdehnt, in der Amtei Dorneck. Es ist eines der höchsten Bergdörfer des Kantons, dessen Bewohner fleißige Landwirthe sind und auch viel durch Ausfuhr von Holz und Kirschenwasser gewinnen. Das neue, in jeder Beziehung zweckdienliche Schulgebäude macht den Gemeindsbürgern Ehre. Ein nordöstlich vom Dorfe auf der Schneeschmelze von Solothurn 1531 errichteter Galgen verursachte den unblutigen Galgenkrieg. Auch hier stieß man in der Mitte des Dorfes auf alte, aus Stein erbaute Gräber. Am Wege von hier nach Dornach werden zwei engzusammengewachsene Buchen ihrer Größe wegen bewundert. Bei eintretender Trockenheit wird der in der Nähe befindliche tiefe Sodbrunnen benutzt, woraus dann jede Haushaltung täglich nur ein gewisses Quantum Wasser schöpfen darf. Die merkwürdige Schartenfluh wird von hier aus in einer Viertelstunde erreicht; der Weg dorthin, nur sanft ansteigend und von jungem Buchengehölze beschattet, ist höchst angenehm. Das aus merglichtem Sandsteine bestehende Denkmal, welches an die Stelle jenes Birnbaumes gestellt wurde, unter welchem die in die Dornacherschlacht eilenden Luzerner ihre Mantelsäcke aufhängten und das nur eine Viertelstunde vom Dorfe liegt, fängt an zu zerfallen. Man redet davon, es durch ein neues zu ersetzen. Ein Abstämmling des Baumes wird noch gezeigt. (1836)

Der Chlosterschatz

Nordöstlig vo de Stollehüsere z Gämpe, wo jetz Wald isch, söll früener einisch es Chloster gstange sy. Es wird verzellt, inere Chriegszit heige d Mönch, wo der Find choo sig, alli chöstlige Sache vergrabed, bsungers ihri schöne Grät us Guld und Silber. Si hei nid für nüt Angst gha. S Chloster isch gstürmt, usgraubt, azüngt und im Bode z ebe gmacht worde, und ekei einzige Mönch isch midem Läbe dervoo choo. Jetz hed niemer me gwüßt, wo der Chlosterschatz verloched worden isch. Zidhär isch scho mängen usgruckt und hed i däm Wald mit Schuflen und Pickel nachem Chlosterschatz grabed. Aber heitreit hed en no keine. – Elisabeth Pfluger.

Achtung Schlangen!

Eine ganz gefährliche Plage ist es dieses Jahr mit den Schlangen. Es gibt Orte, wo man vor diesem giftigen Getier im eigentlichen Sinne des Wortes seines Lebens nicht mehr sicher ist. So hat ein Wellelimacher, der an der Gempengrenze gegen den Muttenzbann hin arbeitete, in kurzer Zeit 20 Stück getötet, rote Vipern und Kreuzottern, und wohl ebensoviele sind ihm entwischt. Gewiß wäre es am Platze, daß der Staat oder die Gemeinden oder sonstige Vereinigungen auf das Töten solcher Tiere eine Prämie setzten, damit der Vermehrung dieses Ungeziefers mit Eifer entgegengearbeitet würde. (1902)

Grindel

In den letzten Jahrzehnten ist Grindel aus der weltfremden Verborgenheit herausgetreten. Es liegt zwar immer noch auf der Höhe, dort wo der Weg aus dem Birstal den steilen Zugang ins Val Terbi hinüber erzwingt, um den Menschen dies- und jenseits der Sprachgrenze eine friedliche Begegnung zu ermöglichen.

Wie ein Wachtposten kommt uns ‹Gringel› vor. Und wenn wir über die Herkunft des Namens Grindel hören, daß dieses Wort einst ‹Grintil› hieß und soviel wie Riegel, Pfosten, Verhau oder Schlagbaum bedeutete, dann wird uns bewußt, daß die ersten alemannischen Ansiedler gute Beobachter gewesen sein müssen. Die Welschen jenseits des Fringelibergs sprechen von ‹Grendelle›. Einst verlief die Sprachgrenze bei Wahlen, und in Grindel wurde, wie auch in Bärschwil, das Französische gesprochen. Ein Bauerndörflein? 1904 hatte es schon seine kleine Zementfabrik. Sie ist längst eingegangen, und im Sagli drunten sind unter dem Gesträuch nur noch spärliche Überreste vorhanden. Sie sprechen vom Wandel der Zeit und der Menschen. Neben der kleinen Industrie kannten die alten Grindler den Ackerbau, die Viehzucht und die Milchwirtschaft. Daß Grindel nicht zu einem wirtschaftlichen Zentrum heranwachsen konnte, ist durch die Lage des Ortes bedingt. Kein Vernünftiger wird deshalb das Schicksal anklagen. Im Jahre 1850 – also zur Zeit, da die Industrie ihren Einzug noch nicht vollzogen hatte – zählte Grindel 327 Einwohner. Breitenbach hatte damals 624. In den nächsten Jahrzehnten hat die Not viele Leute in die Fremde getrieben. Die Einwohnerzahlen nahmen ab. 1880 zählte man in Grindel nur noch 244 Seelen. Endlich boten die Fabriken von Laufen und von Breitenbach, von Bärschwil und Liesberg willkommene Arbeit an. Die Menschen konnten in der Heimat bleiben. Sie blieben mit ihren Mitbürgern, aber auch mit ihren Häusern und Feldern eng verbunden. Mancher Bauer wanderte ins Tal hinab in die Fabrik. Am Abend half er den Seinigen in der Landwirtschaft. Mit seinen rund 1000 Einwohnern ist Grindel heute nicht mehr das ‹Bergdörflein› von ehemals! Es hat sich ausgedehnt. Es hat ein neues Schulhaus und eine prächtig renovierte Kirche erhalten.

Bis ins sechste Jahrzehnt des 19. Jahrhunderts waren die Grindler nach Bärschwil kirchgenössig. Als sie sich dann von Bärschbel trennten und eine eigene Pfarrei wurden, hatten sie manchen Streit und sogar einen langwierigen Prozeß hinter sich. Wer jedoch gerne Einzelheiten aus der Kirchengeschichte von Grindel wissen möchte, muß bald einmal feststellen, daß die Quellen recht spärlich fließen. Hin und wieder stößt er auf eine historische Angabe. Wenn er sich aber die Mühe nimmt, neue Angaben zu ermitteln, erfährt er, daß jeder Geschichtsschreiber bei irgendeinem Vorgänger seine Anleihen macht. Die Bemerkung, daß Papst Eugen III. am 23. Juli 1147 dem Kloster Beinwil die Hälfte der Kapelle zu Grindel bestätigt habe, wird immer wieder erwähnt. Die Lust nach weiteren Meldungen über das Verhältnis des kleinen Dörfleins zum Benediktinerkloster in Beinwil wird leider nicht gestillt. Interessant ist es immerhin, wenn uns schon im 12. Jahrhundert berichtet wird, Grindel und Bärschwil seien zwei Pfründen des Dekanats Leimental. Die Pfarrherren von Büsserach und Bärschwil waren für den Gottesdienst besorgt. Während der Reformationszeit gingen die Bärschwiler zum neuen Glauben über. Sie folgten ihrem Geistlichen. Die Grindler hingegen blieben beim angestammten Glauben und meldeten an die Obrigkeit in Solothurn: «Wir wissen nicht, was gut oder böse ist, uns gefällt das Alte, das bisher gewesen.» Die Nachbarn in Bärschwil hatten aber nur während dreier Jahre einen Prädikanten. Nachdem er die Pfarrei verlassen hatte, gingen die ‹Bärschbler› wieder zum alten Glauben über. Sie bildeten aber bis zum Jahre 1619 keine eigene Pfarrei mehr. Wer zur Kirche wollte, mußte den Gottesdienst in Rohr, zwischen Breitenbach und Brislach, besuchen. Noch lange Jahre nach der Wiedergeburt der Pfarrei Bärschwil sprach man vom ‹Chilchwäg›, der vom Grindelfeld durchs Bännli nach dem Lüsseltal hinüberführte. Hier kamen die Leute aus den verschiedenen benachbarten Dörfern zusammen. Man lernte sich kennen. Und daß man sich auch achtete, kann man aus einer Bemerkung aus dem Jahre 1530 schließen. Da äußerten sich nämlich die Grindler noch einmal in einem Schreiben nach Solothurn: «Grindel ist der Meinung und des Willens, wie Breitenbach!» Vielleicht verlockt diese Ansicht den Leser unserer Zeit zu einem gütigen Lächeln! Interessant ist es immerhin zu vernehmen, daß man schon vor Jahrhunderten mit Aug' und Ohr' darauf geachtet hat, was in Breitenbach ‹gemeint› und ‹gewollt› wird!

Nicht gar so hitzig wie bei der Trennung in zwei Kirchgemeinden ging es zu, als man sich einigen mußte, wo die Sekundarschule und die Oberschule untergebracht werden sollten. Man einigte sich nach einem langen Hin und Her: Die Sekundarschüler wandern ins schöne neue Schulhaus von Grindel; die Oberschüler von Bärschwil und Grindel treffen sich im neuen Schulhaus der Gemeinde von Bärschwil.

Wer kennt den Grindler Stierenberg? Wer hat dort oben einmal jenes eiserne Kreuz mit dem Zacharias-Segen betrachtet? Man hat es vor Jahren ins Dorf hinabgenommen. Im ‹Schweizerischen Alpkataster 1965› findet man Angaben, die uns beweisen, daß sich auch die ‹Fremden› im ‹Bergdörflein› gut auskennen. Der Stierenberg wird als

130 Der Grindler Heiliggrab-Christus, ein plastisch meisterhaft geschnitztes Werk aus dem 18. Jahrhundert, das nach einem Vergleich mit Holbeins Leichnam Christi ruft, wird besonders während der Karwoche verehrt.

Jura-Sömmerungsweide eingereiht. Eigentümerin und Bewirtschafterin ist die Bürgergemeinde Grindel. Das Weideland mißt 15 Hektaren und liegt auf einer Höhe von 820 bis 860 Metern. Der Boden sei tiefgründig und lehmig, im östlichen Teil steinig. Eine Hektare Sumpf wird aufgeforstet. Die Wasserversorgung sei gut und der Weg nach Grindel genügend. 1950 wurde der Weidestall erbaut mit einem Zimmer für den Hirten. Der Stall kann 42 Stück Vieh aufnehmen. Heubühne und Gülleverschlauchung. Während des Krieges war der Stierenberg Industriepflanzwerk.

131 **Das Bauernhaus Nummer 16, um 1950**

Das fast unverändert erhaltene spätgotische Bauernhaus mit dem rundbogigen Tenntor zeigt in seinem breiten Wohnteil auch einen rundbogigen Kellereingang, der an die einst blühende Grindler Rebbaukultur erinnert. – Photo Max Widmer.

Vom Schloßbrütli

Vom Birstal nide goht ne Stroß obsig durs Dorf Wahle uff Gringel ufe. Vo dört chrimslet ne holperige Wäg über e Fringelibärg is Wältsche umme. Obem Wahledorf im Bännli isch emol uff me Felschlotz obe ne Schloß gstange. Me seit hüt no, es syge wieschti Raubritter im Nöijesteischloß gwohnt. Es isch ne aber nit guet gange, dene wilde Kärlese.

Die alte Lüt hei mänggmol verzellt, si heige uff em Burgfelse obe ne wyßi Frau gseh stoh. Das isch s Schloßbrütli gsi. Es het mieße Bueß tue für das, wo syni Verwandte bosget hei.

Emol het s Schloßbrütli im Saglidurs gruefe: «Durs, Durs!» Allewyl numme Durs. Das isch däm Burscht zletscht verleidet. Un im Chyb inne rieft er zum Schloß ufe: «Blos mer i d Schueh!»

Jetz het s Schloßbrütli afoh jommere: «O jeh, chumm hundert Johr lang nimmemeh!» Wo dr Durs die Gschicht i dr Mueter verzellt het, isch si fascht echly taub worde: «Das isch jetz dumm gange», het si gseit, «wenn de im Schloßbrütli hundertmol Antwort gäh hättsch, so wer's erlöst gsi. Jetz mueß es i hundert Johr nonemol cho.» Es het eister gheiße, d Nöijesteiner Ritter heige i dr Nechi vo ihrem Schloß e Huffe Gäldchischte verlochet. Scho mänggmol sy Burschte mit Biggel und Schufle goh sueche. Aber es het bis dohi no keine die Chischte gfunge. Eimol hei zwe jungi Manne i dr Nechi vom Schloß grüblet. Ungersmol sy si verschrogge. S Schloßbrütli isch vor anene gstange. Es het ne gseit: «Bruuchet do nit wytersgrabe, dir finget doch nüt. Aber chemmet morn um die glychi Zyt wider un denn will ech zeige, wo dr mießt goh s Gäld sueche. Förchtet ech aber nit! Ich chumm inere wieschte Gstalt!»

Am angere Tag hei die zwe uffs Schloßbrütli gwartet. Lang isch niemer cho. Do fahre die zwe Manne zsämme. Es het eppis graschlet im Laub un uffsmol isch ne großi Schlange drußuse gschosse. Die zwe hei dr Dewang gnoh s Loch ab gege Bach. Jetz hei si ne beduurlegi Stimm ghört: «O jeh, chumm hundert Johr lang nimmemeh!» Die Manne hei umgchehrt. Es het ne nüt meh gnützt. S Schloßbrütli isch verschwunde gsi. «Sy mir dummi Kärlese gsi», hei die Burschte gjommeret, «es het is jo gseit gha, es chem inere wieschte Gstalt.» I zweu Meitli isch's aber o nit vill besser gange. Wo die emol uff Laufe abe sy goh Kommissione mache, hei si bim Schloß e paar Füürhardli gseh. I de Pfännli sy rundi Blättli gläge. Sie hei grad ußgseh, wie Schnäggehüüslideggel. «Vo dene nämme mer mit, wenn mer hei göh», het eis gmeint. «He jo, mit denen cha me guet täple», het's angere ummegäh. Wo si aber wider durecho sy, isch niene meh ne Füürhärdli gstange. Ihri Mueter het aber gmiehilet: «Eh, dir dumme Ching! Wenn dr die Blättli numme aglängt hättet, so weres lutter Guldstüggli gsi!»

Do het's emol ne armi Frau besser breicht. Si het ungerem Schloß Nöijestei dürr Holz gsuecht. Do het si e Huffe Bletter gseh ligge: roti, gääli, grieni. So eppis het si no nie gseh gha. «Do hätte jetz d Ching sicher ne Freud dra», het si dänggt, «si chennte si verwyle drmit.» Si het e ganze Schurz voll zsämmegläse un isch Gringel zue gluffe. Wo si i Huusgang ynetrampet isch, het si gspürt, aß ihre Schurz ungersmol schwer wird. Si isch ganz verschrogge un het dry gluegt. Was gseht si? Jetz sy die farbige Bletter lutter Guldstüggli gsi, un die gueti Frau het ihrer Läbtig nimmi mieße i Wald use goh dürri Nescht zsämmesueche. – Albin Fringeli

132   Die Pfarrkirche St. Stephan, um 1950
1645 erhielt der Neubau von 1591 eine namhafte Vergrößerung, indem die Kirche mit einer Empore versehen wurde, auch setzte Zimmermeister Bartli Seyfrid dem Turm eine welsche Haube auf. Wiederum «eine Neubaute dasiger Kirche vorzunehmen», entschloß sich die Gemeinde 1859, wobei jedoch der neue Turm von 1701 belassen wurde. Hundert Jahre später aber erhöhte man den Turm, um ein ausgewogeneres Bild mit dem Langhaus zu erreichen.

Himmelried

Weist der 1488 erwähnte Name ‹Heymenriet› nicht auf das Bedürfnis hin, irgendwo daheim zu sein, an einem Ort, der Heimat und Geborgenheit bietet? Auf fast 700 Metern Höhe lehnt sich das Dörfchen an die Sonnenseite des Homberges. Die meist kleinen und verwinkelten Bauernhäuser reihen sich staffelweise der Straße entlang, dem ebenso bescheidenen Kirchlein entgegen. Ein Romantiker könnte glauben, Gotteshaus und Wohnbauten wollten ihre Demut vor dem Herrn des Himmels zum Ausdruck bringen. Die Firste folgen geduckt dem Hang in westöstlicher Richtung, als suchten sie Schutz an der Lehne des Berges vor dem kalten Brausen des Nordwindes. Erst im letzten Jahrhundert wagten einige Mutige, abseits des Dorfes ihren Hof zu errichten. Vor dieser Zeit suchte man Sicherheit und Schutz in enger Tuchfühlung mit den Nachbarn.

Wenn auch der alte Weiler erst 1208 urkundlich erwähnt wird, so kann sich das Dorf doch einer viel ältern geschichtlichen Vergangenheit rühmen. Neben dem Homberg gehören auch die Wasserläufe des Kastelbachs und des Ibachs zum Gemeindebann. Und gerade in diesem Gebiet, in der Kastelhöhle, tut sich ein mächtiges Tor zur Vorgeschichte auf. In diesem unterirdischen Wohnraum fand man nämlich nach dem letzten Weltkrieg einige tausend Werkzeuge aus Feuerstein und Knochen, Schmuck aus Muscheln und Pechkohle sowie unzählige Knochenüberreste aus der Jungsteinzeit. Damit waren die ersten ganz sichern Spuren menschlichen Daseins innerhalb des Kantons Solothurn nachgewiesen. Also lange bevor eine schriftliche Quelle über die Existenz des Dorfes berichtet, zeugen stumme Überreste vom Leben und Arbeiten der Menschen in diesem Gebiet vor rund 12000 Jahren!

Im Mittelalter gehörte das Dorf zur alten Herrschaft Pfeffingen und befand sich im Besitz der gräflichen Linie Pfeffingen-Thierstein. 1517 wurde es an den Bischof von Basel verkauft, der es 1527 an Solothurn abtrat. Pfarrgenössig war die Gemeinde nach Oberkirch. Sie besaß zwar eine eigene Kapelle, die 1624 erneuert wurde. Hundert Jahre später baute sie Meister Antoni Umher aus Tirol ganz neu auf. 1795 erhielt das Dorf einen Vikar, der aber zugleich auch in Oberkirch Verpflichtungen hatte. 1804 erfolgte mit dem Neubau der Kirche südöstlich der alten Kapelle die Errichtung einer eigenen Pfarrei. Damit war der langgehegte Wunsch nach einem eigenen Seelsorger in Erfüllung gegangen.

Neben der Kirche lehnt sich das Schulhaus an den Felsen. Das dreistöckige Gebäude unter einem Satteldach mit Krüppelwalmen entstand aus Verlängerung und Umbau der alten Kapelle. Die Erinnerung an die alte Dorfherrschaft wird allsonntäglich immer noch wachgerufen, soll doch die älteste Glocke im Kirchturm, die das Datum 1648 trägt, aus dem Schloß Thierstein stammen. Das kleinste Glöcklein, 1740 von J. F. Weitnauer in Basel gegossen, dürfte aus der verbauten Kapelle stammen.

Hoch oben gelegen, zwischen dem lichten Firmament und dem tief eingeschnittenen Tal des Kastelbachs, erfreut sich die Ortschaft der ‹himmlischen› Ruhe und Behaglichkeit eines stillen Bauerndorfes, das nicht durch eine große Durchgangsstraße dem lärmigen Verkehr ausgesetzt ist. Der bewaldete Homberg spendet nicht nur Feuchtigkeit und Wärme, sondern lädt auch Naturfreunde zu erholsamen Wanderungen ein. Und der abgelegene Eigenhof, ehemals Besitztum des Klosters Beinwil-Mariastein, nach dem Brand von 1946 als Bergwirtschaft wieder aufgebaut, bietet dem müden Wanderer neben schöner Aussicht mancherlei ‹himmlische› Erfrischung. Mit Recht heißt das Dörfchen also: Himmelried!

Naiver geht's nicht mehr!
Eine ergötzliche Anekdote wird uns aus dem Leben des vor einigen Jahren verstorbenen langjährigen Posthalters im thierstein'schen Dörfchen H. berichtet. Kam da eines Tages ein junger Mensch auf das Postbureau und gab einen Brief auf; gleichzeitig bat er den Posthalter, den Brief frankieren zu wollen, indem er jetzt ganz ohne Geld sei. Unsere heutigen Posthalter würden zwar eine solche Bitte rundweg abschlagen, allein unser Posthalter, bekanntlich ein ‹seelenguter Mann›, wie man zu sagen pflegt, der schon Vielen zuvor in ähnlicher Weise entgegengekommen war, entsprach auch dießmal unserem Junggesellen, bemerkte demselben jedoch gleichzeitig, daß der Brief ja keine Adresse habe. Unser Jüngling aber, der, wie aus nachstehendem zu entnehmen ist, vom Postwesen einen gar sonderbaren Begriff hatte und wahrscheinlich im Briefchen einer entfernten, liebenden Seele eine Herzensangelegenheit mittheilen wollte, antwortete nun dem Posthalter allen Ernstes: «Ne Adresse brucht e keini druf, s' darf nieme wüsse, wohi aß der Brief chunnt!» (1902)

133 Die Dorfstraße, um 1920

Wo die schräg ansteigende Straße und die obere Dorfstraße sich kreuzen, steht die kurz nach dem Jahre 1800 erbaute, den Heiligen Joseph und Franz Xaver geweihte Kirche. Das schlichte Bauwerk mit dem kekken Zeltdach zählt zu den wenigen aus der Zeit der Helvetik stammenden ländlichen Gotteshäusern und ist deshalb besonders beachtenswert.

134 Junger Postillion, von zwei sonntäglich herausgeputzten Dorfschönheiten gebührend Abstand nehmend. Um 1910.
Photo Walter Hammel.

135 Steinklopfer, um 1925

Manche Landwirte aus abgelegenen Juradörfern verdingten sich gelegentlich als Steinklopfer. Beim Zerkleinern größerer Brocken bedienten sie sich eines langstieligen Hammers, der beidseitig gleich geformt war. Die zur gewünschten Grösse zerschlagenen Steine wurden mit ‹Stoßbähren› zu rechteckigen Haufen von einem Meter Höhe geschichtet. Von der Oberkante liefen diese schräg abwärts aus, wiederum auf einen Meter. Auf diese Weise war der Kubikinhalt leicht festzustellen und der Lohn für die geleistete Arbeit festzusetzen. Rechts im Bild ist ein solcher Haufen sichtbar. Die Arbeiter saßen auf strohgefüllten Säcken und hielten die großen Brocken mit ihren schwer genagelten Schuhen fest. Moderne Brechmaschinen haben diesen Nebenberuf aussterben lassen. – Photo Leo Gschwind.

136 Heuerbub, um 1930

«Keines zu klein, Helfer zu sein.» Dieser Ausspruch ist für den jugendlichen Schwarzbuben nicht eine Empfehlung zur Mithilfe, sondern eine Pflicht. Denn während der Heuernte ist der Bauer auf jede Hilfe angewiesen; besonders dort, wo mechanische Geräte nicht vorhanden sind oder wegen der Steilheit des Geländes nicht eingesetzt werden können. Der Heuerbub trägt den sogenannten ‹welschen Rechen›, ein Handwerkszeug, das sowohl im schweizerischen als auch im französischen Jura noch heute hergestellt und verwendet wird. – Photo Leo Gschwind.

Tiefe Bergschluchten
Himmelried (Hermannsried, Hymersried), ein kleines hochgelegenes Pfarrdorf in der Amtei Thierstein, dessen Gemeindebann rings durch tiefe Bergschluchten isoliert ist. 368 Seelen wohnen in 49 Häusern. Kirche und Pfarrhaus sind neu; in jener können einige Gemälde schön genannt werden, im Vergleich der gewöhnlichen Malereien der meisten Dorfkirchen. (1836)

Hochwald

Nachdem schon im 5. Jahrhundert Alemannen Besitz vom Gempenplateau genommen hatten, entstand im frühen Mittelalter ein Dinghof, der den Kern des 1225 erstmals urkundlich erwähnten Dorfes ‹Honwald› bildet, das soviel wie großer, dichter Wald bedeutet. Obwohl die Gemeinde, auf 624 m Höhe liegend, eine der höchstgelegenen Wohnsiedlungen des Kantons darstellt, findet sich im Namen keine Anspielung darauf. Vor hundert Jahren führte die sprachliche Bequemlichkeit zum heute üblichen ‹Hobel›.

Über Angehörige der Familien Thierstein, Ramstein und von Delsberg gelangte das Dorf mitsamt dem Birseck aus der Hand des Basler Hochstifts 1530 endgültig in den Besitz Solothurns. Schon 1332 wurde eine Wendelinskapelle erbaut, südlich von der 1879 errichteten Maria-Hilf-Kapelle. Aus der 1543 als baufällig erwähnten Pfarrkirche stammt ein spätgotischer Wandtabernakel im Historischen Museum in Basel. Die heutige Kirche wurde 1821 errichtet. Seit 1756 wohnte ein Pfarrvikar ständig in Hochwald; aber erst 1799 wurde das Dorf eine selbständige Pfarrei.

1790 amtete bereits ein Lehrer im Dorf. Das Schulhaus mit zwei Klassenzimmern und zwei Lehrerwohnungen entstand 1827. Angebaut waren Scheune und Stall, um den kärglichen Schulmeisterlohn durch eine kleine, nebenamtlich geführte Landwirtschaft aufzubessern. Bis zur Jahrhundertwende erfüllte das bescheidene Schulhaus in dieser Form seinen Dienst. 1954 wurde es umgebaut und 1973 durch eine moderne Turn- und Schwimmhalle ergänzt.

Im Schwabenkrieg 1499 wurde das Dorf niedergebrannt. Auch 1669 äscherte es eine Feuersbrunst vollständig ein. 1506 ist Hochwald von einer Wolfsplage heimgesucht worden. Obwohl keine schwerwiegenden Gründe vorzubringen waren, ließen sich die Bauern der Vogteien Dorneck und Thierstein von bernischen Untertanen aufstacheln, am Bauernkrieg teilzunehmen. Sie versammelten sich 1653 in Hochwald, um über das Vorgehen gegen die Obrigkeit zu beraten. Es scheint aber nicht zu nennenswerten Beschlüssen gekommen zu sein. Nur einige wenige schlossen sich vereinzelt dem großen Bauernheer an.

Bis im Jahre 1933 eine vorzügliche Wasserversorgung das Wasser in jedes Haus brachte, holten die Bewohner ihren täglichen Bedarf an den vier Dorfbrunnen. In den Häusern, die in der Regel von zwei Familien bewohnt wurden, mußten täglich hölzerne Wasserbehälter aufgefüllt werden. In trockenen Sommern, wenn die Brunnen nur spärlich flossen, boten die langen Wartezeiten den mit Eimern und Kupferkesseln ausgerüsteten Wasserträgerinnen Gelegenheit zu einem ausgiebigen Dorfklatsch. Die Außensiedlungen behalfen sich mit Sodbrunnen oder Zisternen. Vom einstigen Bauerndorf sind nur wenige Landwirtschaftsbetriebe übriggeblieben, die mit modernen Maschinen und Methoden einen größern Ertrag erzielen, als die frühern Kleinbauern gesamthaft erwirtschaften konnten.

Von jeher bot Basel der regsamen Bevölkerung ein willkommenes Absatzgebiet für ihre überflüssigen Produkte. Sehr geschätzt waren die kleinen Reisigwellen zum ‹Anfeuern› und der bekannte Buttenmost, nebst Obst und Fleisch: Dinge, welche die ‹Hobler› in genau abgegrenzten Hausierbezirken, die sie eifersüchtig und zuweilen auch handgreiflich vor unerwünschten Konkurrenten schützten, in Basel an ihre Kundschaft brachten.

In der Nähe des ‹Milchlöchli›, auf der Höhe zwischen Dornach und Hochwald, wurde 1972 eine Höhle entdeckt, die einen unglaublichen Reichtum an Kristallen enthält und eine Touristenattraktion sein könnte, wenn sich unter den Besuchern nicht auch Räuber und Vandalen befänden, vor denen dieses Naturwunder geschützt werden muß. Mit 550 Einwohnern liegt Hochwald im Anziehungsfeld der Stadt. Die meisten Bewohner arbeiten heute in ihrer Agglomeration. Andererseits haben manche Städter im Dorfbann ein Wochenendhaus und genießen hier die Ruhe und Schönheit der lieblichen Landschaft mit ihrer guten Luft. So leben die jahrhundertealten Beziehungen zueinander in neuer Form weiter.

137 Pfarrhaus und Kirche, 1828

Das von Palisaden umgebene Gebäude mit angebautem Holzschopf wirkt sehr bescheiden. Ein kleiner Krautgarten davor liefert Gemüse auf den pfarrherrlichen Tisch. Dahinter ein Teil des Kirchendaches und der Turm mit dem bezeichnenden Helm. Das Pfarrhaus stammt aus dem Jahre 1803; die Kirche wurde 1821 erbaut. In Fronarbeit wurden die Steine aus dem Steinbruch Nuglar herbeigeschafft und unter kundiger Anleitung zum Bau aufgeführt. Der Dachstuhl – von Hand gehauen und abgebunden – kostete damals 900 Franken. Der ‹Örgelirai› weist auf den Holzschlag hin, den die Gemeinde zur Bezahlung der Kirchenorgel vornehmen mußte. – Lavierte Bleistiftzeichnung von F. Graff.

138 Die Kirche von ‹Hobel›, 1833

Der Ausschnitt eines Altarbildes von Anton Amberg zeigt die alte Kirche, die auch in der erneuerten Form nicht wesentlich vom ehemaligen Bau abweicht. Geblieben ist jedenfalls die eigenartige Form des Turmhelms.

139 Buttenmostfrauen, um 1970

Zwei währschafte Buttenmosthausiererinnen in Basel. Zu Fuß führte man den Most in die Stadt, zu Fuß durchwanderte man seinen Hausierbezirk und zu Fuß kehrte man abends müde nach Hause. Und anderntags begann die gleiche Wanderung von neuem.

Die hundertjährige Tradition wurde vom ‹Zürimarie› in Hobel eingeführt und als willkommener Verdienst während der Herbstzeit eifrig aufgenommen. Die ganze Familie sammelte zuerst im Gemeindebann die Hagebutten; später kaufte man auswärts das ‹Rohmaterial› zusammen. Und dann betätigten sich alle an der Herstellung, am Mahlen, Pressen, Reinigen, bis der Brei verkaufsbereit war und den Weg in die Stadt fand.

Buttenmost und Wälleli

Hochwald ist das Zentrum der Buttenmostfabrikation. Nicht etwa deshalb, weil da die Hagebutte im Überfluß wachsen würde. Um 1880 kam ‹s Zürimari› nach Hobel. Diese Frau kannte die Herstellung des Buttenmosts, und die Dorfbewohnerinnen lernten von ihr die Technik. Nach wenigen Jahren bereits war es zur festen Tradition geworden, daß die Hobler Hagenbutten zuerst selber suchten, später dann im Jura einkauften und sie dann – unter Mithilfe vom Jüngsten bis zum Ältesten der Familie – zu Buttenmost verarbeiteten. Da manche der Bauern nur wenige Kühe besaßen, waren die Frauen froh, wenn sie im Herbst durch den Verkauf des Mostes in der Stadt das Haushaltungsgeld aufbessern konnten. Zur Zeit, als es noch kein Postauto gab, fuhr man jeden Tag mit dem Wägeli nach Basel hinunter, wohlverstanden zu Fuß, und abends ging es wieder nach Hochwald zurück! Diesen langen Weg nahmen die Frauen und Männer täglich während mehrerer Wochen unter die Füße. Die Angehörigen zu Hause stellten jeden Tag den Buttenmost frisch her, den die Händlerin in der Stadt verkaufte. Zuerst wurden die Butten gemahlen und während 2, 3 Tagen stehengelassen. Alsdann preßte man von Hand den Buttenbrei durch ein gröberes Sieb unter Beigabe von etwas warmem Wasser und konnte so die Kernen vom Buttenmost trennen. Ein nochmaliges Durchpressen durch ein feineres Sieb, ebenfalls mit etwas Wasser, trennte den Most von den feinen Härchen, und damit war der Buttenmost fertig zubereitet. Zum Einkochen dieser Konfitüre braucht man zirka 1 kg Zucker auf 1 kg rohen Buttenmost. Schon seit vielen Jahren wurde diese mühsame Handarbeit durch maschinelle Verarbeitung abgelöst. Wie ein älterer Hobler zu berichten weiß, soll die Buttenmostfabrikation im Jahre 1862 eingeführt worden sein. Jedenfalls ging Annemarie Vögtli-Häner seit 1864 mit diesem Produkt auf den Markt und löste dazumal für einen Liter Buttenmost 30 Rp. Um die Jahrhundertwende sind über 30 bis 40 Frauen und Männer mit dieser Ware nach Basel gefahren, und ein jeder hatte sein Quartier und seine Kunden. Bei schlechtem ‹Märt› kam es manchmal zu handfesten Auseinandersetzungen, wenn ein Händler sich in ein anderes Revier ‹verirrte›. Heute sind die Buttenmostfrauen rar geworden. Man muß Glück haben, wenn man eine von ihnen in Basel antrifft.

Wer könnte wohl die vielen ‹Baslerwälleli› zählen, welche in unserem Dorf schon geknüpft wurden? Diese Tradition ist noch älter als der Buttenmost und geht vermutlich bis Anfang 1800 zurück. Zuerst wurden diese ‹Wälleli› noch auf dem Boden gebunden, und ganz tüchtige Hobler haben schon damals 400 bis 500 Stück täglich angefertigt, natürlich von morgens 5 Uhr bis spät abends. Der ‹Wällelibock› war für die Hobler eine geniale Erfindung und erleichterte diese Arbeit sehr. Wie sauber unsere Wälder damals waren, bis gegen Ende der fünfziger Jahre, wissen selbst jüngere Bewohner noch sehr gut. Kein Ästchen sah man da auf dem Boden liegen, alles wurde für die Herstellung der Wälleli verwertet. Sogar aus den Nachbargemeinden wurde Reisig gekauft, um die Wälleliproduktion zu steigern. ‹Tannigs und Buchigs›, einige ‹Knebeli› und ein ‹Schitli› wurden auf die richtige Länge (20 cm) gebrochen beziehungsweise geschnitten oder gesägt und im Wällelibock eingespannt. Mit einer ‹Wiede› wurde das ganze Bündel dann zusammengebunden. Auch die Wieden haben die Hobler an allen Hecken und Waldrändern geschnitten und nachts geputzt und gedreht, begehrt waren vor allem die Haselzweige. Vor dem Binden wurden die Wieden ins Wasser eingeweicht, damit sie nicht brüchig waren. Während vieler Jahre hat der ‹Widema› von Gempen die Hobler mit dieser Ware beliefert. Erst seit einigen Jahren, als niemand mehr Zeit hatte, Wieden zu schneiden und zu drehen, wurden die ‹Baslerwälleli› mit Schnüren gebunden. Viele Wällelimacher gingen auch zu den Bauern auf die Stör, um während Wochen ganze Berge zu ‹poppern›. Denken wir nur an Ägeter Willi, der jahrelang im Dorf von einem Bauern zum andern zog und täglich, von Montag bis Samstag, 600 dieser Wälleli knüpfte. Rechnen wir geschwind einmal: 6 × 600 = 3600 wöchentlich, mal 50 Wochen gibt eine Jahresproduktion von 180 000 Wälleli. Aus diesen Zahlen können wir schätzen, daß die angefertigten Wälleli in Hobel auf etliche Millionen steigen würden. Leider ist auch diese alte Tradition immer mehr im Rückgang, da die Holzöfen und Waschhäfen durch Zentralheizungen, Ölöfen und moderne Waschmaschinen abgelöst wurden und so die ‹Anführi› nur noch selten gefragt wird. – Franz Nebel

140 Ein währschafter Vertreter der in Hochwald seit Jahrhunderten ansässigen ‹Nobelfamilie› Vögtli. Photo Leo Gschwind.

Hagelwetter
Siebenmal hatten die Leute von Hochwald ihr Korn gesät. Und siebenmal hatte ihnen der Hagel die ganze Ernte vernichtet. Da traten sie zusammen, draußen auf dem Felde, und einer fragte: «Wollen wir uns noch einmal abmühen? Wird die ganze Arbeit nicht wieder umsonst sein?» Wie er so sprach, trat ein fremder Mann, der einen Dreispitzhut trug, zu den Bauern. Mit dem Finger zeigte er nach einem Steinhaufen und sagte: «Dort drunter liegen die Gebeine eines Kindes. Suchet sie hervor, tauft den Kleinen auf den Namen Richard und leget das Gerippen in geweihte Erde.» Die Hochwalder stutzten; doch sie taten, was ihnen der Fremde geraten. Sie säten wiederum ihr Korn. Fortan blieben die Felder vom Hagel verschont.
An der Stelle des Steinhaufens, nordwestlich des Dorfes errichteten die Bauern ein steinernes Kreuz und sie versprachen, in Zukunft den Richardstag als Hagelfeiertag zu begehen. Diesen Gedenktag verlegten sie später auf den ersten Werktag des Jahres.

Vortrefflicher Feldbau
Hochwald (vulgo Hobel), Pfarrdorf in der Amtei Dorneck, auf der fruchtbaren Hochebene der Scharte, mit 469 Seelen und 77 Häusern. Es gehört unter die hochgelegensten Bergdörfer des Kantons; dessen ungeachtet ist der Feldbau vortrefflich, so daß in guten Fruchtjahren gegen 300 Säcke Zehnten aus der Gemeinde geliefert werden. Nach Basel wird jährlich ein beträchtliches Quantum Holz ausgeführt. Die neue schöne Pfarrkirche steht seit 1823. Im Bauernkriege 1653 fand hier eine Versammlung der Landleute aus den Vogteien Dorneck und Thierstein statt. Die Schartenfluh wird von hier aus ohne die geringste Anstrengung in einer starken Viertelstunde erstiegen. – Die Herrenmatt, einige Häuser nördlich von Hochwald, bietet auch eine prachtvolle Aussicht dar. (1836)

141 **An der Hauptstraße, um 1930**
Gestaffelt sind Wohnteil, Scheune und Stall der Häusergruppe von 1865 mit dem Nachbarhaus zusammengebaut. Die Stuben liegen im Hochparterre, dahinter die Küchen. Das Wohnhaus ist unterkellert. Daneben die Scheune mit dem rundbogigen Tor. Hinter dem Miststock der Stall. Die ‹Gülle› wird von Hand in das ‹Güllenfaß› gepumpt, das auf den danebenstehenden Wagen montiert werden kann. Dieses Mehrzweckgefährt kann auch als Mistwagen benützt werden oder zum Transport von Holz oder anderem Material. Die herausragende Rundstange dient zum Verschieben der Hinterachse, je nach der Verwendungsart des Wagens.

142 Obwohl 1910 die Gebrüder Arnold und Karl Kaiser eine Dreschmaschine in Betrieb nahmen, stand auch noch nach dem Zweiten Weltkrieg das Dreschen mit dem Flegel in Übung. Die harte Arbeit besorgten in der Regel Taglöhner bei einem Taglohn von Fr. 2.20. Unermüdlicher Fleiß zahlte sich durch einen zusätzlichen Laib Brot aus.

143 Hochwald, um 1900

Vor dem stattlichen Postgebäude halten die schlanken Pferde der Postkutsche, in welcher vier Personen bequem Platz finden konnten. War das Kütschli mit Fahrgästen und Waren überladen, mußte vierspännig gefahren werden. Die alte Postkutsche wurde später durch ein ‹Sprängwägeli› abgelöst. Auch bot der Milchwagen, der täglich die Milch und andere Waren nach Dornach führte, Gelegenheit zum Mitfahren.

Schüleraufsatz 1864

Mein Heimatort heißt Hochwald. Schon der Name sagt, daß das Dorf hoch gelegen sei. Dem ist auch so. Denn es liegt auf dem äußersten Nordrande der Gebirgsebene, welche der Jura im Bezirk Dorneck bildet. Nördlich vom Dorf zieht gerade hinter der längern Häuserreihe ein thurmhoher Hügel, wie ein Schutzwall von Südwest nach Nordost und schirmt uns vor der Wuth des Nordwestwindes. Am Fuße dieses Hügels hin zieht sich die Straße von Seewen nach Dorneck durch ein kleines Bergthal und mitten durch unser Dorf, das am fruchtbarsten Plätzchen von unsern Vorfahren angelegt wurde. Die Häuser sind alle aus Stein gebaut, mit Ziegeln bedeckt und stehen so dicht in einander, wie in Stadtgassen. Fast in jedem Hause wohnen zwei Familien, und wenn ein Fremder durchs Dorf geht und den kleinen Häuserhaufen sieht, vermuthet er wohl nicht, daß etwa 700 Seelen darin wohnen. Mitten im Dorfe stehen Kirche, Schulhaus und Pfarrhof eng beisammen; alle drei sind noch fast neu, denn Hochwald ist erst seit wenigen Jahrzehnten eine eigene Pfarrei. Am West- und Ostende des Dorfes stehen die beiden Gasthöfe. So sollte es überall sein: weiter ins Wirtshaus, als in die Kirche. Der Dorfbann ist sehr ausgedehnt, grenzt an Dorneck, Gempen, Büren, Seewen und Duggingen (Kt. Bern). Felder und Wiesen in der Nachbarschaft des Dorfes sind wohl ziemlich fruchtbar, allein die weitere Umgebung ist es weniger und wird meistens als Waldboden benutzt. Die meisten Einwohner besitzen Privatwaldungen und treiben Holzhandel mit Basel. Jährlich wandern paar hundert Klafter Spältenholz und viel tausend Stück Reiswellen um gutes Geld in jene große Nachbarstadt. Der spekulative Hochwälder brennt an seinem eigenen Herde nur ‹Tschupp› (aller Arten Abholz). Eine große Einnahmsquelle ist für fleißige Familien auch das Seidenwinden; wenn die Fabrikation stark geht, sind in unserm Dorfe über 100 Seideräder in Bewegung. Etwa 30 Drechsler liefern für die Fabriken Basels sogenannte Bandrollen, faustgroße, hölzerne Wälzchen aus Tannen- und Fichtenholz, worauf man die Seidenbänder windet, bevor sie in alle Weltgegenden versendet werden. Diese drei Stücke: der Holzhandel, das Seidewinden und das Drechseln brachten unser Dorf zu bedeutendem Wohlstande. Weniger gut steht es dagegen mit dem Landbau und der Viehzucht. Wir haben noch immer die Dreifelderwirthschaft, abwechselnd mit Hackfrüchten, Korn und Hafer. Roggen wird gar nicht gepflanzt, darum rühmen auch die Fremden, daß man in wenigen Dörfern so weißes Brod esse wie bei uns. Der Hafer gedeiht vortrefflich und wird in Menge gebaut, weil unsere Bauern desselben bedürfen für ihre Zugpferde. Wegen des starken Verkehrs mit Basel zählt man im Dorfe 70 bis 80 Pferde.

Die Einwohner von Hochwald besitzen in Dorneck und oberhalb dem Schlosse Angenstein bedeutende Strecken Rebland. Fast jeder Bürger hat ein Fäßchen Eigengewächs im Keller und trinkt den realen Tropfen bei festlichen Anlässen oder im Sommer bei strenger Arbeit. Auch sonst schütten die Hobler den Wein nicht in die Schuhe, sondern sind fröhlich in Ehren und arbeiten dann wieder wie Ameisen, wenn die Zeit es befiehlt. An schönen Sommersonntagen besteigt die Jugend beiderlei Geschlechts den Hügel hinter dem Dorfe, die Holle (Halde), wo man einer wunderschönen Aussicht sich erfreut. Gen Norden überschaut man die prächtige Ebene des Elsasses bis an die Vogesen, Basel, den Lauf des Rheins, den Schwarzwald; gen Süden sieht ein scharfes Auge über alle Juraketten hinweg mehrere Spitzen der Urner- und Glarner-Alpen; westwärts öffnet sich das Birsthal und verschieben sich die zahlreichen Bergzüge des Jura zu einem bunten Panorama von Kuppen, Bergsätteln und Abdachungen; gerade vor uns, zu den Füßen des steilen Hügels aber, mitten im grünen Wiesenteppich, liegt mein liebes Bergdorf, von wo herauf der milde Klang der Kirchenuhr so freundlich schallt. Ich sehe meine Mutter unter die Hausthüre treten, ich sehe sie winken mit der Hand, verstehe ihre Sprache und klettere in kurzen Sprüngen die Felswand hernieder, auf dem nächsten Weg meinem Wohnhause zu, zum Abendbrot.

Hofstetten

Hofstetten liegt in einer sanften Mulde, «wie das Christkind in der Wiege», nach der Aussage eines Bischofs. Das einstige Bauerndorf hat sich in den letzten Jahrzehnten bedeutend geändert und durch viele Neubauten ausgedehnt. Auch Hofstetten ist alter Kulturboden und reicht zurück bis in die Bronzezeit, wie sichere Funde bezeugen. Urkundlich begegnen wir ‹Huhostetten› erstmals 1194. Anno 1516 war die Kirchenpfründe so klein, daß sie mit der Kaplanei St. Anton in Leymen verbunden werden mußte. Jakob Reich von Reichenstein, der den Kirchensatz von Hofstetten als Lehen des Bischofs innehatte, trat ihn 1541 an Solothurn ab. Von Solothurn wurde die Kollatur 1636 mit derjenigen von Mariastein und Metzerlen gegen diejenige von Seewen ausgetauscht.

Hofstetten besaß einst drei kostbare Wahrzeichen: die St.-Nikolaus-Kirche, die Johanneskapelle und die Burg Sternenberg. Noch vor 300 Jahren schrieb der Solothurner Chronist Haffner, die Mauern von Sternenberg seien noch fast vollkommen. Das interessanteste Bauwerk ist unstreitig die St.-Johannes-Kapelle. Wie Grabungen erwiesen, wurde das kleine Heiligtum auf dem Boden einer römischen Villa erbaut. Es dürfte eine frühchristliche Taufkapelle gewesen sein. 1949 wurden in der St.-Johannes-Kapelle wertvolle Fresken aus der Zeit um 1430 entdeckt. An der Nord- und Südwand kamen noch ältere Fragmente romanischer Dekoration zum Vorschein.

Eine Notiz aus dem Jahre 1405 spricht «von der obern kilchen und sant Niclaus». Daß ein so bescheidenes Bauerndörfchen in so früher Zeit über zwei Gotteshäuser verfügte, dürfte nicht jedermann verständlich sein. St. Johann war offensichtlich Taufkirche für die ganze Umgegend, und Hofstettens St.-Nikolaus-Kirche gehörte ursprünglich zu Weißkirch. Im 13. und 14. Jahrhundert wird im Urbar des Benediktinerklosters St. Alban in Basel von einem Zehnten in Hofstetten berichtet. Um das Jahr 1500 hören wir, daß die «lutkirchen zu Hofstetten zu diser Zyt buwfellig worden». Die beiden Kirchenpfleger Lux Oser und Peter Heynis wandten sich an die Basler Klöster, um für den Bau eine Unterstützung von vier Pfund zu erhalten, was diese «uß besunder fruntschaft und liebe und nit uß schuldiger pflicht» auch taten. Der jetzige Kirchenbau geht zurück auf die Jahre 1609 und 1724, als gründliche Erneuerungen vorgenommen wurden. 1609 ist der Turm abgebrochen und durch einen «wohlberühmten, erfahrenen meylendischen Meister» neu aufgebaut worden. 1724 wurde die Kirche abgebrochen und «ob dem Turm» neu errichtet.

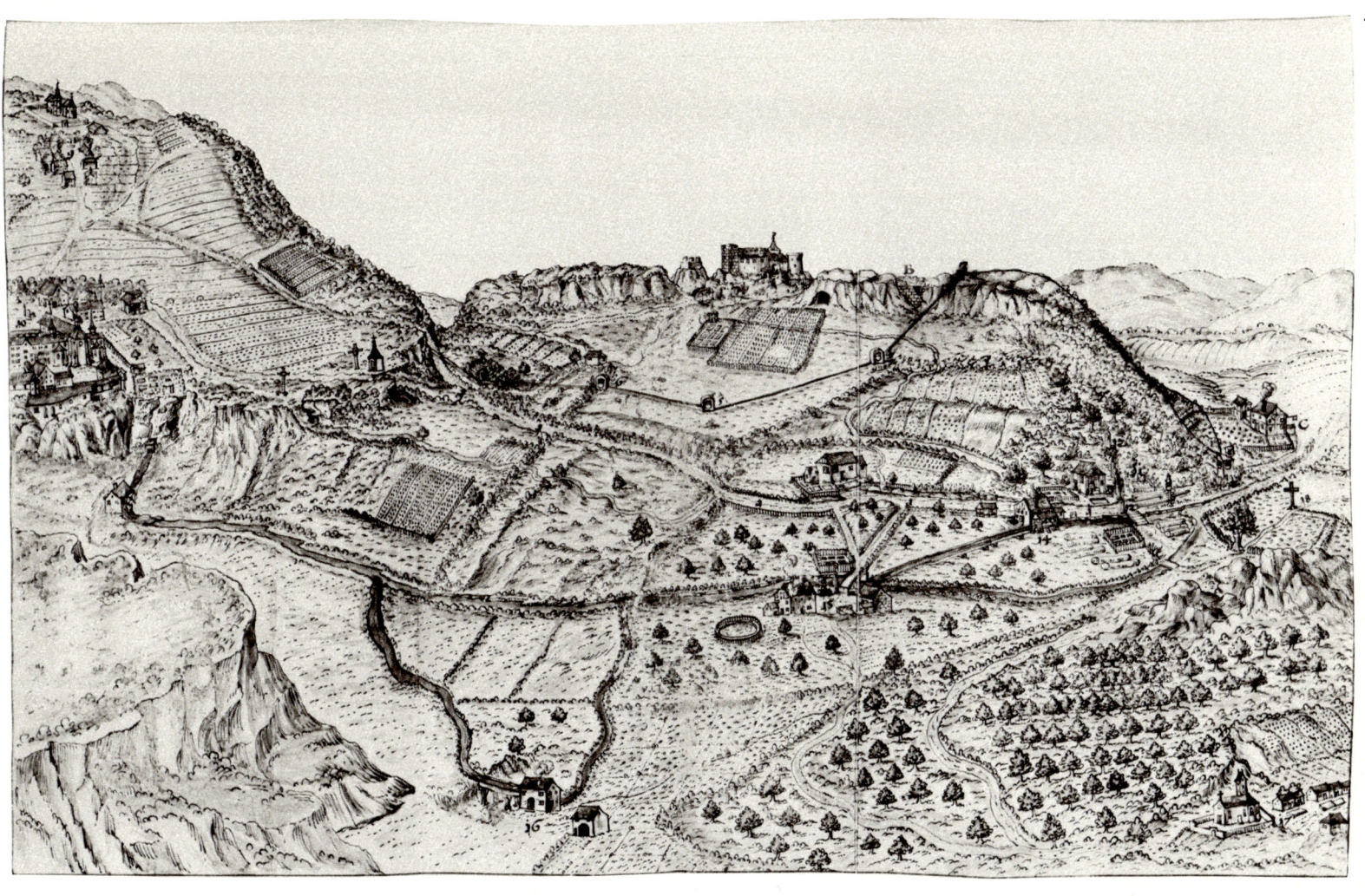

Von Hofstetten wird eine schöne Mär erzählt. Im Dorfbann liege eine kleine Matte, die niemand gehöre. Sobald einmal ein Mann nach Hofstetten komme und ehrlich bezeugen könne, das Heiraten habe ihn noch nie gereut, werde ihm das Grundstück zugesprochen. Bisher aber sei noch kein einziger Mensch aufgetaucht, der mit ruhigem Gewissen zu behaupten wagte, er habe es noch keinen Augenblick bedauert, sich verheiratet zu haben.

Von Sternenberg werden, wie von vielen andern Burgen, allerlei Sagen erzählt. Ein angesehener Bürger von Hofstetten, der vielmal zu Fuß von Flüh nach Hofstetten ging, sagte mit Bestimmtheit aus, daß er einmal um die Mitternachtsstunde von der Ruine Sternenberg äußerst starke Musik gehört habe. Nach der Geschichte des ‹Junkers von Sternenberg› soll der unruhige Junker von Zeit zu Zeit zu nachtschlafender Zeit in Gestalt eines großen schwarzen Hundes in der Umgebung der Burg umherirren. Es gibt Leute in Hofstetten, die diesen schwarzen Hund mit den feurigen Augen schon gesehen haben wollen.

144 Grenzplan, um 1670

Hofstetten ist auf dem um 1670 datierten Grenzplan, der vermutlich von Wolfgang Spengler angelegt worden ist, am untern Bildrand, rechts außen, zu erkennen. Darüber Flüh. Auf der Höhe die Landskron. Links außen Mariastein und darüber Metzerlen.

Krankenkasse Hofstetten

Gegründet 1873; Eintrittsgeld vom 16. bis 30. Altersjahr Fr. 1.50, vom 30. bis 40. Altersjahr Fr. 2 und vom 40. bis 50. Altersjahr Fr. 2.50; monatlicher Beitrag 80 Cts. Krankengeld vom 4. Monat der Mitgliedschaft an Fr. 1 täglich während der ersten sechs Monate und 50 Cts. während der sechs folgenden Monate der Krankheit. Weitere Bezugsberechtigung tritt erst ein, wenn das Mitglied wieder 20 Wochen Arbeitszeit hinter sich hat.

Bei einem Todesfall spendet der Verein einen Kranz, zahlt Fr. 30 an die Beerdigungskosten, und jedes Mitglied ist bei Fr. 5 Busse verpflichtet, den Verstorbenen zu Grabe zu geleiten. Mitgliederzahl 80; Vermögen zirka Fr. 5500. – Friedr. Stöckli, Präsident, 1903.

Schöne Aussichten

Hofstetten, Pfarrdorf auf einem Plateau des Blauen, in der Amtei Dorneck, von Acker- und zum Theil von Weinland umgeben. Es hat mit Flüe 735 Seelen und 152 Häuser. Das neue Schulhaus gereicht dem Dorfe zur Zierde und macht den Bürgern Ehre. Ein Conventual von Maria-Stein versieht vom nahen Kloster aus den Gottesdienst. Schöne Aussichten auf die weiten Ebenen des Elsasses gewähren die benachbarten Gebirgshöhen. (1836)

Ryse i der Chälegrabeschlucht

Südlig vo Hofstette chund der Chälebach vo der Bärgmatten obenabe und drückt si witer unge dur ne schmali Schlucht dure. I der Gäged söll e Rysefamili langizit gwohnt haa. D Ching vo dene Ryse söllen alben uf de Felswäng vo der Chälegrabeschlucht nanger wisewy ghocked sy und zäme gspilt und plaudered haa. S Fingerzie heige si gmacht zäme und gluegt, weles as sterker sig und s anger chönn übere zie, aß i Bach abe mües gumpe. Bi däm Spil hei si die Ryse soo veryfered und agspeert, as si mit de blutten Absätz und Zeche großi Löcher id Felswäng gstopfed hei. Die Ryselöcher cha men i der Chälegrabeschlucht jetz no go luege. – Elisabeth Pfluger.

145 Die St.-Nikolaus-Kirche, um 1950

Der Umstand, daß «wenn die Hälfte der Pfarrkinder zum Gottesdienst kommen, ein solches Trucken und Gedräng entsteht, daß kaum einer seiner Schuldigkeit gemäß dem Gottesdienst abwarten kann», führte Mitte der 1720er Jahre zum Neubau der Hofstetter Pfarrkirche. Der Turm aus dem Jahre 1609 mit dem währschaften, mit einem doppelten Wasserschlag umgürteten Käsbissendach blieb allerdings erhalten. – Photo Max Widmer.

146 Schmerzensmann, Lamm Gottes, Taufe, um 1430

Die St.-Johannes-Kapelle birgt als seltene Kostbarkeit Wandmalereien aus der ersten Hälfte des 15. Jahrhunderts. Das beherrschende Bild ist die Darstellung der Taufe Jesu im Jordan. Christus steht als demütiger Gottesknecht im Wasser, um sich von Johannes taufen zu lassen. Auf der linken Seite das Lamm Gottes mit der Siegesfahne der Auferstehung und Christus als Schmerzensmann mit zwei Engeln und dem Stifter der Fresken.

147 Hofstetten und die Ruine Sternenberg, 1754

Die geschichtlichen Anfänge der Burg Sternenberg liegen im dunkeln. Das erste erhaltene Zeugnis über die Familie erscheint im Jahre 1250 durch einen Konrad von Hofstetten als Zeuge in einer Urkunde des Bischofs von Basel. 1285 übertrugen Ludwig von Hofstetten, Chorherr zu St. Peter, und seine Mutter Mechthild dem St.-Peter-Stift Kornzinse, «die sie im Dorf Hofstetten von Eigen gütern bezogen hatten». Im 14. Jahrhundert besaß Sternenberg Güter in Hofstetten, Laufen und Röschenz wie auch umfangreichen Streubesitz im Sundgau. In den achtziger Jahren des 14. Jahrhunderts starben beide Linien der Herren von Hofstetten im Mannesstamme aus. Das Sternenberger Erbe ging an Agnes von Hofstetten, die mit Hug Fröweler verheiratet war. So kam die Burg um 1390 an die Basler Patrizierfamilie der Fröweler von Ehrenfels. In der zweiten Hälfte des 15. Jahrhunderts besetzten die Grafen von Thierstein das ganze nördliche Blauengebiet, was zahlreiche Proteste der Adelsfamilien hervorrief. Um 1500 wurde die Basler Notarsfamilie Salzmann mit dem ‹Burgstal Sternenberg› belehnt. 1526 verkaufte Margareta von Thierstein das Allod Sternenberg an die Stadt Basel, später kam es an die Stadt Solothurn, und so gingen die Sternenberggüter in der solothurnischen Vogtei Dorneck auf. – Lavierte Federzeichnung von Emanuel Büchel.

Hofstetten

Ist ein wol bewohnter Flecken, hat einen gueten Acker- und Rebbauw, bey ungevor 14 Jucharten, alwo die Herren im Stein und die Stifft Basel den Frucht-Zehenden, Herr Obervogt auf Tierstein aber den Weinzehenden einnimbt und geben die Einwohnere jörlich der Herrschaft anders nichts an Gefellen als die gleine Bodenzins. Hat zwo Kirchen, eine außerthalb dem Dorf, die andere im Dorf, davon die einte, gemeiner Red nach, von einem Edelmann, der zuer Zeit daselbsten gewohnt und sich mit seinem Bruedern nit betragen können sonder in größter Feindschaft gelebt, erbauwet worden, der Ursachen man noch zuer Zeit nit eigentlich weiß, welches Gottshaus die Pfarrkirchen ist. Allernegst dabey in dem Berg werden etliche Vestigia eines Schlosses, so Fürstenstein genannt, gesehen, underthalb dem Dorf aber gegen Flüehe ist ein anders, so Sternenberg genannt, so noch in vollkommen Mauren. Obe nun in disen beeden Schlössern angeregte zween Brüedere gewohnt, kann man nit wissen. Die Pfarr wirt von den Herren im Stein administriert und ein Sonntag umb den anderen versehen, dennenhero sie auch den Zehenden und andere Gefell daselbsten einziehen. (1645)

148 Hofstetter Bergchilbi, um 1948. Neben der 1908 eröffneten romantischen Kehlengrabenschlucht besitzt Hofstetten mit seinen idyllischen Bergmatten einen weitern touristischen Anziehungspunkt für die Bevölkerung des Leimentals wie der Stadt. Und so ziehen seit Jahrzehnten an schönen Sonntagen ganze ‹Völkerstämme› aus nah und fern durch den wilden Taleinschnitt hinauf zu den waldumsäumten Höhen des Blauen und genießen bei lustigem Spiel und volkstümlicher Unterhaltung erholsame, unbeschwerte Stunden, die zu unvergeßlichen Erlebnissen werden.
Photo Höflinger.

149 Das ehemalige Meierhaus mit dem steilen Satteldach und den dreiteiligen Staffelfenstern, spätgotischer Typ des Bauernhauses, um 1960. Federzeichnung von Gottlieb Loertscher.

150 Bezirksweibel Haberthür, eine bodenständige Persönlichkeit, die durch würzigen Mutterwitz, aber auch durch Hilfsbereitschaft und Einsatzfreudigkeit im ganzen Tal bekannt war. Noch immer sind zahlreiche Anekdoten über den fidelen Bezirksweibel im Umlauf. Photo Leo Gschwind.

Kleinlützel

Wer in seinem Wagen aus dem Laufener Becken nach der Ajoie fährt, ahnt wohl kaum, wie reich an Erinnerungen die solothurnische Exklave Kleinlützel ist: ein Kloster, eine Burg, ein Paß über den Blauen, der einst die Bewohner des nahen Elsaß mit den Nachbarn im Tal der Lützel einander näher gebracht hat. Dunkle Wälder, die oft Wilderer und Schmuggler angelockt haben, die aber auch Köhler beherbergten. Der Autofahrer merkt nicht, daß sich auf der Höhe die Bauern vom Huggerwald und vom Ring auf ihren Feldern betätigen und gelegentlich westwärts schauen – in Richtung Weltstadt Paris. Beim ehemaligen Kloster der Zisterzienserinnen, beim ‹Chleschteri›, steht der Grenzstein, der die Schweiz von Frankreich scheidet. 1138 wurde das Kloster gegründet: ‹Minor lucella.› Weiter hinten im Tal stand das weitberühmte große Kloster. Großlützel hat einst jenen geistsprühenden, großen Mönch Bernhard von Clairvaux beherbergt. Das Klösterlein stand bald leer da, weil der Nachwuchs fehlte, und ging an die regulierten Augustiner Chorherren. 1264 wurde es mit dem Leonhardstift in Basel vereinigt. 1486 kehrten aber wieder Nonnen im ‹Chleschteri› ein. Es waren Augustinerinnen.

Das stille Tal hat seine schweren Zeiten erlebt. 1499, während des Schwabenkriegs, ging das Kloster in Flammen auf. Ruhiger wurden die Tage, nachdem Kleinlützel in den Besitz der Solothurner übergegangen war (1527). Wir wissen, daß die Lützler hin und wieder vor fremden Kriegern bangen mußten. Freche Grenzverletzungen kamen während des Dreißigjährigen Krieges und nach dem Ausbruch der Französischen Revolution vor. Im Jahre 1793 brachte der Wirt Chapuis aus Saugern sein Töchterlein heimlich nach Kleinlützel, um es hier taufen zu lassen. 1792 waren die Franzosen ins Bistum Basel eingezogen, und seither war den Geistlichen verboten, ihres Amtes zu walten. Jene Marie Therese Chapuis wurde später Äbtissin eines Frauenklosters in Troyes. Eine Inschrift an der ehemaligen Kirche von Kleinlützel erinnert heute noch an diese gefahrvolle Taufe des Jahres 1793 im Lützeltal. Jahrhundertelang beschäftigten sich die Lützler als Schmiede. Im letzten Jahrhundert hielt die Stock- und Pfeifenindustrie ihren Einzug. Nebenbei wurde von vielen Einwohnern ein reger Holzhandel betrieben. Wie groß der Zusammenhang mit dem Elsaß war und z.T. heute noch ist, kommt nicht bloß in der Sprache zum Ausdruck. Einst kritisierte man die Tatsache, daß in der Schule Lesebücher aus Colmar verwendet wurden und ärgerte sich in weiten Kreisen darüber. Kleinlützel – eine schöne eigenständige Welt.

151 Das ‹Chlöschterli›, 1861

Das nach der Überlieferung von Graf Udelhard von Saugern um 1136 gegründete Frauenkloster war dem Abt von Großlützel unterstellt. An seine Existenz erinnern heute nur noch die St.-Josephs-Kapelle, die kürzlich vorbildlich restauriert worden ist, und der mächtige Steinbau des Ökonomiegebäudes mit seinen drei großen, tonnengewölbten Kellern und den steinernen Wappen von Cîteaux und der Äbte Kleiber und Papst an der Ostseite. – Aquarell von Pater Karl Motsch.

152 Die Ruine Blauenstein, 1822

Vom Talägerli aus, wo einst die Tauner, mittellose Gelegenheitsarbeiter, wohnten, läßt sich in kurzer Zeit die romantische Ruine Blauenstein ersteigen. Über ihre Ursprünge ist kaum etwas bekannt. Ihre sagenumwobene Geschichte liegt tief im Dunkel unerforschter Vergangenheit begraben. Daß jedoch ihre zahlreichen und mächtigen mittelalterlichen Bewohner von hier aus den Verbindungsweg, der den Sundgau mit dem Tal der Lützel verbindet, kontrollierten, dürfte aber keine Frage sein. – Bleistiftskizze von A. Quiquerez.

Zwee großi Stärbed

Alti Chlylützler verzelle, bi ihne und im Huggerwald heig zweumol di schwarzi Pest bsungers wüest gmacht, einisch i der Zit vom Schwedechrieg und einisch churz voredee.

Einisch hei zwee Brüeder z Chlylützel ufeme Acher Fuhre zueghacked. Ungereinisch ischs i beidne gschmuecht und trümmlig worde. Si hei d Hauen abgleit und gseit zunanger: «Mir wei hei go stärbe.» Der eint, wo no besser hed möge, isch im Fueßwäg noo und übere Stäg heizue. Der anger, wos scho herter packt gha hed, isch eifach ufem chürziste Wäg trommis durs Fäld und durd Lützel dure pflotsched. Deheim sy si abgläge, und dää wo übere Stäg isch, hed der anger Morge nümm erläbt. Aber der elter Brüeder, wo dure Bach gloffen isch, hed si erbchymt, hed d Chranked prestiert und isch dervoochoo. Er hed do vermueted, s Wasser vo der Lützel heig d Chranked vonem gwäsche.

Däi Zit isch der Totegreber jede Tag mideme Wage durs Dorf gfahre. Bi jedem Huus hed er ghalten und grüeßt: «Heiter öppis ufzlade?» Der Platz ufem Chilchhof hed nümm glängt für die vile Tote. Do hed men im Talägerli ne Pestfridhof müesen uftue und hed derno nes Sant Sebastianskapälli derzue boued. Das söll im Johr 1611 gsi sy. Inere angere Pestzit hei d Chlylützler ihri Tote bi der Söödliholle i Bode gleit; me hed dört spöter bim Grabe vill Schädlen und Chnoche gfunge. – Elisabeth Pfluger.

153 Das Dorfwaschhaus, um 1930

Unter der Voraussetzung, daß die Kleinlützler Frauen auch an Regentagen große Wäsche halten konnten, bauten ihnen ihre verständnisvollen Männer ein Waschhaus. Damit die ‹Waschweiber› aber ihre damit verbundenen obligaten Plauderstündchen nicht über Gebühr ausdehnten, ließ man es bei einem offenen Unterstand bewenden! – Photo Leo Gschwind.

154 Die alte Mauritiuskirche, um 1890

Bis zum Bau der neuen Kirche im Jahre 1924 bildete die 1641 vom Maurer Bartli Brunner gebaute St.-Mauritius-Kirche das Zentrum des Dorfes. Es war ein Gotteshaus im Stil der Gegenreformation, ein schlichter, steiler Baukubus. Nach der Profanierung der Kirche entfernte man Chor, Sakristei und Dachreiter und baute das Schiff für Schulzwecke um. Und damit hatte der Ausspruch der Kleinlützler über die alte baufällige St.-Mauritius-Kirche seine Gültigkeit verloren: «Solange unser Türmchen wackelt, fällt es nicht herunter!»

155 Huggerwald, ein aus zwei auseinanderliegenden Häusergruppen bestehender Weiler südöstlich von Kleinlützel mit einem 1746 erbauten ‹Bethäuslein› (Kapelle der vierzehn Nothelfer) in Ober-Huggerwald, um 1960. Federzeichnung von Gottlieb Loertscher.

In die Schweiz hinaufgehen
Dieses große Pfarrdorf liegt an dem Flüßchen Lützel, in der Amtei Thierstein, eine Stunde vom Bernischen Städtchen Laufen, 2 Stunden von Breitenbach und 4 Stunden von Dornach. In 142 Häusern wohnen 851 Seelen. Seine weitläufige, über eine Quadratstunde haltende Feldmark ist vom übrigen Kantone abgeschnitten und bewacht die äußersten nördlichen Grenzen unseres Vaterlandes. Wenn der Bewohner von Lützel nach Solothurn hinaufsteigt, so nennt er dieses ‹in die Schweiz hinaufgehen›. Diese ganz eigene Vorstellung mag ein Erbtheil jener Zeiten seyn, in welchen das Glück ein Schweizer zu seyn, ihm nicht einleuchtete und ihn der trockene Name wenig ansprach. Die meisten Einwohner beschäftigen sich mit Landwirthschaft, die aber noch in der Kindheit ist; das Verfertigen von Fensterbeschlägen und verschiedenen Drechslerarbeiten geben Manchen anständigen Unterhalt. Das Dorf besitzt schöne Waldungen, aus denen bei zweckmäßiger Benutzung Gemeinde- und Schulfond geäufnet werden könnten. Wirthshäuser: Kreuz, St. Urs. (1836)

156 Stolze Kleinlützler Großmutter im Kreise ihrer Enkel und Urenkel, einer zahlreichen und vielversprechenden Nachkommenschaft, um 1903. Photo Walter Hammel.

152

157 Der Posthalter hatte um 1910 nicht nur seine 455 Mitbürger, die in 58 Häusern wohnten, mit Briefen und Paketen zu versorgen und den Schalter in seinem Wohnhaus während einiger Stunden offenzuhalten, sondern auch die tägliche Pferdepost abzufertigen. Photo Baptist Anklin.

158 Die Kleinlützler Pferdepost, 1919. Die 1875 eingeführte Pferdepost verband bis zur Inbetriebnahme des Postautos Anno 1921 das Dorf mit der Außenwelt. Letzter Postillion war Emil Antony-Meyer, der im Winter bei hohem Schnee die Postkutsche gegen die Schlittenpost auswechselte.

Mariastein

Auf einsamer Felsenhöhe, drei Wegstunden von Basel gegen Südwesten, liegt das Kloster ‹Unserer Lieben Frau im Stein›. Seit Jahrhunderten kommen ungezählte Pilger aus der umliegenden Landschaft und vom Elsaß hinauf zur Gnadenmutter in der Felsenhöhle: Mariastein ist der Wallfahrtsort der Regio Basiliensis!

63 Die Anfänge Mariasteins
dargestellt durch das Reichensteinische Mirakelbild, 1543 (Farbbild S. 81)

Während der großen Pestzeit von Pfirt flüchtete Junker Hans Thüring Reich von Reichenstein mit seinen Angehörigen nach Mariastein, «umb daselbsten gesündere Lufft zu genießen». Dort wohnte er im ‹Bruoder Huß›, im Hause des damaligen Wallfahrtspriesters Jakob Augsburger. Am Luzientag erging sich die adelige Gesellschaft im Garten am Rande des großen Felsens, wobei Hans Thüring ins Tal stürzte. Bei diesem ‹grusamen Fal› blieb der Junker nicht ganz unversehrt wie das Hirtenkind, das in der ältesten Legende vom Wunder zu Mariastein dargestellt wird. Immerhin hatte sich der Junker nur den Kiefer gebrochen. Augsburger und seine Haushälterin, Agnes Matter, eilten ins Tal und holten den Müller Werner Küry und dessen Knecht Simon zu Hilfe. Diese führten den Junker zur Mühle und brachten ihn nach acht Tagen zu seiner väterlichen Burg Landskron. Der Vater ließ durch den Stadtschreiber von Pfirt den ganzen Hergang des Mirakels in einer pergamentenen Urkunde niederschreiben und im Jahre 1543 durch einen Künstler C.H. auf einer großen Holztafel darstellen.

In synchronistischer Art wird der ganze Hergang des wundersamen Ereignisses dargestellt. Auf der Ebene von Mariastein sehen wir die obere und untere Kapelle und neben dem ‹Bruoderhuß› die Angehörigen des Junkers. Vor der Unglücksstelle bei der Gregoriushöhle erblicken wir das Hündchen, das die Angehörigen durch sein merkwürdiges Verhalten zum Nachforschen veranlassen mochte. Im Talgrund liegt der Junker und erfährt die erste Hilfe. In lebendig anschaulicher Weise ist die Überführung zur Mühle und zur väterlichen Burg geschildert.

Im obern Teil finden wir einen Hinweis des Künstlers zur Lehre der katholischen Kirche über das Mariengebet. Maria blickt zur Erde und nimmt die Bitten des gefallenen Junkers entgegen und trägt sie ihrem göttlichen Sohne vor. Christus kniet vor dem Vater als ‹der Leidensknecht› und zeigt seinem himmlischen Vater seine Wunden, die unerschöpfliche Verdientsquelle jeglicher Gnade. Der Vater auf dem Thron seiner Herrlichkeit nimmt die Bitten huldvoll und gnädig an.

Die Wallfahrt begann in der zweiten Hälfte des 14. Jahrhunderts. Die älteste Legende berichtet, wie ein Kind über den hohen Felsen fiel und durch die Fürsorge der Gottesmutter unversehrt blieb. Ein ähnlicher Fall ereignete sich am 13. Dezember 1541, als der edle Junker Hans Thüring Reich von Reichenstein über die Felswand stürzte und wunderbar am Leben blieb. Das große Mirakelbild vom Monogrammisten C.H., welches der Vater des Verunfallten schaffen ließ, gibt über dieses Ereignis sichere Kunde. Diese und ähnliche Vorfälle ließen das gläubige Volk von nah und fern Zuflucht zu dieser heiligen Stätte nehmen. Anfänglich betreuten die Priester aus der Umgebung die Wallfahrt. 1470 beauftragte der Bischof von Basel die Augustiner-Eremiten mit dieser Aufgabe. Im Jahre 1515 kaufte die Stadt Solothurn die Herrschaft Rotberg mit dem dazugehörenden Wallfahrtsheiligtum. Der Rat von Solothurn veranlaßte in der Folge die Benediktiner von Beinwil, die Wallfahrt von Mariastein zu übernehmen. Seit dem 12. November 1648 sind die Beinwiler Mönche Hüter der Wallfahrt im Stein. Bis zur Französischen Revolution dienten sie hier der Kirche und dem Vaterland aufs beste. 1803 kehrten die vertriebenen Mönche wieder zurück und bauten wieder auf, was gottlose Hände zerstört hatten. Als Folge der Revolution wurden überall die Mönche bedrückt und ihre Klöster größtenteils aufgehoben. 1874/75 mußte auch Mariastein eine derartige ‹Reorganisation› erfahren. Nur wenige Patres blieben als Betreuer der Wallfahrt im Kloster zurück. Der Konvent fand Zuflucht in Delle (1875–1901), in Dürnberg bei Hallein (1901–1906) und im St.-Gallus-Stift Bregenz (1906–1941). Im Jahre 1971 gaben Volk und Regierung von Solothurn dem Kloster die juristische Selbständigkeit zurück und erstatteten Kirche und Klostergebäude samt Klostergarten.

Heute umfaßt der Konvent von Mariastein 37 Priestermönche und 8 Laienmönche. Die Arbeitsgebiete des Klosters sind vor allem die Wallfahrt in Mariastein, Betreuung der vier inkorporierten Pfarreien im Schwarzbubenland, das Kollegium Karl Borromäus in Altdorf, besondere Seelsorgeaushilfen, Exerzitien und Schwesternbetreuung. Die heutige Situation ist gezeichnet durch verschiedene notwendige bauliche Veränderungen.

159 Des Müllers Martin Votivbild, 1668

Im Jahre 1668 hatte «Benedikt Martin, ein Müller von Kienberg, in Degerfelden (Badisch/Rheinfelden) einen 23 Zentner schweren Mühlstein gekauft und mußte denselben auf einem mit 14 Pferden bespannten Wagen über Rheinfelden und Wegenstetten über den Berg nach Kienberg bringen. Auf dem Wittnauer Buschberg ist Benedikt Martin so zu Fall gekommen, sodaß ihm der Wagen über beide Beine fuhr.» Das Mirakelbuch von Mariastein schildert in der bildhaften Sprache des 17. Jahrhunderts den genauen Hergang: «O schlipfriges Glücks-Rad! Unversehens entgingen ihm bei glattem Weg beide Füße solcher gestalten, daß er leider, mit beiden Schienbeinen unter den Wagen geraten, von welchem so plötzlichem Fall er dermaßen erschrocken, daß die Furcht ihm gleichsam ganz von Sinnen gebracht, und ist in ein Ohnmacht geworfen. Der Fuhrmann namens Johann Rim, da er den entsetzlichen Fall ersehen, vor Angst und Schrecken also ertattert, erinnerte sich bald derjenigen groß Wunder-Gnad, so sein Kind vor Jahren nemlich 1663 von Maria der wundertätigen Jungfrau in ihrem heilwerten Stein eben in gleicher Begebenheit erlangt hatte, deswegen verlobte er mit einer heiligen Wallfahrt den schon bereits unter dem völligen Lastwagen liegenden, armseligen Menschen in ihr jetztgesagte Gnaden'statt, so gut er könnte, mit hellauter Stimm schreiend: ‹Jesus und Maria, kemmet ihm zu Hilf!› Indessen gingen ihm (wohl erschröcklich zuzusehen) die Räder mit der aufhabenden Last über beide Schienbein. Wer sollte nicht vermeint haben, daß eine solche 23 Zentner schwere Last diesem frommen Mann das Mark nicht aus Beinen sollte gepreßt haben? Ohne Zweifel natürlicher Weis hätte solches geschehen sollen, wo nicht ein hochbewährter Glücks-Stein sich dazwischen eingelegt hätte. O wundersame Kraft dieses Marianischen Steins! Nicht nur allein wurde der vom Himmel gesegnete Benedikt ohn einiges Mahlzeichen nicht beschädigt, sondern sobald der volle Wagen vorbeigegangen, stund er ohne allen Schmerz wiederum auf, begleitete und steuerte den Wagen noch etliche Stund bis er nach Haus also hurtig, daß er von einiger Beschwernuß nichts wußte zu klagen. Nachdem aber auf so getanes großes Wunder er Benedikt von seinem getreuen Geleits- und Fuhrmann des für ihn getanenen Gelübds berichtet worden, hat er es von neuem wie billich wiederholt. Wie er nicht lang hernach allhier in Unser Lieben Frauen Stein und dies hochschätzbare Miracul, neben schuldigster Abstattung seiner Bittfahrt, bestens hinterbracht, auch an Eydesstatt abgelegt und beteuert.» Aus Dankbarkeit ließ der auf wunderbare Weise von einem schweren Unglück bewahrte Kienberger Müller Martin hierauf in Mariastein eine Votivtafel anbringen und auf dem Buschberg in Wittnau ein Wallfahrtskreuz errichten.

160 Mariastein, 1754

«Nicht weit von der großen Handelsstadt Basel erhebt sich ein Wallfahrtsort, der nach Maria-Einsiedeln wohl als der berühmteste und gnadenreichste in unserm lieben Schweizerlande gilt. Es ist dieß das altehrwürdige Mariastein. Dieser Ort liegt in der ehemaligen Herrschaft Rothberg, auf dem mittelalterlichen Abhange des jurassischen Blauen. Ein enges, schroffes Felsenthal, das von der alten Burg der Rothberge sich immer tiefer gegen Norden hinabzieht, trennt die ausgedehnte, von den Vorwällen des Jura gehaltene Hochebene mit ihren blühenden Gefilden in zwei ungefähr gleiche Theile, die ehemals eine Wildniß waren, aber durch den Fleiß der Mönche in eine anmuthige Gegend verwandelt wurden.» (1873) – Getuschte Federzeichnung von Emanuel Büchel.

161 Prozession am Maria-Trost-Fest, um 1945

Die erste christliche Prozession war unstreitig Jesu Einzug in Jerusalem acht Tage vor Ostern. Noch heute trägt man jeder Prozession ein Kreuz voran – das Sinnbild Christi – und eine Fahne mit einem passenden Symbol. Das Kreuz soll an die sieghafte Erlösung durch Jesus Christus mahnen und den Pilger zur Nachfolge Christi auffordern. In der Frühzeit des Christentums waren die Prozessionen zunächst Vorbereitung auf den Gottesdienst, in dem die heiligen Mysterien gefeiert wurden. Im Laufe der Jahrhunderte machten die Prozessionen einen großen Wandel durch. Sie verloren den anfänglichen Bußcharakter und wurden eigentliche Triumphzüge mit großem Gepränge. Besonders die Zeit des Barocks liebte diese Kundgebungen des Glaubens, auch in Mariastein.

162 Die St.-Anna-Kapelle, «dz käppely wie man ghen Lantskron ghen», ist vermutlich im 15. Jahrhundert erbaut worden. Das vielbesuchte kleine Heiligtum steht am Stationsweg mit den 14 Steinkreuzen und ist der Mutter Mariens und den 14 Nothelfern geweiht. – Lavierte Bleistift- und Federzeichnung von Emanuel Büchel, 1754.

Wie in den Katakomben

Nachdem wir während zwei Stunden ein sanft ansteigendes Hügelland durchschritten hatten, übersät mit Dörfern und bedeckt von Getreidefeldern, die dem Auge des Landmanns lockender erscheinen mögen als dem des Malers oder Dichters, durchschritten wir ein Dorf, das die enge Pforte einer strengern, hügligern Gegend zu sein scheint. Die Fruchtfelder werden spärlicher. Schroffe Felsen erscheinen zwischen dichten Gruppen knorriger Eichen. Hirten treten an die Stelle der Schnitter. Die fruchtbare Fülle verschwindet. Die erhabene Größe erscheint. Ein steiler Weg windet sich hoch über ein tiefes Tal, das nicht durch Menschenhand oder durch die Zeit in die Felsen gegraben, und endlich erreicht man die Hochebene, wo sich, wie ein Fels auf andern Felsen gebaut, ein weites Gebäude erhebt: das Kloster.
Die Kirche ist groß, weit, eher getüncht als bemalt. Der Beichtstuhl für die französisch Sprechenden steht an der linken Seitenwand und war von einem Dutzend ärmlicher Leute umgeben, die mit rührender Andacht beteten und dann in der unterirdischen, in den Fels gehauenen Kapelle vor einem alten treuherzigen Muttergottesbilde kommunizierten. Dieses Bild war früher sicher einmal, wie das Gnadenbild von Einsiedeln, der kostbare Schatz eines Einsiedlers, der hier im Geruche der Heiligkeit gestorben ist. Als ich die Schwelle dieser Kapelle der heiligen Jungfrau überschritten hatte und in ihrer dunkeln Tiefe all die Christen sah, wie sie, auf die Knie niedergeworfen, mit emporgehobenen Armen und gefalteten Händen, die Stirn zur Erde gesenkt, in stiller Andacht beteten, da glaubte ich in den Katakomben zu sein, wohin sich unsere ersten Brüder flüchteten, und in süßem Schauer gedachte ich der Verheißung: Wenn ihr euch versammelt zum Gebete, werde ich unter euch sein. – Louis Veuillot, 1841.

Seit dem Jahre 1926 wurde am ersten Julisonntag eine feierliche Prozession mit dem Marienbild durchgeführt. Am 15. August desselben Jahres krönte Nuntius Luigi Maglione im Auftrag Papst Pius' XI. das Mariasteiner Gnadenbild und zeichnete die Wallfahrtskirche mit dem Titel einer ‹Basilica minor› aus. In der Folge fanden sich stets viele Vereine und religiöse Körperschaften ein, die mit Fahnen und Standarten, betend und singend, durch die geschmückten Straßen zogen. In barocker Art trug man Heiligenbilder, Reliquien und Symbole aus der Passion Christi mit. Auf einem blumenbekränzten Prunkwagen wurde das Madonnenbild durch die sommerliche Landschaft geführt, dem unmittelbar die Klosterschwestern aus der Regio Basiliensis folgten. Es war eine späte Nachblüte barocker Prozessionsgestaltung und entbehrte nicht gewisser erhebender Aspekte. Die intensive Motorisierung des Pilger- und Touristenvolks aber erschwerte von Jahr zu Jahr eine gediegene Gestaltung des Ganzen, so daß sich Abt und Konvent genötigt sahen, schließlich anstelle der Prozession eine Marienfeier in der Basilika abzuhalten.

Mariastein
Im Eichwald hütet des Hirten Frau,
Ihr Kind sucht Blümlein im Abendtau.
Es bückt sich über die Felsenwand
Und, Jesus, Maria, stürzt über den Rand.
Da fällt es, wie auf weichem Moos,
Einer weißen Jungfrau in den Schoos.
Die Mutter hörte den jähen Schrei
Und suchte mit Schrecken und lief herbei:
Mein Kind, mein Kind, was hast du gemacht,
Wie kommst du herab in den tiefen Schacht?
Das Kind ein Blumenkränzchen flicht,
Sieht lächelnd die Mutter an und spricht:
Bin halt gefallen im wilden Lauf
Eine weiße Jungfrau fing mich auf.
Die soll nun haben zum Dank von mir
Das frische Blumenkränzlein hier.
Und nach der Jungfrau alsobald
Sucht freudig die Mutter im ganzen Wald.
Da zeigt sich im Felsen ein weißes Bild:
Maria mit dem Kindlein mild.
Zur Kirche ward der Felsenschacht,
Drin brennt die Lampe Tag und Nacht.
Und über dem unterirdischen Bau
Steht Kloster und Kirche auf grüner Au.
Mariastein ist nah und fern
Dem büßenden Pilger ein Hoffnungsstern.
Und fleht um Hilf ein gefallenes Kind,
Dem öffnet die Gnade den Schoß geschwind.
(1854)

163 Die Gilgenberg-Madonna
Im Inventar des Kirchenschatzes von Mariastein aus dem Jahre 1693 wird an erster Stelle «ein ganz silbernes Frauenbild, samt dessen Fuoß, so mit Silber beschlagen, von Herrn Scherer, weylandt gewesten Vogt zu Gilgenberg, verehrt» aufgezählt. Hans Jakob Scherer, Landvogt der Vogtei Gilgenberg, und seine Gemahlin, Anna Hugi, stifteten 1664 dieses Marienbild den Beinwiler Mönchen, die seit 1648 ihr Kloster am Paßwang nach Mariastein verlegt hatten. Die Mönche verpflichteten sich, diese ‹Silberne Zierde› an den sieben größeren Marienfesten in der Prozession herumzutragen.
Die Mariasteiner Mönche schätzten das schöne Bild und flüchteten damit während der französischen Beset-

Des Mönches letzte Schrift

Es hebt der Mönch die müde Rechte,
Sein Aug' wird feucht, sein Wort wird weich:
«O König, gibst du wohl dem Knechte
Ein Plätzchen einst im Himmelreich?»

Da liegt ein Buch, von ihm geschrieben,
Sein Leben liest er in der Schrift.
Das letzte Blatt war leer geblieben,
Das letzte Blatt, – er greift zum Stift.

«Mein letztes Blatt! – Verzeih dem Knechte,
Der einen Schuldbrief schreibt – für dich!
O Herr, ich habe gute Rechte,
Du achtest sie, sie trösten mich:

Als ich in schönen Jugendjahren
Die Klosterschwelle überschritt,
Da trug ich mit den Lockenhaaren
Ein stolzes Königreich dir mit.

Mein war der Bach, wo ich einst spielte,
Mein jeder Strauch und jeder Stein;
Mein war die Wiese, wo ich zielte
Mit meinem Pfeil ins Feld hinein.

Mein war ein Feld voll Alpenrosen,
Die Berge bis zum ew'gen Schnee,
Wo Gemsen grasen, Tobel tosen,
Mein war die Alp mit stillem See.

Vom waldumschlungnen Hügel glänzte
Mein weißes Haus, mein trautes Schloß,
Wo die Gespielin ich umkränzte
Mit Epheu, der am Fenster sproß.

Das alles und ein schönes Leben,
Das Maientage mir verhieß,
Das alles hab' ich dir gegeben,
Als meine Heimat ich verließ.

Als ich in jenen Jugendjahren
Die Klosterschwelle überschritt,
Da trug ich mit den Lockenhaaren
Ein stolzes Königreich dir mit.

So schrieb ich denn mit gutem Rechte
Auf meines Buches letztes Blatt:
Das Himmelreich gib deinem Knechte,
Der dir ein Reich gegeben hat.»

So schreibt der Mönch, die Lider sinken,
Der müden Hand entfällt der Stift.
Des Himmels milde Sterne blinken
Verklärend auf die letzte Schrift.

Pater Maurus Carnot, OSB

zung. Bei der sogenannten ‹Reorganisation des Klosters› 1874 kam die Statue nach Solothurn. 1883 erstand sie ein ansässiger Kunstfreund zur Dekoration seiner leeren Schloßkapelle Königshof zum Preis von 1500 Franken. Zehn Jahre später wurde die Statue von einer Frau Hänggi käuflich erworben und testamentarisch den Schwestern des Altersheims Bleichenberg vermacht, welche die prachtvolle Silberne Madonna später an das Schweizerische Landesmuseum veräußerten. – Photo Leo Gschwind.

164 Der heilige Pilger Unserer Lieben Frau, um 1775
Unter den vielen Pilgern von Mariastein ist der Heilige Benedikt Joseph Labre ohne Zweifel eine Lichtgestalt. Wegen seiner schwächlichen Gesundheit von Klosterobern als Novize abgewiesen, erkannte der jugendliche ‹Labri› klar, daß ihn Gott für eine besondere Berufung ausersehen hatte – er wurde Pilger. Unter vielerlei Entbehrungen pilgerte er von Heiligtum zu Heiligtum. In alten zerfetzten Kleidern, den Rosen-

kranz am Hals und in den Händen, zog er durch alle Lande. Auf dem Rücken trug er einen armseligen Sack, der alle seine ‹Reichtümer› enthielt: ein Neues Testament, eine ‹Nachfolge Christi› und ein Brevier, das er täglich betete – der Laie! Er lebte von Almosen, und stets konnte er noch andern Bettlern beistehen, indem er seinen ‹Überfluß› mit ihnen teilte. Der ständige Wandel in der Gegenwart Gottes war das Geheimnis seiner inneren Freude und seines stets sanften Gemütes. Er lebte in Gemeinschaft mit den Engeln und Heiligen und verweilte tagelang in den Heiligtümern der Gottesmutter und an den Gräbern der Heiligen. Wenn er in zerlumpten und verlausten Kleidern durch die Lande zog, mochten oberflächliche Leute in ihm einen Strolch oder Spion vermuten und ihm die Gastfreundschaft verweigern, tiefere Menschen aber erkannten in ihm einen außerordentlichen, heiligen Mann. Viele Schikanen, Verhaftungen, Verhöre, Hohn und Spott mußte seine unschuldige Seele ertragen.

Auf den vielen Pilgerfahrten kam er mehrmals in die Schweiz. In den Jahren 1770, 1773, 1774 und 1775 weilte er mehrere Tage in Mariastein. Die Chronik des Pfarrdorfes Metzerlen besitzt einen eingehenden Bericht über seinen hiesigen Aufenthalt. Wenn Benedikt Joseph Labre in Mariastein weilte, blieb er den ganzen Tag in der Kirche, in den einzelnen Kapellen, vor allem mit größter Vorliebe in der unterirdischen Kapelle vor dem Gnadenbild der lächelnden Mutter. Erst am Abend, wenn der Pfortenbruder die Kirche schloß, verließ er das Heiligtum und begab sich nach Metzerlen, wo er im Hause des Joseph Gschwind, derzeit Meier und Gerichtsmann, Obdach und Nachtlager fand. Er wollte jedoch nie im Hause nächtigen, sondern begnügte sich mit einem Bündel Stroh im Stalle. Die Pilger von Mariastein waren so erbaut ob der Andacht dieses Armen, daß man ihn allgemein als Heiligen betrachtete, und der Ruf seiner Frömmigkeit verbreitete sich bei allen guten Leuten der Gegend. Am 16. April 1783 starb Benedikt Joseph Labre in Rom. Viele Wunder und Zeichen geschahen an seinem Grabe, das er in seiner Lieblingskirche ‹Santa Maria Regina dei Monti› fand. Am 8. Dezember 1883 wurde er von Papst Leo XIII. heilig gesprochen und zum Patron aller Pilger erkoren. – Photo Leo Gschwind.

Meltingen

Im schönsten Tal des Schwarzbubenlandes, mitten im Bezirk Thierstein, liegt der alte Wallfahrtsort Meltingen. Von den Höhenzügen des ‹Kirchhügels› und des ‹Hollen› geschützt, liegen in der Talmulde die beiden Häuserreihen des alten Dorfkerns, das Niederdorf und das Oberdorf. Auf dem ‹Meltingerhubel›, der das Sonnental und das Schattental trennt, steht beherrschend die Wallfahrtskirche ‹Maria im Hag› mit ihrem markanten Käsbissenturm. Seit über 500 Jahren erflehen die Schwarzbuben die Fürbitte der Madonna von Meltingen. 1375 bestimmte der Fürstbischof von Basel, daß Meltingen hinfort eine selbständige Pfarrei mit einem eigenen Pfarrer bilden solle. 1529, als die Reformation durchs Land zog, entschieden sich auch die Meltinger für den neuen Glauben. Aber nur für kurze Zeit, denn die Frömmigkeit der heimischen Bauernsame war zu stark mit der Muttergottesverehrung verknüpft. Wie wäre sonst die wundersame Errichtung der ihr geweihten Kirche auf dem einst unwegsamen Hügel zu erklären, die im Talgrund hätte erstehen sollen, aber dann durch übernatürliche Vorgänge – die bei der Kirchmatt gehauenen Bausteine hätten sich jeweils während der Nacht auf den Berg verschoben – einige Dutzend Meter über dem Dorf gegen den Himmel wuchs? Die alemannische Siedlung im Gilgenberger Tal, offenbar von einem ‹Meginolt› gegründet, war Standort des Heiligtums einer heidnischen Gottheit, lag doch auf der Höhe unter den Linden eine vorchristliche Dingstätte. Auch zur Römerzeit war Meltingen besiedelt, wie zahlreiche Münzfunde bezeugen.

Die Bedeutung Meltingens als Badeort ist seit Mitte des 15. Jahrhunderts bekannt. Die ersten urkundlich beglaubigten Besitzer des Bades waren die Freiherren von Ramstein. 1527 verkaufte Ritter Hans Imer von Gilgenberg seine Herrschaft an die Stadt Solothurn, die damit auch in den Besitz der Lehensherrlichkeit über das Meltinger Bad gelangte. 1676 übernahm Urs Buch, der während einiger Zeit mit einem Basler Ratsherrn Burckhardt auch in Bärschwil eine Eisenschmelze betrieb, das kaum mehr rentierende Bad und «verenderte in sinen eignen größten Kösten das alte schlechte Haus in ein neues wohlgebauwenes». Die eigentliche Blütezeit aber erlebte Bad Meltingen unter Leutnant Leonz Altermatt im 18. Jahrhundert, als viele vornehme Kurgäste aus Basel und Solothurn die heilsamen Quellen besuchten. Einen erneuten Aufschwung verlieh dem Bad Franz Wyß, der sich allerdings wegen gewisser überlieferter Privilegien mit den Behörden zu plagen hatte: «In Meltingen ward von jehär, wie es die helvetischen Chroniken und unsere Geschichten über die

Naturkunde sattsam ausweisen, ein ebenso berühmtes als durch die Erfahrung bewährtes Heilbad. Unter andern preislichen Würkungen dieses seltenen Mineralwassers ist besonders jene merkwürdig, daß sehr viele Weibspersohnen, die lange im Ehestande nach einer Leibesfrucht vergeblich geseufzet, durch den Gebrauch dieses wirksamen Baades zur frohen Erfüllung ihrer Wünsche gelangen. Daher und um der leidenden Menschheit die Mittel ihrer Genäsung zu erleichtern, ward die ehemalige Obrigkeit bedacht, diesem gemeinnützlichen Baade laut mitgehendem Regierungsakt alljährlich mit einem bestimmten Quantum Holzes und mit einer leidenlichen Umgelddestaxe mildreich beizuspringen, damit die ärmere Menschenclasse, so dieses Heilbaades bedürfte, um einen gelinden Preis allda ihre Gesundheit abwarten könnte.» 1830 bestand die «Anstalt aus einem großen klösterlichen Haus, dessen innere Einrichtung gut und bequem, in welchem aber der Ton steif und geziert ist». Um die letzte Jahrhundertwende erlosch das einst rege Badetreiben in Meltingen, und das Bad diente nur noch als einfaches Dorfwirtshaus. 1928 erfolgte dann die Gründung der ‹Meltinger Mineral- und Heilquellen AG›, *die sich der industriellen Produktion von Tafel- und Süßwasser aus der Meltinger Mineralquelle widmet und heute das tragende Unternehmen der Gemeinde darstellt, sind doch im Dorf selbst nur noch zwei landwirtschaftliche Betriebe zu zählen!*

165 Dorf und Bad Meltingen, 1760

«Das Meltinger Bad ist bey dem Dorff Meltingen, allwo eine große Wallfahrt zu unser lieben Frawen, und die Kirch auff einem sondern Hügel steht, ein lustig Bad, das fließet ab Alun, Kupffer und Schweffel, nutzet den mühden Glidern, trücknet auß, erwärmbt die erkalten Nerffen, zertheylt die Flüß, stärcket den blöden Magen, befürdert die däuwung, wird von Innwohnern und benachbarten vil besucht, würde aber, wo gut Losament verhanden, noch mehrers in Ruff kommen. Das Wasser muß man wärmen und in die Badkästen leyten.» (1666) – *Getuschte Federzeichnung von Emanuel Büchel.*

166 ‹Maria im Hag›, um 1940

Die Pfarr- und Wallfahrtskirche Maria im Hag soll als Stiftung von Hans Imer von Gilgenberg und seiner Frau, Agatha von Breitenlandenberg, im frühen 16. Jahrhundert erbaut worden sein, im Gedenken an den Fund eines Marienbildes. 1727 und 1903 ist das mit reichen Kunstschätzen ausgestattete Gotteshaus erweitert worden. – Photo Max Widmer.

Im schönsten Tal des Schwarzbubenlandes

Hören wir das Lob eines höhern Beamten, der vor kurzem in Meltingen die Landschaft und die alten Häuser betrachtet hat: «Hier möchte ich leben. Wenn sich die Gelegenheit böte, würde ich sofort auf meine Stelle in der Hauptstadt verzichten und fortan in Meltingen leben und schaffen.» Es ist kein billiges Kompliment, das hier ausgesprochen wurde. Der Bewunderer hatte es ganz und gar nicht darauf abgesehen, bei den Meltingern gut Wetter zu machen! Sein Urteil stimmt überein mit den Äußerungen des ehemaligen Lateinprofessors Viktor Jäggi, der in seinen alten Tagen in Meltingen als Pfarrer und Dekan geamtet hat. Er beginnt seine Schilderung mit dem Satz: «Im schönsten Tale des Schwarzbubenlandes, so ziemlich mitten im Bezirk Thierstein, liegt der alte Wallfahrtsort Meltingen.» Als er vom Pfarrhaus aus ins maiengrüne Ländchen schaute, flossen ihm die Worte in die Feder: «Eine herrliche Zierde und ein großer Segen des Ländchens sind die Fruchtbäume aller Art, die sehr gut gedeihen und reichen Ertrag abwerfen und die im Frühling in voller Blüte das Tälchen in ein Paradies verwandeln.»

«Zierde und Ertrag!» Schönheit und Nutzen: sie schließen einander nicht aus. Glücklich die Menschen, die noch fähig sind, nicht bloß an den klingenden Ertrag zu denken! Der sinnende Professor hat es verstanden, manchen Fremden die Augen zu öffnen für die herrlichen Glasgemälde in seiner Kirche. Welch unbezahlbare Stunden waren es, als wir zusammensaßen, um gemeinsam aus mittelalterlichen lateinischen Geschichtsquellen zu lesen, und als wir uns abmühten, die lateinischen Verse jenes Bärschwiler Pfarrers aus dem 17. Jahrhundert zu erklären: Das Heldenlied auf die Eidgenossen von Johannes Barzäus. Drunten im Dorfe herrschte Ruhe; auf dem Hügel droben ließen sich zwei Männer mitnehmen in verklungene Jahrhunderte, spürten den Fundamenten nach, auf denen unsere gegenwärtige Kultur aufgebaut worden ist...

Es gibt heute noch viele pfiffige Schwarzbuben! Man konnte ihnen schon vor hundert Jahren begegnen. Es ist köstlich zu vernehmen, wie im Jahr 1868 ein Meltinger einem Fremden eine Lektion Heimatkunde erteilt! Er belehrt ihn: «Bei Erschaffung der Welt hatte der Schöpfer zum voraus überdacht, daß im Schwarzbubenland einst eine Post fahren werde und es dann auch sicher ungeschickte Postillone geben müsse, und deshalb sei Meltingen dahin versetzt worden, damit die Postknechte das Ranknehmen und das Umkehren der Postwägen auf eine weniger auffallende Art erlernen können. Und eignet sich etwa Meltingen nicht prächtig für einen Kehrplatz?»

Damals kam am frühen Morgen der eidgenössische Zweispänner auf den Badplatz. Der Postillon fragte den Wirt jeweils, ob Badegäste mit nach Liestal fahren möchten. Manches Mal standen aber auch andere Kutschen auf dem Badplatz. Da schlichen dann die Meltinger Buben heran. Sie waren gerne bereit, ein paar Stunden die Pferde zu überwachen, denn jedesmal konnten sie ein paar Batzen als Lohn nach Hause tragen. Aber auch die Mädchen ließen sich herbei, wie die Katzen, wenn sie merken, daß ein Speckschnitten in der Nähe ist. Sie verachteten ein Tänzchen mit einem Basler Herrlein nicht. Die Eltern sahen es freilich nicht gern, und öfters schimpfte eine Mutter, wenn die Tochter in den Badsaal gehen wollte: «Du zählst dich doch nicht zu des Wandhansen Töchtern!»

Albin Fringeli.

167 Anno 1849 hat die Gemeinde drei Dorfbrunnen mit Pyramidenaufsätzen und Langtrögen erstellen lassen, die auch der Jugend immer wieder Gelegenheit zu fröhlichem Spiel bieten. Photo Leo Gschwind, um 1940.

Wallfahrt und Badefreuden

Meltingen, ein Pfarrdorf mit 278 Seelen und 51 Häusern, in einem Winkel des Nunningerthales versteckt. Die Kirche steht romantisch auf einem schmalen erhabenen Felsen, der beim Dorfe rasch ansteigt und mit dem Bergjoche sich vereinigt. Bis 1438 war Meltingen nach Laufen pfarrgenössig, welches die Mutterkirche des ganzen Thales ist. Die Kirche und die hiesige Wallfahrt, zur Mutter Gottes im Hag genannt, soll, wie die Sage und das Pfarrbuch berichten, ihr Entstehen folgender Begebenheit zu verdanken haben: Ein Sturmwind raubte der Susanna von Breitenlandenberg einen Schleier, als sie am Fenster des nahen Schlosses Gilgenberg saß. Bald nachher fand man ihn an einem Hollundergebüsche hängen und unter demselben ein wunderschönes Marienbild mit dem Kindlein, welches von Räubern hieher geworfen worden seyn soll. An die Stelle, wo man das Gemälde fand, baute man die Kirche. Das Mährchen, daß der gleiche Hollunderstrauch jetzt wieder zu grünen anfange, nachdem er lange Zeit verdorrt gewesen, will nicht überall Glauben gewinnen.

Das hiesige Mineralbad benutzt man schon seit beiläufig 400 Jahren. Es wird gegenwärtig besonders aus Basel, das 5 Stunden entfernt ist, sehr gerne und häufig besucht. Durch bessere Straßen, die bekanntlich dem Schwarzbubenländchen fehlen, würde auch das Bad viel gewinnen. Das Wasser entspringt, wie viele Mineralquellen der Schweiz, aus den Keupergebilden und fließt, bevor es in die Bäder geleitet wird, eine Strecke weit durch einen unterirdischen Kanal. Es wurde noch nie genau untersucht; Eisenoxyd, kohlensaurer Kalk und schwefelsaure Salze sind die vorherrschenden Bestandtheile. Man rühmte es von jeher als ein bewährtes Heilmittel gegen die verschiedenen weiblichen Krankheiten. Das Wasser wird auch häufig getrunken. Das Badgebäude ist alt, mit zwei Seitenflügeln, was ihm vorzüglich das alterthümliche, steife Ansehen giebt. Gänge und Zimmer sind gewölbt und dunkel. Der wirkliche Badewirth, Herr Baptist Wyß, sieht die Nothwendigkeit einer Verschönerung der Gebäulichkeiten ein und läßt sich dieselbe sehr angelegen seyn; denn nur dadurch wird es die Vergleichung mit den andern schweizerischen Badanstalten bestehen können. Ein neuer, geräumiger, heiterer Seitenflügel soll nächstens angebaut werden. Es sind 40 Badekästen angebracht und einige Doucheöäder eingerichtet. Ein Bad kostet 2½ Batzen. 60 bis 80 Personen können logirt werden. Mittags speist man für 12, Abends für 10 Batzen. Ein Logis in der obern Etage kostet 6 Fr., in der untern 5 Fr. wöchentlich. Ziegenmilch und Schotten kann man von den umliegenden Alpen leicht beziehen. Die anmuthige Alpengegend, die gesunde Bergluft macht den Gästen den Aufenthalt an diesem Badeort angenehm, das sich in Hinsicht der bewährten Heilkraft seiner Quelle unter die ersten Mineralbäder der Schweiz zählen läßt. Nach dem Kirchenhügel, wo Spaziergänge angebracht sind, nach der Ruine Gilgenberg u.s.w. sind die Ausflüge sehr anziehend. (1836)

168 Stimmungsvolle Impression über den Meltinger Berg und sein breit hingelagertes stimmungsvolles Panorama aus dem Jahre 1917. Kohlestiftzeichnung von Victor Wildhaber.

163

Metzerlen

«z Landskron sin die hochä Murä, z Mätzärlä sin die richä Burä.» Als krönender Abschluß des solothurnischen Leimentals liegt Metzerlen vom bernischen Laufental und vom Elsaß umschlossen. Ausgrabungen und Funde zeugen von keltischen, römischen und alemannischen Bewohnern, die hier einst gesiedelt haben. Der Ortsname Metzerlen scheint auf das lateinische Wort ‹maceria› (Gemäuer) zurückzugehen. Vermutlich stand hier in römischer Zeit eine kleinere Siedlung, die von einer romanisierten keltischen Bevölkerung bewohnt war. In die fränkische Zeit fällt die Errichtung des christlichen Gotteshauses mit dem Patrozinium der Heiligen Martin und Remigius.

Urkundlich ist Metzerlen erstmals im Jahre 1147 in einer Papsturkunde Cölestins III. unter dem Namen ‹Mezherlon› erwähnt. Der große Dinghof in Metzerlen (238 Jucharten) war österreichisches Lehen und Besitz der Edlen von Wessenberg, die auf ‹Burg› residierten. 1639 kam der Dinghof durch Kauf an die Stadt Solothurn. Im Mittelalter gehörte Metzerlen zu den ‹sieben freien Reichsdörfern am Blauen›. Die Rotberger verkauften 1462 die vier südlich gelegenen Dörfer an den Bischof von Basel, und die nördlich gelegenen gingen 1515 durch Kauf an die Stadt Solothurn. Im Gemeindebann Metzerlen besaßen neben den Wessenbergern auch die Klöster Beinwil-Mariastein, Lützel, Wettingen, St. Alban, das Domherrenstift Basel, Klingental und St. Clara ausgedehnte Ländereien.

Das Dorf Metzerlen zählte im Jahre 1580 315 Einwohner; heute sind es 657. Nach dem Zweiten Weltkrieg wurden zahlreiche Häuser gebaut, so daß man nun die schöne Wohnlage als ‹Elfenbeinküste› bezeichnet. Obwohl zahlreiche Bewohner im nahen Basel Arbeit finden, bleibt die Landwirtschaft doch die Dominante des Dorfes. Zwischen Rotberg und Metzerlen befindet sich seit Jahren eine astronomische Beobachtungsstation der Universität Basel. Die erste Kirche von Metzerlen stand abseits des Dorfes am alten Weg, der von Metzerlen nach Burg führt. Vermutlich eine Holzkirche, gebaut zwischen 500 und 600 auf fränkischem Königsgut, mit den typisch fränkischen Patronatsheiligen Martin und Remigius. Es war eine Regionalkirche für die Dörfer des hinteren Leimentals, Metzerlen, Burg, Biedertal und Wohlschwil. Den Kirchensatz besaßen die Herren von Neuenstein. Als diese Kirche baufällig geworden war, entschlossen sich die Dorfbewohner 1643 zu einem Neubau auf dem gleichen Platz. 1649 konnte der Weihbischof Henrici von Basel die Weihe vornehmen.

Da den älteren Leuten der Weg zur alten Kirche abseits vom Dorf zu beschwerlich wurde, baute man 1683 mitten im Dorf (wo heute das Schulhaus steht) eine größere Dorfkapelle. Eine reiche Witwe Aebi, die letzte ihres Geschlechts, spendete 300 Pfund, Solothurn schenkte 30 Stück Holz und der Abt von Mariastein Ziegel, Kalk und Hausteine für die Fenstergestelle. 1693 wurde bei der zweiten Kirche außerhalb des Dorfes ein neuer Turm errichtet. Da inzwischen die andern Dörfer des Kirchspiels eigene Kirchen erhalten hatten, beschloß die Gemeinde im Jahre 1818, im Dorfzentrum eine neue Kirche zu bauen. Abt Plazidus Ackermann konnte am 28. März 1822 das neue Gotteshaus einweihen. 1878 wurde die Kirche durch einen Brand schwer beschädigt. Während die Glocken schmolzen, konnten die Sakristei, der Hochaltar und die Kanzel gerettet werden. Durch den Wiederaufbau erhielt der Turm anstelle der Kuppel einen Spitzhelm. Metzerlen dürfte heute wohl eines der schönsten Dorfbilder des Leimentals zeigen.

169 Metzerlen, um 1823

«Metzerlen ist ein Pfarrdorf im Hofstetterthale, eine halbe Stunde westlich von Mariastein, mit mehrern ansehnlichen Häusern, einer neuen, geschmackvollen, 1821 erbauten Kirche und einem neuen Schulhause, wozu eine große Kapelle benutzt wurde. in 89 Häusern leben 465 Seelen. Ein Conventual von Mariastein hat die Seelsorge. Auf dem Felde fand man 1832 ein altes römisches Grab» (1836). Rechts außen ist die alte Kirche von 1643 sichtbar, deren Steine und Ziegel für den Bau der neuen Kirche im Dorfzentrum (1822 eingeweiht) verwendet wurden. Bleistiftzeichnung von Theophil Schaffter.

170 Die Ruine Rotberg, 1890

Die Burg Rotberg, die als Jugendburg zu neuem Leben erblüht ist, liegt hinter Mariastein, etwas abseits am Nordhang des Blauen. Sie diente nicht als Bewachung einer vielbegangenen Heerstraße, sondern als Verwaltungssitz der Herrschaft gleichen Namens. Diese Herrschaft umfaßte die ‹sieben freien Dörfer am Blauen›, von denen vier südlich des Blauen, drei – Metzerlen, Hofstetten und Witterswil – nördlich dieses Berges lagen. Sie war Reichsgut und unterstand als solches unmittelbar dem deutschen König, der sie als Lehen schon in früher Zeit den Edlen von Rotberg übergab. Diese erbauten auf dem nur mäßig hohen, felsigen Vorsprung am Fuße des Blauen die Burg, einen anspruchslosen, aber wehrhaften Wohnturm. Als die Burg im Jahre 1515 an Solothurn verkauft wurde, war sie schon baufällig und nicht mehr bewohnt.

Die Herren von Rotberg hatten sich schon längst in Basel niedergelassen, wo sie in der Nähe des Münsters ihre Höfe besaßen und in Kirche und Staat höchste Ämter bekleideten. Ein Johann von Rotberg wurde 1339 Bürgermeister. Nach ihm gelangten noch mehrere Glieder der Familie zu dieser Würde. Arnold von Rotberg wurde 1451 auf den Basler Bischofsstuhl berufen.

Das mit der Burg verbundene große Bauerngut war von 1636 bis 1874 Besitz des Klosters Mariastein. Nach der Aufhebung des Klosters gelangte es in verschiedene Hände, bis es 1918 vom Allgemeinen Consumverein beider Basel gekauft wurde. Die Ruine wurde in den

Reiseerlebnis
Gleich links auf waldigem Hügel vor dem noch waldigeren Blauenberg zeigt sich die Ruine Rotberg. Lieblich liegt das Dorf Metzerlen in der Hochmulde, und bei der Weiterfahrt bietet sich ein schöner Blick in den elsässischen Sundgau. Durch einen sonnenverklärten Fichtenwald gelangen wir nach Burg, einem ungemein malerisch am Fuße eines wohlerhaltenen, auf hohem Felsen thronenden Schlosses gelegenen Dörfchen. So grotesk, wie dieses Schloß auf steilem Felsen sitzt, habe ich selten was gesehen. Sünd und schade, daß es durch moderne Fenster und Läden und andere unschöne Zutaten an seiner Ursprünglichkeit gelitten hat. Auf einem Umweg kehrten wir an der elsässischen Grenze hin nach Metzerlen zurück und besuchten einen alten pensionierten Benediktiner von Mariastein, der sich bei der Aufhebung des Klosters in seinem Geburtsort häuslich niedergelassen hat (Pater Leo Meier, 1822-1906, der letzte Conventuale von St. Urban). Er ist ein hoher Achtziger, steht aber Sommer und Winter nachts um 2 Uhr auf und fängt an zu beten, bis der helle Tag erstanden ist. Aus seinen Zügen spricht ein friedlicheres Alter als aus den meinigen. Der alte Herr ist aber offenbar auch um vieles frömmer als unsereiner.
Im Abendlicht glänzte links auf der Höhe die elsässische Ruine Landskron, und es war ein gar schönes Bild – im Hintergrund das malerische Kloster und links über ihm die herrliche Ruine, beide umsäumt von lichtem Grün und von dunkeln Waldbergen. In der Ferne beleuchtete die Sonne die Berge des südlichen Schwarzwalds. – Heinrich Hansjakob, 1904.

Gehobene Stimmung
Dank den Bemühungen der Herren Gebr. Wälchli in Mariastein, sowie einiger Mitglieder unserer Milchgenossenschaft, wurde unsere Milch letzten Sonntag in einer etwas stürmischen Versammlung an eine Genossenschaft in Mülhausen verkauft und zwar um den schönen Preis von 14½ Rp. per Kilo, hier angenommen. Es war darob bei unsern Milchbauern gehobene Stimmung, was zur Folge hatte, daß schon in der folgenden Nacht der ‹Landfriede› öffentlich ausgerufen und in sämmtlichen Wirthschaften unter dem ‹Klange der Gläser› auch feierlich beschworen wurde.
Des andern Tags war die sogen. Sebastiansgemeinde bis auf den letzten Platz besetzt. Selbst unsere Nachbarn aus Mariastein erschienen in Corpore unter Anführung der heiligen Hermandat. Anträge wurden angenommen und verworfen. So findet ein Bürger das Glöcklein auf dem Schulhause ‹nutz- und zwecklos› und wollte daraus lieber kleine ‹Schnapsbudeli› gegossen wissen. Ein anderer verlangt vor seinen ‹Holzschopf› eine Laterne, damit er des Nachts die Mäuse besser springen sieht. Selbst für unsern altbewährten Mauser wurde ein Erlaß festgenagelt, nach dem er in Zukunft den Feldmäusen die Schwänze nicht mehr abzuhauen hat. Zum Schlusse wurde noch unsern beiden Lehrern eine jährliche Zulage von je 100 Fr. zugesprochen. (1902)

Jahren 1934/35 als ‹Denkmal der Arbeit in Zeiten großer Not› zur Jugendburg ausgebaut und am 26. April 1936 ihrer Bestimmung übergeben. Mit ihrem romantischen Tagesraum, dem geräumigen Eßsaal, den saubern Schlafräumen bietet sie Unterkunft für 80 Jugendliche. Hier hält die Jugend Kurse und Tagungen, hier rastet sie auf Wanderungen und versammelt sich zu frohen Festen. – Photographie Rudolf Fechter.

171 Zigeuner im Dorf, um 1910

Es gehörte gleichsam zur Tradition, daß gewöhnlich im Frühjahr eine große Zigeunerfamilie in ihrem ‹Huderie-Wagen› im Dorfbann eintraf. Die ‹Fahrenden› stellten ihren Blechwagen an einem Waldrand auf, und es ging nicht lange, bis die Zigeunerinnen vor den Türen der Bauernhäuser erschienen und bettelten: «Mutter, ein bissel Brot, Schmalz, Speck oder Eier.» Die Männer dagegen gingen auf die Suche nach defekten Regenschirmen. Um 1902 kam eine Zigeunerin in einem Blechwagen mit einem Mädchen nieder. Die Mutter meldete hierauf das freudige Ereignis dem Pfarrer und bat um Taufpaten. So übernahmen Lehrer Baumann und Veronika Schaffter die Patenschaft und sorgten jedes Frühjahr dafür, daß ihr Gottenkind, wie es Brauch war, zu Ostern mit Eiern und einem Kleidungsstück beschenkt wurde. – Photo Leo Gschwind.

172 Die Geißenschau, um 1920

Metzerlen hatte während Jahren seine Ziegenherde; der besoldete ‹Ziegenbockhalter› gehörte zu den Honorationen des Dorfes. Die Geißenschau, die regelmäßig durchgeführt wurde und an welcher die schönsten Tiere prämiert wurden, stand lange Zeit unter der Leitung des ‹Schäfer-Schang›, der immer eine Burgunderbluse trug. Johann Marti führte jeden Herbst riesige Schafherden aus dem Bündnerland in den französischen Jura. Seine Tiere fanden auf abgeernteten Getreideäckern, auf denen dann gewöhnlich noch Klee wuchs, reichlich Nahrung. ‹Schäfer-Schang› galt auch als Meister im Kastrieren von Schweinen. – Photo Gschwind.

172

Hat einen guoten Grund

Diser Flecken grenzt an Hoffstetten, Blouwen, Dittingen, Röschenz, Lützel, Burg, Bietertal, Roderstorff, Leimen und Landtscronen, so theils Bischoff- und österreichische Dörffer. Hat einen guoten Grund zum Fruchtgewäx und zwey Stuck Räben, eins under dem Dorf gegen Roderstorff, das ander bey unser lieben Frouwen Gottshaus in Stein, so das beste am Gewäx ist, werden bede Stuck ungevor auf 8 Jucharten geachtet. Alldaselbsten haben unsere G. Herren und Obern den gross und gleinen Fruchtzehenden, den Weinzehenden aber alleinig. Nit ferne von dannen, ein halbe Stund weit, ligt ein vestes Haus und Schloß, die Burg genannt, welches in einer Höche und den Edlen von Wessenberg zuestendig. Jezgemelte von Wessenberg als österreichische Lehenträger haben in disem Flecken von altershero einen Dinckhof, welcher alle Jahr mit sonderbaren Ceremonien und Bedingnussen begangen und dorumben iedesmals am 20. Tag das Gericht underm hällen Himmele an einem gewissen Orth in einem Garten gehalten wirt. Disen Hof haben unsere G. Herren und Oberen vor dißmahlen auf gewisse Joracht pfandtsweis inhanden, deswegen sie denn auch die Gefälle davon einziehen. Alldaselbsten außerthalb dem Dorff gegen Burg hat es ein neuw erbaute Kirchen S. Remigio dediciert und geweyhet, welche von den Herren im Stein auch alternative versehen und underdessen die Einwohner in ermelten Stein gehen müossen, dannenhero sie, die Herren, auch einen Theil am Fruchtzehenden einnemmen. (1645)

173 Um das Jahr 1910 erschien im Dorf eine Artistenfamilie und produzierte sich vor dem Gasthaus zum Kreuz auf dem hohen Seil. Ebenso führte sie der staunenden Bevölkerung eine

ergötzliche Nummer mit dressierten Äffchen vor. Wer sich an diesem Auftritt erfreute und einen Batzen übrig hatte, bedankte sich mit einer kleinen Spende oder aber trug mit einer Gabe aus Küche und Keller zu einem guten Essen bei. Photo Walter Hammel.

174 Pferdetränke am hinteren Dorfbrunnen, um 1930. Photo Max Widmer.

175 In den Reben, um 1920

Noch um die Jahrhundertwende wurden in Metzerlen drei Rebgebiete bewirtschaftet, die Niedern Reben, die Äußern Reben und die St.-Anna-Reben. «Ein Stück unter dem Dorf gegen Rodersdorf, das andere in Mariastein, welches das beste Gewächs gewesen, total 8 Jucharten» sind schon 1623 erwähnt. Die Eröffnung der Gotthardbahn, welche den Import von billigeren Weinen aus dem Süden begünstigte, führte auch in Metzerlen zum Niedergang des Rebbaus. Die letzte Weinlese hat indessen erst 1961 stattgefunden. – Photo Leo Gschwind.

176 Beim sonntäglichen Kegelspiel vor dem Gasthaus Lämmli, um 1930. Die männliche Bevölkerung des Dorfes nahm lebhaften Anteil an diesem kurzweiligen Volkssport. Für den ‹Kegelbub› bedeutete das ‹Stellen› eine willkommene Nebeneinnahme, auch wenn dabei immer aufmerksam reagiert werden mußte. Photo Leo Gschwind.

177 Auffahrtsprozession, um 1940. Im reichhaltigen Kalendarium der kirchlichen Aktivität bildet die alljährliche Prozession am Auffahrtstag einen markanten Höhepunkt. Der lange Zug, der traditionsgemäß von der Dorfjugend angeführt wird, begibt sich jeweils von der Pfarrkirche zum Platz der alten Kirche von 1648 und von dort aus wieder zurück. Photo Leo Gschwind.

Nuglar

Wann sich der erste Siedler auf der aussichtsreichen Höhe von Nuglar niedergelassen hat, wissen wir nicht. Es besteht aber kein Zweifel, daß der Ort schon im Altertum bewohnt war. Das Klima des Dorneckbergs ist zwar rauh, in Nuglar aber hat ein Bergrutsch zwei Hügel gebildet, hinter denen die Bauernhäuser vor dem ärgsten Wind etwas geschützt sind. Wer aus weiter Ferne einen Blick auf die Terrasse von Nuglar-St. Pantaleon wirft, der könnte in die Versuchung geraten, zu glauben, es hätten sich dort oben einst ein paar Träumer niedergelassen, die jenen Standort wählten, um zu allen Stunden die Weitsicht zu genießen.

Die Sprachforscher werden recht haben, wenn sie uns belehren, der Ortsname sei vom lateinischen Wort ‹nucariolum›, d.h. Nußbäumchen, abzuleiten. Die alte Bezeichnung wird aber auch mit dem Wort ‹Nußbaumwäldchen› übersetzt. Hat man also hier oben einst dem Nußbaum eine besondere Aufmerksamkeit geschenkt? Wir haben allen Grund, an diese Besonderheit zu glauben, wenn wir lesen, was uns der Geschichtsschreiber U.P. Strohmeier (1836) berichtet: «Den 7. Juli 1835 um 11 Uhr morgens bildete sich hier bei einem starken Gewitter eine ungeheuere Windhose, die sich durch Brausen, Flammen und Rauch offenbarte. Sie riß über tausend der gesundesten Bäume aus dem Boden. Keine Eiche, kein Nußbaum war stark genug, der nicht entwurzelt oder verdreht wurde. Die Ziegel wirbelten wie Schindeln in der Luft umher; mehrere Häuser und die Kapelle wurden stark beschädigt, Menschen zu Boden geworfen und fortgedrängt usw.»

Nur spärlich, wie ein Bächlein im Hochsommer, fließen im Mittelalter die Quellen, die uns die Ereignisse jener Tage schildern. Wir sind froh, daß eine Urkunde aus dem Jahre 1147 erhalten ist, in der uns Papst Eugen III. aufzählt, was alles zum Besitztum des Klosters Beinwil gehöre. In der langen Reihe der Ortschaften wird auch Nuglar (Nugerolo) genannt. Während des alten Zürichkrieges fanden die österreichischen Anhänger aus Rheinfelden den Weg nach Liestal und Nuglar. Nur wer eine Straußenfeder trug, sollte geschont werden. Viel Vieh wurde weggetrieben, Nuglar und St. Pantaleon ausgeraubt. Über dieses ungemütliche Erlebnis unserer Vorfahren weiß der Solothurner Chronist Haffner (1666) zu erzählen: «An. 1448, den 27. Dec. haben Reutter von Rheinfelden mit 300 Mann die Dörfer St. Pantaleon, Nuglar, Lupsingen und Frenkendorf mit Feuer verderbt.»

Zu den kriegerischen Überfällen gesellten sich in jenen Tagen die Seuchen. Wie sehr mußte einen Bauern die Erkrankung seiner Tiere schmerzen, zumal er nicht mit

178 Gezeichnet von den Furchen der Arbeit, legt der alte Bauer beim Bestellen seines Ackers eine kurze Rast ein. Sein Antlitz widerspiegelt die stille Zufriedenheit des naturverbundenen Landmanns, der nachdenklich und dankerfüllt die reiche Frucht seines Lebens vorbeiziehen läßt. Um 1935. Photo Leo Gschwind.

179 An der Straßengabelung, 1965

«Das Dorf Nuglar bettet sich um zwei ansteigende Straßengabelungen in eine kleine Mulde und über die Erhebungen hinaus. Der Blick, vor allem von Westen auf die östlich steil ansteigende Dorfstraße ist von besonderem malerischem Reiz. Man trifft hier meist sehr bescheidene, ab und zu mit Jahrzahlen aus dem 17. Jahrhundert versehene Häuser und fast keine gewölbten Scheunentore, aber etwas für ein Dorfbild viel Wichtigeres: ein unverwechselbares Gesicht mit Charakter, verwachsen mit der Landschaft.» – Photo Ernst Räß.

einer Unterstützung durch eine Versicherung rechnen konnte. Wir begreifen die Nugler nur zu gut, daß sie ihre Kapelle dem Tierheiligen Wendelin weihten. Ihn riefen sie an, wenn sie im Stall etwas Ungerades entdeckten. Dieser Heilige mußte ja ihre Nöte besonders gut verstehen, denn der irische Königssohn hatte jahrelang als Hirte gedient, bevor er Abt eines Klosters wurde. Noch heute wird in bäuerlichen Gegenden sein Gedenktag, der 20. Oktober, festlich begangen. Die St.-Wendelins-Kapelle von Nuglar wurde im Jahre 1713 eingeweiht. Sie hütet ein großes, ausdrucksvolles Kreuz aus dem Ende des 16. Jahrhunderts. Aus den Wunden strömt das Blut des Heilandes, das bald erstarrt und große Trauben bildet. Das Heilandsbild hat sicher manchen Besucher der Kapelle einst erschüttert und zum Nachsinnen angeregt.

Wer durchs Dorf spaziert, dem fallen aber auch einige alte Bauernhäuser und die vier steinernen Brunntröge auf. Rings um das nette Haufendorf, hoch über dem Oristal, stehen – wir dürfen es ohne Übertreibung sagen – zu Tausenden die wohlgepflegten Kirschbäume. Der Kirsch von Nuglar genießt seit langem einen guten Ruf, schreibt doch schon der alte Strohmeier: «Der Kirschengeist, der in Nuglar bereitet wird, soll der beste sein. Der, wie es scheint, zu häufige Gebrauch dieses geistigen Wassers offenbart sich hier an den Physiognomien von alt und jung.»

Hat sich der Chronist bloß etwas eingebildet? Schade, daß man zu seiner Zeit die Photographie noch nicht kannte! Diese könnte uns wohl am besten verraten, ob den Leuten vom Berg im Gesicht geschrieben stand, daß sie ein Gläschen zuviel getrunken! Damals betrieb man in Nuglar auch etwas Weinbau. Noch vor hundert Jahren konnte M. Lutz schreiben: «Dieser Ort hat guten Weinbau und einen etwas mühsamen, doch ergiebigen Feldbau. Der hier bereitete Kirschengeist wird sehr geschätzt, und zwar leider auch allzusehr von den Dorfbewohnern.» Der gleiche Verfasser weiß auch von alten Gräbern zu erzählen, die in Nuglar im Jahre 1810 entdeckt worden seien. Man habe schon früher ähnliche gefunden. Viel haben wir nun von der Vergangenheit berichtet. Auch unter den ‹Heutigen› gibt es tüchtige Leute. Sie haben ein neues Schulhaus gebaut. Sie haben für Wasser gesorgt und sie haben noch viel... Wanderer, gehe hin an einem sonnigen Tag auf die prächtige Aussichtsterrasse hoch über dem Oristal!

180 Das stattliche Meierhaus aus dem Jahre 1753 in der aus sechs Firsten bestehenden Häuserzeile, abgetreppt bis zum ‹Rebstock›, um 1960. – Federzeichnung von Gottlieb Loertscher.

181 **Das Oberdorf, um 1900**

Nuglar war früher ein ausgesprochenes Bauerndorf, heute wird nur noch in bescheidenem Rahmen Landwirtschaft betrieben. Mit dem Ausbau der Gemeindestraßen wurde auch das ganze Dorf kanalisiert und größtenteils die Dorfbeleuchtung erneuert. Bei den meisten Liegenschaften wurden früher Scheune und Stallungen angebaut. Viele Einwohner betrieben Landwirtschaft und hielten dabei auch Vieh. Dort wo kein Rindvieh gehalten wurde, standen einige Ziegen im Stall. Die Ziege galt als die Kuh des kleinen Mannes. So zählte Nuglar-St. Pantaleon über 200 Ziegen, und öfters fanden auch Ziegenschauen im Dorfe statt. Während früher in jedem Landwirtschaftsbetrieb 1-2 Pferde standen, zählt Nuglar heute noch ganze 4 Pferde. Aus dem Bauerndorf ist eine Ortschaft entstanden, deren Bevölkerung im Baselbiet und auch im Kanton Basel-Stadt der Beschäftigung nachgeht. Die Arbeitskräfte der Schwarzbubengemeinde Nuglar-St. Pantaleon sind geschätzt. Es versteht sich von selbst, daß heute fast in jedem Haus ein Auto steht. Scheunen wurden zu Garagen umgebaut. Aber auch die Jauchegruben mit den daraufstehenden Miststöcken sind vielfach verschwunden. Dort sind heute geteerte Parkplätze zu finden. Vielfach sind die Jauchegruben aufgeschüttet und die Mistgruben mit Humus gefüllt. So entstehen anstelle von Miststöcken schöne Blumengärtchen, die das Dorfbild verschönern helfen. – Photo Lüdin AG.

Der Schatz im Güggehüü

Wenn me vo Nugle der Munzechwäg ab goht durs Wäldli gäge Neunugle, chunnt men id Burzismatt und is Güggehüü. Es goht d Reed, dört sig neume ne große Schatz vergrabe zid em Schwobechrieg. Es isch scho dää und däine go sueche und nuele, aber useglüpft hed en no keine. Im Güggehüü isch am Wäg aa nes Felsli. Dört dranobe zeigt si i gwüssne Nächte ne wyssi Jumpfere, wo winkt. Es heißt, die wüß, wo der Schatz sig und wetts gärn imene junge, ledige Burst säge, as er se dermit deet erlöse. Bis hüt hed aber no jede, wo die chrydewyssi Jumpfere gseh hed, esoo Angst überchoo, as em s Härz id Hosen abe grütscht isch und er d Finke gchlopfed hed. – Elisabeth Pfluger.

182 An der Dorfstraße, um 1920

Bis nach dem Zweiten Weltkrieg stand auch in Nunningen, wenn wir von der Einführung der Elektrizität absehen, die Zeit still. Noch folgte das arme Dorf dem Leben seiner Väter: das Wasser wurde mit der ‹Bränte› und dem ‹Schnegg›, dem Transporter für gebirgiges Gelände, am Brunnen geholt. – Photo Leo Gschwind.

Nunningen

Zwei Bilder könnte man zeichnen und dem Betrachter versichern, es handle sich jedesmal um das Dorf Nunningen im solothurnischen Jura. Mit einem kaum verborgenen Stolz zitieren die heutigen Bewohner jene Sätze, die der Schwarzbube Urs Peter Strohmeier im Jahre 1836 niedergeschrieben hat: «Nunningen, das ärmste Dorf des Kantons, mit 121 Häusern. Die Bewohner, jetzt 997 an der Zahl, nährten sich früher fast ausschließlich durch Stricken. Ein eigener Anblick war es da, in den gewaltigen Händen baumstarker Männer, die in großer Gesellschaft vor den Häusern saßen, die winzige Stricknadel zu erblicken.» Bis ins 20. Jahrhundert haben auch die Nunninger Männer wollene ‹Tschöpe glismet› und damit ein paar Batzen verdient. Mancher Bauer hat seinen Acker am steilen Rain mühselig bebaut. Den Dünger trug er in einer Kiste auf den Nunninger Berg. Als ‹Geißland› wurde das Gilgenberger Tal von den Fremden bezeichnet. Tatsächlich sagten sich viele Nunninger Kleinbäuerlein mit Recht: ‹Lieber eine fette Ziege als ein Dutzend magere Kühe!› Als ‹Gastarbeiter› zogen viele Bauern in den Basler Heuet. Man traf sie sogar bei der Ernte im Elsaß drunten. Nach etlichen Wochen benötigte man sie wieder in der Heimat. Aus dem Tal brachten sie nicht bloß eine kleine Summe ins ‹Gebirg› zurück, sondern auch Gebräuche und Redensarten der Basler, der Baselbieter und der Elsässer.

Viele junge Nunninger machten in der Fremde die Bekanntschaft mit Mädchen und kehrten nicht mehr in die Berge zurück. Wundern wir uns nicht, daß wir ihren Namen im weiten Umkreis begegnen! Das Geschlecht der ‹Nunninger› existiert heute noch im Elsaß. Wer heute auf der breiten asphaltierten Straße durchs Dorf fährt, ruft vielleicht im ersten Augenblick: «Herrschaft, wie hat sich das Dorf gemacht!» Er übersieht freilich in der Begeisterung, daß auch im Gilgenberger Land – wie anderwärts – der gepriesene Fortschritt durch manches Opfer erkauft werden mußte. Wir wollen froh sein, daß die Not die Nunninger nicht mehr zwingt, in der Fremde ihr Auskommen zu suchen. Seitdem sich die Industrie in Nunningen angesiedelt hat, zählt man sogar gegen 200 Zupendler. Das Dorf hatte am 1. Januar 1974 1604 Einwohner, davon arbeiteten beinahe 500 in den einheimischen und in den Breitenbacher Fabriken. 115 Ausländer finden ihren Verdienst hauptsächlich in den drei Baufirmen. Schulprobleme, Wasser, Umweltschutz, Straßenbau sind einige eindrückliche Stichwörter, die an die nicht unbedeutenden Sorgen der ‹neuen› Nunninger erinnern und zu aufwandreichem Einsatz für das Gemeindewohl Grund genug sind.

Vom Sankt Nikolaus und von seiner Magd Katharina

Das Sankt-Niklaustreiben hat sich in vielen ländlichen Ortschaften erhalten. Eine ursprüngliche Art dieser Jagd haben sich einige Bergdörfer des solothurnischen Schwarzbubenlandes bewahrt. In Nunningen wird die Heilige Katharina als die Magd des gabenspendenden ‹Santiklaus› gehalten. Am Vorabend des Katharinentages, also am 24. November, vernimmt man in den Straßen ein Gebimmel. Knaben, die mit Glocken und Peitschen ausgestattet sind, verfolgen die ‹Kätherie›. Unter dem weißen Frauengewand steckt ein Knabe. Er hat bei wohlhabenden Bauern Obst zusammengebettelt. Damit will er arme Kinder beschenken. Ein anderer Knabe hat sich in eine schwarze Kutte gehüllt. Er zeigt den Kleinen einen Sack, in den er die Unfolgsamen steckt. Das ist der ‹Schmuzli›.

Ein ähnlicher Umzug wiederholt sich am Vorabend des Sankt-Niklaustages. In Grindel zieht der ‹Santiklaus› in seinem selbstverfertigten bischöflichen Ornat von Haus zu Haus. In schwarze Lumpen gehüllt, folgt der ‹Teufel› mit einer Kette. Des Sankt Niklaus ‹Esel› tragen die Lebkuchen und Früchte nach. Sie werden von den Dorfjungen lärmend durch alle Gassen getrieben. Kräftige Burschen stellen sich auf eine Anhöhe, z. B. auf einen Düngerhaufen, und knallen mit ihren kurzstieligen Peitschen. Den ‹Eseln› hat man eine Kuhglocke umgehängt. Schon dieser Heidenlärm könnte einen an den Ursprung dieser alten Gebräuche erinnern. Lärmend wird der Sankt Niklaus gejagt, so daß dieser Umzug ein treffliches Abbild von Wodans wilder Jagd darstellt. Der Folklorist wird es bedauern, daß sogar schon in unsern Bergdörfern der christliche Gabenspender seinem heidnischen Vorgänger folgen will. Schon vor etlichen Jahren kam sich der Grindeler Sankt Niklaus in seinem ‹Kuderbart› zu unmodern vor. Er lief zum Coiffeur und erstand sich einen Theaterbart! Ein Stück altdeutscher Überlieferung steht vor seinem Untergang.

(1936)

183 Das Bauernhaus Nummer 104, um 1930

Der behäbige Bauernhof in Oberkirch illustriert, daß es auch im Gilgenberger Land reiche Bauern gibt, auch wenn sie sich nicht mit den begüterten Landwirten des Bernbiets vergleichen lassen. Reich ist das Schwarzbubenland aber auch an Söhnen, die ihrer Heimat durch hervorragende Leistungen verbunden sind. Man denke an den Geologen Amanz Greßly, den Schriftsteller Felix Moeschlin, die Industriellen Albert Borer, Leo Marti und Robert Stebler, den Flieger Theodor Borrer und den feinsinnigen, weitbekannten ‹Kalendermann› Albin Fringeli. – Photo Ernst Räß.

184 Nunningen, 1610

Bestand das Dorf nach der Darstellung des Geometers Hans Bock Anno 1610 aus gut zwei Dutzend Häusern, so zählte 1836 Peter Strohmeier bereits 121 Liegenschaften.

185 St. Fridolin mit dem Tod, 1680

Während Jahrhunderten hat die hölzerne Statue des Heiligen Fridolin mit derjenigen des Todes, die vermutlich 1680 von Johannes Keßler gestiftet worden ist, in der künstlichen Felsennische in der Waldeinsamkeit des Birtis zwischen Beinwil und Nunningen gestanden. Im Mai 1950 ist die denkmalgeschützte Gruppe verschwunden. «Wo ist der findige Detektiv, der den gestohlenen St. Fridli entdeckt?» – Photo Gottlieb Loertscher.

Die Schlange im Kirchberg

«Wieso hängt wohl das Muttergottesbild an der dicken Tanne im Kirchberg?» Die ältesten Nunninger können Dir Auskunft geben: An einem heißen Sommertag suchten zwei Kinder in jener Gegend Erdbeeren. Das jüngere, ein Büblein, war müde und setzte sich auf den Boden. Als das Mädchen sich umsah, stieß es einen Schrei aus. Eine Schlange wand sich um den Arm ihres Bruders. Der Kleine war sprachlos vor Schrecken. In wenig Sprüngen war das Mädchen bei ihm, griff unerschrocken nach der Schlange und schleuderte das Tier hoch in die Luft. – Welch ein Zufall! Zwischen zwei Ästen, die dicht beisammen standen, klemmte sich das Tier fest. Die Schlange zappelte, doch es war ihr unmöglich, sich zu befreien. Die Kinder trippelten heimwärts und erzählten dem Vater den Vorfall. Die Eltern zweifelten an der Wahrheit der Geschichte, die die zitternden Kinder zu berichten wußten. Der Vater ging in den Kirchberg und fand dort die gefangene Schlange. Er tötete das Tier. Nun erkannten die Eltern erst recht, in welcher Gefahr ihre Kinder geschwebt hatten. Aus Dankbarkeit befestigte der Vater an jener Tanne das Muttergottesbild, dem die Jäger, Beerensucher, Holzer und einsame Wanderer in dieser Einsamkeit hin und wieder begegnen.

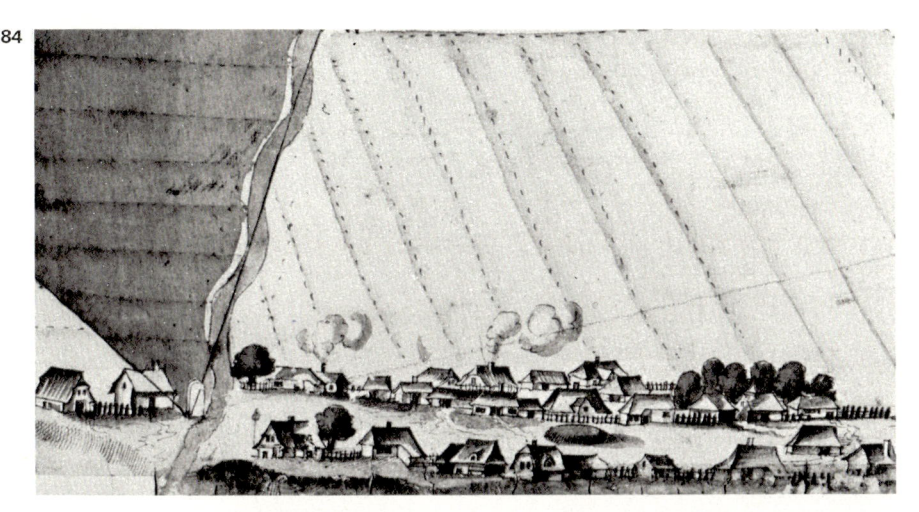

Basel und das Schwarzbubenland

Wenn wir im Schwarzbubenland irgendwo am Abend vors Haus stehen und die Blicke durch die Dunkelheit nach Norden schweifen lassen, dann bleiben sie an einem geheimnisvoll weißen Schimmer haften. Es ist, als verliere sich ein letztes Sprühen und Verglühen im weiten, schwarzen Himmelsdom. «Das sind die Lichter der großen Stadt Basel, die zünden über die Berge bis zu uns herauf», so belehren die Alten ihre Kinder und mahnen sie daran, daß es höchste Zeit ist, zur Ruhe zu gehen.

Aber auch der Basler hat es nicht nötig, seine Stadt zu verlassen, wenn er ins Schwarzbubenland hineinschauen will. Die Schollen und Ketten grüßen weit hinab in die Oberrheinische Tiefebene. Dort hinab strömt unser Wasser, dort hinab wandern unsere Leute. Dort unten hat es manchem Schwarzbuben so gut gefallen, daß er nicht mehr in die Berge zurückgekehrt ist.

Was der Schwarzbube in seinem Haushalt entbehren konnte, das hat er seit alten Tagen in Basel feilgeboten. Seine Arbeitskraft, Holz, Buttenmost, Reiswellen, Vieh, Beeren, Obst, Honig, Felle von Mardern und Füchsen, ja sogar seinen alten, ehrwürdigen Hausrat.

Wir wissen wohl, daß sich die Solothurner und Basler oft und lang um das Schwarzbubenland, besonders um die Erbschaft der Thiersteiner und Gilgenberger, gestritten haben. Sicher hat man in der Stadt am Rheine drunten den ‹Schwarzbuben› nicht immer als einen liebenswerten Nachbarn betrachtet. Doch, waren die Schwarzbuben oft nicht bloß die Geschobenen? Spielten sie nicht die wenig beneidenswerte Rolle des armen Hundes in der Kegelbahn? Sie standen, schier wie die Elsässer, zwischen zwei Rivalen. Schon im Mittelalter herrschte ein reger Austausch. Und zwar handelte es sich dabei nicht bloß um materielle Güter. Ist es nicht überraschend, daß schon gegen das Ende des 13. Jahrhunderts ein Johann von Bärschwil, gemeinsam mit Heinrich Iselin, dem Dichter Konrad von Würzburg seinen ‹Alexis› abkaufte. So sollte es einem Dichter schon damals ermöglicht werden, aus dem Ertrag seiner Arbeit leben zu können. Aus dem Gilgenbergerland kam der Basler Bürgermeister Hans Imer. Die Herren von Thierstein und Rotberg und auch der Abt von Beinwil hatten in Basel ihre eigenen Häuser.

Basler Prädikanten wirkten kurze Zeit in Bärschwil und verbreiteten im Thierstein die neue Lehre. Drei holländische Freunde des Wiedertäufers David Joris ließen sich in der Kammer Beinwil, im abgelegenen Birtis, nieder. Hier trafen sich gelehrte Humanisten aus Basel mit dem Solothurner Hans Jakob vom Stall und dem Abt des Klosters Beinwil.

Aber auch das ‹einfache Volk› war sich nicht fremd. Unter der großen Linde bei Bättwil versammelten sich zum Ärger der Obrigkeit die jungen Leute zum Tanze. Andere suchten eine kleine Birsinsel bei Dornach als Tummelplatz auf. Zeigte sich die Polizei, dann war es eine Kleinigkeit, in der entgegengesetzten Richtung in ein anderes Hoheitsgebiet zu flüchten.

Zahllose Wanderarbeiter zogen bis in unser Jahrhundert hinein in den Basler Heuet. Mit der Sense auf der Schulter und dem Lohn in der Tasche kamen sie dann, wenn in den Bergen die Felder in der Blüte standen, in die Heimat zurück. Nach dem Heuet stiegen sie noch einmal ins Tal hinab, um den baslerischen Nachbarn bei der Getreideernte behilflich zu sein. Sicher hat mancher junge Mann nicht bloß seine Basler Batzen, sondern auch sprachliche und brauchtümliche Eigenheiten ins Dorf gebracht.

Eng waren die Beziehungen der Schwarzbuben mit den Baslern zur Zeit des Bauernkrieges vom Jahre 1525. In Dornachbrugg kamen sie zur großen Landsgemeinde zusammen und stellten ihre Forderungen auf. Als aber der deutsche Bauernkrieg den Sieg der Städter brachte, wurden auch unsere Leute etwas kleinlaut und vermieden einen ernsthaften Zusammenstoß mit der Obrigkeit.

Mancher Bergler tauschte seinen Enzian in der Stadt gegen Pulver und Blei ein; der er als Wilderer bedurfte. In der Stadt holte der Bauer aber auch seine Werkzeuge, seine Pillen und manchmal auch einen ‹Chrom› für die Angehörigen. Und wenn ein Unglücksfall oder eine Krankheit eingekehrt war, dann flogen alle Gedanken an den Rhein hinab, wo die gelehrten Ärzte wohnen.

Wie dankbar sind wir heute für die geistige Kost, die uns die Stadt zu bieten hat! Wie viele junge Schwarzbuben holen in den Basler Schulen, in den Mittelschulen, an der Universität und ganz besonders in der Gewerbeschule ihr geistiges Rüstzeug? Anregungen bieten aber auch die Bibliotheken, das Theater, das Kino, die Basler Fasnacht, und schließlich auch die Presse, das Radio und der Sportplatz.

Im letzten Jahrhundert haben die Basler Herren im Schwarzbubenland die Seidenindustrie eingeführt. Der Mut, selber industrielle Versuche zu unternehmen, wurde dadurch geweckt. Ein wirtschaftlicher Aufstieg hat eingesetzt. Die Abwanderung hat aufgehört. Diese gesunde Entwicklung verdanken wir zu einem guten Teil dem Geben und Nehmen zwischen Stadt und Land. Was unsere Natur dem Städter schenkt, das gibt der echte Basler als Kulturgut zurück.

d Schwarzbuebe-Meitli

Schwarzbuebe fingsch durane,
Chausch laufe, wo de witt;
Doch säg, epp s i däm Längli
Nit o Schwarzmeitli gitt?
Het eis bym heitre Lache
Ne glögglihälle Klang,
Denn darfsch mer s währli glaube
S chunnt vom Schwarzbuebelang!

Gsehsch du ne zimper Bürschtli,
Ne schüüche no drzue,
Mit so eim hei die Meitli
Ganz sicher weni z tue.

Mag ein ne Gspaß verlyde,
Un het ne chly Verschtang,
Denn fingt er gwiß ne Schätzli,
Eis vom Schwarzbuebelang!

«Un sy mer o chly schläggrig,
Wenn s goht zum Buebemärt,
Gärn halte mir ne d Tröji –
Doch s frogt si, isch s drwärt!
Un chunnt s emol cho chutte,
Es wird is glych nit bang,
Bym Gsang mueß s Unglügg wyche –
Wyt vom Schwarzbuebelang!»

Albin Fringeli

186 St. Pantaleon, um 1950
Die Kirche, davor der Pfarrhof, links das Meierhaus. Die aus vorwiegend kleinen und mittelgroßen Bauernhöfen gebildete Siedlung auf ausladender, geschützter Sonnenterrasse wirkt auch heute noch völlig geschlossen und unberührt. – Photo Zaugg.

St. Pantaleon

«Wallfahrer ziehen durch das Land!» Es ist doch nicht ganz abwegig, wenn einem dieses alte Studentenlied einfällt, nachdem jemand einen Ortsnamen ausgesprochen hat, der mit einem ‹Sankt› geschmückt ist. Tatsächlich kamen schon vor Jahrhunderten viele Pilger über den Dorneckberg herab und aus den Tälern herauf. Sie erhofften Trost und Hilfe von den Vierzehn Nothelfern. Schon im Jahre 1299 ist für St. Pantaleon ein Vizeleutpriester nachgewiesen. Vom Bischof ging das Recht auf diese Pfründe an das Kloster Beinwil. Zur Zeit der Reformation erklärten die Leute von Nuglar und St. Pantaleon, sie möchten beim alten Glauben bleiben. Sie behielten Messe und Bilder. Da die Pfründe aber mit der Zeit verarmt war, wurde sie mit derjenigen von Büren vereinigt. Seit dem Jahre 1682 versehen Mariasteiner Benediktiner die Pfarrei St. Pantaleon-Nuglar.

Die Kirche hat im Laufe der Jahrhunderte starke Veränderungen erfahren. Das Pfarrhaus, das man auch Propstei nennt, und das Meierhaus mit dem Wappen des Mariasteiner Abtes Augustin Rütti sowie ein schönes schmiedeisernes Grabkreuz vermögen jeden Wanderer wenigstens für eine Weile zu fesseln.

St. Pantaleon? Er ist einer der Vierzehn. Er ist ein Märtyrer, der unter dem römischen Kaiser Maximianus gestorben ist. Auch die übrigen Nothelfer lebten in den ersten christlichen Jahrhunderten. Ihnen wurden im Mittelalter viele Kirchen und Kapellen geweiht, unter anderem auch jene in der Hohlen Gasse. Interessant ist es gewiß, daß die Verehrung der Nothelfer nur in Süddeutschland, Österreich und in der Schweiz bekannt ist. Es scheint, daß die Verehrung während der Zeit des ‹Schwarzen Todes›, der Pest, im 14. Jahrhundert aufgekommen sei. Der Name des Heiligen macht uns heute noch darauf aufmerksam, daß schon in alter Zeit kulturelle Beziehungen mit Basel bestanden haben. Freilich müssen wir ohne weiteres zugeben, daß uns die Kultstätte im Dorneckberg schwere Rätsel aufgibt.

G. Burckhardt, der Verfasser der ‹Basler Heimatkunde›, weiß zu berichten, daß an den Wallfahrten nach St. Pantaleon «im 14. Jahrhundert auch die Basler in großen Scharen teilgenommen haben». Der gleiche Forscher nimmt an, es habe sich einst zwischen Nuglar und ‹Päntlion› eine weitere, heute verschwundene Siedlung, ein kleiner Ort Weinslingen, befunden. Wir bezeichnen solche abgegangene Orte als ‹Wüstung›. Wir wissen, daß im Jura und auch im Mittelland beim Einfall der Gugler (1375) verschiedene Dörfer und Städte verbrannt und nicht mehr aufgebaut worden sind. Nuglar und St. Pantaleon sind an Orten entstanden, wo sich eine Quelle zeigte. Eine Quelle tritt aber auch zwischen den beiden Siedlungen, oberhalb der Öschmatt, zutage.

Zwischen den Leuten von Liestal und den Bauern auf der Höhe bestanden nicht immer die besten Beziehungen. Wir hören hin und wieder von Streitigkeiten. Baselbieter Bauern trieben ihr Vieh auf das Land, das der Abt von Beinwil als sein rechtmäßiges Eigentum betrachtete. Auf beiden Seiten war man hartnäckig. Der Abt weigerte sich nachzugeben, weil er wußte, daß er im Notfall auf die befreundeten Solothurner zählen konnte. Die Liestaler aber wurden durch die Basler bestärkt. Die Streitigkeiten flackerten während eines langen Jahrhunderts von Zeit zu Zeit auf, bis schließlich ein Vergleich zustande kam, in dem bestimmt wurde, der Orisbach bilde nun für alle Zukunft die Grenze zwischen den streitenden Brüdern. Seit dem Beginn der Zwistigkeiten waren freilich die Rechte des Abtes auf dessen Schirmherrn, die Stadt Solothurn, übergegangen.

Bei dieser Gelegenheit ist es wohl interessant, daran zu erinnern, daß die beiden Dörfer Nuglar und St. Pantaleon nur eine politische Gemeinde bilden. ‹Nuglar-St. Pantaleon› nennt sich die Einwohnergemeinde; ‹St. Pantaleon-Nuglar› heißt die Kirchgemeinde. Zur Kirche gehen alle nach St. Pantaleon. Hier wohnt auch der Herr Pfarrer und Propst. Hingegen besuchen auch die Päntlioner Schulkinder den Unterricht in Nuglar, das beinahe zwei Kilometer entfernt auf gleicher Höhe (490 m) liegt.

Im Jahre 1676 stand das Kapuzinerkloster Dornach vollendet da. Diese Tatsache sollte auch für St. Pantaleon eine Rolle spielen. Anno 1677 wurde es nämlich dem Klosterbezirk oder Missionskreis Dornach zugeteilt. Früher kamen gelegentlich die Kapuziner aus Landser auf den Dorneckberg. Die Elsässer Patres und damit auch ihr Einfluß auf die Kultur und Sprache unserer Gegend verschwanden. Die Gemeinde Nuglar-St. Pantaleon hatte fortan dreieinhalb Klafter Holz zu rüsten und ins Kloster nach Dornach zu bringen, was die Bürger des Dorfes nicht wenig belastete.

187 Die Wappentafel von Abt Hieronymus Altermatt von Rodersdorf (1745–1765), 1756. Als Erinnerung an die Umbauarbeiten an der Propstei steht die bemalte steinerne Tafel über der Eingangstüre zum Pfarrhof.

188 St. Pantaleon und Nuglar mit Feldern, Weiden und Rebberg, im Tal der Orisbach und die Orismühle, 1752. Getuschte Federzeichnung von Emanuel Büchel.

S Muetergotteshüsli

Z Päntlion isch früener einisch e Probstei gsi vom Beibelchloster. Bis zu der Reformation si näbe Nuglen und Büre au no Sältischbärg und Lupsige uf Päntlion chilchgnössig gsi. Der Chilchhof hei di gföiftled gha, as sogar di Tote vo jeder Gmein bsüngered hei chöne ligge: Im Süde d Sältischbärger und Lupsiger, uf der Nordsite d Nugler, Päntliöner und Bürner. No hüt goht s Totewägli vo Päntlion über Roggestei is Oristal aben und de Lupsige zue. Me verzellt, d Baselbieter heigen ihri Tote nid ume dört duren ufe Chilchhof treit; sie heige se bi der Chilchespaltig usem katholische Boden usgrabed, s Totewägli ab uf Lupsige brocht und dört im refermierte Härd früsch beärdiged.

I der Zähnteschüür z Päntlion hei d Beibel- und denn d Steiheere der süffig Bürner Stärnebärgerwy, d Frucht und di angeren Abgabe yglagered. Ungena der Zähnteschüür isch es Muetergotteshüsli id Steimuur ygloo. Dört hed einisch e Frau vo Päntlion gheued. Ihres chlyne Ching hed si näbedraa uf nes Chuchifürtech gsetzt, hed em es paar Santjohannsmejen id Hängli gee zum Gvätterle und imene Beckeli chli Milch häregstellt, ass chönn dervo schlückle füre Durst. Nocheme Wyli köört si das Meiteli nürze und ufbigähre. Sie luegt uf und gseht, as ne Vipere der Chopf übers Beckeli ine hed und vo der Milch sürfled. Grad hed s Ching d Mejeli uuf und wod dermit d Schlangen ufe Chopf zwicke. D Mueter hed e Göiß usgloo; das hed s Ching verschreckt, aß nid zuegschlage hed. Jetz isch ufs Brüele vo Mueter und Ching e Maa midere Gablen i de Fingere cho zspringe. Er hed die Giftschlangen is Gnick zwickt und tödt, äb si s Ching hed chöne bysse. Zum Dank für d Rettig isch derno a der Stell das Muetergotteshüsli id Muur ygloo worde.

Elisabeth Pfluger.

189 Wappentafel von Abt Augustinus Reutti von Rickenbach (1675–1695), 1684. Das ebenfalls mit dem Beinwiler Klosterwappen geteilte großformatige Relief ist am sogenannten Kornstock angebracht, der während der erfolgreichen Amtszeit von Abt Augustinus erbaut worden ist.

Geistiges Wasser
Pantaleon zählt mit Nuglar 80 Häuser und 460 Einwohner. Es liegt auf der nördlichen Anhöhe des Oristhales auf einem Vorsprunge der Gemper-Hochebene. Der Pfarrer ist ein Conventual von Maria-Stein, der den Titel Probst führt. Nach Pantaleon ist das Dorf Nuglar pfarrgenössig, von welchem es nur durch einen tiefen Einschnitt getrennt ist. Die Bewohner dieser zwei Dörfer verschaffen sich ihre Lebensbedürfnisse aus dem Ertrage des Feld- und Weinbaues. Der Kirschengeist, der in Nuglar bereitet wird, soll der beste seyn. Der, wie es scheint, zu häufige Gebrauch dieses geistigen Wassers offenbaret sich hier an den Physiognomien von Alt und Jung. (1836)

Rodersdorf

Die ersten geschichtlichen Aufzeichnungen Rodersdorfs gehen in das Jahr 1189 zurück, als Ratolf von Ratolfstorf zum Abt des Zisterzienserklosters Lützel gewählt wurde. Grundherren waren die Grafen von Pfirt, die den Habsburgern verpflichtet waren. Auch die Ratolfs waren adelige Burgmannen der Habsburger. So wird 1515, beim Verkauf der leimentalischen Gemeinden an Solothurn, neben den bisher freien Dörfern Metzerlen, Hofstetten und Witterswil, das Dorf Rodersdorf als ein österreichisches aufgezählt.

Der Glaubensstreit, der durch die Reformation ausgelöst wurde, schlug in Rodersdorf keine hohen Wellen, bekannten sich doch 1530 die Einwohner durch eine Abstimmung zur Religion ihrer Väter. Der Dreißigjährige Krieg aber brachte viel Elend in die Gemeinde. Die Schweden lagen fünfzehn Jahre im benachbarten Muspachtal und plünderten Rodersdorf in regelmäßigen Abständen. Mehrere Male wurde das Dorf niedergebrannt, so 1409 von den Baslern und 1445 von den Solothurnern. Auch schonten die rohen Krieger die hübschen Mädchen nicht, heißt es doch in der Pfarrchronik lakonisch: «Sie machten sie zu Bräuten und entliessen sie wieder!» Zu allem Elend hielten sich im Dorf bis zu 450 Flüchtlinge aus dem Elsaß auf. 1636 verhungerten 6 Personen auf dem Feld: «Nebst Gras waren Würmer gut genug, um den Hunger zu stillen.»

Die während des Dreißigjährigen Krieges, in welchem der Pfarrer von Rodersdorf die Solothurner Truppen im Leimental befehligte, zerstörte Kirche hätte unter Mithilfe der Liebenswiller, die ebenfalls zur Pfarrei gehörten, wieder aufgebaut werden sollen. «Als aber die gerüsteten Balken von unsichtbarer Hand über Nacht an den alten Ort verbracht waren, sah man darin einen Fingerzeig Gottes und erbaute dieselbe an der alten Stelle.»

Etwas kaum Glaubhaftes hat sich in Rodersdorf Anno 1550 zugetragen: Ein Peter Schärer hatte nach den üblichen Folterungen gestanden, Hagel gemacht zu haben, und deshalb mußte er den Scheiterhaufen besteigen. Weil er aber auch noch zugegeben hatte, seine Mutter und die Schwester hätten – ohne ihn zu verzeigen – gewußt, daß er mit dem Teufel im Bunde stehe, wurden sie gleich mitverbrannt ...

190 Das Herrenhaus der Altermatt, um 1960
Im 18. Jahrhundert war die Geschichte Rodersdorfs eng mit der Familie Altermatt verbunden. 1690 erlaubte die Solothurner Obrigkeit Hieronymus Altermatt, auf der Salmatt eine Mühle zu bauen. Von seinen drei Söhnen wurde Hieronymus Abt von Mariastein, und ein Enkel, Joseph Bernhard, brachte es zum Feldmarschall in französischen Diensten. Der Herrensitz der Familie ist 1756 erbaut worden. – Federzeichnung von Gottlieb Loertscher.

191 Die Dreschmaschine hält Einzug, um 1902

«Währenddem früher unsre Bauern wochenlang die gewonnenen Garben des Herbstes zu dreschen sich abmühten mit den von kräftiger Hand geschwungenen Flegeln, haben die letzten Jahre uns die Dreschmaschinen gebracht, bei welchen den ringsumtanzenden Pferden und Stieren die Hauptarbeit zufällt. Aber auch die Kräfte der Thiere werden geschont, wenn die der Natur an ihrer Stelle nutzbar gemacht werden können. Das weiß man hier und die Dreschmaschine unsres Wagners Hypolith Gröli, die in der alten Trotte aufgestellt ist, sie drescht so gut und schnell, daß mancher Bauer, der seiner langsam vorwärtsschreitenden, monatelang dauernden Drescharbeit im kalten Tenn sich gerne entschlägt, um in wenigen Stunden gemüthlich und nicht theuer verrichtet zu sehen, was ihm früher langdauernde, schwere Arbeit und Auslagen gekostet hat. Wieder ist es unsre Wasserversorgung, welche die Kraft liefert dem Motor und seiner garbenschlagenden Maschine. Abermals ist es unser strebsamer Hypolith Gröli, der für sich und die Bauernsame eine Maschine angeschafft, die ihm und all denen, die sie um billigen Preis benutzen wollen, von großem Nutzen ist. Es ist das eine englische Fruchtbrechmaschine, welche Roggen, Gerste, Hafer, Mais, kurz all jene Kornarten zerkleinert, wie sie in unsrer Gegend bei Kurzfütterung benutzt werden. Wer die von unserer Wasserleitung getriebene Maschine in der Arbeit sieht, glaubt sich in eine Mühle versetzt, so gleitet geläufig der Treibriemen, so schwingen die Rädlein. Fein, weniger fein, je nach Belieben des Auftraggebers, wird die Frucht gebrochen. Der Meister selber bringt seinen Roggen, seinen Hafer oder was es dann ist und kann dabei bleiben, bis in kurzer Zeit der Inhalt seines gebrachten ‹Stumpen› gemahlen ist; nimmt seine Frucht wieder mit, bezahlt dem Maschinenmeister einen kleinen Entgelt und wandert von dannen mit dem Bewußtsein, wieder Alles erhalten zu haben.» (1902) – Photo Walter Hammel.

192   Pfarrer Marx Aeschi, 1673

Pfarrer Markus Aeschi, der von 1638 bis 1688 die Rodersdorfer Gläubigen betreute, war eine der bedeutendsten Gestalten seiner Zeit. Er verstand es, mit den Landedelleuten seiner Pfarrei, den Wessenberg auf Burg und den Reichenstein in Biedertal, ausgezeichnete Beziehungen zu unterhalten. Und so begegnete sich bei Taufen und Hochzeiten in Rodersdorf der ganze oberrheinische Adel. 1656 beehrte auch Fürstbischof Johann Franz von Schönau, der zur Kur im nahen Bad Burg weilte, den initiativen Geistlichen mit einem Besuch. Auch mit den Patres von Mariastein war Aeschi freundschaftlich verbunden, übernahm er doch die Kosten der beiden Seitenschiffe und des Apostelaltars beim Bau der Klosterkirche um die Mitte des 17. Jahrhunderts.

193   Die Pfarrkirche St. Laurentius, um 1920

Die Pfarrkirche des Heiligen Laurentius in Rodersdorf ist zweifellos eine Gründung der Grafen von Pfirt um 1200. Als das kleine mittelalterliche Gotteshaus den Ansprüchen der wachsenden Gemeinde nicht mehr genügen konnte, sollte nach alter Sage zwischen Rodersdorf und Liebenswiller, auf dem sogenannten Kilchhölzli, eine neue Kirche errichtet werden. Als dann aber die Balken und Steine, die man auf den Bauplatz geführt hatte, von unsichtbarer Hand in einer Nacht an den alten Platz zurückgetragen wurden, ward dies als Fingerzeig Gottes gedeutet: die Kirche, 1682 eingeweiht, kam auf den alten Platz zu stehen.

Rodersdorfer Brauchtum

Am Dreikönigstage kamen bis vor kurzem aus dem Elsaß die buntgekleideten drei Könige mit einem goldenen Stern auf langem Stabe und zogen singend von Haus zu Haus. Die Dorfjugend folgte ihnen und verhöhnte sie mit folgendem Spruche: «Die heiligen drei König mit ihrem Stern, sie suffe und frässe und zahle nit gern.» Vor der Karwoche zogen die Knaben in Scharen auf den Blauen, um Stechpalmen zu schneiden. Diese wurden an hohen Stangen befestigt, mit einem Kreuz aus Hollunderstäbchen versehen, mit Apfelkränzen und bunten Bändern geschmückt und am Palmsonntag in die Kirche getragen. Nach der Segnung wurden sie in den Garten gesteckt und bis zum Karsamstag dort gelassen. Im Sommer verbrannte man sie zur Abwehr des Blitzes. Am Karsamstagmorgen legte man auf das Osterfeuer spitze Eichenpfähle, welche ‹Juden› genannt und mit dem Namen eines bekannten Israeliten versehen wurden. Diese ‹Juden› wurden neben den Palmen in den Garten gesteckt, wo sie bis zum nächsten Palmsonntag den Garten beschützen mußten. Am Abend von Allerheiligen und in der Morgenfrühe von Allerseelen wurde je eine Stunde für die armen Seelen geläutet. Am Nachmittag zogen die Knaben mit Kesseln und Brenten von Haus zu Haus, um Gaben zu sammeln. An Martini (11.), Mariä Opferung (21.), Katharina (25.) und Andreas (30.) waren die Pfarrkinder von Rodersdorf und Burg zur Anhörung der Messe verpflichtet. Am Vorabend des Weihnachtsfestes wurden die Glocken während einer Stunde geläutet. Während dieses ‹Heiliwoläutens› umwand man die Obstbäume mit Strohbändern, damit sie reiche Früchte brächten. – Ernst Baumann, 1938.

Gute Felder zum Ackerbau

Roderstorff, grenzt an Metzerlen, Burg, Biederthal, Oltingen, Liebenzweyler und Leimen, so österreichische Rittersdörfer, welche drey obere als Burg, Biederthal und Liebenzweyler der Pfarr Roderstorff einverleibt, dannenhero Herr Pfarherr auch sein mehrere Pfrundt hat und genießt. Hat guete Veldter zum Ackerbauw und gnuegsame Matten, auch einen schönen gueten Rebberg von 15 Jucharten groß, davon die Herrschaft den Zehenden allein nimbt. Besser hinaus gegen Oltingen ligt ein Hof Leuwhausen genant, so underschidlich österreichischen Adelspersonen zuestendig, davon die Herrschaft jährlich bis in die 15 Vierzel Getreide fallen hat. (1645)

Das Schwarzbubenmännli

Am Vorabende vor Weihnachten 1897 starb in Rodersdorf ein 83jähriges Männchen, wohl der außerhalb seiner Gemeinde auf zwanzig und mehr Stunden im Umkreise bekannteste und ‹berühmteste› Rodersdorfer Bürger. Wer im Laufenthale auf und ab, wer in den Freibergen hat nicht das ‹Schwarzbubenmännli› gekannt, den Baschi Altenbach von Rodersdorf, der Jahr für Jahr zu gewissen Zeiten, die Tasche an der Seite gehängt, mit seinen schlauen Äuglein Alle und Alles musternd von Hof zu Hof zog, seine Dienste als ‹Gelzer› anbietend und verrichtend und gute Räthe, gute Mitteli ertheilte für alle möglichen Krankheiten angefangen von der Gliedersucht bis zum fallenden Weh und dem Leistenbruch. Der Baschi wußte überall Rath und Hilfe und ob sie dann half oder nicht, er bekam seine Batzen doch – und hütete sie treulich.

In jungen Jahren Klosterschneider in Mariastein, wurde Sebastian Altenbach später Schäfer seiner Heimathsgemeinde, welches ‹Amt› er jahrelang treu versah. Sein Stolz und seine Freude war es, noch in den alten Tagen erzählen zu können, wie er geschäfert habe, wie viele hundert Schafe er auf die Weide geführt, wie viele Hunde er abgerichtet habe usw. Bei seiner Schäferei fand der Baschi Zeit, Kräuter zu sammeln, Theepäckli zu machen, auch Tränkli zu rüsten für's liebe Vieh, so wie es ein altes Buch ihn lehrte. Und die Sache ging gut. Der Handel florirte, der Baschi bekam Zulauf, setzte seine Räthe und seine Salbenhäfeli theuer ab und brachte es so weit, daß er, ehemals arm, doch ungesorgt, seine letzten Jahre zubringen konnte, von seinem zusammengetragenen ‹Doktorvermögelein› zehrend.

Isländisch Moos und Tausendguldenkraut waren seine liebsten Mittel. Vom letztern und seiner wunderbaren Kraft wußte der Alte manch Lobverslein zu singen und wiederholte oft: Wenn eine Weibsperson ein Tausendguldenstüdeli finde, sollte sie niederknien und dem lb. Gott, ein Vaterunser betend, danken, daß er ein so gutes Blutmittel habe wachsen lassen usw.

Die wunderbare Rettung des Meiers von Rodersdorf
Im Jahre 1645 war die Dünnern infolge des Regens so sehr angeschwollen, daß in der Balsthaler Klus die Straße unpassierbar wurde. Niklaus Wirz, der Meier von Rodersdorf, der auf der Reise dahin kam, wollte dennoch hinüber. Als er in die Mitte des tobenden Elementes gekommen, «hat der wütend- und zaumlose Wasser-Gott Neptunus mit ihme angefangen zu spihlen». Sobald er die Gnadenmutter in Mariastein angerufen, schien es ihm, als beruhige sich die Flut, und er gelangte glücklich ans Ufer. Zum Dank für diese handgreifliche Guttat hat er «alhero in Mariae Gnadenreiche Wallstatt eine Votiv-Taffel nechst anderweitig-danckbarlicher Beschanckung überbringen und anhefften lassen» mit folgendem Spruch:

Als ich zue Pferdt auf der Reis war,
Kam ich zu Balstall in Lebensgefahr.
Bey ungestümen Regen und Windt
Das Wasser groß angangen gschwindt,
Mich vom Pferdt abgriffen mit Gwalt,
Weit hat här gfüehrt solcher Gstalt,
Daß mein Reitersmantel von mir kommen.
In übrigen Kleyderen ich geschwummen.
Wußt in Todtsgfohr kein Hillff, allein
Mariam rüefft ich an im Stein.
Begehrte Hillff war mir baldt geben,
Kam auß des Wassers Gfahr beym Leben.
    Nicolaus Würtz, Meyer zu Rodersdorff

Der schwarz Tod
Die Tote, wo a der Pest gstorbe sy, si nangernoo schwarz worde, drum hed me der wüeste Chranked au ‹der schwarz Tod› gseit. Z Roderschdorf hed einisch eine s Mul uftoo zum Gihne. Do isch er umtrooled und am schwarze Tod gstorbe. Drum hei d Lüt z Roderschtorf lang, bis fasch i di hütigi Zit ine, vorem Gihne eisder e heimlige Gruuse gha.
Ufem Fäld isch inere Pestzit einisch es halb gladnigs Garbefueder bis is anger Johr blibe stoo. Der Lader und dä, wo ufegee hed, si beid umtrooled und gstorben am schwarze Tod. Erst wo die grüsligi Chranked im Dorf der Rügge gchehrt gha hed, si guet Nochbere das verfulede Züg go ablade und hei der Bruggwage heigreicht.
Es söll albe z Roderschdorf Bruuch gsi sy, as me bimene Todesfall e ganzi Stung is Änd glütet hed. Inere Pestzit hed me do Tag und Nacht ananger müese lüte bis der Gloggestuel heiß worden isch. Aß ekeis Ungfell gee hed, hed me müesen uíhöre und zider lüted me nume no ne Viertelstung is Änd. – Elisabeth Pfluger.

---

194   Von F. Lager reizvoll bemalte Kachel des Wohnstubenofens im Altermatthof. Photo Ernst Räß.

---

195   Zur reichen volkskundlichen Tradition des Leimentals gehört auch das Musizieren. Emil Grolimund, genannt ‹Papa Grolimund›, ist als Komponist unzähliger Volkslieder und Ländler in die bodenständige Literatur volkstümlicher Musik eingegangen. Um 1935. Photo Leo Gschwind.

Seewen

Seewen ist alter Kulturboden. Wertvolle Funde weisen auf die Tatsache hin, daß hier Kelten, Römer und Alemannen gesiedelt haben. Ein Steinbeil und ein Keltenschwert in der Sammlung ‹Quiquerez› in Basel und römische Goldmünzen im Museum in Solothurn sind kostbare Belege für diese Tatsachen.

Im 12. Jahrhundert kam Seewen in den Besitz des Klosters Beinwil. Papst Eugen III. bestätigte dessen Besitz 1147 und Kaiser Friedrich I. 1152. Hundert Jahre später inkorporierte Bischof Berchtold von Basel die Kirche von Seewen dem Kloster (11. Juni 1252), mit der Bestimmung, daß die Seelsorge im Dorf von den Benediktinermönchen ausgeübt werden solle.

Anno 1485 kam Seewen durch Kauf an die Stadt Solothurn, vier Jahre nach dem Eintritt des Kantons in die Eidgenossenschaft. Anläßlich des Bauernkrieges kauften sich die Untertanen der Herrschaft Seewen dann unter großen Opfern, die mit frohem Mut gerne erbracht wurden, von der Leibeigenschaft los.

Als 1499 die Besatzung des Schlosses Dorneck in arge Bedrängnis geriet, wurde in Seewen Alarm geblasen: Unter der Gemeindelinde sammelten sich 20 Knechte und eilten unter Hauptmann Tröschs Führung den Verteidigern des Schlosses zu Hilfe. In der Zeit der Glaubensspaltung blieb Seewen beim alten Glauben. Im Jahre 1514 wurde eine neue Kirche gebaut und 1564 ein Pfarrhaus. Die alte Kirche befand sich in der sogenannten ‹Büßletten›, einem Tälchen, fünf Minuten von Seewen entfernt. Spätmittelalterliche Mauerüberreste erinnern noch an dieses alte Bauwerk. 1636 tauschte das Kloster Beinwil mit Solothurn die Kollatur von Seewen im Einverständnis mit dem Bischof gegen diejenige von Hofstetten-Metzerlen. In den Jahren 1973–1975 wurde das Seewener Gotteshaus hervorragend erneuert und zeigt sich heute wie eine stolze Vorburg.

Im Volksmund sagt man, «die Seebener täten ihren See heuen». Früher war wirklich ein See hier, wie uns der Name sagt und das Gemeindewappen andeutet. Vor der Entstehung des Sees floß der Seebach, von Bretzwil herkommend, nordwärts nach Seewen, bog dort nach Westen ab und floß durch das steilabfallende Pelzmühletal und mündete schließlich in Grellingen in die Birs. Durch die Unterwanderung durch den rauschenden Bach kam es zu einem Bergsturz, der das 300 m breite Tal mit einem 40 m hohen Schuttkegel bedeckte. Dieser Vorgang ist allerdings in keiner der überlieferten Chroniken festgehalten und dürfte sich daher in prähistorischer Zeit ereignet haben.

196 Seewens Schutzpatron, 1832

Der Heilige Germanus (†675), Gründerabt von Münster-Granfelden, dessen Reliquien in Delsberg liegen, ist mit Christus und Maria dargestellt. Den Türmen der imposanten Dorfkirche sind Zwiebelkuppeln aufgesetzt, die schon damals das Wahrzeichen des Dorfes bildeten und das weithin sichtbare Gotteshaus endgültig zum überragenden Bauwerk der Gemeinde formten. Altargemälde von Kaspar Anton Menteler.

197 Kadettenübung, 1871

Das kleinformatige Aquarell zeigt eine Szene vom Ausmarsch des Basler Kadettenkorps. Die aus 250 Infanteristen und 50 Artilleristen gebildete Abteilung bezog in der Talenge von Beuggen Stellung und übte sich dann beim Seewener Basler Weiher im Schießen. Anderntags folgte ein Gefecht auf dem Blauen.

198 Die St.-Germanus-Kirche erhält neue Holzkuppeln (‹Welsche Hauben›), 1974

Als Krönung der umfassenden Renovationsarbeiten an der Seewener St.-Germanus-Kirche erhielt das zweitürmige Gotteshaus aus der einheimischen Zimmerei Schmidli & Kaufmann zwei je 1800 kg schwere Holzkuppeln samt zwei je 800 kg schweren Turmspitzen aufgesetzt. Die neuen ‹Welschen Hauben› für die 1820 erbauten Kirchtürme, die aber 1889 durch spitze Formen ersetzt worden waren, wurden mit einem Helikopter in spektakulären Siebeneinhalb-Minuten-Flügen vom Schulhausplatz aus millimetergenau auf die Turmgesimse geflogen und sogleich fest verankert; ein Ereignis, das von einer riesigen Zuschauermenge mit größter Spannung verfolgt wurde.

199 Gruß aus Seewen, 1900

«Seewen, früher Seebach, ist ein großes, volkreiches Pfarrdorf mit 99 Häusern und 734 Einwohnern. Es umgibt halbmondförmig eine steil abfallende Bergecke, welche mit der neuen, schönen, mit zwei Thürmen gezierten Kirche gekrönt ist, die in dieser wilden Berggegend eine malerisch-schöne Gruppe bildet. Das Thal, wo früher ein See lag, ist jetzt blühendes Wiesengelände.» (1836)

200   **Dorfplatz und Kirche, um 1930**
Das Haus im Vordergrund zeigt den typisch hohen spitzen Giebel mit drei Estrichen. Die zweitürmige Kirche auf dem dominierenden Felsensporn trägt noch achteckige Spitzhauben. – Photo Max Widmer.

Ein fein Dorff

Seewen ein fein Dorff / etwann ein besondere Herrschafft / anfänglich den Graffen von Thierstein / hernach denen von Falckenstein durch Heurath zuständig / hat ein wolgelegne Pfarrkirch auff einem erhabenen Hubel oder Felsen / den Namen aber von einem nächstgelegenen See / welchen die Obrigkeit mit mercklichen Kosten abgraben / das Wasser über 100. Klaffter lang theyls durch Felsen hawen / theyls durch andere Gäng / das Seeloch genandt / außführen lassen / gibt ein herrlicher Wieß- oder Hewwachs an dem Orth / mit höchstem Nutzen der Underthanen / davon anderstwo Anregung beschehen. (1666)

Die Seewener Eisleute

Wer in diesen Tagen mit ihrem goldenen Sonnenschein von Bretzwil her nach Seewen kommt, vorbei am ‹stillen See›, der hört schon von weitem das Rollen wie eines Eisenbahnzuges und auf dem Seedamm thut sich ein reges Leben kund. Das sind die Seewener Eisleute. Wie man dem Schreiber dieser Zeilen mitgetheilt, besteht in Seewen eine Eisgesellschaft, die an der Bretzwilerstraße nicht weit vom See den stattlichen Eiskeller bauen ließ, der sofort ins Auge fällt. Derselbe faßt 70–80 000 Zentner Eis und soll gefüllt werden mit dem Material, das der See liefert. Daher nun die emsige Ausbeute in diesen kalten Tagen. Eine Rollbahn befördert die gewonnenen Krystallschätze vom See in den Keller. Wünschen reiche Ausbeute. (1898)

201   Der Rechtenberg, 1938
Während fünf Generationen Eigentum der Familie Jecker, kam der über der von Seewen nach Bretzwil führenden Landstraße liegende Landsitz Anno 1878 an Ratsherrn Karl Sarasin, dessen Nachkommen er bis heute verblieb. Die Bewirtschaftung des 144 Jucharten haltenden Gutes, das nicht einer romantischen Ausstrahlung entbehrt, erbrachte in den letzten Jahrzehnten die Ersetzung des ausgelaugten Föhrenwaldes durch einen gesunden Bestand an Rottannen. – Holzschnitt von J. A. Hagmann.

Der Seewener See
Verfolgen wir die Seewener Straße über jenes Felsengewirre hinaus, so gelangen wir auf eine weite Ebene, welche, von zahlreichen Kanälen durchzogen, sich in einer Länge von anderthalb bis zwei Kilometern von West nach Ost erstreckt. Am östlichen Ende ragt auf einem Hügel die Seewener Kirche mit ihren beiden schindelgedeckten Thürmen in die Lüfte, um sie herum drängen sich in malerischer Unordnung die Häuser des Dorfes. Die weite Fläche aber war noch vor wenigen Jahrzehnten unabträglicher Sumpf. Erst vor beiläufig zwanzig Jahren wurde mittelst eines Durchstiches unter den mehrerwähnten Felströmmern durch gegen das Pelzmühlethal hin die Gegend entwässert und dem Landbau dienstbar gemacht. Es ist wohl keine allzu kecke Hypothese, wenn wir aus dem Namen Seewen die Vermutung herleiten, daß hier früher ein größerer Wasserspiegel, ein See glänzte. In der That hieß die Gegend im XVI. Jahrhundert ‹der See›, war aber schon damals nur ein Sumpf. Ein Bauer aus Hauenstein Namens Conrad Straub hat ihn damals mittelst eines Tunnels durch den Berg gegen Duggingen hin, das ‹Seeloch›, entsumpft. Doch vernachläßigte man später den Abfluß und die alten Mißstände kehrten wieder. Aber noch heute rühmt sich Seewen eines für unsre Begriffe ansehnlichen stehenden Wassers, des Seewener Weihers, der bekanntlich mit unsrem Grellinger Werk in Verbindung steht und s. Z. für dessen besondre Bedürfnisse angelegt wurde. (1891)

Witterswil

Das reine Bauerndorf Witterswil liegt in einladender Westlage in der Quellmulde des Marchbachs. Die wohlgepflegten Wiesen und Äcker und die ertragreichen Obstgärten belegen zusammen mit dem Wald nur 267 Hektaren. Die enggedrängten, aber nicht zusammengebauten Häuser bilden ein Haufendorf. Unter ihnen dominieren die hohen Satteldächer der spätgotischen Zeit. Die barocken Bauten sind abgewalmt und weisen auch eine niedrigere Scheune auf. Auffallend häufig haben sich die Erbauer mit ihren Initialen, Wappen und Jahreszahlen auf den Rundbogentüren verewigt. Mächtige Kellerportale und die einstige Trotte erinnern an den frühern Reichtum an Reben. Zu Beginn des letzten Jahrhunderts besaß Witterswil noch kein Wirtshaus. Wer Durst hatte, versorgte sich mit eigenem Gewächs.
Eindeutige Kunde über das Dorf ist erst aus der Mitte des 14. Jahrhunderts zu erfahren. Im Jahre 1353 empfing Ritter Arnold von Rotberg die Zehntquart zu Witterswil als bischöfliches Lehen. Die hohe und niedere Gerichtsbarkeit gehörte schon seit langer Zeit zur Herrschaft der Rotberger, deren Burg knapp eine Stunde westwärts am Blauen liegt. Schon früh besaßen die Basler Familien Ramstein, Vorgassen, Widder und Zerkinden Güter in der Gemeinde. Zu ihnen gesellten sich das Siechenhaus zu St. Jakob an der Birs, das Steinenkloster und die Augustiner-Eremiten zu Basel als Landbesitzer. Durch den 1486 erfolgten Kauf des Dinghofs zu Witterswil, einer Grundherrschaft mit eigenem Recht, faßte die Stadt Solothurn Fuß im Dorf. Die Äbtissin von Säckingen, Elisabeth von Falkenstein, hatte den Handel ermöglicht. 1515 erwarb Solothurn ‹umb viertausendvierhundert Rheinische Gulden an Gold› die Herrschaft Rotberg. Kaiser Maximilian hatte ein Jahr zuvor die Bewilligung zu dieser Handänderung erteilt.
Mit den andern Dörfern des Leimentals war auch Witterswil den kriegerischen Heimsuchungen ausgesetzt. Auf dem Weg nach St. Jakob zogen die Armagnaken durchs Dorf. Im Schwabenkrieg folgten andere, nicht weniger

räuberische Truppen. Im Dreißigjährigen Krieg waren es Kaiserliche, Schweden und Franzosen, die nach fremdem Eigentum gierig ihre Hände ausstreckten. Die Französische Revolution und die ihr folgenden Kriegszüge Napoleons ließen die Bewohner nicht zur Ruhe kommen. Diese Vorkommnisse machten den Weg zur alten Mutterkirche in Wißkilch oft unmöglich. Deshalb war das Verlangen nach einer eigenen Kirche auch verständlich. Eine Dorfkapelle war allerdings schon im 15. Jahrhundert vorhanden, die von einem Vikar im nahen Biel versehen wurde. Aber 1640 war sie «über all maßen ellend und Bauwlos, muoß und kan anderst nit als von neüwem auferbauwen werden». Tatsächlich war das Katharinenheiligtum ein Jahr später unter Dach. Es bildet auch heute noch den Kern der 1842 vergrößerten Kirche. Von der Durchgangsstraße trennt sie der kleine Friedhof, der von einer hohen Mauer mit markanten Eingängen umgeben ist. 1808 wurde Witterswil, zusammen mit Bättwil, zur selbständigen Pfarrei erhoben, die zehn Jahre später einen beständigen Pfarrer erhielt. Unter ihnen ragt Johann von Arx heraus, der ab 1830 während fünfzig Jahren die Gemeinde betreute. Neben seiner hingebenden seelsorgerlichen Tä-

tigkeit suchte der hochgebildete und vielseitig interessierte Mann mit allen Mitteln die Schule und Volkswohlfahrt zu fördern. Sein Pfarrkind Johann Gihr, dessen Elternhaus neben dem Pfarrhof steht, widmete seinem Dorfpfarrer in den ‹Volksgeschichten aus dem Schwarzbubenland› ein eigenes Kapitel. Unter dem Pseudonym Franz von Sonnenfeld hat dieser feurige Witterswiler, der lange Jahre Redaktor in München war, mit oft spitzer Feder in die damals stürmische Politik eingegriffen und für seine Freunde die Kastanien aus dem Feuer geholt. Weniger hitzig, aber nicht weniger eindrücklich führte ein anderer Witterswiler, Felix Möschlin, die schriftstellerische Tradition des stillen Dorfes weiter. Wer seine Werke liest und dann die Landschaft besucht, findet ohne Mühe die Schauplätze seiner Geschichten.

202 Die Basler Blumenhändlerin, um 1918

Die geschäftstüchtige Blumenhändlerin fährt persönlich ins Leimental, um aus den blühenden Bauerngärten ihre Blumen selber auszusuchen und sie ihren städtischen Kunden möglichst taufrisch anzubieten. Ihr leichtes Brückenwägelchen, vorschriftsgemäß mit Laterne und ‹Mechanik›, einer vom Bock aus zu bedienenden Handbremse aus zwei Holzblöcken, versehen, bietet der Kutscherin unter dem festmontierten Dach und hinter dem Kniebrett Schutz gegen die Unbill der Witterung. In den leeren Körben wurden Setzlinge und Samen zu den Bauern gebracht. – Photo Leo Gschwind.

203   Der Säulischneider, um 1925

Mit Ernst und Hingabe widmen sich die beiden Männer ihrem wichtigen Geschäft. Wenn ein männliches Ferkel nicht zur Aufzucht verwendet werden soll, wird es acht bis zehn Wochen nach seiner Geburt ‹verschnitten›: Der ‹Chirurg› bringt mit sicherer Hand und scharfem Messer die dazu notwendigen Schnitte an und sorgt für Desinfektion und Verband. Diese Kunstfertigkeit vererbte sich gewöhnlich vom Vater auf den Sohn und verhalf zu Dorf- und sogar Familiennamen. Heute übt in der Regel der Tierarzt diese Tätigkeit aus. – Photo Leo Gschwind.

204   Das Bauernhaus Gschwind, um 1925

Nicht mehr ganz stilgerecht präsentiert sich das alte Barockhaus mit seinem blechernen Schutzdach über dem Zugang zur giebelseitigen Haustür. Das aus dem Krüppelwalm aufragende Kamin läßt auf die Hauseinteilung schließen. Über den Wohnräumen weisen die Lichtöffnungen auf den zweistöckigen Estrich, der einst als Kornlager diente. Scheune und Stall schließen sich, in der Höhe deutlich vom Wohntrakt abgesetzt, an. – Photo Ernst Räß.

205   Ein munteres vierblättriges Kleeblatt im Dorf mit den vier schönen Brunnen: Jedes Kind ist ein Jahr jünger in absteigender Linie. Um 1928.
Photo Leo Gschwind.

Guld im Chlingelloch

Z Bättwil und Witterschwil isch eisder brichted worde, im Chlingelloch sig e Guldodere; wär se fungti, häd sir Läbtig keini Gäldsorge me. Mängen isch heimlig häre go nuele. Es söll au settigi gee ha, wo bi der Regierig z Soledurn es Schürfpatänt gheusche und bim Tagesliecht der Waldbode dört verchrotted heige. Aber der Guldschatz hed ekeine useglüpft. Einisch hei zwee Brüedere vo Witterschwil bim Chlingelloch zue gholzed. Ungereinisch gsäi si, as dört e großi Chiste wine Wöschtrog stoht. Si hei se nöcher visitiert und draa grüttled. Do heds drinnne gchräschled und gchlingeled, as si dänkt hei, sie mües mit Guld und Silber gfüllt sy. Zum Wägträge isch die Mordskofere vill z schwer gsi und uftue hed me se nid chöne ohni Schlüssel. Do si die Zwee hei go Dietrich und Wärchzüg reiche, für die Guldvögeli usezloo. Aber wo si mit Zangen und Hammer, Droht, Bissen und Schrubeziejer wider zum Chlingelloch choo si, isch d Guldchiste spurlos verschwunde gsi. Si hei zäntume der ganz Wald abgsuecht, hei gloched und gnueled, alls isch zunutz gsi; si hei mid leere Secke hei müese. – Elisabeth Pfluger.

Die Pfarrersköchin

In dem Dorfe Witterswyl, das schon dem Kanton Solothurn angehört, wollte mein Begleiter anhalten, um den Pfarrer zu besuchen. Ich denke aber stets an das Sprichwort:

Was du nicht willst, daß man dir tu,
Das füg' auch keinem andern zu –

und kehre in Pfarrhäusern auf Reisen allermeist nur ein, wo ich muß, um ein Nachtquartier zu haben. Drum fuhr ich in Witterswyl am Pfarrhaus vorbei.

Als der Pater Lorenz mir aber sagte, der Pfarrer habe eine Köchin aus dem Kinzigtal, da ließ ich halten und ging zum Pfarrhaus zurück, um die ‹Landsmännin› zu sehen.

Richtig fand ich in der Köchin ein Weibervolk aus dem ehemaligen Reichstal Harmersbach, über welch letzteres ich schon viel geschrieben. Sie trägt den in jener Gegend häufigen Namen Pfundstein, kam über Basel, wo Scharen deutscher Mädchen dienen, in das stille Dorf und scheint sich gut zu befinden. Ich selber möchte auch, wie ich später noch näher dartun werde, in der Schweiz lieber Pfarrersköchin als Pfarrer sein, obwohl die erstere bei dem knappen Einkommen der Geistlichen auch sparen lernen muß.

Der Pfarrer von Witterswyl, ein noch junger Herr, der schon Dekan ist, kam auch die Stiege herunter, als er mich reden hörte. Er wollte gleich Wein bringen lassen, denn gastfreundlich sind, wie ich überall erfuhr, die armen Schweizerpfarrer alle. Ich zog aber alsbald weiter, nachdem ich die Landsmannschaft der Köchin festgestellt hatte. – Heinrich Hausjakob, 1903.

Kein Wirtshaus

Witterswyl, Pfarrdorf der Amtei Dorneck, mit 63 Häusern und 280 Einwohnern. Es liegt im Leimenthal in einer kleinen Vertiefung ganz nahe am Blauen in einem schönen Fruchtbaumgarten. Die ausgedehnten fruchtbaren Felder werden gut gebaut; der Weinbau ist ansehnlich. Die Einwohner verdanken ihre ausgelesenen feinen Obstsorten ihrem Pfropfer (Zweiger), der schon seit 30 Jahren die rauhen Baumfrüchte durch zarte zu verdrängen bemühet ist. Witterswyl hat kein Wirthshaus, aber gute Schulanstalten, die es seinem Hrn. Ortspfarrer, dem tüchtigen Schulmanne J. Vonarx, schuldig ist. Die 1621 erbaute Pfarrkirche ist zu klein und soll erweitert werden. Man fand hier alte Gräber. – Nach Witterswyl ist das eine Viertelstunde entfernte Dorf Bettwyl eingepfarrt. Da wohnen in 34 Häusern 133 Seelen. Hier steht eine Kapelle, wo alle Wochen zweimal Gottesdienst gehalten wird. Die Mühle ist wohlgebaut und schön. Das Ackerland wird als vortrefflich gerühmt; der Rebbau ist bedeutend. (1836)

204

206 Die Dorfstraße, um 1930

Im Schutz des bewaldeten Berghangs nisten die Häuser in der behaglichen Mulde, und wohlbehütet gedeihen hinter Staketenzäunen Gemüse, Blumen und Obstbäume. Die noch ungeteerte Dorfstraße respektiert in ihren Windungen die ursprünglichen, unregelmäßigen Anlagen der einzelnen Liegenschaften. Eine Konzession an die Neuzeit bildet einzig der einseitig angelegte Gehstreifen. Der Spritztank für die Schädlingsbekämpfung an den Obstbäumen weist mit seiner Gummibereifung in die neuere Zeit. Die Giftbrühe ist soeben am Dorfhydranten mit Wasser auf das zuträgliche Maß verdünnt worden. – Photo Höflinger.

207 Ein Dorf mit vier Brunnen, um 1960

Südlich von Kirche und Pfarrhof steht quer zu deren Richtung das Vaterhaus des Schriftstellers Johann Gihr alias Franz von Sonnenfeld. An dieses vornehmste Bauernhaus im Dorf (es entstand 1735) grenzt bergwärts der ‹Spielhof›, wo der größte der vier Dorfbrunnen steht. Er verkörpert gewissermaßen den Überfluß der Natur, spendet er doch Wasser aus vier Röhren. Auf unserer Zeichnung bildet er die Staffage für eines der schönen, geschlossenen Dorfbilder, die durch die gewinkelte Führung der Straßen und die geordnete Reihung der Häuser geschaffen wurde. – Federzeichnung von Gottlieb Loertscher.

208 Die teils aneinandergebauten einfachen Bauernhäuser an der gewundenen Hauptstraße erinnern an den Spitznamen des Dorfes: ‹Geißenvogtei›, weil der karge Boden der Gebirgslandschaft nur Futter für Ziegen bot. Um 1960.
Federzeichnung von Gottlieb Loertscher.

Zullwil

«Zullwil, ein kleines Dorf mit 352 Einwohnern verbirgt sich in einem einförmigen Wiesentale, das das Hauptal quer durchschneidet», so lesen wir in jenem handschriftlichen Heimatkundeheft eines solothurnischen Seminaristen aus dem Jahre 1863: Der geschichtskundige spätere Bischof Friedrich Fiala wirkte damals noch als Seminardirektor. Er begnügte sich aber nicht mit einem einzigen Satz über das Dorf ‹Zubel›. Er fuhr fort: «Wo diese Vertiefung in den Berg einläuft, sieht man die große Ruine der alten Ritterburg Gilgenberg mit breiter Stirne trotzig herunterschauen. Von drei Seiten umstehen sie hohe Berge; rechts gähnt die von oben bis unten gespaltene Portiflueh.» So übermächtig ist die Burg Gilgenberg, daß man ihretwegen vergißt, daß das Dorf ‹Zolwilre› schon im Jahre 1252 genannt wird. Damals bestätigte der deutsche König Friedrich I. dem Kloster Beinwil seinen Besitz in Zullwil. Aus keltischer, römischer und alemannischer Zeit wurden hier Funde gemacht. Beim ‹Chalchirank› stieß man sogar auf einen alemannischen Friedhof. Hin und wieder werden wir auf die Armut der ganzen Gegend in früheren Zeit aufmerksam gemacht. Wir begreifen diese Tatsache ohne weiteres. Noch in der Neuzeit mußte das Seidenwinden das spärliche Einkommen ein bißchen steigern.

Sie hatten aber auch ihre Reben, die alten Zubler. Sie trieben ihr Vieh auf den Berg, wo der Flurname ‹Alti Stelli› und auch die ‹Weide› an diesen Zweig der Landwirtschaft erinnern. Die Aufbrüche im Keuper zeugen von der Ausbeutung von Gips und Mergel. Leider blieben die Bohrungen nach Salz im letzten Jahrhundert erfolglos.

Die Toten von Nunningen und Zullwil ruhen auf Zublerboden in Oberkirch. Zu Beginn der sechziger Jahre des letzten Jahrhunderts hat sich die Kirchgemeinde Oberkirch, das heißt die Gemeinden Nunningen und Zullwil, entschlossen, die alte Kirche abzureißen und eine neue zu errichten. Noch heute erzählen uns die Verwandten der damaligen Handwerker, mit welch kleinen Löhnen man sich begnügt habe. Den Unternehmern seien noch zwanzig Franken als Reingewinn in den Händen geblieben. In einer Zeitungsnotiz aus dem Jahre 1868 wird über die unermüdliche Tätigkeit des damaligen Pfarrers Haberthür berichtet. Er war während der Bauzeit «Geldmacher, Bauführer, Lieferant, Schiedsrichter, Präsident, Schreiber, Arbeiter, Maurer und Handlanger, kurz: Alles in allem.»

Nach Oberkirch waren bis zur Reformation auch die Bretzwiler pfarrgenössig. Die Einheit des Gilgenbergerlandes kommt heute noch deutlich in der Mundart dieser Landschaft zur Geltung. Erst durch die Industrialisierung und die Freizügigkeit der neuesten Zeit ist es gelungen, da und dort die kulturelle Eigenständigkeit zu stören. Der größte Teil der ‹Gebirgler›-Bevölkerung bewahrt aber in Treue das alte Erbe, ohne dadurch dem guten Neuen unbesehen den kalten Rücken zu kehren. Oberkirch, das kirchliche Zentrum, Gilgenberg das geschichtliche Wahrzeichen, dazwischen das Dorf mit Bauern und Fabrikarbeitern, sie bilden ein Ganzes, das von jeder spießbürgerlichen Einseitigkeit bewahrt geblieben ist.

209 Die alte Säge und Beimühle, bei Wassermangel von der Kraft des Auslaufs des Weihers angetrieben, wurde 1958 abgebrochen. Ölbild von H. Hänggi.

Der schnippisch Buur und der Landvogt

Der Bärnhard Wyß, dä musarm Chappelerbueb, wo der erst Schueldiräkter z Soledurn worden isch, verzellt is es Müsterli, wonem e Schwarzbueb brichtet hed:

«Gilgebärg? Mittäglig näbe Nunnige und Zubel stohts am Bärg obe, breit und gravidetisch wi ne Landwehrmaa. D Äpeerimeitschi gangen alben id Nöchi dervo go ihres Verdienstli sueche.

Uf sälbem Schloß hed zunere Zit e Landvogt gläbt, wos gar wohl mit de Buure hed chönne. Aber: ‹d Buure luure so lang si duure!› Der Landvogt isch emol spaziere gange und trifft ufem Fäld e Buur aa, wo gachered hed. Er grüeßt en: ‹Guet Tag, Nochber! Wie gohts, wie gohts?› – ‹Hin und här!› seit der Buur, und süscht nüt. Er heds ebe druf agleit, der Landvogt chybig z mache.

Der Landvogt dänkt: ‹Dä Buur mueß me schynts bimene angeren Ohr packe, sunst redt er nid!› und macht der Vorsatz, er well en snöchstmol populärer arede. Es paar Tag spöter chöme si richtig wider zäme, und der Landvogt seit: ‹Flyssig, flyssig, Nochber? Dir heit doch doo zwei scharmanti Roß!› – ‹S si aber au zwei schöni Füli gsi!› macht der Buur und hed si kei Augeblick i sir Arbed lo störe. ‹Wart nume›, dänkt der Landvogt, ‹i will di lehre mit der gnädigen Obrigkeit rede, du Pflegel du.› Er foot aa studiere, wiener ächt dä Buur einisch chönnt empfindlig zwicke. – Dä Buur heds aber meh us Meisterlosigi, weder us Bosheit too gha, und hed näbezue doch der Landvogt respäktiert. – S wird si gly zeige. Bim Chlee grase fingt er einisch e schlofende Has i der Sasse und chane läbändig foo. Er dänkt: ‹Das gub jetz es schöns Präsänt is Schloß ue.› Deheim leit er der Sundigchittel aa, nimmt dä Has id Buesen ie und trampet soo, i der beste Meinig, der Schloßwäg uf. Im Schloßhof unger de höche Schattebäume ergoht si der Landvogt und gseht do sone chäche Maa der Hubel uf walke. ‹Was wott ächt dä vomer?› seit er zuenem sälber. Bald gseht er do, as das dä schnippisch Buur isch und hixt em bigopp all Schloßhüng aa. Die si der Bärg ab ufe Maa los wid Drake. Der Buur weer frei erschrocke, woner se gseh hed, wener zerschrecke gsi weer. Aber är isch zmitts ufem Wäg bockstill gstange, hed ume vorfer der groß Chittelchnopf ustoo und der Has lo zu der Buesen us springe. Jetz si d Hüng, was gisch was hesch, däm Has noo und hei der Buur nümme agluegt. Der Landvogt gsehts mit Verdruß, wi di ganzi Chuppele i Wald ie schießt. Er chunnd obenabe z pfödele und frogt: ‹Eee! Eee! Wäm springen au die Hünd noo?› – ‹Dänk däm wo vorewägg springt!› seit der Buur und hed nidemol s Gsicht verzoge.

Jetz isch der Landvogt fast versprützt vor Täubi und hed si schier nümme gspürt. Er hed aber nid vill lo merke und seit derno zum Buur: ‹Chumm ue is Schloß, de muesch eis z trinke haa!› Der Buur hed die Yladig nid abgwise und im Ufestige verzellt er derno, was ihn do ue tribe heig und was er ihm heig welle bringe. Aber der Landvogt isch z hert ertäubt gsi und hed ekei Beduure me gha midem Buur. Er winkt imene Chnächt uf d Site und treit em uf, er söll mit däm Gast i Chäller und en fülle und de gottvergässen abdrösche.

Der Chnächt tuet, wies ihm befohlen isch. Und der Buur hed si i erst Teil ordli chöne schicke. Woner afen ölf oder drizäh Chännli voll versorged gha hed, as em der Wy süferli d Pelzchappe lüpft, duttereds em doch, was doo sett gspilt wärde. Er gseht uf eim vo dene große Fässeren obe sones chlis Bolerli ligge und seit: ‹Do drin mues gwüß no nes guets Tröpfli sy. Mir wei ne versueche; i ha süst, glaubi, us eme jedere Faß echli gha!› und schloht mit der Fust der Hahnen use. Der Wy chunnt z springe bogeswys und der Chnächt au und levitet: ‹Du Sürmel, was machsch au?› und stoßt gschwing der Finger is Loch. Der Buur hed der Hahne gsuecht, fingt en, und wies der Chnächt befilt, steckt er em e näbem Finger ie und paufft! midem Hammer druf. Jetz isch der Chnächt halt a das Fäßli agnaglet gsi und brüelet gar erbärmlig.

Der Landvogt vorusse hed scho lang uf die Mussig gwartet, und ändlige, wo der Lärme jetz agoht im Chäller, hed er dänkt: ‹Aha, jetz gärbt er en einisch, dä Singel!› Zum Überfluß rüeft er no i Chäller abe: ‹Triff en ume! Verwix en! Haune rächt ab!›

Der Buur isch als ghorsame Diener scho a der Arbed gsi und haut du abem schöne Limmerechees es ganzes Vierteli ab. Er nimmt dä Bitz vorfer id Buese, wo vorhär der Has gsi isch und tuet der Chittel bis oben y. Soo gwagglet er mit überschlagene Arme d Chällerstägen uf, hed es Gsicht gschnitte wi vorfärndrige Holzessig, suuri Auge gmacht und der Chopf lo hange, wie ne arme Sünder. Zoberst empfoht en der Landvogt mid härzliger Schadefreud, lached und seit: ‹Gäll Büürli, du hesch dä Rung di Teil verwütscht für dis böse Mul!› – ‹Allwäg hani!› meint der Schalk. ‹Herr Landvogt? Eeg und mis Fraueli hei ömel es Vierteljohr draa z chäue!›»

210 Schloß Gilgenberg, 1760

Wer von Zubel redet, der denkt unwillkürlich an die gewaltige Ruine Gilgenberg. Er sieht die Ritter, die von Ramstein herkamen, um Anfang des 14. Jahrhunderts einen zweiten Sitz zu errichten. Lilienstäbe kennzeichnen das Wappen, und Lilienberg sollte die neue Festung heißen. Von Glanz und Elend des Adels könnten die Mauern erzählen. Sie müßten uns berichten von jenem Ritter Rudolf, der mit Karl dem Kühnen ins Rheinland hinabgezogen war, um dem mächtigen Burgunder Herzog behilflich zu sein beim Aufbau des Mittelreiches, das sich fortan zwischen Frankreich und Deutschland hineinzwängen wollte. Am 9. Oktober 1474 fiel dieser letzte Vertreter derer von Gilgenberg in der Schlacht bei Neuß. Er erlebte also den Tod und damit den Zusammenbruch der Pläne seines Freundes Karl nicht mehr.

Den Gilgenbergern gehörte aber auch die Wasserburg von Zwingen. Im Jahre 1525, also zur Zeit des deutschen Bauernkrieges, brachen auch im Gilgenbergerland Bauernunruhen aus. Man verlangte das Recht zum Fischen und Jagen, zur freien Nutzung des Waldes. 1527 kam die Herrschaft Gilgenberg an Solothurn. Es gehörten dazu: Das Schloß mit Speichern, Ställen, guten Matten, Nunningen, Zullwil, Meltingen mit hohen und niederen Gerichten, Stock und Galgen, Holz und Feld, Hagen und Jagen, Kirchensatz Meltingen, Hilarikapelle Reigoldswil, Berg Kastel und der Hof Fehren. Alles zusammen zu 5900 Gulden.

Von 1527 bis zum Jahre 1798 herrschte auf Gilgenberg der solothurnische Landvogt. Sein Revier war klein, und man nannte es scherzweise die Geißenvogtei. Es gab unter den Vögten Herren, die es verstanden, mit dem Landvolk in ein gutes Verhältnis zu kommen. Öfters traten bei Taufen in Oberkirch und Meltingen der Vogt und die Vögtin als Paten auf. Wenn gelegentlich an einem Werktag auf dem Schloß ein Kanonenschuß ertönte, dann wußten die Pfarrherren von Oberkirch und Meltingen, daß sie der Vogt auf diese Weise zum Mittagessen einladen wollte.

Das aufgewiegelte Gilgenbergervolk half beim Einbruch der Franzosen am 1. März 1798 wacker bei der Zerstörung der Burg mit. Noch im Jahre 1836 frohlockte der Geschichtsschreiber Strohmeier, bald werde von der alten Zwingburg nichts mehr zu sehen sein. Lange Zeit betrachtete man die Schlösser als Sinnbilder für eine unfreie Epoche, an die man sich lieber nicht mehr erinnern lassen wollte. Gilgenberg war aber zum Glück recht weit vom Dorf entfernt, und es konnte deshalb nicht so leicht als Steinbruch benützt werden. Seit dem Jahre 1941 ist die Ruine im Besitz einer Stiftung, die es sich zur Aufgabe gemacht hat, dieses prächtige historische Denkmal zu erhalten. – Lavierte Federzeichnung von Emanuel Büchel.

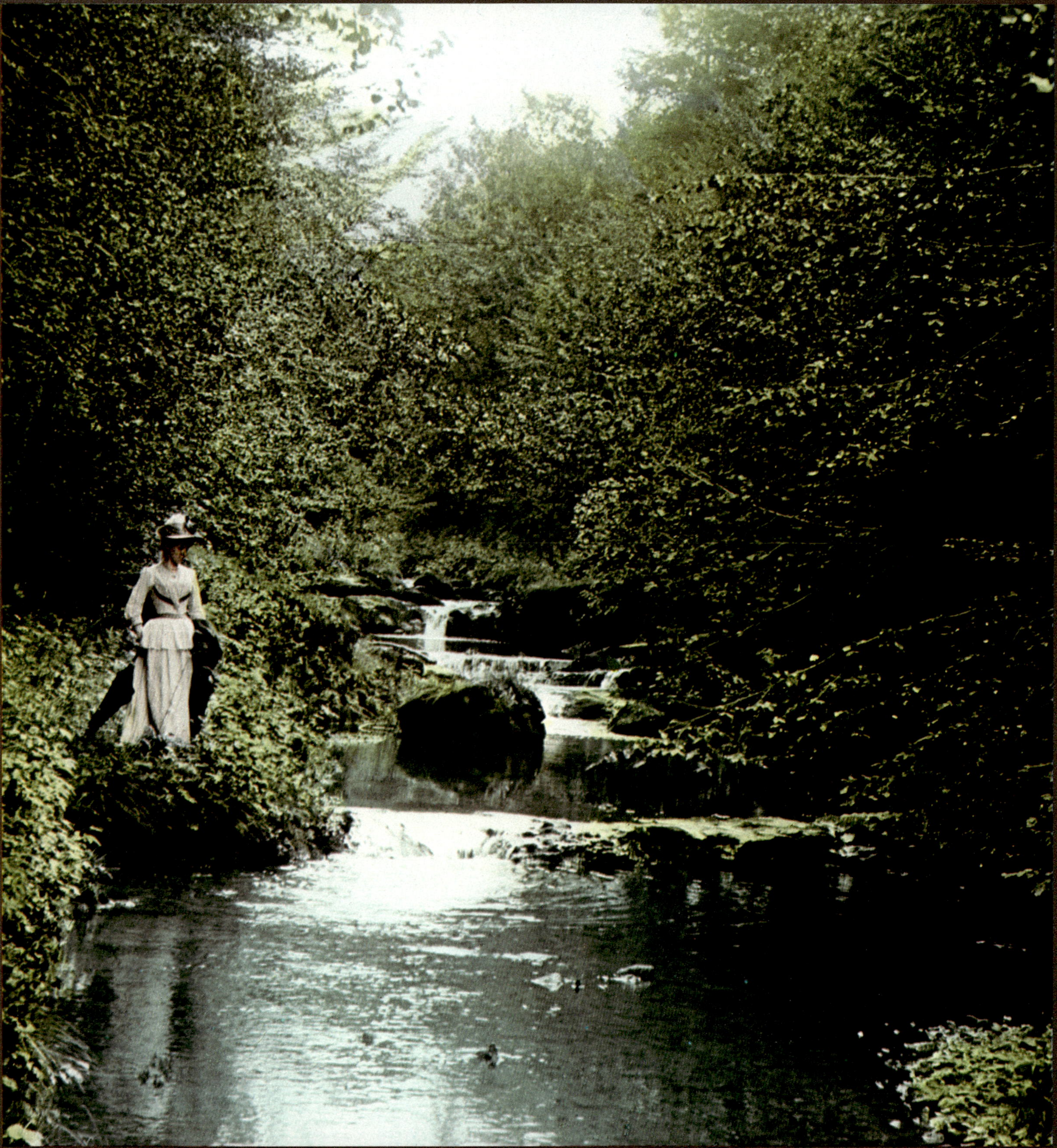

Das Laufental

Hätte sich Basel um das Laufental wirklich bemüht, es hätte alle Trümpfe in seinem Spiele gehabt: geographische Lage, Sprache und Volkscharakter, jahrhundertealte kulturelle und wirtschaftliche Verbundenheit. Basel aber, das drei Jahrhunderte vorher alle Anstrengungen unternommen hatte, um das Laufental vom Bistum loszureißen und mit seinem eigenen Gebiet zu vereinigen, zeigte Anno 1815 keine Lust mehr, das Laufental zu erwerben. Da zeigten sich die Berner Patrizier schon von einer andern Seite: Geborene Soldaten und Bauern, ließen sie ihren staatsmännischen Blick an keinen Zufälligkeiten haften, wenn es galt, die Grenzen des Staates Bern auszuweiten. Waren sie einmal dabei, den welschen Jura zu Handen zu nehmen, so fiel es ihnen nicht schwer, auch noch das Laufental einzusacken. Bekanntlich hat der Berner Bär von jeher einen guten Appetit bewiesen, hat doch selbst Zwingli von ihm geschrieben, er fresse blindlings alles auf, was man ihm vorwerfe, «mild, hart, süss, sauer und rauh, alles untereinander.»
Adolf Walther, 1946

Blauen

Blauen am Südhang des gleichnamigen Bergzuges gehört mit seinen 375 Einwohnern zu den bekanntesten Ausflugszielen der Region. Neben seinem charaktervollen Dorfkern zeichnet sich das 1441 erstmals erwähnte Dorf durch die Bergwirtschaft Blaue Reben, das Hofgut Kleinblauen und nicht weniger als 39 Wochenendhäuser aus! Bedeutsam ist die Pfarrkirche St. Martin. Das 1726 neu erbaute Gotteshaus ist mit einem Martinsbild aus der Schule Hans Bock d. Ä. und einer spätgotischen Madonna ausgestattet. Populärer dagegen ist die St.-Wendolins-Kapelle in Kleinblauen. Sie gilt als das am meisten verehrte Bauernheiligtum der ganzen Talschaft. Die 1666 von Georg Friedrich Münch von Löwenberg gestiftete Kapelle ist den drei Bauernheiligen Wendelin, Eligius und Franziskus geweiht. Und so kommt es, daß alljährlich am 20. Oktober unzählige fromme Pilger aus nah und fern Kleinblauen aufsuchen und Fürbitte erflehen. 98 Votivgaben, unter denen sich 48 menschliche Beine, 15 menschliche Arme, 20 Kuhfüße und 4 Pferdefüße befinden, legen Zeugnis ab von Gebetserhörungen. Aus Prozeßschriften eines Streits zwischen Johann von Löwenberg und Pfarrer Heinrich Stöcklin ist zu ersehen, was die Bauern jeweils an Naturalopfern dem Heiligen Wendelin verehrten: Wachs, Werch, Butter, Kerzen, Eier, Fleisch, Hufeisen und lebende Tiere. Alles wurde an Ort und Stelle zum Wohl der Kapelle, oder allenfalls des Hofbesitzers, versteigert, nur Eier und Fleisch wurden an die Armen verteilt...
Es ist anzunehmen, daß an der Sonnenhalde des Blauen einst eine römische Siedlung stand. Jedenfalls weisen Mauerreste eines mutmaßlichen Wachtturms, der als Signalanlage zwischen Wahlen und Cuenisberg gedient haben dürfte, darauf hin. Während Jahrhunderten beherbergte auf der Höhe des Plattenpasses, des wichtigen Übergangs im Gefüge der Römerstraße vom Pierre Pertius bis nach Augusta Raurica, ein Gasthof müde Wanderer. Aber auch zweifelhafte Elemente fanden hier immer wieder Unterschlupf, bis gegen Ende des 18. Jahrhunderts auf bischöfliche Verfügung das Plattenwirtshaus endgültig geschlossen wurde. Dies führte offenbar zur Eröffnung einer Tavernenwirtschaft im Dorf, die auch den welschen Viehhändlern auf dem beschwerlichen Weg nach Basel Unterkunft bieten sollte. Die 1782 dem Baptist Meury erteilte Konzession hält zudem fest, daß im Dorf von den Durchreisenden viel Wein getrunken werde.
Heute zählt Blauen, wo Kirschen und Reben besonders gut gedeihen, und auch viele Campingfreunde Erholung finden, zu den aufstrebenden Gemeinden, obwohl alte Überlieferungen immer noch hoch geschätzt werden.

211 Romantisches Kaltbrunnental. Vermutlich erstes in Basel koloriertes und noch erhaltenes Farbnegativ. Um 1880. Photo Höflinger.

«Unser Ziel, das Kaltbrunnental, das sich bei Grellingen südwärts öffnet, das wohl eines der reizendsten Juratäler sein dürfte. Einzelgehöfte liegen zerstreut auf der Anhöhe, über die wir wandern. Den Kastel nennt man sie, und der behäbige Hof, in dem man uns gern und urgemütlich Auskunft gibt, heißt der Schindelboden. Tief unten rauschen die Wälder, brüllt der Bach. Und hinab führt nun auch der Weg. Wir stehen, kaum wissen wir wie, plötzlich in der Enge des Kaltbrunnentales, dort, wo es am schönsten sich auftut. Links und rechts steigen die Höhen an, senkrechte Flühen, blendend weiß im Sonnenlicht. Höhlen hat das Wasser geschaffen, die sonderbarsten Formen in den Felswänden. Kein Platz ist gelassen, hart neben dem Bach das Pfädlein, sonst nur Felsen, immer wieder Felsen. Oben aber schaut gerade ein Stück vom blauen Himmel herein. Einsam ist es, wundersam einsam. Und friedlich-still. Nur der Wildbach tost und brüllt über die Steinplatten, schäumt und braust, Fall an Fall. Wo er aber etwas ruhiger wird, schnellen Forellen durch das klare Wasser, wie ein Schatten nur. Urwüchsig Blätter und Blumen, köstlich frisch die Luft. Stundenlang möchte man so wandern. Und als wollte das Tal das Schönste zuletzt uns zeigen, stürzt der Bach tief in einen Tobel in gewaltigem Fall, drin es kocht und braust. Herrliches Wandern, unvergeßliche Talschlucht – dann klettert der Weg am Berghang durch den Tann, und plötzlich wird die Enge weit, wird ein Talkessel, darinnen Häuser sich sonnen und Dörfer zur Ruhe laden.» (1931)

212 **Wassernot in Blauen, 1947**

Seit Menschengedenken leidet Blauen unter Wasserarmut, weil die Bergschichten in entgegengesetzter Richtung abfallen. In den Trockenjahren 1947 und 1949 war die Wassernot überaus groß. Böse Zungen behaupteten damals, daß in Fässern und Korbflaschen mehr Blauner Kirschwasser vorhanden gewesen sei als im ganzen Dorf gewöhnliches Brunnenwasser. Die Flurbezeichnung ‹Sodacker› belegt, daß man sich durch Sodbrunnen das notwendige Wasser auf diese Weise zu verschaffen wußte. Seit 1973 ist das Problem der Wassernot durch Errichtung eines Reservoirs gelöst.

Das Lotmännchen

Im Lot, am Feldweg zwischen Nenzlingen und Blauen, unweit der heutigen Bergwirtschaft, dort wo der alte Plattenweg kreuzt, stand am Wegrand eine große Fichte, deren unterster Ast wie ein Torbogen über den Feldweg hing. An diesem Ast hat sich einst ein Lebensmüder erhängt. Und ein Blauner, der in Nenzlingen auf dem Kiltgang war, hat dann den Toten mit dem Sackmesser herunterschneiden müssen. Seither wird erzählt, in Gewitternächten treibe das Lotmännchen in der Geisterstunde an diesem Ort öfters sein Unwesen, indem ein schwarzer Hund und die unruhige Seele des Lebensmüden sich bemerkbar machen, ohne aber jemandem etwas zuleide zu tun. – Léon Segginger.

213 Schloß Angenstein, 1829. Aquarell von J.H. Weißling. (Ausführlicher Text siehe S. 213f.)

214 Schloß Burg als Staffage des Allianzwappens von Bankier Alfred La Roche, dessen Vorfahren Besitzer der imposanten Burganlage waren, und seiner Frau, Emma Emilie Iselin. Aquarell von Carl Roschet, 1924.

Angenstein, ein Schloß oberhalb dem Dorff Esch rechter Hand der Birs, allwo sich das Gebirg ganz eng zusammen schließet, auf einem Felsen, ein Stund ob Dorneck in dem sogenannten Lauffen-Thal und dem Bißthum Basel gelegen; selbiges hatten ehemahls die Schaler von Basel als ein gemeinschafftliches Lehen der Grafen von Pfirdt und Thierstein besessen, und nachdeme es den letztern heimgefallen ward es A. 1435. Burckhard Mönch Burger von Basel geliehen, und nachdeme es nach dessen Linien Abgang wiederum an gedachte Grafen kommen, verkauffte es Graf Heinrich mit Bewilligung Kaysers Maximiliani I. A. 1518. der Stifft Basel, welche mit der Stadt Basel A. 1522. ein Vergleich getroffen, daß solches mit keinen Wällen, Bollwercken und dergleichen bevestiget werden solle, und es folglich A. 1561. Wendelino Zipper Med. Doctori wiederum zu Lehen gegeben, dessen Nachkommen selbiges annoch besitzen, da immittelst selbiges auch A. 1637. von Herzog Bernhard von Weymar eingenohmen, und zwey Jahr lang einbehalten worden. (1747)

201

215 Auff dem Plawen, um 1620

Ob die Radierung von Matthäus Merian den Schweizer Blauen oder den badischen Blauen darstellt, ist ungewiß. Der Schweizer Blauen zieht sich auf einer Länge von 20 Kilometern von Kleinlützel bis Hochwald. «Von den Waldlichtungen der Kammlinie genießt man eine weite Rundsicht auf die Rheinebene, Vogesen und den Schwarzwald. Von der Ebene oder den Vogesen aus betrachtet, bildet die ganze erste Kette des nördlichen Jura einen langen Wall von prachtvoll blauer Farbe, was die Benennung ‹Blauen› veranlaßt haben mag.»

Neubau

Seit letzten Herbst erhebt sich hier gleich beim Eingang des Dorfes an der Hauptstraße ein stattlicher Neubau. Das neue Bauernhaus gehört dem Hrn. Bernhard Stachel, Gemeinderath. Es ist dieß der einzige Neubau, der in der Zeit von 24 Jahren hier zur Ausführung kam. Der letzte Neubau, derjenige des Hrn. Xaver Schmidlin, Holzhändler, wurde im Jahre 1877 vollendet. Diese Thatsache ist ein Beweis dafür, daß unsere Bevölkerung in den letzten Jahrzehnten nicht im Wachsen, sondern eher im Abnehmen begriffen ist. Auch bleiben wir da droben auf unserer luftigen Bergeshöh, trotz der vielen Industrie in unserem Thale

216 Das Dorfkreuz am Kirchweg, um 1930. Die Gnadenstation im sogenannten Herrgottswinkel bildete seit alters eine fromme Andachtsstätte für die gläubigen Blauner, besonders in Zeiten von Not und Gefahr, aber auch zur Danksagung.

und der damit verbundenen fremden Arbeitskräfte, so ziemlich ganz von auswärtigen Niederlassungen verschont. Allerdings wären für solche nur sehr wenige oder fast keine Wohnungen aufzubringen, da eben doch alles bewohnt und keine leeren Logis vorhanden sind. Der Hauptgrund dürfte aber wohl dieser sein, daß es den Arbeitern nach gethaner Arbeit zu mühsam erscheint, täglich noch eine halbe oder ganze Stunde weit auf Schusters Rappen den Berg hinab und hinauf, von und zu der Arbeit zu pilgern und sie es deßhalb vorziehen, wenn immer möglich im Thale drunten ihre Unterkunft zu nehmen. Uns Blauener kann's aber nur recht sein. Hr. Gemeinderath Stachel gedenkt nun, wie wir vernehmen, auf 1. Mai nächsthin in seinem Neubau eine Wirthschaft zu eröffnen. Das wäre dann die zweite in unserem Dorfe und dürften wir dann in dieser Hinsicht auch zur Genüge versorgt sein. (1902)

217 «Das von seiner Kirche stolz überragte Dorf liegt mitten in Feldern und Wiesen von mittelmäßiger Güte. Hauptreichtum sind die schönen Waldungen. Es hat 42 Häuser und 295 katholische Einwohner deutscher Zunge.» 1902.

Brislach

Die flächenmäßig größte Gemeinde der 13 Ortschaften des Amtsbezirks Laufen beinhaltet einen Bann, der sich von der Kessilochbrücke bis vor die Tore des Städtchens Laufen erstreckt. Der keltoromanische Dorfname (Briselacho, um 1146) wie beweiskräftige Gräberfunde belegen eine frühe Besiedlung der Örtlichkeit. Im Mittelalter vom Hause Österreichs den Herren von Rotberg belehnt, kaufte der Basler Bischof Johann von Venningen das Dorf 1462 mit Zustimmung des Kaisers zurück und gliederte es der Herrschaft Zwingen an. Wie die andern Orte des Laufentals schloß Brislach 1525 mit Basel ein Burgrecht und bekannte sich zur evangelischen Religion. Fürstbischof Jakob Christoph Blarer von Wartensee (1542–1608), dynamischer Erneuerer des Bistums, aber führte die Brislacher bald wieder zum alten Glauben zurück. Zu Basel hatte das Dorf insofern eine gewisse Beziehung, als 1543 der Basler Bürger Martin Enderli dem Brislacher Andreas Marti ein Darlehen von 100 Pfund gewährte, wofür ihm dieser seine Güter «Asp, Au, Blumhalde, Brüschwog, Ebene, Eich, Erlen, Frantzengut, Hegelberg, Hochried, Hüglesgut, Kopfacker, Kopfle, Lachen, Laufenweg, Mühlematt, Pfaffenberg, Schoren, Wolfen» verpfändete.

Kirchlich gehörte Brislach, wie Breitenbach, bis 1802 zur Propstei Rohr. Wohl bestand am südlichen Ausgang des Dorfes seit 1570 die St.-Peters-Kapelle, doch erst 1803, als die Propstei Rohr einging, erhielt Brislach eine eigene Kirche, womit sich der Wille der Brislacher Frauen, «und wenn wir die Steine in der Schürze zutragen müssen, wir wollen eine eigene Kirche», erfüllt hatte!

Weil der Brislacher Gemeindebann an keinem Punkt eine Höhe von 500 m ü. M. erreicht, eignet sich sein Boden besonders für die landwirtschaftliche Nutzung. So hat das industrielle Gewerbe erst in jüngster Zeit im Dorf Einzug gehalten; im Steinbruch zwischen Brislach und Zwingen bearbeiten allerdings schon seit 1890 einheimische Steinmetzen den Jurakalk. 1905 hat sich die Gemeinde der Wasserversorgung Lüsseltal angeschlossen.

Wie alle Bewohner der Laufentaler Gemeinden Übernamen tragen (z. B. ‹Krautköpfe› für die Zwingener und ‹Schnecken› für die Dittinger), so haben sich auch die Brislacher einen Spottnamen gefallen zu lassen: Sie werden mit ‹Hornvieh› bezeichnet. Immerhin nicht wegen groben, unverträglichen Benehmens, wie glaubhaft versichert wird, sondern wegen ihrer stattlichen Viehgespanne mit Doppeljoch und kräftigen Stieren, wie solche nur bei den reichen Brislacher Bauern über die Felder gezogen sein sollen...

218 Bauernhäuser und Dorfkirche, 1963

Sein bäurisches Aussehen hat Brislach bis heute bewahrt. Eindrucksvoll wirkt das Dorfbild mit den gleichgerichteten Firsten und den gebrochenen, tief herabgezogenen Dachflächen vor dem mächtigen Kirchenschiff mit der ‹welschen Haube› des Kirchturms. – Federzeichnung von Gottlieb Loertscher.

219 ‹La Cascade de la Birs à Lauffon›, 1804.
Aquarell von Peter Birmann.

‹Bei Liesberg nähern sich die Felswände derart, daß sie der Birs kaum den Durchgang gestatten. Erst bei Laufen bleiben die Berge beträchtlich nach Süden zurück, das Thal weitet sich, und dem Fluß fließen von rechts der Wahlenbach und bei Zwingen die Lüssel zu. In einem letzten Engpaß windet sich die Birs unterhalb Zwingens gegen Grellingen, wo plötzlich das Landschaftsbild sich ändert und auf den der Sonne zugewendeten Hügeln des linken Flußufers die Weinrebe zum erstenmale auftritt.›

220 Dittingen, 1955. «Das typische Alemannendorf ist von prachtvollen Weiden und Wäldern umgeben, die gerne von Touristen besucht werden.» Ölgemälde von August Cueni, dem bedeutenden Laufentaler Kunstmaler und Holzschneider.

222 Die Brislacher Posthalterei der im Jahre 1902 aus 69 Häusern und 425 katholischen (heute 883) Einwohnern bestehenden Gemeinde, um 1910. Photo Baptist Anklin.

221 **Znünipause im Brislacher Steinbruch, um 1910**

Östlich der Landstraße Brislach-Zwingen befanden sich ausgedehnte Steinbrüche. Ursprünglich in den 1860er Jahren im Privatbesitze der Brüder Franz und Joseph Hügli von Brislach und der Gebrüder Marti aus Breitenbach, wurden diese Anno 1893 von der Firma Sutter, Jörin und Rapp in Basel aufgekauft. Die Brislachergruben, die von diesem Konsortium auf Anraten von alt Zentralbahndirektor Maast im Hinblick auf die Neubauten des Zentralbahnhofs und des Badischen Bahnhofes erworben wurden, waren 15 Jahre lang in Betrieb. Die Aufträge waren so groß, daß zum beschleunigten Abtransport der Hausteine ab Station Zwingen ein direkter Geleiseanschluß erstellt werden mußte. Schwierige Abdeckverhältnisse und mangelhafte Steinqualität führten 1908 zur Auflösung des Unternehmens. – Photo Baptist Anklin.

Sinnspruch

Z Zwinge sind die hoche Mure,
z Brislach sind die große Bure,
z Breitebach isch es schöni Stadt,
z Büsserach isch der Bettelsack,
z Erschwil isch der Lirumchübel,
z Beinwil isch der Deckel drüber.
    Bruder Aloys Oser, um 1900

Burg

Schloß Burg, die einzig erhaltene Höhenburg am Blauen, liegt zuhinterst im Leimental, am Fuße des Rämels. Es ist keine Übertreibung, wenn man ihre Lage auf dem schroffen, efeuumrankten Felsgrat als einzig schön bezeichnet. Die Festung wurde ohne Zweifel zum Schutz des Rämelpasses erbaut, dessen Straße durch die enge Klus am Fuße des Schloßfelsens führt. Als erste Besitzer von Burg dürfen wir die Edlen von Biederthan betrachten, die stammverwandt waren mit den Rotberg und den Blauenstein auf der Südseite des Rämels. Die erste sichere Kunde stammt aus dem Jahre 1168, als Graf Albrecht von Habsburg von Kaiser Friedrich mit Schloß Biederthan – dies ist der alte Name für Burg – belehnt wurde. Ein Jahrhundert später, 1269, ging das ‹Castrum Biederthan› durch Kauf an den Bischof von Basel und verblieb beim Fürstbistum bis zu dessen Auflösung zur Zeit der Französischen Revolution. Der Versuch Basels, das Schloß im Jahre 1520 zu erwerben, scheiterte, weil sich der Bischof von Basel weigerte, seine Zustimmung zu geben. Mit dem damaligen Belehnten war der Handel bereits abgeschlossen, Humbrecht von Wessenberg hatte einer Besatzung von Basel bereits die Tore geöffnet, doch nach einem halben Jahr mußten die Städter wieder abziehen. Die Edlen von Wessenberg besaßen Burg als bischöfliche Lehensleute vom Beginn des 15. Jahrhunderts bis zur Französischen Revolution. Ein großes Stifterbild der Wessenberg aus dem Jahre 1628 befindet sich in der Schloßkapelle, die dem Dorf Burg als Pfarrkirche dient. Burg bildete mit dem Dorf eine winzige Herrschaft des Fürstbistums. Es sandte einen Vertreter an die Sitzungen der bischöflichen Stände. Dieser Abgeordnete nahm seinen Rang nach demjenigen der Vogtei und Herrschaft Frei-

Aus dem Tagebuch eines Badegastes

Burg, Donnerstags, den 12. August 1779. – Ich bin seit mehreren Tagen hier zu Burg, einem Bade, vier Stunden von Basel, und habe die Zeit über alles getrieben, was man hier zu Lande gewöhnlich in den Bädern treibt, gegessen, getrunken, kleine Partien gemacht und nach dem Mittags- und Nachtessen getanzt.

Sie müssen wissen, daß hier alles von Bädern wimmelt, und daß ich Ihnen beynahe ein Dutzend nennen könnte, deren keins weiter als sechs Stunden von Basel entfernt ist. Da zieht nun im Sommer alles hinaus, selbst die mehresten Handwerker, deren viele, ohne daß es ihre Gesundheit erfordert, ihren Sommer schlecht zugebracht zu haben glauben würden, wenn sie nicht ein paar Wochen in einem Bade gewesen wären. Andere gehen Sonnabends in die Bäder und Montags wieder in die Stadt; noch andere schwärmen herum, ziehen von einem ins andere, bleiben da mehr oder weniger, nachdem es ihnen gefällt, treffen überall Bekannte und belustigen sich jeder nach seiner Art. Daß da viel Liederlichkeit dabey ist, und daß es Ausschweifungen aller Art giebt, können sie sich vorstellen.

Burg, den 23. August 1779. – Vorgestern bin ich abermal hieher gekommen, und da der größte Theil der Badegesellschaft den Ort verlassen hat, bin ich ruhiger und mehr mir selbst überlassen. Ich wandere in der melancholisch-romantischen Gegend umher und entdecke immer neue Schönheiten; ein dicker, düsterer Wald, eine kleine Partie mit hohen Felsen enge eingeschlossen, ein kleines Wasser, das sich mühsam durchzwängt, altes Moos, das über den Weg herabhängt, sind Dinge, die mich so ganz nach meinem Bedürfnis rühren, und die zur gegenwärtigen Stimmung meiner Seele passen.

Dicht am Bade ist eine Reihe Felsen, worauf das Schloß Burg steht. Es ist so baufällig, daß sein Besitzer, wenn er hieher kommt, im Bade wohnen muß. Dieser ist ein Herr von Wessenberg, der lange in Dresden Oberhofmeister von einem unserer Prinzen war; die Leute wußten nicht recht von welchem. Er hat nun den Hof verlassen und lebt zu Freyburg im Breisgau in der Stille.

Eine halbe Stunde von dem Schlosse lebt im Walde, in einer kleinen Hütte ein Einsiedler; an dieser ist eine kleine Kapelle, und ein Stückchen Land, wo er allerhand Gemüse für den Winter baut, schließt beides ein. Ich liebe sonst diese Art Leute nicht; die mehresten führen ein schlechtes Leben, und die besten sind am Ende doch nichts als Müßiggänger, obschon von der mühseligsten Art. Aber dieser hier hat durch seine Taubeneinfalt, durch die Simplicität seiner Lebensart, durch seine Gutherzigkeit und durch das Lob, das ihm die Landleute umher geben, meine Liebe und Achtung gewonnen. Wie wenig hat doch der Mensch Bedürfnisse! Ein einziges kleines Zimmer, mit einem einzigen, sehr kleinen Fenster schließt ihn und seine Wirthschaft ein. Er hat keine Bücher als das Brevier und was dem gleicht; und wenn er im Winter eingeschneyt ist, und niemand den Weg zu ihm bahnt, betet er sein Brevier und macht Schwefelhölzchen, die er bey besserm Wetter in die Dörfer trägt und Brod, Eyer etc. dafür bekommt. Er scheint vergnügt zu seyn, resignirt auf alles, was uns an die Welt binden kann.

Karl Gottlob Küttner.

berge ein. Die Kirche war eine Tochterkirche von Raedersdorf, ihr Patron ist St. Johannes der Täufer. 1805 wurde Burg eine eigene Pfarrei. Die Bevölkerung zählte 1764 189 Seelen, 1920 172 und 1976 193.

Nach dem Untergang des Fürstbistums Basel ging Schloss Burg in Privatbesitz, was der ganzen Anlage nicht zum Nutzen gereichte, denn die nachfolgenden modernen ‹Raubritter› zerstückelten und veräußerten das früher umfassende Schloßgut und entzogen der Burg so die wirtschaftliche Grundlage. Auch verschleuderten sie die Innenausstattung und verunstalteten die Gebäulichkeiten durch unglückliche Umbauten. Die einzige Bereicherung bestand in der Errichtung des etwas abseits stehenden Glockenturms (1834), in dem sich seit 1942 das alte Uhrwerk des Spalentors befindet. Am einstigen Lehenhaus im obern Dorfteil ist noch ein Allianzwappen Wessenberg-Ampringen von 1660 zu sehen. In jüngster Zeit ist die Höhenburg gründlich renoviert worden und erinnert nun in altem Glanz an die vergangene Feudalherrschaft.

223 Bad Burg, um 1900

Das seit dem 17. Jahrhundert bekannte Heilbad nahe der französischen Grenze wird 1768 als ein ‹gutes, wohlbesuchtes Gesundbad› beschrieben. Um 1770 war das Bad im Besitze des Urs Viktor Brunner von Balsthal, eines Bruders des Abtes Hieronymus II. von Mariastein. Im Jahre 1772 hatte er «das wegen seiner vortrefflichen Würkungen altberühmte Baad Burg käuflich an sich gebracht und widerum mit vilen Unkösten in guten Stand hergestellt» und auch die neben dem Bache stehende Kapelle errichtet. Daß das Bad wirklich ‹altberühmt› war, wie der Prälat von Mariastein es nannte, geht schon aus dem Umstande hervor, daß um die Mitte des 17. Jahrhunderts es sogar der Fürstbischof von Basel nicht unter seiner Würde hielt, mit größerem Gefolge längere Zeit dort zu verweilen, um vom heilkräftigen Wasser des Sauerbrunnens zu trinken. 1862 besaß Burgbad, das besonders auch deshalb vornehmlich aus Basel besucht worden war, weil sein Tanzsaal jenseits der Grenze lag (!), «7 unregelmäßig verteilte, kellerartig gewölbte Badegemächer zu 2, 3 und 5 Badkästen von Holz sowie 22 möblirte Wohn- und Schlafzimmer für Bade- und andere Gäste». Ein Brandausbruch setzte 1925 dem Gesundheitsbaden in Burg unvermittelt ein gewaltsames Ende. Es wieder zu neuem Leben zu erwecken, hätte einer hohen unternehmerischen Risikofreudigkeit bedurft. So verliert sich heute das mineralhaltige Wasser ungenutzt wieder im Erdboden. – Photo Emil Birkhäuser.

224 Burg, um 1910

Um diese Zeit zählte Burg, das, wie der Pumpbrunnen zeigt, noch ohne Wasserversorgung war, 40 Häuser. Neben der Landwirtschaft widmeten sich die Bewohner auch der Töpferei und der Bürsten- und Rechenfabrikation. Besonders im Sommer besuchten viele Badegäste und Ausflügler den landschaftlich malerisch in der Nähe der Birsquellen gelegenen Ort. – Photo Walter Hammel.

Zigeuner-Taufe

Gestern Mittag war in unserm Kirchlein eine Taufe, die einiges Aufsehen erregte. Die jugendliche Hebamme von Wolschweiler (Elsaß) brachte ein braunes Zigeuner-Büblein; ihr folgten zwei langzöpfige Zigeunerinnen und ein geschmeidiger Zigeuner. Der hocherfreute Zigeuner-Papa hielt sich nach Ortsbrauch der feierlichen Handlung ferne. Das Büblein wurde vorgestern Abend in der Nähe des Dorfes unter einem Nußbaum geboren. Später holten zwei Zigeuner die Hebamme in Wolschweiler, die zitternd, aber pflichtgetreu den von der Kultur wenig beleckten Gestalten folgte und das Kind wimmernd im Grase fand. Heute Morgen waren Mutter und Kind ihren Stammes-Genossen bereits über die Grenze nach. Was sagen Ärzte, Hebammen und zarte Mütter zu solcher Naturwüchsigkeit? (1898)

Das Schloß in seinem ursprünglichen Bestand forterhalten Durch das Burgtor traten wir in einen weiten Hof, in welchem die schöne Kirche steht, und neben derselben durch ein anderes Tor in den Schloßhof. Das Schloß selber enthält zwei sehr alte Gebäude, von denen das eine ganz wohnlich eingerichtet ist, das andere aber gegenwärtig bewohnbar gemacht wird. Zwischen beiden steht ein neuerer Anbau, zum Teil in gothischem Styl sehr elegant ausgeführt. Mit besonderem Vergnügen verweilten wir in einer an den Hof angrenzenden Säulenhalle, welche nach der nördlichen Seite eine beinahe endlose und reizende Aussicht darbietet. Zunächst unter dem Schloßhügel liegt das Dorf La Bourg, welches mit seinen fetten Wiesen und schattigen Baumgärten anstößt. Weiter hin breitet sich das Elsaß aus, in welchem auf dieser Seite niedrige Hügel mit freundlichen Ebenen reizend abwechseln. Wälder und fruchtbare Äcker und zahlreiche Dörfer mit ihren weißen Kirchtürmen dehnen sich vor den erstaunten Blicken wie ein reiches Gemälde. An der Wand jener Säulenhalle ist ein prächtiger Edelhirschkopf mit Geweih angebracht und daneben die Inschrift: Angeschossen bei Burg im Dezember 1850, erlegt bei Breitenbach im Februar 1851. Auf Bourg fanden wir einen Waffensaal, in welchem unser gastfreundlicher Burgherr eine Menge mittelalterlicher Gerätschaften bewahrt, und das ganze Schloß wird wo möglich in seinem ursprünglichen Bestand forterhalten oder in entsprechendem Sinne erneuert. – Fr. Isenschmid, 1854.

225 Als Grenzdörfler hatten die Bewohner Burgs während der beiden Weltkriege manche bange Minute zu überstehen. Aber die Gewißheit, von wachsamen und einsatzbereiten Truppen beschützt zu werden, verlieh ihnen Mut und Tapferkeit. Andrerseits hatten die Soldaten keine Mühe, die Herzen ihrer ‹Schützlinge› zu gewinnen. Um 1915. Photo Walter Hammel.

Dittingen

Dittingen, das wegen seiner besonders schönen Lage gerühmte Dorf in einem schmalen Seitental der Birs, wird erstmals als ‹Dietingoven› im Jahre 1152 in einer Besitzbestätigung durch Kaiser Friedrich I. zugunsten des Klosters Beinwil erwähnt. 1525 tritt Dittingen mit der Niederlassung während der Reformationswirren aus Engental bei Muttenz vertriebener Nonnen erneut ins Blickfeld der lokalen Geschichte. Das ehemalige Klösterli, das heute noch bewohnt wird, ist kürzlich einer umfassenden Renovation unterzogen worden. Um 1740 machte das kleine Bauerndorf wieder von sich Reden, schwang sich doch einer seiner Bürger, Hans Tschäni, zum Anführer der Laufentaler im Kampf gegen den Fürstbischof auf. Seine Agitation wider die Obrigkeit hätte ihn beinahe auf dem Blutgerüst in Pruntrut enden lassen, wäre er nicht wegen seines hohen Alters zu lebenslänglichem Kerker begnadigt worden.

Der romanische Käsbissenturm der dem Heiligen Nikolaus geweihten Dorfkirche trägt die Jahreszahl 1506. Am Vorabend des Patronziniums besucht der ‹Santiglaus› traditionsgemäß die Kinder der Gemeinde. Neben diesem schönen Brauch ist auch die Sitte des Entfachens eines Fasnachtsfeuers erhalten geblieben. Die stellungspflichtigen Burschen tragen das Holz jeweils auf dem sogenannten Scheibenfelsen zusammen. Von dort aus betreiben sie auch das Scheibenschlagen. Von sinnigen oder humorvollen ‹Scheibenversen› begleitet, die meistens ein Ereignis aus dem Dorf beinhalten, schwirren die Scheiben am nächtlichen Himmel ins Tal hinunter.

Einen klangvollen Namen im Baugewerbe erwarb sich Dittingen durch seine Kalk- und Natursteine im Schachental. Die erste Natursteinausbeute bewilligte die Gemeindeversammlung Anno 1871 dem Basler Baumeister Friedrich. Mit einer Abbaufläche von 400 m² erreichte das Gewerbe vor dem Ersten Weltkrieg seinen Höchststand, wobei über 200 Steinhauer und Taglöhner in den Dittinger Steinbrüchen Beschäftigung fanden. Die teils mächti-

---

226 Die Dorfkirche St. Nikolaus und das alte Schulhaus, 1908. Photo Baptist Anklin.

gen Steinblöcke wurden auf starken Karren vier- bis sechsspännig an ihre Bestimmungsorte geführt. So nach Basel für den Bau des Bundesbahnhofs, des Bahnpostgebäudes und des De-Wette-Schulhauses. Nach Bern für den Bau des Bundeshauses und nach Genf für den Bau des Völkerbundspalastes. Auch heute noch werden Schachentaler Natursteine gebrochen und verarbeitet. Überdies bietet die Enzymfabrik den Dittingern, sofern sie nicht nach Zwingen, Laufen oder Breitenbach auspendeln, sichere Arbeitsplätze.

Die 700köpfige Gemeinde verfügt heute über alle notwendigen modernen Errungenschaften. So über ein neuzeitliches Schwimmbad, das von Einheimischen wie auch von Gästen aus der Umgebung gerne besucht wird, und auf dem ‹Hagfeld› gar über einen ‹Flugplatz›, der für das Segelfliegen bestimmt ist.

227 Das 1897 erbaute, großzügig konzipierte Schulhaus, das neben vier Klassenzimmern auch Platz für zwei Wohnungen bietet, zeugt vom sprichwörtlichen Wagemut der Dittinger Bürger.

212

228 Beim Steinbrechen im Schachental, um 1940

In einer Einzelgrube im Schachental wird mit Bohren das Steinbrechen vorbereitet. Auf kleinen Standflächen in Felswänden werden für diese wichtige Arbeit, die viel handwerkliches Geschick erfordert, bis zu 6 Mann eingesetzt.

Duggingen

Bevor die Birs sich durch den Engpaß von Angenstein in die oberrheinische Tiefebene hinauswindet, durchfließt sie einen von hohen Felswänden gebildeten Talkessel. In ihm gruppiert sich, auf einer leicht erhöhten Terrasse, eines der schönst gelegenen Juradörfer: Duggingen. Lange bevor die Römer die heute noch benutzte Walenstraße nach Oberäsch anlegten und Ziegel, Münzen und Töpferwaren als stumme Zeugen ihrer Anwesenheit hinterließen, bot die von rauhen Winden geschützte Mulde Kelten und Rauracher ein ideales Wohngebiet. Alemannen und Franken folgten ihnen und erbauten am Birsufer den Weiler Schauwingen, der jedoch spätestens im 15. Jahrhundert wieder aufgegeben wurde. Im hochburgundischen Reich befand sich ein Königshof auf heutigem Gemeindegebiet. Ihn schenkte im Jahre 1004 Kaiser Heinrich II., zusammen mit der Herrschaft Pfeffingen, dem Bischof von Basel. Dieser verlieh das ganze Gebiet an Lehensträger, deren bedeutendste die Grafen von Thierstein waren. Während der Feudalzeit des Mittelalters bildete Duggingen meist die Morgengabe der Gattin des auf Pfeffingen residierenden Grafen. Mit diesem Geschenk sollte sie für ihre spätere Witwenschaft sichergestellt werden. Auch andere Herren besaßen in der Gemeinde Güter und Rechte, so daß den Dorfbewohnern wenig Raum für eigenen Landerwerb blieb.

Weil Basel in der Herrschaft Pfandrechte besaß, drängte es auch Duggingen zur Reformation. Als aber der energische Bischof Jakob Christoph Blarer die Pfandschaft löste, bestand er auf der Wiedereinführung des alten Glaubens. Ebenso übertrug er dem Dorf Äcker, Wiesen und Reben im Halte von etwa 50 Jucharten als Lehen. Als Gegenleistung und Lehenszins hatten die Dugginger Brücken, Weg und Steg in ihrem Bann auf eigene Kosten zu unterhalten. Dazu gehörte auch die Birsbrücke unterhalb der Burg Angenstein. Dafür waren sie vom Brückenzoll befreit.

Ihre schlimmste Zeit hatte die Gemeinde im Dreißigjährigen Krieg, als fremde Soldaten auf den Burgen Pfeffingen und Angenstein sich einnisteten und die umliegenden Dörfer ausplünderten. Brand, Raub, Totschlag, Pest und Hungersnot reduzierten die Bevölkerung auf die Hälfte. Bis zum Untergang des Fürstbistums erholte sich die Gemeinde allerdings wieder etwas, ihre Seelenzahl blieb aber unter 500. Heute zählt sie fast 700 Bewohner. Vom ehemaligen Bauerndorf sind im gut erhaltenen Dorfkern noch drei Landwirtschaftsbetriebe übriggeblieben, auf den Außensiedlungen noch fünf. Die Reben, die einst in guten Jahren bis zu 30000 Liter Wein erbrachten, sind ertragreichen Kirschenkulturen gewichen. Arbeiter und Angestellte haben Duggingen zu ihrem Wohnsitz gewählt, alte Häuser modernisiert und neue gebaut. Der Arbeit gehen die meisten auswärts nach, wobei ihnen die Eisenbahn, die 1931 eine Haltestelle eingerichtet hat, den Arbeitsweg verkürzt.

Von jeher war Duggingen nach Pfeffingen kirchgenössig. 1742 ließ der Waldbruder Joseph Weiß aus Blotzheim mit eigenem und gesammeltem Geld eine Kapelle erbauen, in der wöchentlich einmal Messe gefeiert und auch Jahrzeiten begangen wurden. Vom Stifter weiß man nur, daß er ein Bruder des Pächters auf dem Zipperschen Hof von Oberäsch war und daß er auch die Dorfjugend unterrichtete. Seit 1804 fand in der Kapelle regelmäßig auch Sonntagsgottesdienst statt. 1837 wurde an ihrer Stelle die heutige Kirche errichtet, und 1840 erfolgte die Erhebung Duggingens zur selbständigen Pfarrei. Mitten im Dorf steht das schlichte, zierliche Gotteshaus, umgeben von einzelnen zusammengebauten alten Häusern. Die moderne Zeit hat zwar unverkennbar im Dorf Einzug gehalten, aber die Ruinen von Pfeffingen und Bärenfels und das Schloß Angenstein erinnern ständig an die Vergangenheit und mahnen an die Unbeständigkeit menschlicher Werke.

62 Schloß Angenstein, 1829 (Farbbild S. 200)

Mächtig und drohend wacht die alte Festung über den Zugang zum Birstal und widersetzt sich jedem Eindringling. Aber der Schein trügt, denn die starken Mauern verbergen keine Geschütze mehr. Der mächtige Bergfried ist leer. Zwar hat er die Gewalt des verheerenden Erdbebens von 1356 mit einigen heute noch sichtbaren Schäden überstanden. Aber eine Feuersbrunst Anno 1517 hat die feste Burg zur Ruine veröden lassen. Jahrhundertelang hatten sich die Bischöfe von Basel und die Grafen von Pfirt in den Besitz geteilt. Basel, Solothurn und die Grafen von Habsburg hatten versucht, alleinige Eigentümer der Talsperre zu werden. Die Tagsatzung entschied 1522 zugunsten des Bischofs. Dieser übertrug 1557 den Burgstall als Lehen dem Stiftsadvokaten Dr. iur. Wendelin Zipper, der innerhalb von acht Jahren die Ruine wieder bewohnbar machen sollte. Wegen des Widerstandes von Solothurn konnte der Bergfried jedoch nicht mehr wehrhaft hergerichtet werden. Die neuen Wohnräume mit der Kapelle wurden an die alten Mauern angefügt. Das Schloß blieb bis Ende des 18. Jahrhunderts im Besitz der Zipper und ihrer Verwandten. Mit dem übrigen Gebiet des ehemaligen Fürstbistums kam es an Bern. Auf unserm Bild führt der Fuhrmann sein Gespann über die einbogige Brücke auf die Durchgangsstrasse Basel–Laufen, die neben dem Birslauf knapp Platz hat. Den Brückenzoll kassierte der Burgherr. Die Bewohner von Duggingen entrichteten ihn nicht, weil sie für den Unterhalt der Brücke ohnehin aufkommen mußten. Auf dem Bergkamm über Angenstein deckte einst die Burg Bärenfels den rückwärtigen Zugang zu Schloß und Tal, während auf der andern Talseite Schloß Pfeffingen den andern Eckpfeiler des mächtigen Sperriegels bildete. – Aquarell.

229 Die Leidensscheibe, 1562

Die Angensteiner Schloßkapelle besaß einst drei wertvolle Glasscheiben aus dem Jahre 1562, die sich heute im Bernischen Historischen Museum befinden. Das wunderschöne Triptychon, eine fromme Stiftung des Bischofs Melchior von Lichtenfels und des Basler Domkapitels, stellt Weihnachten, Karfreitag und Pfingsten dar. Das Geschehen des Karfreitags ist geprägt durch die Kreuzigung Christi. Maria Magdalena, Maria, Johannes und der Stifter, Bischof Melchior von Lichtenfels, bezeugen unsagbare Erschütterung, während Krieger und Häscher mit unbeweglichen Gesichtern das Ende ihres Werkes erwarten. In der Fensterrundung kniet Christus betend im Garten Gethsemane, umgeben von schlafenden Jüngern und bedrängt durch Judas und dessen Mitverschwörer. Im rechten Zwickel ist die Grablegung dargestellt. Nikodemus und Joseph von Arimathia legen den toten Christus in den Sarkophag, Johannes und drei Marien beweinen ihn.

230 Vor der ‹Heimat› stellen sich fortschrittliche und hablich Dugginger im kleinen Kreis eines interessierten Publikums mit ihren neuen ‹Tretmaschinen› stolz dem vorbeiziehenden Basler Photographen Jakob Rudin, 1909.

Schaden unter dem Hornvieh

1797 den 8ten Brachmonat hat Geehrte Gemeinde Duggingen im Bistum Brundrut Pfarrey Pepfinggen Einhellig erkannt, Einige Nacher Blatten zum Heiligen Jost im Canton Lucern mit Geld zu heiligen Meßopferen, um durch die Vorbitte dises Heiligen der erstandenen Viesucht, welche schon in den nächsten Dörfern entsetzlichen Schaden unter dem Hornvieh angerichtet, befreyt zu bleiben, abzuschicken; auch sollen zwei Gelübte Taffelen gemacht werden, deren eine zu Blatten, die andere in der neu gebauten Capell zu Duggingen aufbewahrt seyn solle, damit die Hisige Welt und ihre Nachkommenschafft sehe, was sie in gleichen Fällen thun müsse, das heilsame Zutrauen zu dem wunderthätigen Heilig Jost erneuert und unabänderlich verbleibe; besonders da nach Berichten von alten Leuthen diesr Heilige Jost schon öfters mit bestem Erfolg ist angerufen und die gantze Gemeinde vom Unglück verschont worden. Gott dem Allmächtigen, seiner hochwürdigsten Mutter und dem Heiligen Jost Ewigen Danck gesagt. – Text auf einer in der Kirche verwahrten Votivtafel.

Salomonischer Spruch

In der zweiten Hälfte des 18. Jahrhunderts scheint ein unangenehmer Virus Duggingen befallen und die meisten Bewohner infiziert zu haben. Im sonst so friedlichen Dorf machte sich eine bisher ungewohnte Streitsucht bemerkbar. Nachbarn und Verwandte gerieten sich wegen unscheinbarer Kleinigkeiten in die Haare und schleppten sich gegenseitig vor den Richter. Allwöchentlich fand sich die halbe Dorfbevölkerung vor dem Landvogt in Aesch ein. Jeder erledigte Prozeß war der Ausgangspunkt für eine Kette neuer Anklagen und gerichtlicher Verfahren. Um dieser ungefreuten Erscheinung ein Ende zu setzen, erließ der Vogt Blarer, wohl im Auftrag des Fürstbischofs, im Jahre 1780 folgende Verfügung: «Jeder Dugginger, der in nächster Zeit vor Gericht als Kläger auftritt, muß zum vorneherein einen Betrag von zehn Pfund erlegen, der ohne Rücksicht auf den Ausgang des Prozesses dem Amt verfallen ist.» Diese Maßnahme brachte die aufgeregten Gemüter schlagartig zur Besinnung und die ganze Gemeinde wieder ins friedliche Gleichgewicht. Der bald darauf erfolgte Franzoseneinfall und die damit verbundenen andersartigen Schwierigkeiten trugen das Ihre zum Dorffrieden bei.

Grellingen

Grellingen, die ursprünglich alemannische Siedlung im Talkessel der Birs zwischen den beiden Klusen Kessiloch und Angenstein, ist den Basler Ausflüglern besonders als Ausgangspunkt für lohnende Fußwanderungen ins Pelzmühletal, durch das Kaltbrunnental ins Schwarzbubenland oder ins Blauengebiet bekannt. Der Grellinger Birswasserfall, der neue Kraftwerkstausee oberhalb des Dorfes und die Felswappen der Grenztruppen im Kessiloch prägen Grellingens Dorfbild nach außen. Ehe der Alemanne Grello seinen Fuß in diesen Talkessel setzte und sich mit seinen Leuten an den Wasserläufen niederließ, hatten bereits Kelten und Rauracher die Höhlen des Kaltbrunnentals bewohnt und Römer auf Schmelzenried ihren Wachtposten errichtet. Doch die Entwicklung der kleinen Siedlung zu einem stattlichen Dorf hat lange auf sich warten lassen. Noch im Mittelalter war nämlich die Talstraße an der Birs praktisch bedeutungslos. Der Verkehr aus dem Welschland nach Basel vollzog sich noch immer über den Plattenpaß (Zwingen–Kleinblauen–Platte) und durch die Klus über Aesch. Während Anno 1586 beispielsweise Aesch bereits 48 Häuser zählte, Duggingen deren 29, Pfeffingen 15 und Nenzlingen 13, bestand Grellingen aus erst 6 Gebäuden. Wie schwach auch noch im 18. Jahrhundert das politische Gewicht Grellingens eingeschätzt wurde, zeigen langwierige Grenzstreitigkeiten mit Pfeffingen und Duggingen, die alle, ohne Ausnahme, zu seinen Ungunsten ausgingen und, wie die Grenzbereinigung von 1746 zum Ausdruck bringt, dem Expansionsdruck der Nachbargemeinden nicht standzuhalten vermochten.

Brachte der Ausbau der Talstraße durch Grellingen während der 1730er Jahre, auf Anordnung des Fürstbischofs Johann Konrad von Reinach-Hirzbach, Ansätze zu einer bescheidenen wirtschaftlichen Entwicklung, so führte die Eröffnung der Jura-Simplon-Bahn Anno 1875 und die damit verbundene industrielle Erschließung Grellingen endgültig den ‹Segnungen› der Neuzeit entgegen. Die 1859 von J. Ziegler-Thoma gegründete erste Papierfabrik im Birstal (seit 1923 Papierfabrik Albert Ziegler & Cie. AG) erlangte durch die Fabrikation von ausgezeichneten Qualitätspapieren internationalen Ruf.

Kirchenrechtlich gehörte Grellingen, wie Duggingen und Nenzlingen, während Jahrhunderten zur Mutterpfarrei Pfeffingen. Die 1864 von Bischof Eugenius Lachat geweihte neue Dorfkirche an der Hauptstraße stand bis zum Bau des reformierten Kirchleins auf der südlichen Talseite im Jahre 1953 den Christen beider Konfessionen offen.

231 Romantische Darstellung der Birslandschaft bei Grellingen, 1824. Noch ist die Talstraße zwischen den Klusen von Angenstein und des Kessilochs nicht ausgebaut. Der Verkehr zieht sich von Pfeffingen über den Plattenpaß nach Zwingen. Rechts ist die 1630 erbaute von Blarersche Fruchtmühle zu erkennen.

232 Die Felsenwappen im Kessiloch, um 1964

«Im Sommer 1914 hatte unsere Kompagnie die Brückenwache im Kessiloch, an der Birs zwischen Laufen und Basel, übernommen. Das Bataillon selber lag in Laufen im Kantonement. Hier, wo sich nur der Fluß und die Straße durch den Engpaß winden, wurde beim Bau der einstigen Jura-Simplon-Bahn eine Brücke für die Eisenbahn gebaut, wie man sie nicht überall zu sehen bekommt: Um einen Tunnel zu vermeiden, wurde die Bahn zuerst über Fluß und Straße und dann mit einer Kurve wieder zurück über Straße und Fluß geführt. Und der Erbauer dieser Eisenkonstruktion war kein Geringerer als der Ingenieur Eiffel, der auch den nach ihm benannten Eiffelturm für die Weltausstellung in Paris gebaut hatte.

Diese Eisenbrücke wurde dann in den zwanziger Jahren abgerissen, weil sie dem starken und vermehrten Ver-

232

kehr der SBB auf dieser wichtigen Juralinie mit den schweren Loks und dem Wagenmaterial nicht mehr gewachsen war. Eine neue, aus Jurakalkstein solid und schön gebaut, ist an die Stelle der alten getreten. Aber 1914 stand noch diese erwähnte Eisenkonstruktion und schepperte schon kräftig vor Altersschwäche, so daß den wachehaltenden Soldaten oft Angst wurde, sie könnte einmal einstürzen. Allerdings war in jenen Augusttagen der Verkehr der Eisenbahn stark eingeschränkt, und es fuhren täglich nur je zwei Züge in jeder Richtung. Aber die Brücke mußte Tag und Nacht unter Bewachung stehen und kein Zivilist durfte sich in der Nähe aufhalten oder gar sich der Brücke nähern. Denn diese Juralinie war eine wichtige Verbindung mit den Truppen im Elsgau (Ajoie), und daher war dieser Posten ungemein wichtig. Die Wache hatte strenge Anweisung, alle stehenbleibenden Passanten aufzufordern, sofort weiterzugehen.

Dort passierte auch jene Episode, welche später die Runde durch die ganze Schweizer Presse machte. Ein etwas schüchterner Soldat, der die neue Situation wohl noch nicht ganz erfaßt hatte, hatte die Wache übernommen, und sein eben abgelöster Kamerad entfernte sich, um in der Hütte sich aufs Stroh zur Ruhe zu legen. Es war eine dunkle und neblige Nacht, die unserm Posten, der so einsam oben auf der Brücke stand, wohl etwas Furcht eingeflößt haben mag. Plötzlich hört er jemand auf sich zukommen – und er ist ganz allein in der Nebelnacht auf diesem Posten. Aber es ist sein Offizier, der die Posten inspiziert. Der Mann atmet beruhigt auf, schmettert einen zünftigen Gewehrgriff und meldet vorschriftsgemäß seinen Vers. Doch der Offizier möchte sich vergewissern, ob der Mann auch wirklich orientiert ist und begriffen hat, weshalb er hier stehen muß, und fragt deshalb, weshalb er hier aufpassen müsse. Der

---

Wahre Unglückswoche
Letzten Montag wurde dem jungen Knecht des Gasser Sales die rechte Hand von seinem eigenen Fuhrwerk ganz zerquetscht, so daß er einige Wochen arbeitsunfähig sein wird. Am Dienstag stürzte bei Zwingen der in unserer Gegend bekannte Erzer von Seewen vom Velo, wobei er einen Beinbruch erlitt und nach Seewen geführt werden mußte. Am Mittwoch sodann stürzte der Landwirth Josef Kaiser, Meiers, über ein hohes Bord und erlitt einen Rippenbruch nebst sonstigen inneren Verletzungen. Am gleichen Abend brachte man aus der neuerbauten Cementfabrik Zwingen den Jüngling Schindelholz, dem von einer schweren Walze der Fuß zerquetscht wurde, so daß er ebenfalls einige Zeit arbeitsunfähig sein wird. Und noch ist die Woche nicht einmal zu Ende. (1899)

immer noch verängstigte Mann stottert: «Herr Lütenent, i mueß ufpasse ... ufpasse, daß i nit unter de Zug chumme!»

Später ist dann in einem Soldatenlied über unsere Grenzbesetzung und ihre Freuden und Leiden auch ein Vers entstanden, der diese Brückenwache erwähnt mit der Strophe:

> Dört obe uf dr Bruggewacht,
> gits au, mi Seel, kei Schlof bi Nacht.
> Do mueß me zünftig Schildwach ritte
> mit Wachtbefähle vo ganze Site.

Es sei noch beigefügt, daß dieser bei schönem Wetter recht idyllische Posten von allen Einheiten, welche hier zur Bewachung angetreten waren, in der Felswand verewigt wurde; jedes Detachement hat dort sein Kantonswappen mit der Nummer seiner Einheit in den Stein gemeißelt und mit Farben gut sichtbar gemacht. Dabei sind einzelne wahre Kunstwerke entstanden. Später wurden die etwas verblaßten Farben auf Anregung des Laufentaler Unteroffiziersvereins aufgefrischt und renoviert, und die vielen Wanderer, welche durchs schöne Kaltbrunnental ziehen, haben ebenso große Freude an diesen Zeichen der Erinnerung an eine schwere Zeit wie die zahlreichen Reisenden, welche im bequemen Wagen der Eisenbahn in den herrlichen Jura fahren. Carl Baumgartner.» – Photo Imber.

---

233 An der Hauptstraße gegen Basel, um 1910.

234 Der Birssteg, um 1908. Photo Jakob Rudin.

Einst und jetzt

In meiner Jugend hatte Grellingen bis zum Einzug der Industrien eine sehr arme Bevölkerung. Die Leute lebten vom Ertrag ihrer geringen Landwirtschaft. Doch waren schöne Waldungen und ein größerer Rebberg vorhanden. Von letzterem hatte fast jeder Bürger ein oder mehrere Stücke. Der Ertrag war gut. Nicht so der Wein, der immer etwas sauer war, aber doch gerne getrunken wurde. Im Sommer gingen die jungen Leute in die weite Umgebung, um Beeren zu sammeln. Wenn wir dann durch die fremden Ortschaften gingen, dann hieß es immer: «Ohä, do chöme die hungrige Grällegä Ärbeeribuebe wieder.» Handel und Verkehr waren gleich Null. Ein Krämer, Mörgeli hieß er, hatte einen kleinen Verkaufsladen, in welchem Zündhölzer, Schuhriemen usw. verkauft wurden. Wirtschaften gab es zwei, das Gasthaus zum ‹Adler›, da wo heute unser Schulpalast steht, und das Gasthaus zum ‹Bären›. Später kam dazu die Wirtschaft zum ‹Tell› von Jakob Kaiser. Mein Vater sel. hatte im ‹Egge›, im heutigen Haus von Konst. Stegmüller, eine große Bäckerei eingerichtet, zwar nicht gerade so modern wie die heutigen Bäckereien der Ortschaft. Wenn einmal in dem großen Ofen gebacken wurde, langte es dann wieder für 14 Tage. Später kamen dann Jakob Kaiser und sein Sohn Achilles Kaiser, ebenso Alexander Kaiser, alles gute Bäckermeister. Nach und nach kamen auch noch andere Handwerker.

235 «Grellingen ist ein Dorf in der Pfarr Pfeffingen in dem Gebiet des Bischthums Basel an der Birs, die unterhalb demselben einen gefährlichen Strudel, in der Büttenen genannt, hat und den Holzflössern sorglich ist.» Aquarell von Anton Winterlin, um 1836.

Das rechte Birsufer ist, soweit ich zurückdenken kann, ganz wenig bewohnt gewesen. Da, wo heute der Schießstand steht, war früher gegen den Wald hin ein kleines Häuschen, genannt s'Götschis Hüsli. Die Fundamente sind heute noch sichtbar. Unten im sogenannten Moos wurde dann das heutige Haus des Emil Aeschi erbaut von einem Martin Saladin, Großvater mütterlicherseits von Aeschi. Saladin hatte große Schwierigkeiten, den richtigen Platz zu finden. Endlich fand er aber doch den rechten Ort. Die Dorfdichterin von Grellingen, s'Lottis Rosä, machte ihm dann den Spruch:

«Der Marti baut ins Moos,
jetzt gohts bald los;
Er lauft bald hin, er lauft bald her,
Er weiß doch nitt, wo der Bauplätz wär.»

Später wurden dann zwei weitere Wohnhäuser erstellt und zwar von Lorenz Saladin, Körber, das jetzige Wohnhaus von alt Sekundarlehrer Saladin, und weiter unten baute Schreinermeister Jakob Bloch das jetzige Wohnhaus der Familie Vögtlin.

Weiter unten, auf den sogenannten Büttenen, wo heute die schöne, stolze und aufs Modernste eingerichtete Papierfabrik steht, war in den 50er Jahren noch eine kleine Säge eingerichtet, wie ich mich noch ziemlich gut erinnern kann. Anfangs der 60er Jahre wurde mit dem Bau der Papierfabrik begonnen und zwar durch den Großvater der jetzigen Herren Ziegler, Herrn Jos. Ziegler-Thoma aus Kriegstetten-Solothurn. Anfangs war es nur eine kleine Fabrik, aber doch sehr willkommener Verdienst für Grellingen. Die Löhne waren damals noch sehr klein. Als 13jähriger Knabe mußte ich schon in die Fabrik und hatte einen Taglohn von 70 Rappen. Nach und nach stiegen dann die Löhne bis zum Jahr 1870/71 (deutsch-französischer Krieg). Alsdann wurden schon per Stunde 20-25 Rappen bezahlt. Im Jahre 1872 reiste ich nach Amerika und blieb dort beinahe vier Jahre. Dann kehrte ich wieder zurück nach meinem lieben Grellingen. In der Papierfabrik fand ich wieder Arbeit und war dann volle 40 Jahre bei den Herren Ziegler beschäftigt. Mit dem 60. Altersjahr nahm ich alsdann meinen Abschied.

Und nun zum linken Birsufer. Dort wo heute die großen Bauten der Industriegesellschaft für Schappe stehen, waren anfangs der 60er Jahre noch keine Gebäude vorhanden. Die alte große Mühle, die weiter oben stand und heute noch als Wohngebäude besteht, gehörte einem Grellinger Bürger namens Niklaus Kaiser. Dieser Kaiser war ein kluger Kopf, und es darf wohl angenommen werden, daß er der eigentliche Begründer der Industrien von Grellingen gewesen ist. Mit den Besitzern der beiden Fabriken war er sehr gut befreundet, und er hat diese Fabrikanten wohl veranlaßt, sich in Grellingen anzusiedeln, womit Grellingen Industrieort wurde. Kaiser war das allerdings nicht zu seinem Schaden, denn durch seine großen Landverkäufe an die Industrieherren und sonstige Spekulationen bei dieser Sache wurde er ein reicher Mann, auch Großrat und Nationalrat. Aber Kaiser wurde Freimaurer und Kulturkämpfer in vorderster Reihe, wobei er von mehreren Gesinnungsgenossen in der Ortschaft unterstützt wurde. Was dieser entfesselte Kulturkampf dem katholischen Jura und besonders auch Grellingen für Leiden gebracht hat, wissen noch viele von uns. Ich möchte diese traurigen Zeiten nicht näher erwähnen, obgleich es für uns Katholiken immer von Gutem sein wird, gelegentlich wieder an diese Zeiten zurückzudenken. – Schließlich wurde aber auch Niklaus Kaiser vom Verhängnis erreicht. Ein großer Teil seines Vermögens ging durch falsche

Spekulationen verloren, wobei allerdings auch noch viele andere in Mitleidenschaft gezogen wurden. Doch Friede seiner Asche!

Ich möchte auch noch unserer lieben Vorfahren gedenken. Im Jahre 1831 wurde unsere Pfarrkirche gebaut. Grellingen war, wie ich schon anfangs sagte, damals noch sehr arm. Deshalb müssen wir den Mut und den Opfersinn unserer Vorfahren bewundern, eine eigene Kirche zu bauen. Ich kann mich noch gut erinnern, wie meine lieben Eltern und die alten Leute oft beisammen waren und dann erzählten, wie die Kirche gebaut wurde. Alles Material: Holz, Steine, Sand usw., mußte fronweise hergeschafft werden, und dabei hatten die Leute, wie ich hörte, die größte Freude, für die Kirche arbeiten zu können. Später wurde die Kirche noch vergrößert und schön renoviert, und bis auf die heutige Zeit wurde sie, dank der gütigen Unterstützung von Wohltätern der hiesigen Gemeinde, stets in gutem Zustande erhalten. Möge dies auch ferner so bleiben.

Grellingen hat sich die letzten Jahre sehr zu seinem Vorteil verändert. Viele und schöne Wohnhäuser sind erstellt worden. Aber auch an der Hauptstraße wurden die Häuser im Allgemeinen schön renoviert, sodaß Grellingen heute als eine der schmuckstesten Ortschaften im Birstal genannt werden kann. Handel, Gewerbe und Wirtschaften sind reichlich, fast nur zu viel vertreten, sodaß ein richtiges Auskommen nicht immer leicht ist, besonders in der heutigen Weltkrisis, die sich auch in Grellingen mehr und mehr fühlbar macht.

Eine ungeheure Umwälzung auf allen Gebieten der Technik ist in den letzten 60 Jahren erfolgt mit Eisenbahnen, Elektrizität, Telephon, Auto, Flugmaschine, Radio usw. Erstaunt möchte man fragen, was noch alles weiter kommen wird und ob alle Neuerungen der Menschheit auch immer zum Guten gereichen. Es wäre vielleicht erlaubt, da und dort ein Fragezeichen zu setzen. Doch sagt ein altes Sprichwort, daß schon dafür gesorgt ist, daß die Bäume nicht in den Himmel wachsen und alles seine Grenzen hat.

Noch möchte ich einige Bemerkungen machen zur Grellinger Politik. Zu den beiden historischen Parteien konservativ und liberal ist in der Neuzeit noch eine dritte, die sozialdemokratische Arbeiterpartei getreten. Letztere bildet nun das Zünglein an der Wage. Die katholische Volkspartei ist indessen die stärkste Partei geblieben. Wenn auch in den letzten Jahren die beiden andern Parteien durch Heirat obenauf schwangen, so denkt die Volkspartei deswegen nicht daran, Selbstmord zu begehen, denn die Ideale unserer Partei, die in zielbewußter, friedlicher, aber auch entschiedener Verteidigung unseres angestammten katholischen Glaubens bestehen, werden immer genug Anziehungskraft und Lebenskraft besitzen, um stets eine stattliche Schar Getreuer dafür schwören zu lassen. – Sigmund Miesch, 1931.

Laufen

Das Laufental ist reich an urgeschichtlichen Funden, doch erscheint die Kirche St. Martin, die älteste der Talschaft, erst im Jahre 1265 urkundlich. Der zur Mutterkirche der Pfarreien Röschenz, Dittingen, Wahlen und Zwingen gehörende Dinghof hatte seinen Standort am Platz der heutigen Martinskapelle. Das mit einer Ringmauer umgebene Meiergehöft gelangte vermutlich Anno 728 in den Besitz des Klosters Murbach. Nicht klar ist, ob der von kirchlichen Gebäuden, Bauernhöfen, Mühle und Getreidestampfe gebildete Komplex des Laufener Dinghofs auch das linke Birsufer belegte.

Die Gründung der Stadt Laufen erfolgte im Jahre 1295, als Bischof Peter Reich von Reichenstein der Ortschaft Laufen dieselben Rechte gewährte, wie sie die Stadt Basel genoß. Die Erhebung Laufens in den Rang einer Stadt geschah wohl in erster Linie aus politischen und militärischen Gründen, d.h. zum Schutz der Verbindungen zwischen Basel und dem Jura. Auch garantierte der Freiheitsbrief die freie Wahl des Rats durch die Bürger, während die Ernennung des Stadtmeiers dem Bischof vorbehalten blieb, der den Fürstbischof im Rat und im Gericht zu vertreten hatte und für die Verwaltung der ganzen Stadt allein zuständig war.

Die auf einer mächtigen dreieckigen Kiesbank in der Birs angelegte Stadt besaß ihren Akzent in den zwei Torzugängen der Hauptstraße. Das obere Tor wurde später mit einer Uhr ausgestattet, weshalb ihm die Bezeichnung

236 Seit alters mit dem Marktrecht begünstigt, wird der Laufener Markt auch heute noch von der Bauernsame der Umgebung rege besucht. Der Markttag findet jeweils am ersten Dienstag des Monats statt. Um 1935. Photo Leo Gschwind.

237 Laufen, 1755

«Ein Städtlein in einer luftigen Ebne lincker Seithen der Birs, in dem Bischoff-Baselischen Amt Zwingen; soll auch den Namen, gleich obigem, haben von einem Wasser-Fall, welchen die Birs daselbst oberhalb der Bruck über einen Felsen herab thut, welcher zwar nicht hoch, aber den Holz-Flößeren um desto gefährlicher ist, als die Bau-Hölzer-Flösse öffters darin bestekken: Dieses Städtlein gehörte erstlich den Grafen von Sogeren, kam hernach an die Grafen von Thierstein, aus denen Walraff selbiges A. 1354. an Bischoff Johannem II. von Basel verpfändet. A. 1530. wollten die Burger dem Bischoff nicht mehr huldigen, sondern einen weltlichen Herrn haben, wurden aber dazu angehalten, ihnen aber die Evangelische Religions-Ubung gestattet, und möchte der Bischoff selbige A. 1548. nicht zur Annahm des sogenannten Interims bringen, und da der Bischoff Jacob Christoph A. 1585. einen Tisch aus dem Wirthshauß in dortige Kirch tragen lassen, selbst die Meß gelesen, und eine Anmahnung zu Abänderung der Religion gethan, hat solches keinen Eingang bey den Burgeren gefunden, A. 1585. aber wurde ihme durch Vermittlung der Cathol. Eydgenößischen Stadt und Orten bewilliget, nebst der Evangelischen auch die Catholische Religion daselbst einzuführen, welches er damahls, und A. 1588. durch ein Mandat verkündigen, und zugleich den Burgeren verbotten, sich deßwegen anderwärtig zubeklagen; dieses Mandat ward beyde mahl erstlich abgerissen, dieselbige aber wurden durch allerhand Mittel gemüßiget sich zu der Catholischen Religion endlich zu bequemen, und erstlich die Evangelische Pfarrer abschaffen und Priester einsetzen, und letztlich auch den 20. Aprilis A. 1589. die Kirch auf Catholische Weise einweyhen zu lassen, A. 1638. hat die Sachsen-Weymarische Armee dieses Städtlein eingenommen, des folgenden Jahres aber durch Eydgenößische Vermittlung dem Bischthum selbiges wieder zugestellt. Es werden auch allda auf den May- und Bartholomäi Tag Jahr-Märckt gehalten.» (1756) – Getuschte Federzeichnung von Emanuel Büchel.

238 Der Laufener Freiheitsbaum, 1894

Aus Anlass ihres Sieges im Abstimmungskampf über den sogenannten Beutezug (Zollinitiative) stellte die Liberale Partei der Stadt Laufen am 4. November 1894 auf dem Rathausplatz einen hochwüchsigen Freiheitsbaum auf. Während der Nacht mußte das Symbol der Freiheit bewacht werden, da die Mitglieder der unterlegenen Konservativen Partei ihn umzusägen trachteten.

‹Zeitturm› zufiel. Besonders an der Nord- und der Westseite war die Stadt von hohen Mauern umgeben, die teils von Türmen durchzogen waren (Hoher Turm, Stachelsturm, Runder- oder Krämersturm). Die mittels Fallbrücken begehbaren Wassergräben bezogen ihren Inhalt aus der Birs oberhalb des Falls bzw. aus dem Überlauf der sogenannten Renimattquelle.

Der Bau der Stadt und der Unterhalt der Ringmauern verlangten große Summen: «Das Stättlin von Lauffen war ganz wüest und tief, also daß schier niemand an der Gassen zue dem andern wandeln mocht.» Im Jahre 1339 überließ Bischof Johann Senn von Münsingen der Stadt die Verwendung der ihm gebührenden Ohmgelder (Weinzoll) von jährlich 16 Pfund Pfennig für den Unterhalt der öffentlichen Anlagen, Mauern und Türme, weil die Baulasten zu drückend wurden. Hatte die Stadt ein Joch an der Birsbrücke zu erneuern, dann mußten auch die umliegenden Ortschaften einen Beitrag leisten. 1533 fronte die ganze Bevölkerung «in der Statt und vor der Statt, mit gemeinen Werchen die Stadt zu besetzen».

Außerhalb der Stadt befand sich das Seßlehen des Hofes Laufen, das, aus Hof, dem Hohen Turm und dem Wassertorturm bestehend, eine Wasserburg bildete. Der sogenannte Hof, der heute das Amtshaus beherbergt, ist im Jahre 1580 erbaut worden und zeigt das Wappen der Blarer von Wartensee. Die alte Wasserburg gelangte mit der Unterstellung der Hörigen des Dinghofs unter das gemeine Recht in den Besitz der Stadt. Neben dem Hof war das Laufener Stadtbild noch von andern bewehrten Gebäuden geprägt. So mit den ‹Wighäusern› der Adelsfamilien von Laufen, von Hertenstein, Ramstein, Staal und Roggenbach. 1586 zählte man in der Stadt 86 und in der Vorstadt 28 Häuser.

Unübersehbare Spuren ließen im Laufental der Bauernaufstand und die Reformation zurück. Folgte Laufen und seine Talschaft zunächst aus wirtschaftlichen Erwägungen dem Bauernaufstand, so entwickelte sich die soziale Bewegung schließlich zur religiösen Umschichtung: Laufen kopierte den Basler Bildersturm, und mit Kaplan Balthasar Lederschneider hielt der erste evangelische Pfarrer Einzug. Obwohl der Bischof wiederholt und energisch auf die Kassierung des mit Basel eingegangenen Burgrechts drängte, gelang es erst Anno 1582, Jakob Christoph Blarer von Wartensee, dem überragenden Erneuerer des

Bistums, die Laufener wieder in den Schoß ihrer Mutterkirche zurückzuführen. 1589 wurde die St.-Martins-Kirche durch den Suffraganbischof von Lyda wieder dem katholischen Glauben verpflichtet, und die verbleibenden standhaften Protestanten hatten die Predigt in Bretzwil oder Münchenstein zu besuchen.

Ein neuer Prüfstein wurde Laufen durch den Dreißigjährigen Krieg gesetzt. Unmenschliche Besetzungen, Brände und Pestseuchen erschütterten die Stadt. Nur 21 Steuerpflichtige (1644) überlebten die Schrecken dieser Zeit. Während der Bauernunruhen von 1730 bis 1740 (Welschhandel) hielt die Stadt zum Fürsten. Die dabei entstandenen «Troubeln wurden mit fremder Waffenhilfe im Blute der Untertanen erstickt». Die Französische Revolution brachte dem bischöflichen Staat den Untergang. Laufen wurde 1793 von den Franzosen besetzt, ihrem Land angegliedert und zum Hauptort des ‹Kantons Laufen› im Departement Mont-Terrible erklärt. Der Wiener Kongreß sicherte 1815 Laufen die Zugehörigkeit zur Schweiz.

In den vergangenen Jahrzehnten hat sich Laufen mit der christkatholischen Stadtkirche St. Katharina, der römischkatholischen Herz-Jesu-Kirche und der protestantischen Kirche beim Bahnhof von der ländlichen Kleinstadt mit vier Jahrmärkten (seit 1748) zum blühenden Industrieort mit rund 5000 Einwohnern entwickelt. Laufener Keramik, Tonwaren, Aluminium, Korkwaren, Kleider, Bonbons, Steine und – bis vor kurzem auch Papier – haben sich einen beachtlichen Marktanteil gesichert. Es wird dem Laufener nachgesagt, er sei weder Berner noch Basler, noch Solothurner, noch Welscher: er sei einzig Laufener. Eine treffende Feststellung, die durch eine stolze Vergangenheit begründet ist.

240   Die alte Holzbrücke, um 1800

1689 erhielt Laufen durch den «beriemten Meister Johann Breidenstein aus dem Baslergebiet von Zeglingen» eine gedeckte Holzbrücke. Der malerische Flußübergang trug den Verkehr bis 1886 über die Birs, dann mußte er durch Zimmermeister Sigmund Cueni aus dem Dittinger Rank abgerissen werden. – Sepialavierte Federzeichnung von Peter Birmann.

239   Kaufmannsschild aus dem alten Laufen – im heutigen Stadtmuseum zu sehen – um 1800.

Der Laufener Chronist im Zwilchrock

Peter Frey hieß er; als Briefträger von Laufen und einfacher Bauer verdiente er seinen Unterhalt. Er lebte von 1801 bis 1874. In freien Stunden schrieb der aufgeweckte Laufner Beobachter seine ‹Chronik›. Schauen wir ihm ein bißchen über die Schulter!

1706 ist das Spital durch ein Testament zu Gunsten der Stadt Armen gestiftet worden, das war ein groß Gutthat, wie mancher Arme hätte seither auf der Gassen müssen verreblen, und wie mancher hat schon in teuren Jahren sein Leben dadurch erhalten. Jetziger Zeit wird nichts mehr gestiftet, denn wie reicher die Leute werden, wie ärmer sie sind.

1813 hab ich aus meinem Bette über Basel gegen Deutschland einen großen Kometstern gesehen. Im gleichen Jahr kamen die Allirten zu uns.

1818. Den 13. Christmonat wurde das Singen am neu Jahr verbotten bey 10 Franken straf.

1830. Die welschen Jurassier wollen sich von Bern trennen. Laufen will bleiben und nicht mit den Welschen machen.

1831. Sind die Trappistennonnen auf Laufen gekommen in den Hof.

Den 2. Oktober 1831 waren viel Landjäger, und Vorstädter Knaben haben sie beim Vorstadtbrunnen geklopft.

1844 fordert Laufen noch einen sechsten Jahrmarkt, jeweilen im August oder den ersten Montag nach Himmelfahrt Maria.

1852. 26. November. Die beiden Einwohnergemeinden Stadt und Vorstadt werden vereinigt.

1853. Amrein aus Luzern erhält in Laufen gratis Logis und Transport von Oberbuchsiten, weil er in Laufen die Strohindustrie einführen will.

1857. 28. August. Ist der König von Belgien mit seinen Herren und Weibspersonen in 4 Kutschen durch Laufen geritten. Sie trugen abgetragene schwarze Kleider und Hüt, wo mancher Armer bey uns am Sonntag schöner gekleidet ist.

1858. Auf der Glashütt zu Laufen (bei der heutigen Station Bärschwil) haben täglich 150 Arbeiter gearbeitet.

Laufen hat nur ein Hof, der Stürmen, dieser ist entstanden 1793. Hat Franz Josef Götschi das Dach ab der alten Kirchen auf dem Kirchhof genommen und damit diesen Hof gebaut. Jetzt haben sie noch ein neu Haus gebaut und ein Garnbuche eingerichtet.

241 Die Vorstadt, 1896

Vor dem Obertor der 1768 von Fürstbischof Simon Nikolaus von Montjoie erbaute Vorstadtbrunnen, der nach dem Ersten Weltkrieg dem Verkehr weichen mußte. Rechts die 1928 abgebrochene alte ‹Krone›, dahinter das 1799 erbaute Birsheim. Links vom Tor das einstige Feningerspital und heutige Stadthaus. Im Vordergrund links der ‹Ochsen› und das ‹Kreuz›.

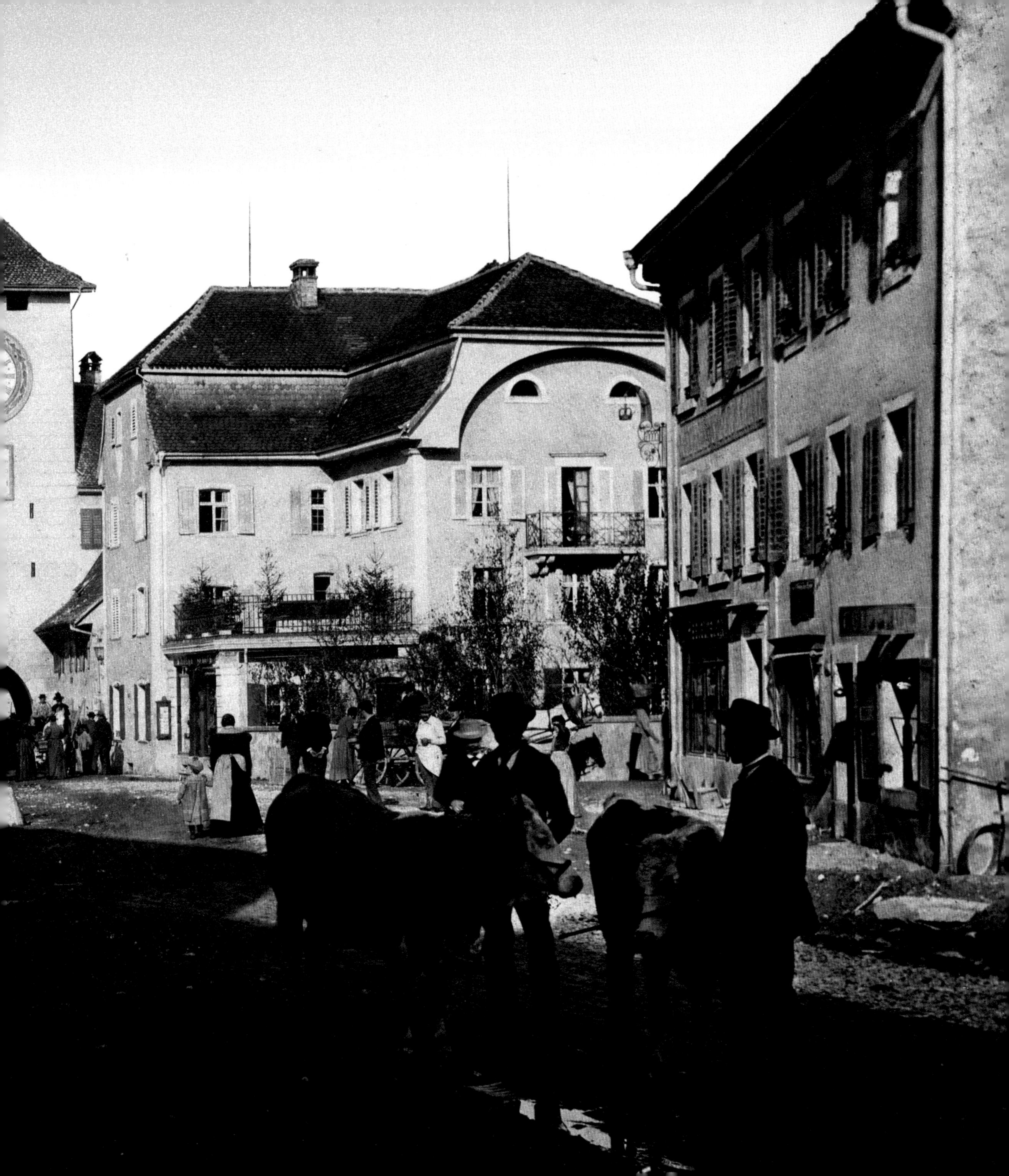

242 Eine der in ihrer Zeit oft gekauften und verschickten Weihnachtskarte aus dem Krämerladen J. Saner-Halbeisen, genannt ‹Salzschuli›, um 1920.

Urdeutsches Städtchen

Obwohl die benachbarten Welschen und ihre Beamten ihm den Namen Laufon gaben, ist es ein urdeutsches Städtchen und gehörte, ehe es 1141 an das Bistum Basel kam, dem Kloster St. Blasien aus dem Schwarzwald. Geschichtskundige Laufener glauben sogar an eine Schwarzwälder Kolonie in Laufen und wollen dies aus der Ähnlichkeit ihrer Mundart mit der des südlichen Schwarzwaldes erklären.

Im Gasthaus zum Lamm kehrte ich ein und unterhielt mich nach dem Essen mit der stattlichen Wirtin. Sie erzählte mir zunächst aus ihrem Familienleben, wie ihr Vater in einer Anwandlung jugendlichen Übermutes sich habe nach Neapel anwerben lassen. Nach langen Jahren kehrte er als neapolitanischer Offizier in Pension heim und kaufte das Wirtshaus, wurde Lammwirt und bekleidete nebenher, wie es bei heimgekehrten Offizieren in der Schweiz vielfach der Fall war, politische Ehrenämter. Seit seinem Tod ist seine Tochter Wirtin; ihr erster Mann starb in jungen Jahren als Tierarzt, und der zweite ist aus dem welschen Jura, ein netter, intelligenter Jurassier, dem man sein französisches Blut auf den ersten Blick ansieht. Er betreibt noch den Fruchthandel und bezieht seine Ware aus Mannheim und Ulm. In ihrem Festsalon, der auf reges Gesellschaftsleben in Laufen schließen läßt, ließ mich die Lammwirtin auf einem Sofa Mittagsruhe halten, und dann fuhr ich zum oberen Tor hinaus ins rauschende Birstal.

Ein prächtiges Waldtal empfing mich, und in ihm sah ich eine neue Fabrikmühle, die ich von weitem für ein Universitätsgebäude gehalten hatte. Die Schweizer müssen überhaupt den Kontrast zwischen ihrer naturschönen Gegend und einer Fabrik fühlen, denn die äußerlich stilvollsten Fabrikgebäude habe ich bei ihnen gesehen. Der einzige Baustil, den unsere Zeit originell ausbildet, ist der Fabrik- und der Kasernenstil, welch letzterer seine meisten Blüten im deutschen Reiche treibt. Was das Land im oberen Birstal so reizend macht, sind die hohen, gestaltreichen Kalkfelsen, die mit riesigen Mauerzinnen die Höhen krönen und sie zu gigantischen Burgen machen.

Zwischen Liesberg und Saugeren fuhr eine Frau mit einem Pferd des Weges vor mir her. Ihren Wagen hatte sie mit zahlreichen Blumenstöcken besetzt, und von rechts und links des Flusses kamen Leute, um ihr Blumen, die sie wohl von Basel hergebracht, abzukaufen. Eine Blumenhändlerin der Art war mir neu und freute mich, denn diese Frau verdirbt sicher nichts an der Volkssitte, was man den vielen anderen Hausierern mit modernem Lumpenzeug nicht nachsagen kann. – Heinrich Hansjakob, 1904.

Lebhafter Markt

Der Maimarkt war gut besucht und viel Vieh aufgeführt. Der Handel ging sehr gut zu ziemlich hohen Preisen sowohl auf dem Großvieh- als auf dem Schweinemarkt, da sehr viele Händler anwesend waren. Der Mangel eines geräumigen Viehmarktplatzes machte sich dießmal wieder entschieden geltend. Ein Händler sagte, es sei nicht möglich gewesen, die Waare richtig anzuschauen, geschweige denn vorzuführen, wie man es an andern Orten gewöhnt sei. Da die Gemeinde schon lange die Vergrößerung des Viehmarktplatzes beschlossen, so sollte man einmal Ernst machen und die Sache erledigen, denn sie ist dringend, sonst riskirt man, daß Händler wegbleiben und der Markt darunter leidet nicht nur zum Schaden der Gemeindekasse, sondern jeglichen Gewerbes. (1897)

Sittenpolizeiliches aus dem alten Laufen

Mit Datum des 18. Januar 1535 ließ der damalige Fürstbischof von Basel in Laufen ‹für das Städtlein und Amt Laufen› verschiedene Polizeivorschriften verkünden, welche einige Einblicke in die Sitten und Religionsgebräuche der damaligen Zeit gewähren.

So wurde damals (lt. Berner Staatsarchiv) von Staates wegen im Amt Laufen mit Nachdruck gegen die Trunksucht angekämpft. Streng verboten war das ‹Zutrinken› oder die Aufforderung zum Trinken. Wer das tat mit Worten, Stüpfen, Wortzeichen oder mit fremden verdeckten Worten oder wie immer, verfiel einer Strafe von 5 Pfund Stebler. Wer das Zutrinken sah oder merkte und es dem Amtmann nicht anzeigte, soll der gleichen Strafe verfallen wie der Täter selbst. Desgleichen die Wirte oder ihre Dienerschaft. Fremden Gästen mußte der Wirt diese Bestimmungen alsbald mitteilen.

Ohne wichtige Ursachen durfte nach 9 Uhr abends kein Wein mehr aufgetragen werden. Wer den Wirt zur Pflichtverletzung zu verleiten suchte, verfiel einer Strafe von 40 Stebler. Der Wirt war bei seinem Eid verpflichtet, den oder die Schuldigen beim Amtmanne anzuzeigen.

Wer sich betrank, so daß er nicht mehr gehen konnte, oder sich erbrechen mußte oder sonst unanständig sich benahm, der mußte 24 Stunden bei Wasser und Brot in die Gefangenschaft oder 1 Pfund Strafgeld bezahlen.

Nicht weniger scharf wurde gegen das schändliche Gotteslästern vorgegangen. Wenn einer einen Andern Gott den Allmächtigen, seine auserwählte Mutter Maria oder seine lieben Heiligen in Worten lästern hörte, in Wirtshäusern oder auf der Gasse oder wo es immer sein möchte, so mußte er den Gotteslästerer christlich oder brüderlich zurechtweisen. Verharrte derselbe bei seinen Lästerungen, so verfiel er ohne weiteres einer Buße von 5 Pfund Stebler. Der gleichen Buße wie der Lästerer selbst verfiel derjenige, welcher die Ermahnung unterließ. Wer die Geldbuße nicht entrichten konnte, mußte sie im Kerker absitzen.

Inbezug auf die Sonntagsheiligung wurde vorgeschrieben: Es solle dies nach dem Gebot Gottes geschehen. «Vor Verkündigung des Gotteswortes (vor dem Gottesdienst) sollte darum niemanns essen oder trinken, auch kein Wirt jemans darvor zu essen oder zu trinken geben, es wäre den fremden reisenden Gästen.»

Verboten war auch das Vogelfangen vor der Predigt, das Fischen und Schießen sowohl mit Büchsen als mit Bogen, oder etwa zur Kurzweil, in die Scheiben oder auf ein Ziel. Den Metzgern war verboten am Sonntag Fleisch zu verhauen «oder Kutteln zu verkaufen, es were dann nach der Predigt, so Ine am Samstag von Kutteln etwas überblieben wäre, alles bei Vermeidung einer Peen und Straf von 3 Pfund Stebler».

Spielen mit Würfeln war nicht erlaubt. Sonstiges Spielen zur Kurzweil oder höchstens um einen Rappen, auch Keglen um Kleingeld zu Zeiten, wo es nicht Pflicht war, «am Gottesdiensten zu sein», war erlaubt. Wer gegen diese Vorschriften sich verfehlte, wurde mit 3 Pfund Stebler gebüßt.

Endlich wurde auch der Besuch der jährlichen Kirchweihen oder ‹Kilbinen›, der vielfach mehr dem Weine als dem Gottesdienst zuliebe geschehe, woraus viel ‹Unraths› entsprungen, bei Strafe verboten, beziehungsweise eingeschränkt, sodaß niemand über 2 Meilen weit eine Kirchweihe besuchen durfte, «es sei Weyb oder Mann, Jungs oder Alts, vom Stettlin oder ampt Lauffen», es wäre denn, daß er aus christlicher Andacht dieselben besuchte und ohne bei den Wirten einzukehren sich heimwärts verfügte.

243 Die Eiserne Brücke, 1916

Anstelle der alten Holzbrücke über die Birs ist 1886 durch die Berner Maschinenfabrik Pümpin und Schopfer mit dem Bau einer Brücke in Eisenkonstruktion begonnen worden. Während der Montagearbeiten führte die Birs Hochwasser und riß einen Brückenbauer in den Tod. 1929 hatte auch dieses Bauwerk ausgedient. Seine Ersetzung erfolgte aus solidem Laufenstein.

Z Laufe a der Birs

Erscht am Obe ghörsch se brichte
D Birs, wo über d Felse rennt:
Weiss vo Chrieg un Heldegschichte,
Wo kei Mensch im Stedtli kennt.
Mahnt is i dr tiefschte Nacht:
Blybet eister uff dr Wacht!

Alte Geischt i noije Muure,
Gsunge, grade Heimetstolz,
O im Ungfell nit versuure,
Das isch währschaft Laufnerholz.
Chlyni Stadt mit großer Gschicht
Bhalt dy liebe alte Gsicht!

Albin Fringeli

Liesberg

Liesberg ist von einem Kranz alter Namen umwoben. Das Wörterbuch der Erdkunde von Markus Lutz nennt es ‹Juliemont›. Im französischen Dialekt begegnet uns ‹Hicurtimont›, was den Gedanken aufkommen läßt, Liesberg sei mit einem Hügelgarten vergleichbar gewesen und hätte bei den Römern diesen Sinn gehabt. Der Ursprung ‹Liespergs› (1272), des ersten deutschsprachigen Dorfes östlich von Delsberg, verliert sich in unerforschtem Altertum, wobei die Höhle bei der Liesberger Mühle vorgeschichtlichen Charakter aufweist. Die während des Baus der Eisenbahnlinie Anno 1874 neu entdeckte Grotte verwahrte wertvolle Fundgegenstände, von denen Feuersteinknollen, Messer, Bohrer und Schaber den Aufenthalt von Steinzeitmenschen belegen, wie Knochen die einstmalige Existenz von Höhlenbären, Edelhirschen, Steinböcken und Bisons in dieser Gegend verbürgen. Obwohl Liesberg nicht direkt an der keltisch-römischen Heeresstraße lag, ist auf einer benachbarten Anhöhe von einem Militärposten die Rede. Die keltischen Rauracher huldigten einem Götterdienst ohne kultisch geweihte Gebäude, denn die Natur bildete mit ihren Eichenhainen genügend natürliche Waldesdome. Den zahlreichen Göttern wurden auf hohen Felsen, an Quellen und Flüssen, während des Nachts Opfer dargebracht. Besonders den Sonnengöttinnen. An diesen Kult erinnert das Hofgut ‹Hölle›. Der oberhalb dieser Siedlung emporragende zackige Fels bot für priesterliche Handlungen günstige Voraussetzungen. Auf diesem Stein entflammten zur Fasnacht und bei Sonnenwende mächtige Feuer. Noch zu Anfang des letzten Jahrhunderts rüsteten dort die Dorfbewohner ihre

Fasnachtsfeuer. Der ‹Hölle› gegenüber liegt an einem wildromantischen Abhang die ‹Teufelsküche›. Und auch da konnten steinzeitliche Funde sichergestellt werden. Diese weisen auf die Mythen des Wischnu, des volkstümlichsten der indischen Gottheiten. Kultische Opferstätten befanden sich auch auf dem ‹Räsbergfelsen›, wo sich einst ein römischer Wachtposten erhob, der durch Rauchsäulen und Feuerzeichen mit dem Hauptwachtposten des Laufentals, dem ‹Stürmenkopf›, in Verbindung stand.

Belegen solchermaßen interessante Überreste die Zeit der Vorgeschichte und der römischen Niederlassungen in der Gegend von Liesberg, so beginnt die Zeit der schriftlichen Überlieferungen im Jahre 1365, als Bischof Johann Senn von Basel verschiedene Güter an Junker Hennemann von Neuenstein veräußerte. Im 15. Jahrhundert hatte das Dorf den barbarischen Einfall der sogenannten Kappelerbande aus Laufen zu beklagen, die verschiedentlich verheerende Verwüstungen anrichtete, bis am 22. September 1491 die eidgenössische Tagsatzung zum Rechten sah. Nachdem die Bürgerschaft auch hier sich der Reformation angeschlossen hatte, bewog 60 Jahre später Bischof Christoph Blarer die Liesberger zur Rückkehr zum alten Glauben. 1697 wurde die offenbar sehr alte St.-Peters-Kirche abgetragen und durch eine neue ersetzt, die 1707 geweiht und 1840 vergrößert wurde. Liesberg, aus dem Bahnhofquartier, Riederwald und dem eigentlichen Dorf gebildet, ist heute nicht nur den Baufachleuten wegen seines Portlandzements bekannt, sondern auch den Fossiliensammlern, die in der Tongrube immer noch mit Erfolg nach seltenen Versteinerungen suchen.

244 Liesberg, 1789

«Von Laufen nach Saugern bekommt die Landschaft ein ernsteres, rauheres und ländlicheres Ansehn; gewölbte Felsen, die Reihen von Tannen zu Fußgestellen dienen, entfernen sich bald wieder von dem Wege und dem Flusse, den sie drängten, und umfassen Wiesen und einsame Meiereien. Unweit der Glashütte hat die Natur ein vollkommenes Bollwerk gebildet. Es zieht die Blicke des Reisenden durch die Regelmäßigkeit seiner gigantischen Formen auf sich, und scheint bestimmt zu sein, das Defilee, wo es liegt, zu verteidigen. Unter dem Dörfchen Liesberg bemerkt man einige natürliche Höhlen, welche den Herden gegen den Sonnenbrand und Regen zum Schutz dienen: wenn man hier einen schlafenden Hirten erblickt, von seinen wiederkäuenden Kühen, oder an den Büschen hangenden Ziegen umgeben, so glaubt man sich in eine Ekloge versetzt und Virgils reizendes Gemälde vor sich zu finden.» – Aquatintablatt.

Wildschweinplage

Letzten Donnerstag gelang es endlich unseren Wildschweinjägern auch wirklich eine zu erjagen und zwar ein gewaltiges Thier, beinahe aufnahmsberechtigt beim 100-Kiloverein. Von der großen Heerde, es seien einmal 23 Wildschweine beieinander gesehen worden, sind diesen Winter erst 3–4 erlegt worden. Allerdings dürften von den angeschossenen auch noch einige verendet sein, indessen werden diese Saaten- und Wiesenschädlinge im Frühjahr und Sommer zu einer wahren Landplage werden, wenn es nicht gelingt, ihre Zahl noch tüchtig zu vermindern. Es ist deßhalb um so unbegreiflicher, daß der Landesfürst von Delsberg sich wegen Grenzverletzung beschwert, wenn die Laufenthal'schen Jäger bei den Treibjagden vielleicht einige Schritte auf fremden Boden verirren. Wie uns mitgetheilt wird, wurde am Samstag in Liesberg ein zweites Wildschwein erlegt. Das gibt saftigen Braten! Hoffentlich ist es nicht das letzte, dem in diesem Winter der Garaus gemacht wird, denn die Borsteriche sind in unserm Revier zu zahlreich. (1898)

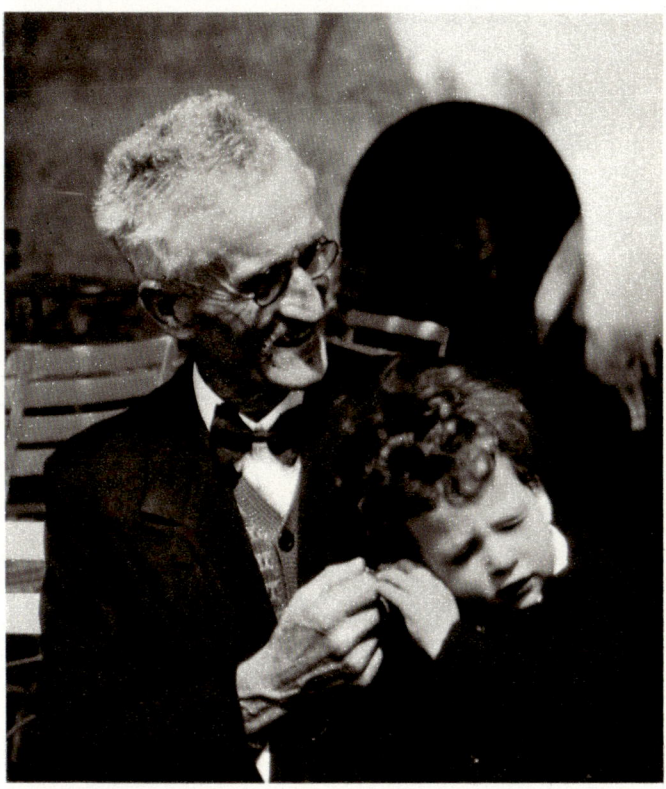

245 Baptist Anklin-Jermann (1873–1968), Krämer und Landwirt im Unterdorf Zwingen, hat eine reiche Auswahl an Glasnegativen hinterlassen. Er stand im Ruf, als erste Autorität der photographischen Kunst Land und Leute des Laufentals mit der Linse festgehalten zu haben. Der nachfolgende Laufentaler Bilderbogen vermittelt einen adäquaten Querschnitt durch sein vielfältiges Schaffen.

246	Das ‹Rößli› in Röschenz, um 1916
247	Bauernfasnacht, um 1912
248	Buuremetzgete, um 1908
249	‹Modeäffchen›, um 1905

Laufentaler Bilderbogen

250	Schwesternpaar in Sonntagsstaat, um 1900
251	Ein Hausbackofen wird aufgemauert, um 1907
252	Beim Ziegelmachen, um 1910
253	Holz fürs Fasnachtsfeuer, um 1912

254	Beim Dorfschmied, um 1910
255	Unter dem Weihnachtsbaum, 1918
256	Winterfreuden, um 1925
257	Hoffnungsvoller Nachwuchs, um 1910

Laufentaler Bilderbogen

258	Auf dem Weg zum ‹Grasen›, um 1925	260	Auf Arztvisite, um 1910
259	Geschwisterpaar am Tag der Ersten Kommunion, um 1905	261	Nach dem Sonntagsspaziergang, um 1910
		262	Skeptische Jugend, um 1918

263 Fronleichnamsprozession, um 1925
264 ‹Hochalpines Unternehmen›, um 1902
265 ‹Dorfgewaltiger›, um 1915
266 Ungewohnter Umgang mit der neuen ‹Pferdestärke›, um 1920

Laufentaler Bilderbogen

267 Ausflug ins Kaltbrunnental, um 1908
268 Weiterbildungskurs für Hausfrauen, um 1906
269 Im gemütlichen Kreis des Kirchenchors, um 1906

270	Kraftstrotzende Jünger Vater Jahns, um 1910
271	Beim ‹Dittiwägele›, um 1905
272	Stolze Velozipedistin, um 1910
273	Beim Holzsägen, um 1910
274	Umbau der Zwingener Bäckerei Anklin, um 1908

Laufentaler Bilderbogen

275 Erstkommunikanten in festlicher Bekleidung, um 1908
276 Trotz größter Armseligkeit: Zur körperlichen Ertüchtigung bereit, um 1905
277 Mit dem Bierfuhrmann unterwegs, um 1918
278 Winter im Kaltbrunnental, um 1902

Nenzlingen

In seinem ‹Dictionnaire Historique› von 1901 schreibt Abbé Daucourt: ‹Nenzlingen nimmt ein sehr kleines Plätzchen ein in der Chronik unseres Landes, und wenn es stimmt, dass Völker ohne Geschichte glücklich sind, so müßte das auf dieses Dörfchen zutreffen, das weit ab von Hast und Getriebe die stille Ruhe und Einfachheit genießt, die es seiner Abgeschiedenheit verdankt.» Nenzlingen liegt von alters her zwischen zwei Verkehrswegen, die es aber nicht direkt berühren. Die wichtige Handelsstraße, die Basel mit dem oberen Birstal und Biel verband, führte schon zur Zeit der Römer über die Platte. Ein anderer Weg umging die wilde Klus bei Angenstein von Grellingen aus über das Schmelzenried und Pfeffingen. Trotzdem blieb das kleine Dorf von den geschichtlichen Ereignissen nicht unberührt, es teilte im großen ganzen das Schicksal des Laufentals. Einst im Besitz der Grafen von Thierstein, der Herren von Ramstein und der Edlen von Rotberg, kam ‹Ranzelingin› (1194) im Jahre 1462 ins Eigentum des Bistums Basel. Die stürmischen Wellen, welche die Reformation im alten Bistum warf, erreichten auch diese entlegene Gegend. 1526 nahm das Dorf die Reformation, mußte aber durch obrigkeitlichen Zwang 1589 wieder zum alten Glauben zurückkehren. 1756 erhielt die Gemeinde eine eigene Kirche. Die Schweden im Dreißigjährigen Krieg und die Franzosen, die Anno 1798 das Bistum Basel besetzten, verbreiteten Furcht und Schrecken bis zu den Hängen des Blauen hinauf. 1802 wurde Nenzlingen mit Grellingen vereinigt, doch verfügte Bern 1845 wieder die Trennung der beiden Orte.

Es mag sein, dass Römer das Gebiet rodeten, wo sich heute fruchtbare Felder und die sonnige Nenzlinger Weide ausbreiten. Es gibt aber auf Nenzlinger Boden Zeugen aus viel älteren Perioden. Als in der Steinzeit die Jäger durch das wildreiche Birstal zogen, fanden sie Unterschlupf in den zahllosen Höhlen und Grotten, an denen der Korallenkalk des Jura reich ist. Einer dieser Jäger muß wohl auf seinem Streifzug vom Tod ereilt und von seinen Kameraden in der Höhle an der Birsmatte begraben worden sein. Vor einigen Jahren entdeckte ein Forscher seine Gebeine. Damit hat Nenzlingen wenigstens in der Vorgeschichte einen wichtigen Platz erhalten, denn es handelt sich bei den Knochen um das älteste menschliche Skelett, das auf Schweizer Boden gefunden wurde. Es stammt aus dem späten Mesolithikum und wird also mindestens fünftausend Jahre alt sein.

Wenn wir in Nenzlingen das kleine, von Pfarrer Paul Lachat aufgebaute Ortsmuseum besuchen, können wir die Geschichte der Gegend bis zur Entstehung der Juraberge zurückverfolgen. Allerhand Versteinerungen erinnern an die Zeit, als noch Meere diese Höhen bedeckten. Von der alten Heerstraße kündet ein römisches Hufeisen; Zeugen des Handelsweges über die Platte sind ein paar Kupfermünzen. Vieles, das vor noch nicht sehr langer Zeit dem bäuerlichen Leben gedient hatte, ließ der Fortschritt von Technik und Mechanisierung bereits zum historischen Gegenstand werden. Als noch der Ochse mit dem Pflug die Furchen durch den Acker zog, als der Schnitter mit Sichel und Sense mähte, brachten wohl die Kinder den durstigen Feldarbeitern einen frischen Trunk im ‹Lögeli›, dem kleinen hölzernen Weinfäßchen. Vor Zeiten zog der Sanitäter oder Feldscher mit dem ‹Labsiech›, heute sagen wir ‹Wäntele›, ins Feld, um die armen Verwundeten mit einem kräftigen Schluck zu erlaben. Wenn im Ort ein Brand ausbrach, stellten sich die Dorfgenossen einmütig in langer Reihe zum Kampf gegen das Feuer, und die ledernen Löscheimer flogen mit Wasser gefüllt von Hand zu Hand: So wandelt sich die Zeit...

Allerhand Chütz us em Laufetal

I will us der Jugendzit brichte vo mine erschte Erinnerige. Es isch denn noni gsi wie hüt. Do hets alti, armi Lüt gha, die chum z'läbe gha hei. Wenn so eine 3-4 Batze verdienet het, isch es de vill gsi. Aber wäge dem het keine der Chopf lo hange. Die hei no Stolz gha sälber durezcho. Vo settige alte Lütte will i eis brichte.

Der Wyreschnider het me einm gseit. Dä wär Schnider g'si, aber är isch lieber gwalzt und het näbeby körbet. Er het eüs albe Pickelhube gflochte as es e Freud gsi isch. Derbi het er guet chönne ryme, was em mängs guets Mümpfeli itreit het. Der Profässer Reinhart het em der Schüfelidichter gseit. Au ihn het er mit däm erwütscht.

Der Cherfranz isch e Holzer gsi. Het ei Tag do gholzet und der anger dört, bis er im ganze Dorf ume gsi isch. So isch er s'ganz Johr verpflegt worde mit sim gottgsägnete Appetit. Chleider het er gha wie hüt die nöiste Muschter. Er het mi seel sälb mol scho ne Idee gha vom hüttige Tarne. Er isch e ganz flissige Holzspalter gsi und het kei Tag gfehlt. Aber wenn me zum Äsne grüeft het, wenn scho ufzoge gsi isch, het er d'Achs uf e Block abgleit, und nüme gschlage. Deheim het er e großi Sammlig gha vo Bildlene und Stoffräste. Uf dene isch er do einisch igschlofe und nümme erwachet.

Aber au Fraue hets settigi gha. Eire het me s'Güggli gseit. Die het johrelang im Summer d'Küeh ghüetet, und ebe will sie all Morge ghornet het, so het si s'Güggli gheiße. Jede Morge ischs mit der Waar z'Weid i Bärg ufa.

s'Finkelehni het us Schtrau Finke gmacht, die hei so warm geh wie die wo me hüt chauft, nume sie sie viel billiger gsi. Es het Schtrauzüpfe gflochte, die zsäme gnäit, usgfüetteret, und so het me i jeder Größi chönne Finke ha.

De s'Wägmachermarie het eister glismet und het vo Schofwulle Schtrümpf glismet. Die hei der Pansch möge verlyde. D'Wulle isch gschpunne worde vom Scheriursi. Das het es Spinnrad gha fasch so groß wie me früecher Velo gha het. Es isch immer öppe zue eüs cho Milch reiche i sim lugge Tschöbli. I vergisse nie, wie's

einisch bugeret het, wonem e Tube öppis het loh i Äcke gheie. S'het gmeint es hät au i d'Milch chönne goh.
Item, so hei die drei letschte Fraue enanger i d'Häng gschafft as mir Junge warmi Füeß gha hei. Me het aber sälb mol weni vo Gfröri ghört. Un der Pfnüsel isch nit so guet grote wie im Zytalter vo den sidige Strümpf. – Der Rosinlithaler, 1928.

Uff der Nänzliger Waid

Jurafelse, wättergraui,
Dämmere-n-im Hindergrund,
Dannewälder, dunggelblaui,
Degge lieblig's Higelrund,
Und dervor ziehn d'Wulggeschatte
Iber's Buechegrien und d'Matte.
Sammetwaichi scheeni Fälder
Traume-n-ihre Summertraum,
Und ihr Liedli ruusche d'Wälder,
Ruusche's lys vo Baum ze Baum;

Sunntigsstilli! Haimetrueh!
Lueg di um! Was saisch derzue?
Nyt, i schwyg und loß
d'Gidänggli
Schwaife-n-iber's grieni Rund,
By der Aiche-n-uff säll Bänggli
Setz i mi und lueg mi gsund.
Wenn der eppis z'sage hätt,
Haimet, wär' e Danggibätt.
  Theobald Baerwart

279 Dorffasnacht, um 1905

«Im Laufental hat sich bis auf den heutigen Tag (1898) eine uralte Sitte forterhalten, nämlich das sogenannte Scheiben-Schlagen. Um die hellodernden Fasnachtsfeuer, welche wohl heidnischen Ursprungs sind und an die Tag- und Nachtgleiche oder Frühlingssonnenwende erinnern, sammelt sich die Jungmannschaft des Ortes und schleudert glühende Holzscheiben in die Nacht hinaus.» Während auf dem Bild hinter dem ‹Hochsitz› das alte Nenzlinger Schulhaus zu erkennen ist, hält sich im Vordergrund Lehrer und Gemeindeschreiber Emil Oser unter der Dorfjugend auf. – Photo Baptist Anklin.

Roggenburg

*Was das auf einer Anhöhe über der Lützel gelegene Dorf von seinen Nachbargemeinden in historischer Hinsicht abhebt, ist sein bemerkenswerter kirchlicher Status: Seit dem Jahr 1207, als Leutpriester Ulrich die Seelsorge übte, wird ‹Rocgenberg› von einer eigenen Geistlichkeit betreut. Seinen Wohnsitz aber hatte der Pfarrer bis zum Bau der St.-Martins-Kirche Anno 1635, die bis 1802 auch den Gläubigen des Sundgaudorfs Kiffis diente, in Kleinlützel. Bezeugen Münzen und Überreste eines Wachtturms die längst verblichene Anwesenheit von Römern in der Gegend, so vermittelt eine Urkunde, daß am 11. Februar 1207 Graf Rudolf von Thierstein den ihm zustehenden Kirchensatz in Roggenburg um 80 Mark Silber dem Frauenkloster Kleinlützel veräußerte. 1264 gelangte dieser dann durch einen Heinrich, ‹Erwählter von Basel›, und das Domkapitel an das Basler Chorherrenstift St. Leonhard. Den den Edeln von Steinbrunn gehörenden Teil dieses Privilegs trat Walter von Steinbrunn 1274 feierlich an die Abtei Großlützel ab, die 1504 auch denjenigen der Konventualen zu St. Leonhard erhielt und solchermaßen bis 1793 ihre Rechte in Roggenburg beanspruchte. Das Grundrecht stand indessen weiterhin den Grafen von Thierstein zu, bis sie es 1454 an Bischof Arnold von Rotberg verkauften. Nach der Französischen Revolution dem bernischen Amtsbezirk Delémont zugeteilt, kam Roggenburg am 1. Januar 1976 als 13. Gemeinde zum Amtsbezirk Laufen.
Schwere Pestepidemien im 17. Jahrhundert führten zum fast gänzlichen Verlust der angestammten französisch sprechenden Bevölkerung. Deutschsprachige Zuzüger*

wandelten den Ort in der Folge schließlich zu einer Gemeinde deutscher Sprache. Einen erneuten Bevölkerungsschwund erlitt Roggenburg um die letzte Jahrhundertwende durch massive Auswanderungen. Heute zählt das Laufentaler Bauerndorf im Lützeltal mit seinen 223 Einwohnern nur noch halb soviel Seelen wie vor hundert Jahren.

280 Bei der Birsquelle, um 1800

«Birs, auch Birsch, Bürs, Birsa, Byrsa, und Bire, ist ein kleiner Fluß, der in dem Bistum Basel, oberhalb Tachsfelden, aus dem Jurten, gerad unter dem durchgehauenen Felsen oder Paß, Pierre pertuise, entspringt: er durchstreicht das Münsterthal, fließt hernach durch die Roche oder zwischen hohen Felsen bey Rennendorf in das Delsperger- und weiter in das Laufer-Thal, und nachdem Er bey Delsperg die Sorn, bey Laufen die Lützel, und sonst noch einige geringere Bäche verschlungen, laufet er unten an Pfäffingen, Angenstein, Dorneck, und Münchenstein vorbey, und ein Viertel-Stund oberhalb der Stadt Basel in den Rhein. Er trägt keine Schiffe, wohl aber Holz-Flösse: In diesem Fluß wird alljährlich im Frühling eine erstaunliche Menge gewisser Fischen, so man Nasen nennet; in denen zu solchem End aufgespannten Garnen gefangen, so daß deren zuweilen in einer Nacht viele Tausend auf einmal eingethan werden, und die ganze Stadt und Landschaft Basel sich einige Wochen durch um einen wohlfeilen Preis daran satt essen kan.» (1750) – Sepialavierte Federzeichnung von Peter Birmann.

Röschenz

Wer fremden Leuten eine wenig bekannte Gemeinde schildern will, wird sich bemühen, den betreffenden Ort durch hervorstechende Merkmale zu kennzeichnen. Im ‹Handlexikon der Schweizerischen Eidgenossenschaft› stellt uns M. Lutz im Jahre 1856 das auf einer sonnigen Terrasse liegende Dorf Röschenz vor. Einst wie heute strömt die Kaltluft vom Blauen ins Tal hinab. Dort unten bildet sich der Nebel. Das Laufenbecken gleicht zeitweise einem See, der bis zur Kluse beim Schloß Thierstein reicht. An solchen Tagen läßt sich die Ebene von Rö-

schenz mit einer Laube vergleichen, die dem sinnenden Betrachter einen fesselnden Blick ins Schweizerland gewährt.
Obwohl die Terrasse am Blauen eine günstige Wohnlage bildet, wollen wir die schweren Sorgen der alten Röschenzer nicht vergessen. In trockenen Jahren waren die Einwohner oft gezwungen, das Wasser an der Lützel drunten, am ‹alten Brunnen›, zu holen. 1948 wurde eine Pumpanlage erstellt. Schon am Ende des letzten Jahrhunderts entstand der Reservoirbau an der Challstraße. Viele Verhandlungen waren nötig, bis man im Herbst 1974 melden konnte, die Gemeinde Röschenz habe die Wasserversorgung glücklich gelöst. Zahlen vermögen nicht immer unsere Aufmerksamkeit zu fesseln. Manchmal aber können sie uns willkommene Auskünfte vermitteln. Sie geben uns sogar Auskunft über die Zustände früherer Zeiten, sobald wir die Statistiken aufmerksam betrachten und überdenken. 1870 zählte Röschenz 502 Einwohner, 1880 waren es nur noch 489. Die schweren Zeiten steigen vor uns auf. Jene trüben Jahre, da aus unserer Gegend Hunderte auswanderten, um jenseits des Meeres eine neue Heimat zu suchen. Keine Industrie. Magere Jahre! Nach dem Bau der Jura-Simplon-Bahn gab es im Birstal bescheidene Verdienstmöglichkeiten. Wenn auch die Löhne niedrig waren, man war doch nicht mehr gezwungen, das Heim zu verlassen und sich in einer kalten Fremde anzusiedeln. Im Jahre 1950 zählte Röschenz 887 Seelen. Bis zum Jahr 1977 wuchs die Bevölkerungszahl auf 1231 an. Wie bescheiden muß es aber im Jahre 1580 auf der sonnigen Terrasse ausgesehen haben, als das Bauerndörflein bloß von 165 Menschen bewohnt war! Fangen die Zahlen nicht an zu reden? Neben den kriegerischen Ereignissen der vergangenen Jahrhunderte brachten auch Krankheiten die Statistik in Unordnung. Und der Dreißigjährige Krieg vollzog seine Plünderungen und blutigen Verfolgungen bis nach Röschenz hinauf. Dem Schrecken des Krieges folgte die Pest, der ‹Schwarze Tod›. In der Zeit von 1628 bis 1637 starben in Röschenz 88 Personen. Wir begreifen es gut, daß unsere Vorfahren den Namen der Krankheit immer gemeinsam mit einer innigen Bitte aussprachen: «D Pescht, Gott bhiet is drvor!» sagte man. Wir wissen, wie sehr der Bauer vom Wetter abhängig ist. Es ist deshalb verständlich, daß man zu allen Zeiten beabsichtigte, das Einkommen durch einen Nebenerwerb zu verbessern. Im 18. Jahrhundert hat man es in Röschenz sogar mit der Schatzgräberei versucht. Mehrmals wollte man Silber zutage fördern. Versuche beim ‹Silberloch› wurden 1770 und 1784 unternommen. Der Hoffnung folgte die Enttäuschung. Sicherer waren die Köhler, die im Chohlholz und in der Chohlrütti ihre Meiler aufbauten. Es brauchte viel Arbeit und gute Kenntnisse, bis das Holz für einen Meiler von etwa fünf Metern Durchmesser beisammen und sorgsam aufgebaut war. Es war aber ein Gewerbe das nicht um den Absatz bangen mußte. Die Schmiede und die Eisenschmelzereien waren gute Abnehmer. Die Hausfrauen erbaten sich vom Köhler kleine Mengen von Holzkohlen fürs Bügeleisen. Wer heute

281 Der ehemalige Gemeindepräsident im Altersstöckli, um 1945

Zu den angesehensten Röschenzer Bürgern der ersten Hälfte unseres Jahrhunderts gehörte Adolf Sprecher-Meyer (1860-1947): Der passionierte Landwirt und Jäger, Vater von elf Kindern, amtete während 44 Jahren als Zivilstandsbeamter und diente dem Gemeinwesen zudem während 14 Jahren als Präsident. Mit dynamischer und offener Politik führte er ‹sein› Dorf einer gedeihlichen Entwicklung entgegen. – Photo Leo Gschwind.

aufmerksam durch die Wälder streift, beim Chohlholz und in den Schlegelhollen, kann hin und wieder einen ehemaligen Kohlplatz entdecken. Hier wurde also gearbeitet und gewacht, daß der Meiler nicht in Flammen aufging und die schwere Arbeit umsonst gewesen war. Die Röschenzer haben die Köhlerei längst aufgegeben. Im Nachbardorf Kleinlützel ging der Köhler Eduard Christ noch zur Zeit des Zweiten Weltkrieges in den Wald, um nach gewohnter Art den Meiler aufzubauen.

Einst trieb man das Vieh in den Wald. Die Waldweide war freilich für die Waldwirtschaft nicht förderlich. Die Freude am jungen Buchenlaub wollten die Bauern ihren Ziegen nicht verderben! Saftige Gräser gab es da und dort zwischen den Waldbäumen.

Mehr als ein Jahrtausend herrschte die Dreifelderwirtschaft. Man sprach auch in Röschenz von der Kornzelge, *der Haferzelge und der Brachzelge. Heute erinnern uns nur noch die Flurnamen Oberfeld, Hinterfeld und Niederfeld an die Tage des Flurzwangs. Im Gegensatz zu verschiedenen Birstaler Gemeinden haben die Röschenzer scheinbar keine große Lust gehabt, sich intensiv dem Rebbau zu widmen. Dafür nimmt die Verarbeitung des Kalksteins eine hervorragende Stellung ein. Seit langer Zeit sind die Röschenzer Steinhauer als Kenner und Könner bekannt.*

Röschenz bildet erst seit dem Jahre 1802 eine eigene Pfarrei. Vorher besuchten die Röschenzer den Gottesdienst in Laufen. Mit den Laufentalern sind auch sie während der Reformationszeit zum neuen Glauben übergegangen. 1589 kehrte die Gemeinde zum katholischen Glauben zurück. Seit 1833 besitzt Röschenz anstelle der 1725 erbauten St.-Anna-Kapelle eine eigene Kirche.

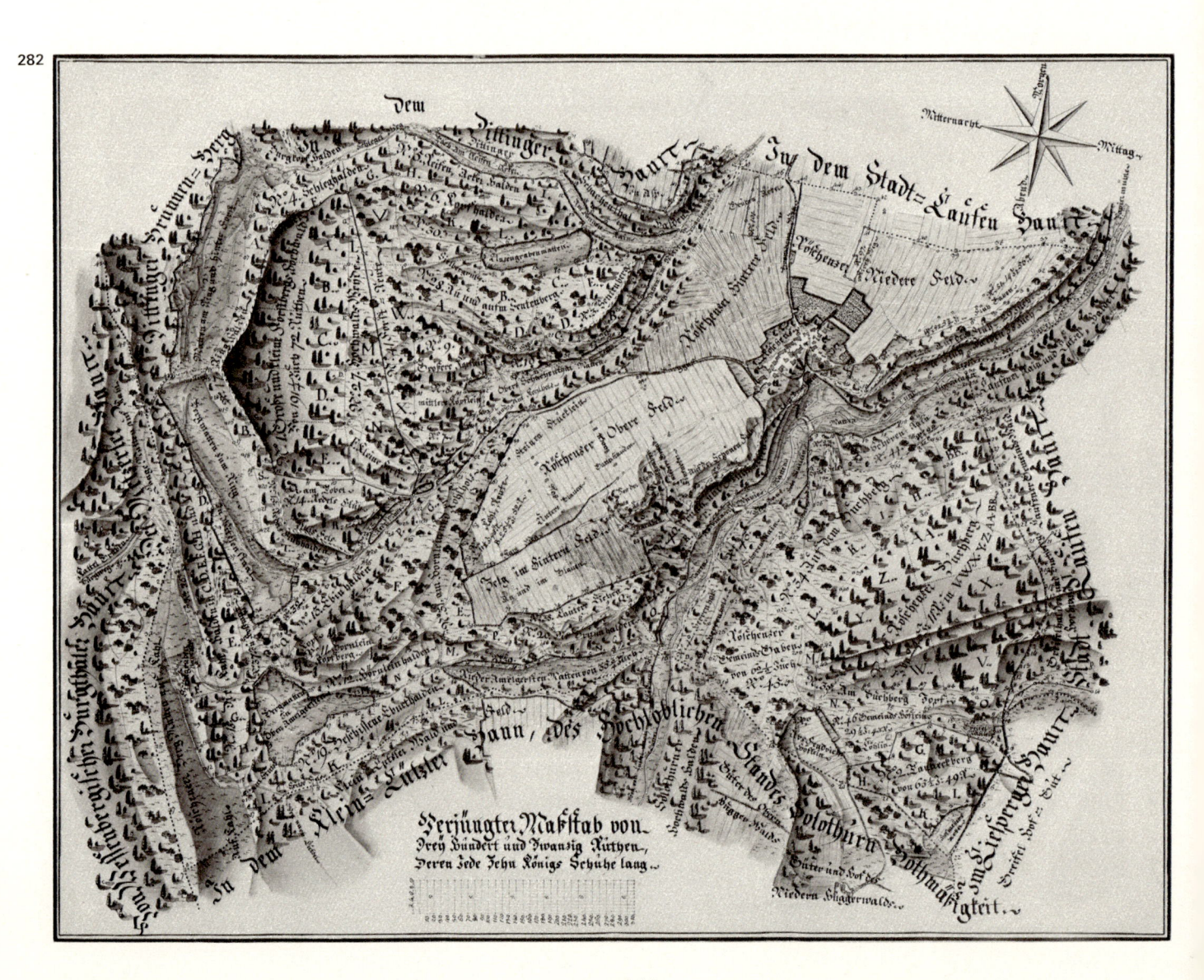

282

283 Die mit einer Spezereihandlung verbundene ‹Postablage, Telegraphen- und Telephonstation› des 564 Seelen zählenden Pfarrdorfs, 1906. Photo Baptist Anklin.

282 Der Röschenzer Bann, 1767

«Alle und jede Wald-, Weyd- und Allmentsbezirke, auch alle Felder und Ackerstücke des großen und kleinen Zehendens, alle Emd- und Bergmatten; dann alle Hochfürstlichen Domanial- auch Adeliche und Gemeine Lehen-, Hof- und andere Güter, mit ihren Gränzsteinen, Hägen oder andern Marken; desgleichen alle merkliche Erdvertiefung und Erhöhungen, Felsen, Straßen und Wege, Flüsse, Bäch und Brünnen, sind 1767 genau bemerket und 1778 auf Siner Hochfürstlichen Gnadenen Friderich des IVten, Bischoffes zu Basel des Heil.-Römischen Reichs Fürsten, von Archiv-Adjunct und Hoffeldmesser Heinrich Leonardus Brunner copiert worden.»

Das Käppelein

Unweit der Mühle von Röschenz steht hart an der Straße, die von Röschenz ins Tal der Lützel hinunter führt, eine Kapelle, die dem Heiligen Appolinaris geweiht ist. Das Altarbild des kleinen, um das Jahr 1735 vom Müller Peter Burger erbauten Gotteshauses zeigt einen von brennenden Häusern und einem schreienden Hahn umgebenen Appolinaris im Bischofsornat. Die Überlieferung weiß zu berichten: Einst sei während der Nacht in der benachbarten Mühle ein Brand ausgebrochen. Bevor aber größerer Schaden entstund, sei der Müller durch einen Hahnenschrei aus dem Schlaf geweckt worden. In seiner Not und Verzweiflung habe er sogleich das Gelübde abgelegt, eine Kapelle zu erbauen, wenn die Mühle gerettet werde. Und siehe da: Sein Flehen in jener verhängnisvollen Appolinarisnacht ward erhört, und das danach erbaute Heiligtum sollte während zwei Jahrhunderten das Ziel frommer Pilger sein. Sagenumwoben war auch die Geschichte des gegeiselten, mit einer Kette an eine Säule geketteten Heilands, einer währschaften Bauernschnitzerei, die in der Kappele stand. Es wird erzählt, ein umherziehender Mann aus Laufen habe das Schnitzwerk in seiner Hutte im Jahre 1753 nach Röschenz gebracht und es dort zum Kaufe angeboten. Weil ihm aber nur ein Louis d'or angeboten worden sei, habe er verärgert

245

einen Marsch nach Solothurn unternommen. Als man ihm dort das Christusbild habe abkaufen wollen, sei er unsicher geworden, denn eine innere Stimme hätte ihm eingeflößt, der Schmerzensmann gehöre nach Röschenz. So sei er ohne Geschäft aufgebrochen und hätte den Heiland mit den natürlichen Haaren und bluttriefenden Wunden nach Röschenz zurückgebracht, wo dieser mit großer Verehrung in einem Bauernhaus aufbewahrt worden sei. Die kirchliche Obrigkeit aber hätte jenen seltsamen Bittgängen nur mit Besorgnis zugesehen und habe schließlich Anno 1757 verfügt, das ‹Erbärmdebild› sei in der St. Appolinariskapelle im Mühlengrund aufzustellen und zu verehren.

Léon Segginger.

Wahlen

Die Anfänge des Dorfes Wahlen reichen nachweisbar bis in die Römerzeit zurück. Sicher ist, daß der Römerweg aus dem Val Terbi über den Fringelipaß südwestlich vom Dorf über Kilchstetten nach Laufen führte. Zu jener Zeit trug die steile, bewaldete Bergkuppe des Stürmenkopfes ein römisches Kastell, als Teil der Befestigungslinie und Nachrichtenübermittlung, die bis nach Gallien reichte. Auf Kilchstetten stand ein römischer Gutshof; ein Teil der Fundamente ist noch vorhanden.

Auch die ‹Bännlifelsen› tragen immer noch deutliche Spuren eines römischen Baus.
Um das Jahr 454 drangen die Alemannen ins Land und zerstörten die von den Römern erbauten Gebäude. Aus dieser Zeit könnte der Dorfname Wahlen stammen; ‹Wahle› oder ‹Walche› war der volkstümliche Name, den die Alemannen Leuten gaben, die für sie unverständlich redeten. Es konnte dies nur die keltoromanische Bevölkerung sein, die sie hier vorfanden. Zahlreich sind die Gräberfunde aus der Alemannenzeit, welche man am Kirchhügel von Wahlen gefunden hat. Nach dem Sieg der

284 Das klassizistische Schulhaus und die neogotische Kirche von Röschenz, die 1967 erweitert worden ist, um die letzte Jahrhundertwende. Im Vordergrund der große Dorfbrunnen.
Photo Baptist Anklin.

Franken über die Alemannen breitete sich das Christentum auch in unserer Gegend aus. Damals mag die älteste Kirche des Tals erbaut worden sein, die St.-Martins-Kirche von Laufen an der Straße nach Wahlen. Die erste Erwähnung von Wahlen in Urkunden datiert von 1168. Ein Edelgeschlecht ‹von Wahlen› existierte nachweisbar im 12. Jahrhundert, blühte aber nur kurze Zeit und ist gegen Ende des 13. Jahrhunderts ausgestorben.

Wahlen teilte während Jahrhunderten die Geschicke anderer Laufentaler Gemeinden, so die Zeit der Reformation und der Gegenreformation wie auch die Zeit des Dreißigjährigen Krieges mit seinem Gefolge von Hungersnot und Pest. 1792 besetzten die Franzosen den nördlichen Teil des Juras, und damit kam das Dorf unter die unheilvolle Herrschaft der Franzosen. Groß war die Freude, als der Jura 1815 schweizerisch wurde. Obwohl seit geraumer Zeit nicht mehr jeder Fabrikarbeiter zum Nebenerwerb eine kleine Landwirtschaft betreibt, ist Wahlen auch heute noch eine typische Bauern- und Arbeitergemeinde, in der sich Ackerbau, Viehzucht und Industrie überaus glücklich ergänzen.

In der Gemarkung Wahlens, hart an der solothurnischen Grenze gegen Grindel, liegen die Überreste der ehemaligen Burg Neuenstein, deren Anfang und Ende im dunkeln liegen. Urkundlich wird sie 1141 erstmals erwähnt. Im 12. Jahrhundert war der Fürstbischof ihr Lehensherr. Beim Erdbeben zu Basel (1356) zerfiel die Burg; wurde aber 1365 wieder aufgebaut. 1411 und 1438 ist die nunmehrige Raubritterburg von den Bürgern zu Laufen unter Mithilfe der Stadt Basel erobert, ausgeplündert und verwüstet worden und erstand nochmals aus den Trümmern! Der tüchtigste Kriegsmann seines Geschlechts war Ritter Veltin von Neuenstein (1453-1491). Er stand während des Burgunderkrieges als Truppenführer im Solde der Stadt Basel; die ‹Neuensteinerstraße› im Gundeldinger Quartier erinnert an ihn. Von Neuenstein soll den Schlachtplan von Murten gegen Karl den Kühnen entworfen und damit wesentlich zum Sieg der Eidgenossen und ihrer Verbündeten beigetragen haben. Der letzte Neuensteiner starb 1560. Im Jahre 1609 übernahm die Gemeinde Wahlen das fürstbischöfliche Lehen Neuenstein zum jährlichen Pachtpreis von vier Pfund und zehn Schilling. Zu dieser Zeit waren ‹die Behausung und die Scheuren› bereits in Abgang gekommen: Die Ritterburg lag verwüstet da. Sie war schon zur Zeit des Schwabenkrieges (1499) zum ‹Burgstall›, zur Ruine, verlottert.

Weihnachtsbesuch

Einen außerordentlichen Weihnachtsbesuch erhielt unsere Gemeinde. Zirka 15 Stück Rebhühner lagerten am Weihnachtsmorgen, kaum 50 Meter von den Häusern entfernt, unter einem Birnbaum. Um sich allzu neugierigen Blicken zu entziehen, nahmen sie gegen Mittag Reißaus dem Felde zu. Ob der Hunger oder die Trainagearbeiten in den ‹Weihern› schuld an diesem außergewöhnlichen Besuch waren, weiß der Schreiber dieser Zeilen nicht. – Nicht von ungefähr kam da letzter Tage von Grindel her ein scheugewordenes Pferd die Straße hinunter gerannt, einen Teil einen Schlittens nachschleifend. Das Pferd wurde gestellt, jedoch den Fuhrmann vermißte man. Bald kam jedoch ‹Licht› in die dunkle ‹Geschichte›, als einige Schulbuben und der Eigentümer wohlbehalten mit den ‹übrigen› Schlitten heranrückten. Das Gefährt stammte aus Zwingen. (1929)

Bremsenplage

Hr. Engler, Wirt, in hier hat während der ganzen Zeit der Bremsenplage bei seinem Hause einen Kessel stehen mit brennendem Moos und Sägspähnen gefüllt, um bei dort anhaltenden Fuhrwerken sofort die Tiere vor den Bremsen schützen zu können. Wenn man oft andernorts so arme Tiere lange Zeit stehen und obiger Plage ausgesetzt sieht, weiß man das tierfreundliche Vorgehen des Hrn. Engler doppelt zu würdigen und sei daher dasselbe zur allgemeinen Nachahmung empfohlen. (1902)

285 Damit die notwendige Ausgestaltung der Quartierstraße ‹Im Winkel› verwirklicht werden konnte, mußte 1971 eines der ältesten Bauernhäuser des Dorfes abgerissen werden.
Federzeichnung von M. Régli.

286 Idyllischer Aspekt des malerischen Straßendorfs mit Blick gegen das 1837 im Stil einer einfachen Landkirche erbaute Gotteshaus, um 1960. Federzeichnung von Gottlieb Loertscher.

Zwingen

Daß beim Einfluß der Lüssel in die Birs eine Siedlung mit dem Namen ‹Zwingen› liegt, wird Anno 1312 erstmals urkundlich erwähnt. Gleichzeitig tritt aber auch ihre enge Verbundenheit mit dem Geschlecht der Freiherren von Ramstein in Erscheinung. Ursprünglich dem Brislacher Bauernstand angehörend, errichtete die einflußreiche Adelsfamilie in Bretzwil ihr Stammschloß. Der Zeitpunkt ihrer Übersiedlung nach Zwingen ist nicht genau bekannt. Immerhin deutet ihre mächtige Zwingburg an der Birs auf das 13. Jahrhundert. Die imposante Wehranlage, auf zwei Birsinseln erbaut, die durch Wasserstau von der Umwelt völlig geschützt werden konnten, galt im Mittelalter als unbezwingbar. Den Grundriß des eigentlichen Bergfrieds auf der Hauptinsel paßten die Konstrukteure geschickt den gegebenen Felsformationen an, und die kreisrunde Wehrplatte mit dem Kegeldach bot sowohl einen weiten Überblick nach allen Himmelsrichtungen als auch eine hervorragende Verteidigungsstellung. So konnten bespielsweise während der Religionskriege im 16. Jahrhundert zwölf auf der Wehrplatte postierte Pfeffinger nicht weniger als 500 Basler Belagerer in Schach halten! Drei mit Befestigungstürmen bewehrte Brücken verbinden auch heute noch die beiden Schloßinseln mit dem ‹Festland›.

Bei aller Kriegstüchtigkeit erwiesen sich die Herren von Ramstein auch sonst als vielseitig. 1382 bestieg ein Imer von Ramstein den Basler Bischofssitz; in seine Regierungszeit fällt die Besiedlung der unwegsamen Freiberge, die er durch Gewährung verschiedener Freiheiten planmäßig förderte. 1428 gelang dem Edelknecht Heinrich von Ramstein der Sprung in die ungeteilte Bewunderung durch die Öffentlichkeit, als er während eines glanzvollen Turniers auf dem Münsterplatz Ritter Merlo, den berühmten spanischen Volkshelden, besiegte. Mit dem Tod Rudolf III. erlosch 1459 das Geschlecht der Freiherren von Ramstein im männlichen Stamm. Dieses Ereignis war für das Dorf Zwingen insofern von größter Bedeutung, als mit dem Aussterben der Lehensträgerfamilie nach geltendem Recht eine Veränderung der Besitzerverhältnisse eintreten mußte. Zwingen erreichte nun den Rang eines Landvogteisitzes des Fürstbistums Basel; die Stellung des Regierungsbezirks der ganzen Talschaft verblieb dem Dorf bis ins Jahr 1798.

Die wirtschaftliche Grundlage Zwingens bildet seit alters die Nutzung der Wasserkräfte. Bis zur letzten Jahrhundertwende waren an den Ufern der Birs und der Lüssel vier Sägereien in Betrieb. Und der offene Dorfbach trieb, neben einer Säge, eine Mühle und eine Öltrotte und spendete frisches Wasser für die weitbekannten Anklin-Fischzuchtanstalten. Mit der Gründung einer Papierfabrik Anno 1914 hielt auch in Zwingen die Industrie unaufhaltsamen Einzug.

287 Die Sehenswürdigkeiten Zwingens um die letzte Jahrhundertwende.

288 Das Schloß Zwingen, um 1840

Das kreisförmig angelegte Schloß Zwingen stellt die einzige noch bestehende Wasserburg im Berner Jura dar und bildete eines der großen Lehen des Bistums Basel. Bis 1459 war die Zwingburg Sitz der Freiherren von Ramstein. Unter diesen erregte Freiherr Rudolf III. den Zorn seiner Untertanen, vertrieb er doch seine Gemahlin Ursula von Geroldseck aus der Burg und nahm an ihrer Statt ein ‹üppiges Weib› ins Haus. Seinem ‹böß byspil› folgten seine Töchter, denn diese ließen sich mit jungen Bauern ein, «die by nacht über die muren stiegen, wann der Herr nit anheimisch war».

Als im Heumonat 1447 die lebensfrohen ‹Jungkfrowen› gar mit prächtigstem Silbergeschirr sich von zwei Burschen in die weitere Umgebung entführen ließen, ordnete der verbitterte Ramsteiner die Verhaftung von vier Verdächtigen an, und nach kurzem Prozeß erfolgte deren Hinrichtung in Zwingen, was seitens der Bevölkerung heftigen Protest auslöste. Nach dem Niedergang der Ramsteiner diente das Schloß bis 1793 als Residenz des bischöflichen Vogts der Herrschaft Zwingen, die Zwingen, Laufen, Liesberg, Röschenz, Wahlen, Blauen, Nenzlingen, Dittingen und Brislach umfaßte. 1795 ging das Schloß für Fr. 285000.– an den Straßburger Michel Laquiante, Ambassadorensekretär in Basel, und verblieb bis 1913 in Privatbesitz. Dann übernahm es die Holzstoff- und Papierfabrik Zwingen AG und kommt seither mit großem Verständnis für das prachtvolle, imposante historische Bauwerk auf. – Farbaquatinta von Anton Winterlin.

289 Bis um das Jahr 1925 betrieben viele Zwingener als bescheidenen Nebenverdienst das ‹Wellelimachen›. Die mit einer Weidenrute zusammengebundenen Reisig- und Scheiterholzbündel wurden wagenweise mit Pferden nach Basel geführt und der Bevölkerung im Straßenverkauf als Anfeuermaterial angeboten. Photo Baptist Anklin.

290 Der Löwenplatz mit dem Gasthof zum Löwen im Hintergrund, und dessen Serviertöchter im Vordergrund, um 1905. Photo Baptist Anklin.

291 Das Oberdorf mit dem alten Schulhaus im Hintergrund. Hinter die Häusergruppe kam 1906 die ‹alte› Kirche zu stehen, die 1969 durch eine neue ersetzt wurde, um 1904. Photo Baptist Anklin.

292 Bei einem Zusammenstoß von zwei Güterzügen bei der Station Zwingen und der Lüsselbrücke am 28. September 1903 gab es großen Sachschaden zu verzeichnen. Der Eisenbahnverkehr blieb für lange Zeit unterbrochen, und die Hilfstrupps hatten alle Mühe, die entgleisten Güterwagen wieder auf die Schienen zu bringen. Photo Baptist Anklin.

Das Leben im Dorf um die letzte Jahrhundertwende

Bis ans Ende des letzten Jahrhunderts spielte sich das Leben in bescheidener Häuslichkeit ab, mit anspruchslosen Anforderungen an den Lebensgenuß. Jedermann kannte den andern, man fühlte sich beobachtet und kontrolliert. Um den Dorfbrunnen gruppierte sich ein schöner Teil des öffentlichen Lebens. Da mußten die Frauen und Töchter das Wasser holen. Dabei gab es immer mehr oder weniger lange Ständchen, um die verschiedensten Neuigkeiten zu erfahren. Damals war auch die Zeit der Dorforiginale. Die einen fielen auf durch ihre Gestalt, ihre Wichtigtuerei, ihr Besserwissen oder ihre Kräfte in geistiger oder körperlicher Beziehung. Zwingen war damals noch ganz ein Bauerndorf. Auch der Handwerker, der Gewerbler und der Steinhauer betreute nebenbei eine bescheidene Landwirtschaft. Wagen und Feldgeräte waren vor den Häusern unter dem Vordach. Im Sommer standen die vollbeladenen Erntewagen auf der Dorfstraße, ohne daß die Polizei eingreifen mußte. Aus den Scheunen drang im Winter der eintönige Gesang der Dreschflegel. Erst 1900 kamen die Göppel mit

Pferdegespann auf. Mit dem Aufkommen der politischen Parteien gab es öfters recht hitzige Wahlschlachten. Gegen Gesetzessünder, besonders wenn sie nicht zur Bürgschaft gehörten, ging man recht energisch vor. Als noch kein Polizeiposten in Zwingen war, hatte einst ein Italiener eine Kleinigkeit gestohlen. Man fand das Delikt auf dem Mann. Er wurde, ohne die Polizeiorgane abzuwarten, auf einen Leiterwagen gebunden und siegesbewußt nach Laufen ins Gefängnis gebracht. Öfters kam fremdes Volk ins Dorf. Es gab allerlei Vorstellungen, meistens bescheidener Art. Vor dem Löwen oder beim Eichli waren diese Schaustellungen. Pechfakeln bildeten die Beleuchtung. Oft erschienen deutsche Musikanten, 4 bis 5 Mann, mit Blechinstrumenten. In lebhafter Erinnerung sind mir schottische Dudelsackpfeifer in ihren kurzen Hosenröcken. Mehrmals im Jahr belebten deutsche Handwerksburschen unser sonst stilles Dorf. Die Geschirrfrau aus Reinach erschien öfters mit einem ‹Huderewagen› auf dem Eichliplatz. Dort stellte sie ihre zerbrechliche Ware am Boden aus, wo die Hausfrauen ihre Bedarfsartikel auslesen konnten. Gleichzeitig wohnte im nahen Ramsteinerturm der Italiener Jos. Capello mit einem störrischen Pferd. Als es zur Tränke geführt wurde, nahm es reißaus, gerade durch den ausgestellten Geschirrberg. Eine originelle Frau aus Nuglar war in Zwingen öfters auf Besuch. Vor dem Schulhaus fabrizierte sie Windfähnli aus Papier, für 5 oder 10 Rappen das Stück. Bis heute ist sie als ‹Nugletierli› in Erinnerung. Noch kann ich mich gut an ein Musikfest auf dem Eis erinnern. Es war im kalten Winter 1890. Unterhalb der Brücke, zwischen den beiden Wuhren, war die Birs spiegelglatt zugefroren. Man tummelte sich auf dem Eis; sogar die Musik spielte auf. Da plötzlich ein Schrei – ein zu waghalsiger Tänzer verschwand in den kalten Fluten, konnte aber ohne Schaden zu nehmen wiederum geborgen werden. Früher pflanzte man Hanf und Flachs. Im Winter saßen die Frauen und Töchter zusammen; sie haben diese Fasern zu Garn gesponnen. Das Licht dazu gab ein Kienspan im Chältöfeli. Das war eine Nische in der Mauer, wo man die angezündeten Kienspäne hinlegte. Öfters besuchten auch Burschen die Spinnstuben. Da wurde getanzt und gesungen, Geistergeschichten erzählt und auch Bindungen fürs Leben geknüpft und geschlossen. Anläßlich der häufigen Steigerungen wurde Gratis-

293 Die alte, solide Birsbrücke, die teilweise mit Grabsteinen aus dem nahe gelegenen Judenfriedhof erbaut worden war und dem immer mehr zunehmenden Verkehr bis 1960 diente, um 1910. Photo Baptist Anklin.

wein ausgeschenkt. Bei jedem Angebot, das ein Kaufliebhaber ausrief, wurde ihm ein kleiner Wecken zugeworfen. Manch einer kam auf diese Weise zu einem Stück Land, das er eigentlich gar nicht erstehen wollte. 1891 war die Jubiläumsbundesfeier, welche besonders festlich begangen wurde. Schauplatz war die heutige Postgasse. Dort war eine Tanne aufgerichtet, die geschält und eingeseift war. Wurde diese Stange von einem Kletterer erstiegen, so durfte er eine der oben aufgehängten Gaben sich aneignen. Die Festrede hielt Bernhard Anklin, Lehrer. Heute stehen die Waschfrauen nicht mehr stundenlang am Waschbrett. So eine ‹Buchi› dauerte oft mehrere Tage. Die Wäsche mußte zuerst eingelegt werden, dazwischen wurde Asche von Buchenholz eingestreut, was das heutige Waschpulver ersetzte. Anderntags um 4 Uhr begann die Arbeit am Waschbrett, sie dauerte bis zum Einnachten. Dieses umständliche ‹Buchen› ist sicher in Zusammenhang zu bringen mit der verwendeten Asche aus Buchenholz.

Frondienste mußten unsere Vorfahren viel leisten, sei es dem Grafen, Ritter, Landvogt oder dem Gemeinwesen. Fronen heißt unbezahlte Arbeit verrichten. Nach einem strengen Fronreglement war dazu jedermann verpflichtet, Nach einem gestrengen Pflichtenheft beschäftigte die Gemeinde jeweils einen Kuh-, Schaf- und Ziegenhirten. Bis 1860 gab es auch einen Nachtwächter. Jede Nachtstunde mußte er rufen: Hört ihr Herrn und laßt Euch sagen – die Glock hat … geschlagen. – Das erste Laufentaler Schützenfest wurde 1895 in Zwingen abgehalten. Das sind einige Erinnerungen aus dem Volksleben unseres Heimatdorfes um die letzte Jahrhundertwende. – Alfred Scherrer.

295 Beim Ausheben eines Industriekanals für die im Bau befindliche Papierfabrik Zwingen, die dann den 550 Einwohnern der Gemeinde wie vielen Männern aus umliegenden Dörfern zahlreiche begehrte Arbeitsplätze bot. Um 1914.
Photo Baptist Anklin.

294 Schloß und Dorf Zwingen, 1755

«Ein Schloß und Dorf zur rechten Seiten der Birs (welche man um selbiges völlig herumlaufen lassen kan:) etwan 3. Stund ob der Stadt Basel in dem Bischthum Basel, auf welchem ein Bischöflicher Landvogt seinen Sitz hat, unter welchem das von diesem Schloß des Namen habende Amt Zwingen stehet, in welches auch die Stadt Lauffen, das Schloß Burg, und die Pfarren Liesperg und Blauwen und die darzu liegende Dörfer gehören; welches ehemals den Freyherrn von Ramstein von dem Bischthum zu Lehn gegeben, nach deren Abgang aber wieder an das Bischthum gezogen worden.» (1765) – Die getuschte Federzeichnung von Emanuel Büchel zeigt weiter, neben dem Gemeindewappen mit zwei silbernen, in schiefem Kreuz stehenden, mit Lilien verzierten Stäben, auf der Höhe auch die Schlößchen Gilgenberg und Thierstein, und, in der Ferne, Brislach und die der Birs zustrebende Lüssel. Der kleine Fluß «entspringt im Bogenthal am Nordhang des Paßwangs, entwässert die Solothurner Thäler von Beinwil und Thierstein, durchfließt Büsserach und Beinwil, tritt bei Brislach ins bernische Thal von Laufen ein und mündet nach 17 km langem Lauf gegenüber dem Schloß Zwingen von rechts in die Birs.» Im Vordergrund die Landstraße gegen Laufen.

Das Laufentaler Steinhauergewerbe

«Es mag in den Sechzigerjahren des vorigen Jahrhunderts gewesen sein, als da und dort in zahlreichen Steingruben der Bewohnerschaft des mittleren Laufentales erstmals bescheidene Erwerbsgelegenheit geboten wurde. Die horizontale Lagerung der Kalksteinschichten (Steinbänke) ermöglichte verhältnismäßig früh eine rationelle Ausbeutung und Bearbeitung. Gegraben und behauen wurde von Alters her mit Vorliebe der weichere Muschelkalk, den man fälschlicherweise mit ‹Sandstein› bezeichnete, und der da und dort an älteren Gebäuden zu Türgewändern und Kreuzstöcken dienen mußte. Auf der Brislacherrüti, im Erstel zwischen Nenzlingen und Blauen, in unmittelbarer Nähe der heutigen Schlosserei Kleinlützel und anderswo wurde dieser Stein gebrochen. Es sei nebenbei erwähnt, daß die bekannte Gießerei Paraviccini u. Cie., die bis ins Jahr 1875 den Betrieb ihrer Werke in Großlützel aufrecht erhalten konnte, im Lützeltale den nämlichen Stein ausbeutete, der, fein zerrieben, als Gußmodelle Verwendung fand. Zwischen Hammerschmiede und Klösterli im Tale der Lützel war in den 60er und 70er Jahren ein sogenannter Tuffsteinbruch im Betrieb. Von großen Sägen in beliebigen Formen zersägt wurden Mengen solcher Tuffsteine, die man beispielsweise heute noch am Zwinger Schloßturm sehen kann, was auf eine um Jahrhunderte ältere Verwendung schließt, per Achse nach Basel überführt. Inhaber dieses Unternehmens war ein Dugginger Bürger namens Zeugin.

Kalksteinbrüche treffen wir im Schachental, auf Kattel und im Lochfeld, in der Neumatt, zwischen Brislach und Zwingen, hinter Laufen bei St. Jakob und an zwei Orten im Bannbezirk der Gemeinde Röschenz. Um vorweg bei letzteren zu beginnen, da wohl Röschenz zur Zeit der Hochkonjunktur im Steinhauergewerbe die meisten Arbeiter stellte, sei in Erinnerung gerufen, daß einmal im sogenannten ‹Grüngli› und westlich des spitzen Felsen oberhalb der Röschenzmühle unter Const. Weber und Jg. Cueni die dortige Steinhauergeneration aus der Taufe gehoben wurde. Die Dittinger Jermann, alt Maier, Tschäni und Carl Schmidlin, sowie in der Folge die Röschenzer Jg. Cueni, Leo Karrer und Adalbert Weber haben das Steinhauergewerbe ins idyllische Schachental verpflanzt, wo sich Jahrzehnte lang der übergroße Anteil zentralisierte. Die Unternehmer Friedrich und Bachofen aus Basel, später auch Jg. Cueni und eine Aktiengesellschaft, waren auf dem Lochfeld, rechts von Bahn und Birs, mit der Steinausbeute beschäftigt. Da die Abfälle und ein großer Teil des Abdeckmaterials in den Zementfabriken Laufen und Dittingen willkommene Abnehmer fand, war die florierende Zementindustrie lange Zeit mitbestimmend für den rationellen Betrieb dieser Steingruben. Nach Eingang der erwähnten Fabriken waren die Brüche längere Zeit stille gelegt, werden aber gegenwärtig von einem Konsortium vielverheißend weiterbetrieben. Konrad Borer aus Laufen, Frey von Basel und heute wiederum Cueni u. Cie., beschäftigten nicht wenig geübte Steinhauer auf dem Lochfeld an der Baslerstraße und auf Meiersacker. St. Jakob hinter Laufen war seit den 70er Jahren nur periodisch in Betrieb; das Material dieses Bruches findet momentan willkommene Verwendung in den aufblühenden Jurasit- und Terrazzowerken im nahen Bärschwil. Ein Steinbruch an der Röschenzstraße versorgte seinerzeit die Laufner Zementfabrik mit dem notwendigen Bruchsteinmaterial.

Aus bescheidenen Anfängen entwickelte sich die Laufentaler Steinhauerei zu einem Haupterwerbszweige, und sie dürfte ihren Kulminationspunkt mit weit über fünfhundert Arbeitern um die Jahrhundertwende erreicht haben. Neben den fleißigen einheimischen Arbeitskräften traf man zur Sommerszeit nicht wenig südländische Elemente, die im Gegensatz zum ansässigen Steinhauer, als Taglöhner hauptsächlich zu Abdeckungsarbeiten verwendet wurden. Die Konkurrenz des Granits und der Kunststeine, die zu Unrecht von der Konkurrenz propagandierte Unhaltbarkeit des Laufnersteins gegen Witterungseinfluß, Frost u. drgl., die neue Bauweise mit Bevorzugung von Beton und ein gut Stück der allgemeinen Weltwirtschaftskrise mögen viel dazu beigetragen haben, daß unmittelbar vor und während des großen Völkerringens die Steinhauerei im Laufental fast völlig lahmgelegt wurde.» (1931)

Bassecourt

Die Gegend von ‹Altdorf›, die schon 1181 bekannte deutschsprachige Form von Bassecourt, ist durch bedeutsame Funde aus der Bronze- und der Eisenzeit wie durch eine römische Siedlung bekanntgeworden. Burgundische Gräber und Mühlen, aber auch römische Münzen lassen auf eine reiche historische Vergangenheit schließen. Bassecourt, das mit Berlincourt politisch und kirchlich eine Gemeinde bildete, besaß schon 1303 eine Petrus geweihte Kirche. Diese wurde 1405 durch Humbert von Neuenburg, den Bischof von Basel, dem Kloster Bellelay angeschlossen. Im selben Jahr tauschten Nicolas Ulrich von Bassecourt und Walter, sein Onkel, mit dem Kloster Bellelay das Patronatsrecht und alle Zehnten, die sie im Dorf und in der Gerichtsbarkeit von Bassecourt besaßen. Während des Dreißigjährigen Krieges wurde das kleine Dorf an der Sorne von den Schweden und den Kaiserlichen vollständig zerstört. Ein Ereignis, das 1871 eine schreckliche Wiederholung finden sollte, wurde Bassecourt doch von einer gewaltigen Feuersbrunst heimgesucht. Der Holzreichtum der Gegend bot immer ideale Voraussetzungen zur Entwicklung von industriellen Gewerben. So wird Anno 1652 die «Papeterie de Bassecourt» zum erstenmal urkundlich erwähnt. Hier an den Ufern der Sorne wurde ein großer Teil des Papiers und des Pergamentes, das die Fürstbischöfe benötigten, hergestellt. Die Papiermühle von Bassecourt versorgte aber auch die Abtei Bellelay, Spitäler und Pfarreien mit Papier. Der Leiter des Werkes, der Papierer, wurde durch den in Pruntrut residierenden Bischof bestimmt. Rechte und Pflichten wurden genau festgelegt. So war z.B. der Papierer verpflichtet, dem bischöflichen Hof das Papier billiger zu liefern und es – im Falle, dass sich Mängel zeigten –

297 Das ‹Rathaus› von 1870 der damals 794köpfigen Gemeinde, deren Ressourcen im Holzhandel und im Ackerbau, in der Uhrenindustrie, der Sägerei und der Parketterie lagen.

zurückzunehmen. Einem Vertrag vom 23. Juni 1773 ist zu entnehmen, daß die Papiermühle aus einem zweistöckigen, mit Ziegeln bedeckten Gebäude bestand. Dazu gehörten noch einige ältere Gebäude und Schuppen und schließlich eine kleine steinerne Brücke über den Kanal. Die Liegenschaft, die auf 5204 Pfund geschätzt war, befand sich am Ort ‹Au fond des Sasses›. Die Papiermühle war für die damaligen Verhältnisse gut und reichlich ausgestattet. Ein Inventar weist 71 Nummern auf. Darunter befindet sich auch ein Messer zum Spalten von Schindeln. Die Lumpen, die man in Bassecourt zu Papier verarbeitete, wurden von Haus zu Haus gesammelt. Bis zum Sturz der bischöflichen Herrschaft wurden die Verträge oft erneuert. Nachher übernahm Georges Keller die Papiermühle. Er beabsichtigte, sie nach Delsberg zu verlegen.

Neue Zeiten kamen. Die Papiermühle vermochte nicht Schritt zu halten. Gegen die Mitte des 19. Jahrhunderts wurde der Betrieb eingestellt. Der letzte Papiermacher von Bassecourt starb 1856. Damit war in Bassecourt das ‹papierene Zeitalter› vorbei.
Wesentlich früher als die Fabrikation von Papier ist in Bassecourt die Verarbeitung von Eisen nachgewiesen. So berichtet das älteste Schriftstück über den sogenannten Basler Bergbau, im Jahre 1500 sei ein H.R. Gowenstein

---

298 Die 1828 neu erbaute Dorfkirche, anstelle derjenigen von 1587, zeigt durch einen Wetterhahn die Zugehörigkeit zum evangelischen Glauben an, während eine große Sonnenuhr die kleine Turmuhr an schönen Tagen sekundiert.

mit der Hüttenschmiede von Altdorf, welche mit Erz aus Rippetsch beliefert wurde, belehnt worden. Da der Jahreszins nur 30 Pfund betragen hatte, ist allerdings anzunehmen, daß es sich um ein kleineres Werk handelte. Nach dem Tod Gowensteins wurde die Hütte einem Oltinger Schmied verpachtet. Um 1550 ließ der Genfer Franz Villard das Werk durch einen Schmelzofen, einen Blasebalg und einen neuen Hammer wesentlich vergrößern. Doch schon nach zwei Jahren starb der tüchtige Unternehmer, und seine Witwe hatte nach einem durch Brand bedingten Neubau der Hütte nicht mehr lange die Kraft, den Betrieb selber weiterzuführen. Jean Risen aus Morges, ihr Nachfolger, türmte dem vielversprechenden Hüttenwerk einen riesigen Schuldenberg auf, der noch 1598 nicht abgetragen war, was schließlich die endgültige Liquidation des Eisenwerkes von Bassecourt zur Folge hatte. 1668 war noch von der Gründung einer Stahlfabrik durch den Basler Handelsmann Johann Schütz die Rede. Doch, da wo sich der Bach von Boécourt in die Sorne ergießt, hat nie mehr dröhnender Hammerschlag die Ruhe der bäuerlichen Juralandschaft durchbrochen.

Courrendlin

Die Lage von ‹Rendelana Corte› (866) beim Austritt der Birs aus der Klus von Moutier in die Ebene von Delsberg führte schon früh zu gewerblicher Tätigkeit. Das bedeutendste Werk stellte der Hochofen der Fürstbischöfe von Basel dar, und es erstaunt nicht, daß seine Gründung in die Amtszeit Jakob Christoph Blarers von Wartensee (1542–1608) fiel. Der überaus tatkräftige, 1575 zum Fürstbischof erwählte Geistliche bemühte sich nämlich nicht nur erfolgreich um den religiösen Wiederaufbau des Bistums, das durch Reformation, Kriege und Seuchen arg in Nöten lag, sondern sorgte auch mit sprühendem Elan für eine Erneuerung der wirtschaftlichen Prosperität. Mit einem untrüglichen Blick für das Wesentliche begann er, die planmäßige Nutzung seiner Regalien einzuleiten. Und zu dieser gehörte auch die Ausbeutung und Verarbeitung der Bodenschätze. Mit bergmännischem Flair für die Erzausbeutung, für die Behandlung der Wälder und für die Führung von Schmelzbetrieben schuf Blarer die erforderlichen Reglemente, die seine Werke einer bischöflichen Hüttenverwaltung unterstellten. 1598 beauftragte der unternehmerische Fürstbischof, auf Grund bei Montavon-Séprais gefundener Erze, Spezialarbeiter aus der blühenden deutschen Eisenindustrie mit dem Bau eines großen Schmelzofens bei Courrendlin. Die Steine für den Ofen bezog er aus Basel. Schon Ende 1599 begann die Produktion anzulaufen, und einige Jahre später wurde die Schmiede ob der Schüß in Bözingen angekauft, um dort einen Teil des Courrendliner Eisens weiterzuverarbeiten. Das Rohmaterial wurde im Delsberger Becken und im Münstertal gegraben, wo der Ertrag sehr reich war. Damit die Masseln von Courrendlin wirtschaftlicher veredelt werden konnten, ließ 1753 Bischof Joseph Wilhelm Rink von Baldenstein beim über fünf Meter hohen Wasserfall des Doubs in Bellefontaine eine Stahlfabrik bauen. Mit der Annexion des Fürstbistums durch Frankreich sind 1793 die bischöflich-baslerischen Domänen als Nationalgut in privaten Besitz übergegangen. Das Werk Courrendlin, das 1813 aus einem Hochofen und einer Sensen- und Sichelnfabrik bestand, wurde vorerst von der Firma George et Cugnotet weitergeführt bis zur 1840 von Baslern gegründeten ‹Société des forges d'Undervelier et dépendances›, welche die Hütten von Undervelier (ein Hoch-

299 Wie die einstige, mit einem eisernen Kreuz bezeichnete Grenze zwischen der Gerichtsherrschaft Münster und dem Delsberger Tal über den senkrechten Felswänden des ‹Martinet› bis in die Neuzeit beachtet wird, so leben auch im Sprachgebrauch der Gegend die alten Verhältnisse weiter, indem die Bewohner des Bezirks Münster diesseits und jenseits dieser Grenzmarke mit ‹d'en-dessous des Roches› und ‹d'en-dessus des Roches› unterschieden werden. Bleistiftzeichnung aus dem alten Courrendlin von Franz Graff, um 1840.

300 Die Wasserkraft der Birs wurde in Courrendlin nicht nur für die Gewinnung und Verarbeitung von Eisen genutzt, sondern seit alters auch für den Betrieb einer Säge und der Moulin des Roches. Bleistiftzeichnung von Franz Graff, 1839.

ofen für Sandguß und Masseln, drei Frischfeuer, zwei Großhämmer, ein Blechwalzwerk, ein Stabeisenwalzwerk, zwei Gebläsemaschinen und eine Konstruktionswerkstätte), Courrendlin (ein Hochofen für Masseln, ein Frischfeuer, zwei Hämmer, eine Walzenstraße für Stabeisen, ein Pochwerk und zwei Gebläsemaschinen), Les Corbets (ein Schmiedefeuer, ein Großhammer und eine Klempnerei), Reuchenette (zwei Schmiedefeuer, vier Hämmer, ein Walzwerk für Stabeisen und eine Gebläsemaschine), Frinvillier (ein Schmiedefeuer mit Hammerwerk und Gebläsemaschine) und Lafoule umfaßte. Das mit zwei Millionen Franken dotierte Aktienkapital war zur Hauptsache von den Herren La Roche, Merian, Burckhardt, Paravicini und den Banken Ehinger & Co. und von Speyr & Co. gezeichnet worden. Die Werke hatten nach einigen guten Jahren, in denen 360 bis 400 Arbeiter beschäftigt und 54000 Zentner Eisen jährlich produziert wurden, aber mit Schwierigkeiten zu kämpfen. 1862 mußte das Aktienkapital auf 600000 Franken abgeschrieben werden, und 1866 sollte durch die Betriebseinstellung von Courrendlin eine rationelle Auslastung von Undervelier erreicht werden. Die erhoffte positive Wendung trat aber nicht ein. Den damaligen Eisentiefpreisen folgte zwar ein durch kriegerische Auseinandersetzungen bedingter Aufschwung der Eisenindustrie, doch konnte sich das Unternehmen gegen die zunehmende Konkurrenz der Ludwig-von-Rollschen Eisenwerke nicht erfolgreich behaupten, und deshalb war die Basler Gesellschaft 1881 gezwungen, auch ihren letzten Hochofen auszublasen. Damit ward der Eisenproduktion in Courrendlin ein endgültiges Ende gesetzt.
Aber wieder war es das Eisen, welches dem Dorf mit einer 1200 Jahre alten, Germanus und Randoald geweihten

301 Am 16. November 1487 legte ein Großfeuer die ganze Stadt, mit Ausnahme der Kirche und von zwei Häusern, in Asche. Links und rechts außen Wilde Männer, Delsbergs Wappenhalter.

Delsberg

Delsberg tritt im 8. Jahrhundert erstmals geschichtlich in Erscheinung, und zwar durch eine Charta aus den Jahren 736/737, die eine Vereinbarung zwischen Eberhard von Elsaß und dem Kloster von Murbach enthält. Zwischen dem Jahr 849 und dem 12. Jahrhundert bildete sich eine Siedlung in der Nähe des vor der Stadt liegenden Siedlungsteils ‹La Communance›. Diese Lebensgemeinschaft ließ sich auf einem natürlichen Hügel nieder, einer Terrasse aus Geröll, Tonerde und Felsen. Im 8. Jahrhundert ein Familiengut der Herzoge von Elsaß, gehörte die Siedlung dann im Jahre 1042 Ludwig II., Herzog von Mousson und von Bar, und 1115 dem Herzog Friedrich von Pfirt. Dessen Nachkommen verkauften 1271 ihre Lehensherrschaft dem Fürstbischof von Basel. Am 6. Januar 1289 gewährte Fürstbischof Peter Reich von Reichenstein der neuen Ortschaft den ersten Freibrief. Delsberg war seitdem ein Teil des Bistums, und im Hof des Schlosses fanden oft militärische Inspektionen der Lehensherren von Delsberg und von Moutier-Grandval statt. 1792 wurde die Stadt von Frankreich anektiert als Unterpräfektur des Departements Mont-Terrible. 1815 erfolgte durch den Entscheid des Wiener Kongresses ihr Anschluß an die Eidgenossenschaft.

Wallfahrtskapelle und einer 1772 erbauten Kirche zu neuer Blüte verhalf: Der vor 1850 in Betrieb genommene Hochofen von Choindez ließ die Einwohnerzahl von 854 im Jahre 1870 bis zur Jahrhundertwende auf gegen 2000 ansteigen. Denn nur zwei Kilometer von Choindez entfernt, begann in Courrendlin eine rege Bautätigkeit, da die Arbeiter der Eisenwerke sich mit Vorliebe hier ansiedelten, um der von Fabrikrauch erfüllten, kalten und des Sonnenscheins entbehrenden Schlucht zu entfliehen. Mit dem Zuzug deutschsprechender Arbeiter vollzog sich bald ein Wandel im Sprachgebrauch, der sich schließlich auch im Schulunterricht bemerkbar machte.

Ursprünglich Sitz eines wenig bekannten Edelgeschlechts, erreichte ‹Rennendorf› (1325) in der zweiten Hälfte des 15. Jahrhunderts durch kriegerische Ereignisse einige Berühmtheit: 1460 hatten 116 Solothurner das Sundgaustädtchen Ferrette geplündert, wurden dann aber zum Rückzug gezwungen, weil 300 kaiserliche Krieger sie bedrängten. Bei Courrendlin kam es zum unvermeidlichen Kampf, in welchem die Solothurner Sieger blieben und den Gegnern ihre Feldzeichen abnahmen. 1499 gelang es den Kaiserlichen unter dem Kommando von Bernhard zu Rhyn, auch Courrendlin in Asche zu legen, ehe sie in der Schlacht von Dornach völlig aufgerieben wurden. Auch zur Zeit der Französischen Revolution hatte das Dorf stark unter den fremden Truppen, welche die Schweizer Grenzen stürmten, zu leiden, weil die Gemeinde zur Propstei Münster gehörte, die mit Bern im Burgrecht stand und deshalb die helvetische Neutralität genoß.

Die Altstadt der 921 Einwohner (1771, heute: 12000) war im Süden durch die beiden Friedhoftürme geschützt, im Westen durch diejenigen des Schlosses aus dem 14. Jahrhundert, durch die heute abgerissene ‹Argentière›, durch den Roten Turm des Jurassischen Museums und durch das ‹Chavelier›. Im Norden alsdann durch die ‹Trotte›, die ‹Hexe› und die ‹Châtellenie›. Die Stadt hatte vier Tore. Zwei davon wurden zerstört. Eine Anschrift auf der Fassade des Gebäudes der Bernischen Kraftwerke erinnert daran, daß die ‹Porte des Moulins› im Jahre 1481 durch den bürgerlichen Meister Vernier Huelin, Gründer der geadelten Familie von Vorbourg, wieder aufgebaut worden war. Die ‹Porte au Loup› im Norden bekam ihren Namen von Ruelinus Lupus, der vor 1392 mit seiner Frau Mestilda eines der ersten Steinhäuser erbaut hatte. Auf der Fassade des Café d'Espagne sieht man noch zwei vorspringende steinerne Raben, deren Köpfe fratzenhafte Gesichter darstellen. Der eine verkörpert einen Wolf, der andere eine Wölfin. Die ‹Porte de Porrentruy›, früher ‹de Monsieur le Prince›, wurde 1756 wieder aufgebaut.

Der erste bischöfliche Sitz der Stadt wurde kurz nach dem Erdbeben von 1356 gebaut. Im Gebäude, das ‹Le Châtelet› genannt wird, sieht man noch alte gotische Fenster. Das gegenwärtige Schloß wurde von Bischof Hans Konrad von Reinach, nach Plänen des Architekten Pierre Racine aus Renan, von 1717 bis 1721 errichtet. Die Châtellenie, ehemaliger Sitz des Statthalters, heute ‹Palais de Justice›, trug früher den Namen ‹Franche Courtine›. Das ‹Hôtel de Ville› oder ‹Maison des Bourgeois›, anmutiges Denkmal im Renaissancestil, gebaut nach den Plänen des Italieners Giovanni Gaspari Bagnato, ist 1745 fertiggestellt worden. Leider wurde 1868 ein nun störendes drittes Stockwerk hinzugefügt.

Die Kirche Saint-Marcel datiert von 1764 und ersetzte eine gotische Kirche. Das Chor enthält die Körper von Saint-Germain und von Saint-Randoald, erster Priester und Abt des berühmten Klosters von Moutier in Grandval, der vom Grafen Aldaric von Elsaß am 21. Februar 675 zum Tode verurteilt worden war. Am Eingang der Kirche ist die farbige Holzskulptur von Saint-Marcel zu bewundern, ein Werk des Bildhauers Martin Lebselter aus Basel, das aus den Jahren 1508–1510 stammt. Im Glockenturm befindet sich die älteste Glocke des Juras, die 1396 in Aarau von Jean, genannt Reber, gegossen wurde. Ihre Inschrift: «Veni com pace» (Bring uns den Frieden).

Ursprünglich standen in der Stadt acht Brunnen. Fünf davon zieren heute noch die Straßen. Die ‹Fontaine du Sauvage› (1576) wurde von Laurent Perroud errichtet. Die Brunnen von Saint-Maurice (1577) und der Heiligen Jungfrau (1582) sind Werke des Bildhauers Hans Michel aus Basel; derjenige mit dem Löwen wurde von Joseph Kaiser, einem ehemaligen Schüler von Rodin, gehauen, und der Brunnen von Saint-Urbain hat soeben die Statue des Heiligen Heinrichs, Kaiser und Schutzpatron des Bistums, erhalten und wurde von Laurent Boillat geschaffen.

Die Kapelle der ‹Notre Dame du Vorbourg› war ursprünglich nur Gebetskapelle der Burg dieses Namens, die in der zweiten Hälfte des 12. Jahrhunderts gebaut wurde. Das gegenwärtige Chor bildete früher die eigentliche Kapelle und wurde auf einer Mauer aus dem 12. Jahrhundert errichtet. Ursprünglich den Heiligen Imier und Othmar, beides Beichtväter, gewidmet, wurde die Kapelle am 5. April 1586 auch noch der Heiligen Jungfrau sowie dem Erzengel Michael geweiht. Das Schiff, das 1669 gebaut wurde, ist 1692 bis zum Felsen, am Fuße des Turms Saint-Anne, vergrößert worden. Die Verehrung der Heiligen Jungfrau – zur Abwehr öffentlicher Plagen – begann 1674, als der Apotheker Jean-George Ziegler aus Solothurn der Kapelle eine «sehr schöne Skulptur der Heiligen Jungfrau» schenkte. Dankbar für ihre zahlreichen Wohltaten, verlieh die Stadt der Gottesmutter am 28. Juni 1686 einen lokalen Namen: ‹Notre Dame du Vorbourg›.

302 Am obern Ende der östlichen Quergasse, die mit drei andern die beiden Längsgassen der Stadt verbindet, finden wir das ‹Wölfetor›, das in die Waldberge nördlich der Stadtmauern führt. Um 1900.

Die Burg auf dem ‹Vorbourg› war das erste Schloß von Delsberg. Diese topographische Bezeichnung erscheint erstmals in einem Text von 1350, während uns eine Urkunde die Etymologie dieses Wortes gibt: «in suburbic castri de Telsperg» (im Vorort des Schlosses von Delémont). In der Tat heißt Vorbourg ‹vor dem Ort›. Die alten Formen sind alle deutsch: Telsberg (1131), Thalisperc (1161). Delémont, der französische Name, datiert aus dem 14. Jahrhundert. Die Schriftgelehrten aus dem Mittelalter erblickten fast überall Berge, obwohl das Wort ‹Berg› aus dem Mittelhochdeutschen vom Tätigkeitswort ‹bergen, bargen› stammt, also im weiteren Sinn ‹Burg› oder ‹Schloß› bedeutet. Delémont hätte eigentlich ‹Château-Val› oder ‹Châtel-Val› heißen sollen, wie dies bei einigen Städten in Frankreich der Fall ist. Die Erklärung dazu überlieferte 1289 Fürstbischof Peter Reich von Reichenstein: «Da die Festung unseres Städtchens Thelsperg uns und unseren Vorgängern ein ‹reclinatorium deliciosum› war, also ‹ein angenehmer Ruheort›.»

303 Das Bischöfliche Schloß, ein dreigeschossiger Hufeisenbau aus den Jahren 1716 bis 1721, das den Fürstbischöfen von Basel bis zur Französischen Revolution als Sommerresidenz diente. Seit seiner Zweckentfremdung beherbergt das Schloß, über dessen Portal das Delsberger Wappen mit zwei Wilden Männern als Schildhaltern angebracht ist, die städtischen Schulen. Um 1887.

304 Die Grande Rue mit dem Rathaus und dem 1582 vom Basler Meister Johann Michel erbauten Marienbrunnen, einem der schönsten Renaissancebrunnen der Schweiz. Um 1900.

305 «Den Südfuß der alten Festungswälle bespühlt die oberhalb der Vereinigung von der Sorne mit der Birs die von links einmündende Golatte, die zugleich die Altstadt von der Neustadt trennt. Diese verdankt ihre Entstehung dem hier befindlichen Bahnhof. Sie entwickelt sich (samt der im Bild gezeigten Bahnhofallee) rasch und dehnt sich in der Ebene zwischen Bahnlinie und Sorne, in den Wiesengründen zwischen Sorne und Golatte und auch längs der Straße nach Basel immer weiter aus. Delsberg ist die am raschesten sich vergrößernde Ortschaft des ganzen Berner Jura.» (1902)

306 **Votivtafel aus dem Jahre 1671**

«Zweifellos der meistbesuchte Wallfahrtsort im Berner Jura ist die Vorburg ob Delsberg. Seit Papst Leo der Heilige, aus dem Geschlecht der Elsaßgrafen stammend und mit den Grafen im Sornegau verwandt, im Jahre 1049 das Gotteshaus auf dem Felsen hoch über der Birsschlucht geweiht hat, wird es jährlich von ungezählten frommen Pilgern aufgesucht. Zuerst dem Apostel des Juras, St. Immer, geweiht, kam in den Zeiten der Gegenreformation das Patrozinium der Gottesmutter Maria hier wie anderwärts zu besonderer Bedeutung. Ein 1589 gestiftetes Bild mit den Mysterien des Rosenkranzes und der kurz zuvor durchgeführte Umbau des Heiligtums belebten die Wallfahrt erheblich. Außer Bischof Jakob Christoph Blarer von Wartensee wandten auch spätere Landesherren dem Wunderort ihre Gunst zu. In der Revolutionszeit wurde das Gnadenbild der Madonna, dem die Verehrung des Volkes galt, in einer nahegelegenen Grotte verborgen und so gerettet. Eine große Menge von Ex-votos ältern und neuern Datums beweisen, daß der Glaube, der hier geschöpft wurde, schon oft Wunder gewirkt hat.» – C.A. Müller.

307 Die Delsberger Madonna aus der Zeit um 1300. Das meisterhaft aus Eichenholz geschnitzte Gnadenbild ist vor Jahrzehnten auf dem Estrich des alten Waisenhauses in Delsberg wieder entdeckt worden und befindet sich heute im Bernischen Historischen Museum in Bern.

263

308 Delsberg, um 1830

«Delschberg auch Telsperg, in latein Delemontium, Telamontium, Delioppidum, in dort üblicher französischer Sprach Delémont; eine Stadt von einer überlängten Vierung auf einem Hügel neben der Sorn, da sie unweit darvon sich in die Birs ergießet; an dem lustigsten Ort des Salzgaus, wo sich das Gebirg in die Weite von einanderen thut, in dem Gebiet des Bistums Basel. Bischoff Johannes II. hat A. 1341. den Hof neben dem daselbstigen Schloß darzu erkauft, damit sich die Bischöffe darinn aufhalten können, und nachdem dasselbige in dem grossen Erdbeben A. 1356. auch eingefallen, hat er solches wieder aufbauen, und folgends Bischoff Caspar die obere, und Bischoff Christof die unter Capell darinn anlegen, Bischoff Johann Conradus II. aber in dem laufenden Seculo einen neuen Pallast daselbst erbauen lassen, darinn die Bischöffe zun Zeiten ihre Residenz haben könnten; es ist auch Anno 1530. das zuvor zu Münster in Granfelden gewesene Collegiat- und Chorherren-Stift dahin verlegt worden, und halten sich diese Chorherren noch in dieser Stadt auf, weilen aber das Stift noch den Namen von Münster in Granfelden führt, als wird das mehrere von selbigem unter dem Artickel Münster in Granfelden nachgebracht werden: es hat annebst auch in dieser Stadt ein in die Solothurner Custodi gehöriges Capuciner- und ein Urseliner-Kloster: es erlitte diese Stadt A. 1397. und 1487. den 16. Nov. großen Feuer-Schaden, daß an beyden malen der meiste Theil darvon abgebrannt worden: man grabt auch in dortiger Nachbarschaft ein schönen weißen Stein, deren einige den Marmeln bald gleich kommen, und werden in dieser Stadt auf S. Agatae, Georgü, Matthaei und Martini Tag Jahr-Markt gehalten.» (1752) – Farbaquatinta von Anton Winterlin.

309 Der weitflächige, kaum belebte Bahnhofplatz Delsbergs, um 1881.

310 Gediegener Gasthofprospekt aus der Zeit um die Mitte des letzten Jahrhunderts.

311 Der alte Marktplatz, heute Place de la Liberté. Im Hintergrund der Turm der frühklassizistischen Kirche St. Marcel, zu deren Kirchenschatz der kostbare merowingische Abtstab des Heiligen German gehört. Um 1890.

Gast beim Storchenwirt

Aber das muß man den welsch gewordenen Bewohnern von Delémont lassen, sie haben ein Städtle, dessen äußere Lage und innere Eleganz jeder großen Stadt zur Ehre gereichen würde. Angesichts der schön angelegten, breiten Straßen mit alten, kunstvollen Brunnen und großstädtischen Häusern möchte man nicht glauben, daß dieses Delémont nur etwas über 5000 Einwohner hat.

Mein Nachtquartier hatte ich auf Empfehlung des kranken und abwesenden Pfarrers in der Cigogne (Storchen) genommen, und es hat mich nicht gereut. Dieses Gasthaus ist, wie ich am anderen Tage sah, ein Bauernhotel ersten Ranges, und da ich lieber bei Bauern bin, wenn sie in einem schönen Hotel wohnen, als bei Herrenleuten, so war ich dem Pfarrer dankbar. Nachdem ich mich in einem großen, eleganten Salon eingerichtet hatte, besah ich mir am Abend noch die Stadt. Des Haarschneidens wegen, das ich bei der Eile meiner Abreise in Freiburg vergessen hatte, trat ich bei einem Coiffeur ein. In einem Vorgärtchen saß ein junger Mann und las in einem Buch. Er sprang hastig auf und fragte mich deutsch, womit er dienen könne. Als ich mein Befremden aussprach, in Delémont nicht französisch angeredet zu werden, meinte der Friseurjüngling, er habe mich vorhin vorbeifahren sehen und gleich gedacht, daß ich ein Deutscher wäre, weil ich so ernst dreingeschaut hätte. Er selber sei ein Straßburger, der hier konditioniere, um französisch zu lernen.

Als die Arbeit beendet war, kam auch der Chef, ebenfalls ein junger Herr, der aber ziemlich gebrochen deutsch redete, weil er ein geborener Delémonter ist.

Wie ich hörte, sprechen die Einwohner der kleinen Stadt unter sich stets welsch; sie verstehen aber auch deutsch, sind jedoch nur stolz auf ihr Französisch. Neubekehrte sind immer eifriger als Altgläubige. So sind auch die französisierten Deutsch-Jurassier für ihre neue Sprache mehr eingenommen, als für die alte. Auf meinem Gang durch die Stadt fand ich alle Firmenschilder französisch, die Namen der Inhaber aber vielfach urdeutsch.

Auch das vereinsamte und verwahrloste Schloß der Bischöfe von Basel sah ich und machte mir meine Gedanken über den nicht unverschuldeten Untergang der Herren Fürstbischöfe.

Spät am Abend ließ sich der Storchenwirt, mit dem ich korrespondiert hatte, bei mir melden, und auf meinem Zimmer erschien ein wohlgekleideter junger Mann mit den Manieren eines besseren Hoteliers. Er entschuldigte sich, daß er nicht früher habe zu mir kommen können, aber er sei eben erst vom Heumachen heimgekehrt. Mein Respekt vor dem heumachenden Manne wuchs, als er mir erzählte, er sei der Neffe eines ehemaligen Pfarrers in Laufen und habe einige Jahre studiert. Als ich am kommenden Morgen vor das Haus trat, sah ich ihn, als Metzger gekleidet.

Alle Hochachtung vor dem Storchenwirt in Delémont, der, trotzdem er bessere Schulen genossen, als Wirt, Metzger und Landwirt mit Energie tätig ist! Daß er dabei deutscher Schweizer ist, hat mich auch gefreut.

312 Die Grande Rue, Zentrum lebhafter mittelalterlicher Jahr- und Wochenmärkte und Ballungsgebiet städtischer Ladengeschäfte und stark frequentierter Restaurants, gegen das Pruntruter Tor und den St.-Mauritius-Brunnen gesehen. Um 1877.

Anderntags war ein Gewimmel von welschen Jurabauern vor dem Storchen, als ich auf die Straße kam. Sie waren meist mit Roß und Wagen zum Vieh- und Jahrmarkt eingerückt und hielten Einkehr beim Storchenwirt. Das war aber auch ein richtiges ‹Gewelsch›, von dem ich kein Wort verstanden, das die blaublusigen, kleinen, keltischen Bauern aufführten, während der Hausknecht, ein älterer Mann mit Brille und Vollbart, nicht unähnlich einem Universitätsprofessor, der nur einmal einen Ruf erhalten, die Pferde ausspannte und in den Stall führte.

Ich schritt die Straße hinauf und durch ein altes Tor und kam auf den Viehmarkt, wo Juden und Judengenossen schon im lebhaftesten Handel waren mit den Bauern, die namentlich sehr schönes Milchvieh zu Markt gebracht hatten. Ich sah hier auch Exemplare von den berühmten Schweizerkälbern, die zwei Monate lang mit Milch aufgezogen werden und das köstliche Schweizer Kalbfleisch liefern. In Deutschland und namentlich in Baden metzget man die Kälber, sobald sie etwas größer sind als eine ordentliche Katze. Das Fleisch ist aber dann auch darnach. Ich besuchte auch den Gemüse- und Lebensmittelmarkt und ärgerte mich, daß ich nicht eine einzige Bäuerin sah, sondern lauter Wibervölker vom Lande, die in Pariser Kleidung vierter Garnitur ihren Butter und ihre Eier, ihren Salat und ihre Gelbrüben feil hielten. Von einer Volkstracht keine Spur mehr, so daß mir die Blusenbauern noch besser gefielen als diese modernen Bäuerinnen. – Heinrich Hansjakob, 1904.

313

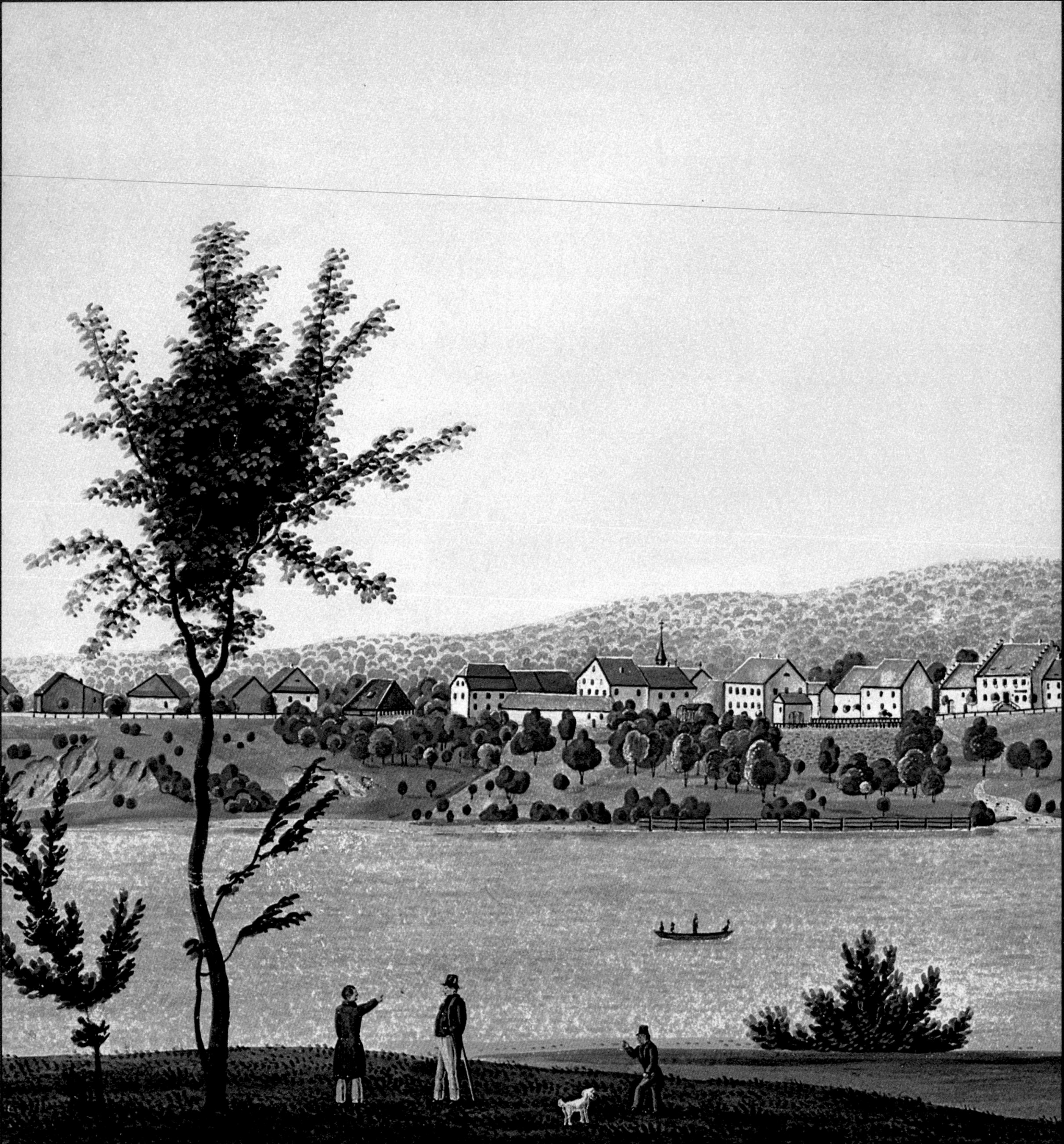

Das Fricktal

Wieder tauchte während der Mediationsjahre (1803–1813) der Gedanke auf, das Fricktal dem Kanton Basel zuzuweisen. Die Stimmung der Fricktaler war freilich nicht einheitlich; am liebsten hätten sie einen eigenen Kanton gebildet; doch wünschten die Vertreter des Rheinfelder Bezirks die Vereinigung mit Basel, ihrer natürlichen wirtschaftlichen Hauptstadt. Aber was der Basler Rat im Mittelalter zu erkämpfen versucht hatte, hintertrieb jetzt Bürgermeister Bernhard Sarasin mit dem Erfolg, daß das ganze Fricktal zum Aargau kam. Der Grund dieses Verhaltens lag in seiner eng städtischen Denkart: die drei rechtsrheinischen protestantischen, mit Basel nahe verbundenen Dörfer wußte er dem Kanton zu erhalten; aber von einer Verstärkung des bäuerlichen Elements und vor allem von katholischen Neubaslern wollte er nichts wissen.

Paul Burckhardt, 1942

Hellikon

Waldumkränzt schmiegt sich die von modernen Eingriffen beinahe ganz verschont gebliebene, rund 600 Seelen zählende Gemeinde beidseits des Möhlinbachs in eine sanft geschwungene Mulde. Da sind noch die alteingesessenen Familien der Brogli, Hasler, Müller, Schlienger und Waldmeier in allseitiger Versippung zu Hause.

Geschichtlich ist das früher hälftig nach Wegenstetten und Zuzgen pfarrgenössige Dorf – heute besuchen die Helliker die Pfarrkirche in Wegenstetten, begraben ihre Toten aber seit einigen Jahrzehnten auf dem eigenen Friedhof – nie besonders in Erscheinung getreten. Es teilte im wesentlichen die Geschicke des österreichischen Fricktals, erlitt durch die Schweden im Dreißigjährigen Krieg Plünderung und Brandschatzung und entrichtete mehr oder weniger bereitwillig den Herren von Schönau als den erblichen Meiern des Klosters Säckingen die geforderten Abgaben. 1765 existierten 57 Haushaltungen in 47 Häusern; beim Übergang an den neuen Kanton Aargau zählte man 10 Wohnhäuser mehr.

Eine Sebastianskapelle berichtet von der Pestnot des 17. Jahrhunderts. Sie verdankt ihr Entstehen den zwei Brüdern Waldmeier, von denen der eine in Polen, der andere in Ungarn, wahrscheinlich als Soldaten des österreichischen Heeres, gleichzeitig, aber unabhängig voneinander gelobten, im Heimatdorf dem Pestheiligen eine Kapelle zu errichten, wenn sie die Seuche heil überlebten.

Dem Patron der Hirten und Bauern ist eine Wendelinskapelle geweiht, die der Überlieferung nach von einer Hellikoner Familie anläßlich einer Viehseuche gestiftet worden ist. Sie hütet neben einer bemerkenswerten reichen Barockausstattung als kostbarsten Schatz ein prächtiges Vesperbild aus dem beginnenden 15. Jahrhundert. Manches angesehene Museum könnte die Helliker darum beneiden. Der schlichte Bau, der nicht einmal ein Dachreiterchen aufweist, wird von einer gotischen Balkendecke abgeschlossen; ein Zeichen für das ehrwürdige Alter der bescheidenen Kapelle. Die Kunstwerke, die sie birgt, stammen aus der abgebrochenen Pfarrkirche von Wegenstetten, die 1741 neu erbaut wurde. Man schob damals die Altertümer talabwärts, weil sie jener Zeit nicht mehr ‹modern› genug waren! Die mit samt den Statuen stilgerecht restaurierte und unter Bundesschutz stehende Kapelle ist ein Prunkstück des ganzen Tals. Der eilige Automobilist fährt – Gott sei Dank? – achtlos daran vorüber.

Daß die Helliker neben ihrer schollentreuen Arbeit im althergebrachten landwirtschaftlichen Familienbetrieb – nur die früher reichlich vorhandenen Reben sind dem

313 Stein, um 1800

Stein zeigt sich vom deutschen Ufer aus als typisches Straßendorf. Die langgestreckten Häuser wurden zu Beginn der 1870er Jahre wegen des Eisenbahnbaus abgebrochen und teilweise ostwärts der Kirche an der Straße nach Frick mit dem alten Material wieder aufgebaut. Am Rheinbord unter der Kirche eine der Wuhren, die das steile Gelände vor Hochwasserschäden schützen sollte. Im Vordergrund mit Hund und umgehängtem Gewehr ein badisch-großherzoglicher Gendarm, der als Grenzwächter amtet. Auf dem Rhein ein Weidling und ein einfaches Floß, das von zwei Männern gesteuert wird. – Aquarell eines unbekannten Kleinmeisters.

Eine unansehnliche Kapelle

Hellikon, eine Dorfgemeinde, nur eine Viertelstunde vom Kreisort Wegenstetten, mit 342 männlichen, 335 weiblichen, zusammen 677 Einwohnern in 71 mit Ziegeln, 25 mit Stroh gedeckten Wohnhäusern, sammt 12 mit Ziegeln, 6 mit Stroh gedeckten Nebengebäuden. Das Dorf theilt sich in Hellikon, ober und unter dem Möhlibache, was früher von Bedeutung war, weil der eine Theil nach Zutzken, der andere nach Wegenstetten eingepfarrt war; jetzt gehört das ganze Dorf in die Pfarre Wegenstetten. Öffentliche Gebäude sind nur die unansehnliche Capelle St. Sebastian, die im Cataster für 500 Fr. versichert ist und ein Vermögen von 2755 Fr. besitzt. Das Schulhaus, im J. 1817 neu erbaut, steht im Feuercataster für 2200 Fr. Der Gemeindebann umschließt 1919 Jucharten zu 36,000 Wiener Quadratfuß; darunter befinden sich an Äckern 1142, an Matten 214, an Reben 35, an Gärten 34 und an Wäldern 494 Jucharten. (1844)

Die Wabrighexe

In Hellikon wohnte einst eine alte Zauberin und Wahrsagerin. Sie braute Tränklein und bereitete geheimnisvolle Salben, die sie in einem alten Kasten aufbewahrte. Einst zur Erntezeit war sie auf dem Wabrig mit Ernten beschäftig. Die Garben lagen gebunden da. Der Knecht ging heim, um den Wagen zu holen. Vorerst wollte er ihn aber noch schmieren. Er holte aus einem alten Kasten einen Topf und strich die Salbe an die Achsen der Räder, in der Meinung, es sei Wagenschmiere. Dann ging er in den Stall, um das Vieh anzuschirren und anzuspannen. Als er aber herauskam mit der Kuh, war der Wagen fort. Er hatte sich von selbst fortbewegt, war auf den Berg hinaufgefahren und kam zum Erstaunen der alten Frau ohne Vieh auf dem Acker an. Der Knecht kam in Eile gelaufen. Bestürzt fragte ihn die Frau, was mit dem Wagen gegangen sei. Der Knecht erzählte, er habe bloß die Räder geschmiert. Da erkannte die Frau, daß er von ihrer Hexensalbe genommen und machte ihm bittere Vorwürfe. Von da an war es vorbei mit der Hexerei, sie war verraten. Der Berg aber hieß von der Stunde an der Wagenberg oder Wabrig.

314 Trachtenumzug, 1924

Nach dem Ersten Weltkrieg bemühte sich Lehrer Fuchs mit Erfolg um die Wiederbelebung der Fricktaler Tracht. Das Gewand der Frauen zeigt eine enge Verwandtschaft mit der Schwarzwälder Tracht, wohl eine Erinnerung an die einstige Zugehörigkeit zum Säckinger Klosterstaat. Der Kopfhaube mit der großen Masche fehlen nur die langen Bänder, die zum Schwarzwald gehören. Die Männer tragen zu den weißen Strümpfen Kniehosen und den braunen mit Zierknöpfen geschmückten Tuchrock.

Krebs zum Opfer gefallen – auch einen zusätzlichen Erwerbszweig kannten, beweisen die alten Spitznamen, die zugleich auf eine gewisse Wanderlust hinweisen. Da kennt man zum Beispiel die Schnitzpaulis, den Bohnenchaschper, die Bohnenviktore und den Nußbueb. War in frühern Zeiten nämlich die Heu-, Getreide- und Obsternte eingebracht, wurden Baum- und Hülsenfrüchte gedörrt, in den umliegenden Dörfern zur Ergänzung anderes hinzugekauft und alles regelmäßig in Basel, Liestal und andern weniger gesegneten Orten verhausiert. Es gab eine Stammkundschaft, die auf die Helliker Dörrobsthausierer wartete und ihnen einen bescheidenen Verdienst mit ins Heimatdorf gaben.

Vor hundert Jahren gelangte Hellikon zu einer ungewollten, düstern Berühmtheit. Am Weihnachtstag 1875 wurden im Schulhaus durch den Einsturz des Treppenhauses die meist jugendlichen Besucher der Christbaumfeier in die Tiefe gerissen. Aus den Trümmern barg man 73 Tote. Mehr als eine Haushaltung zählte 3 Tote unter ihren Angehörigen. Von diesem Aderlaß hat sich die Gemeinde nur langsam erholt. Heute noch weiß man beinahe in jeder Familie von Verwandten zu berichten, die damals dabei waren oder ums Leben kamen. Eine gewisse Verhaltenheit scheint sich noch immer im lieblichen Dörfchen bemerkbar zu machen. Auch heutzutage begnügen sich viele Dorfbewohner, auch Jugendliche, mit dem abendlichen Stelldichein am Dorfplatz.

Kaiseraugst

Was Augst und Kaiseraugst in der Geschichte unseres Landes berühmt gemacht hat, ist die römische Vergangenheit. Gewiß gibt es schon Funde aus der jüngeren Steinzeit, aus der Bronze- und Eisenzeit, aber erst die römische Kolonisierung prägte die Landschaft. Der römische Feldherr Julius Cäsar erzählt in seiner Geschichte des gallischen Krieges, daß zusammen mit den Helvetiern auch die kleine Schar der Rauriker ihr Land verlassen habe, um in Gallien neue Wohnstätten zu suchen. Das geschah im Jahre 58 v. Chr. Die Rauriker gehörten zur großen Völkerfamilie der Gallier oder Kelten, die in der heutigen Schweiz, in Süddeutschland und in Frankreich wohnte. Sie waren fleißige Bauern, kunstgeübte Handwerker, mutige Krieger und eifrige Politiker. Der Zusammenstoß mit den Römern bei Bibracte durchkreuzte ihre Pläne und veranlaßte sie, in ihre Heimat zurückzukehren. In der Folge wurde die Colonia Augusta Raurica gegründet und mit römischen Veteranen besiedelt. Die Kolonie erhielt aus Rom immer wieder Zuwachs. Mit den Soldaten, Handwerkern, Kaufleuten und Künstlern kamen auch Christen nach Augst, wahrscheinlich schon im ersten Jahrhundert. Zur Zeit der diokletianischen Verfolgung wurden viele Christen im Rhein ertränkt. Einer dieser Märtyrer soll auch der Heilige Alban gewesen sein. Die archäologischen Funde bezeugen eindeutig, daß zur Römerzeit bereits Christen in Augusta Raurica wohnten. Der Grabstein der Eustata mit dem Ankersymbol und ein Eßstäbchen mit dem Christusmonogramm bestätigen eindeutig die Anwesenheit von Christen. Das heutige Kaiseraugst – nahe beim einstigen Castrum Rauracense – war schon früh Bischofssitz, wohl der erste in der Schweiz. Im Jahre 1960 fand man bei Ausgrabungen nicht nur Reste einer romanischen Kirche, sondern auch eine Taufkirche, ähnlich wie im spätrömischen Kastell Zurzach. Überdies ergab sich ein Fund von 74 Münzen aus der Zeit um 350 n. Chr. Gewiß brachte die Völkerwanderung im 4. bis 6. Jh. einige Rückschläge, aber mit der Landnahme der Alemannen wurde das Christentum nicht ausgerottet. Im 9. Jahrhundert wurde Kaiseraugst stift-sanktgallischer Besitz und erhielt auch das Patrozinium des Heiligen Gallus. Noch erinnern Fresken aus dem 14. Jahrhundert an den früheren Galluskult in Kaiseraugst.

315 Saline Kaiseraugst, um 1900
Im Vordergrund die Ergolz mit der Eisenbahnbrücke. Die Saline Kaiseraugst wurde vom Möhliner Wirtschaftspionier Johann Urban Kym erbaut und war von 1843 bis 1847 und von 1865 bis 1909 in Betrieb.

316 Die Dorfstraße, um 1910. Zu dieser Zeit wohnten in den 63 Häusern des Dorfes rund 600 Einwohner, die sich hauptsächlich von Viehzucht, Weinbau und Fischfang nährten. Der Ortsname erinnert an die Zugehörigkeit zum österreichischen Kaiserreich (bis 1803). Photo Lüdin AG.

Die schöne Römerkolonie mit ihrer prächtigen Hauptstadt zwischen der Ergolz und dem Violenbach und dem Castrum am Rheinufer konnte sich von der Verwüstung des Jahres 260 nicht mehr erholen. Noch vor Ende des 5. Jahrhunderts brach das weströmische Kaiserreich zusammen. Es war die Zeit der alemannischen Landnahme am Oberrhein. Die Alemannen bezogen nicht die römischen Häuser, sondern bauten sich ihre Blockhäuser und überließen die römische Siedlung dem langsamen Zerfall. Inzwischen entstand das fränkische Reich, das dem Christentum zum Sieg verhalf. Der Auszug des Bischofs von Augst nach Basel bedeutete auch den endgültigen Niedergang des Kastells. In dieser Zeit kam ein neues Wirtschaftssystem auf: die Grundherrschaft. Die Ländereien wurden an hohe und niedere Hofbeamte verliehen unter der Bedingung treuer Gefolgschaft in Krieg und Frieden, anderes verschenkte der König an Stifte und Klöster. So besaßen folgende Klöster Besitzungen in der Gegend von Augst: Murbach und Säckingen, später auch Münster-Granfelden, Lützel, Beinwil, Olsberg und die Basler Klöster, das Hochstift und der Basler Bischof. Diese Entwicklung war in vollem Gange, als das mittelalterliche Augst erstmals urkundlich in die Geschichte eintritt. Der Alemanne Dudar schenkte dem Kloster St. Gallen sein väterliches Erbe und fertigte am 14. April 752 zu Augst eine Urkunde aus. Es war im ersten Regierungsjahr Pippins, also an einer Wende der abendländischen Geschichte. Augst verschwindet seit dieser Schenkungsakte nicht mehr aus der Geschichte, während von vielen andern Dörfern nicht mehr die Rede ist. In den Jahren 891 und 894 erfolgte ein Tausch mit Bestätigung durch König Arnulf zwischen Abt Salomon von St. Gallen und ‹meinem getreuen Anno› um Güterbesitz im Ramsgau gegen eine Kirche und sieben Huben bei Augst. Mit der Zeit begann St. Gallen, die weitentlegenen Güter abzustoßen, während die Basler Kirchen, vor allem das Hochstift, sich immer mehr dafür interessierten. Auch das Kloster Olsberg erhielt Güter in Giebenach und im weitern Umkreis von Augst.

Die weitere Geschichte des Dorfes Augst verlief bis ins Hochmittelalter im Schatten großräumiger Entwicklungen. Das Karolingerreich war auf den Trümmern der Herzogtümer aufgebaut worden. Im Verlauf der Zeit erfolgten Schenkungen an Klöster, Kirchen, Bischöfe und verdiente Beamte.

Ein bedeutender Einschnitt in die Geschichte des Dorfes fand im Jahre 1442 statt: die Dorftrennung. Das Dorf Augst mit den 150 Einwohnern kam nach Basel, und Kaiseraugst, östlich der Ergolzmündung, wurde der Herrschaft Rheinfelden einverleibt. ‹Augst an der Brücke› wurde in den dreißiger Jahren des 16. Jahrhunderts protestantisch, weil es zum Basler Stadtgebiet gehörte, das österreichisch gebliebene Kaiseraugst blieb dem alten Glauben treu. Das Kollaturrecht in Kaiseraugst blieb bis 1803 beim Domstift Basel, obwohl dieses seinen Wohnsitz von 1529 in Freiburg im Breisgau und im elsässischen Altkirch und seit 1679 in Arlesheim hatte.

Im Gefolge des Ersten Vatikanischen Konzils bildete sich allmählich die christkatholische Gemeinde, welche dann die alte Galluskirche beanspruchte. Die römisch-katholische Kirche sah sich schließlich genötigt, eine neue Kirche zu bauen. Im Laufe des 20. Jahrhunderts vermischten sich die beiden Konfessionen hüben und drüben und haben heute gute freundschaftliche Beziehungen.

Die Ruinen des alten Augusta Raurica haben zu allen Zeiten auf geschichtskundige Bürger der nahen Rheinstadt einen geheimen Zauber ausgeübt. Heute steht die Römerforschung in voller Blüte. Das ‹Römerhaus›, verbunden mit dem Römermuseum, ebenso das freigelegte Amphitheater und die vielen Funde, die immer wieder gemacht werden, sind erfreuliche Resultate. Die Stiftung ‹Pro Augusta Raurica›, welche von den Kantonen Basel-Stadt, Basel-Land und Aargau unterstützt wird, sucht die wissenschaftliche Forschung weiter zu fördern.

Selbstverständlich knüpfen sich auch Sagen von verborgenen Schätzen an diese alten Ruinen. Der Chronist Stumpf erzählt, wie im Jahre 1520 ein armer Gesell den Schatz zu heben versuchte, «auß hungers not und großem mangel, den er in grausamer theure mit wyb und kinden lang geduldet». Doch stand das Unternehmen unter keinem guten Stern. Statt auf einen Schatz stieß er in der Höhle nur auf menschliches Gebein, «darob er in maßen erschrack, daß auß forcht und angst einem todten gleych hinsinkende, nicht mehr von ihm selbst wußt». Endlich gelang es ihm, völlig kraftlos und krank, kriechend den Ausgang der Höhle zu erreichen. Halbtot konnte er sich zu Hause in Sicherheit bringen, drei Tage darauf aber war er tot.

317   Kaiseraugst, 1947

«Kaiser-Augst, ein wohlgelegenes Kirchdorf im Kreise und Bezirke Rheinfelden auf der Erdecke, wo die Ergolz sammt dem Violenbache mit dem Rheine zusammen fließen, hat 149 männliche und 174 weibliche, zusammen 323 Einwohner in 45 mit Ziegeln und 10 mit Stroh gedeckten Häusern, sammt 20 mit Ziegeln und 5 mit Stroh gedeckten Nebengebäuden. Das Dorf liegt 5 Viertelstunden unterhalb Rheinfelden an der Basel'schen Gränze. Die Ruinen einer Römermauer umschließen es wie eine Klammer, die Nordseite sichert der Rhein. Wahrscheinlich vertheidigte dieß Castrum den Zugang zur alten Augusta Rauracorum gegen die germanischen Völker. Aus dem Dorfe führen zwei steile Gassen, auch einige Fußwege zum Rheine hinab; unweit der obern Gasse sprudelt eine sehr wasserreiche Quelle des reinsten Wassers aus der Leberstein-Formation hervor, welche von den Einwohnern für sich und ihren Viehstand, ungeachtet des abschüssigen Weges dahin, beständig benutzt wird. Die Nahrungszweige der Einwohner bestehen in der Landwirthschaft, im Fischfange, im Steinführen auf Schiffen den Rhein hinab, in allerlei Gewerben. Der Gemeindbann enthält 1228 Quadratjuchart, worunter 427 Juchart Waldung sind. Öffentliche Gebäude sind die Kirche zum h. Gallus, im Brandcataster zu 6800 Fr. angeschlagen, die Pfarrwohnung auf der höchsten Stelle des Dorfes am Rheine für

5800 Fr. versichert, das im J. 1821 erbaute Schulhaus, welches 50 bis 60 Kinder besuchen, und die Weintrotte der Gemeinde. Bei den Mauertrümmern findet man öfters Münzen von verschiedenen Kaisern, kleine eherne Penaten, irdene Gefäße. In der Nähe des Dorfes auf einem Hügel wurden auch römische Gräber gefunden. Im J. 1684 vom 19. bis 24. Januar fror der Rhein zur Brücke, den 10. Februar spannen die Töchter von Kaiser-Augst bei Sonnenschein mitten auf der Eisdecke, und 1695 marschirten zwischen dem 25. Januar bis 14. Februar 600 Mann zu Fuß und 30 Dragoner über den Eisspiegel des Rheines. Eben so verband das Eis beide Ufer vom 7. bis 13. Januar 1755. Hier ist eine Fähre über den Rhein. Ehemals besaß das Domcapitel zu Arlesheim die Collatur der hiesigen Pfarre, die ihm Kaiser Rudolf von Habsburg 1285 verliehen hatte. Jetzt übt der Staat dieß Recht aus.» (1844) – Holzschnitt von E. Bärtschi.

Magden

Magden liegt südöstlich von Rheinfelden, hinter Berg und Wald, nicht ganz eine Wanderstunde von der Stadt entfernt. Ein dem Tafeljura vorgelagerter waldiger Höhenzug (400 m ü. M.) schließt die heute 2000 Einwohner zählende Dorfgemeinde gegen die Rheinebene ab (300 m ü. M.). Durch einen tiefen Einschnitt fließt der Magdener Bach dem Rheinstädtchen zu; er trieb dort noch bis um die Jahrhundertwende Wasserräder und verstärkte dessen mittelalterliche Festungsanlagen. Dieses nach Magden führende schmale Wiesental ist bislang von jeder Siedlung unberührt geblieben; hier befinden sich mächtige Quellgründe der größten Brauerei der Schweiz, die zwar schon auf Rheinfelder Boden steht, aber von einem Magdener gegründet wurde.

Bis etwa 1880 war Magden als Dorf der Weinbauern bekannt. Zeitweise wurden nicht weniger als sieben Rebberge gezählt! Die Südlagen ab ‹Weingarten› bildeten mit dem heute noch respektablen Maispracher Rebberg eine ununterbrochene Einheit und reichten bis zur Talsohle. Bevorzugt war das rote Gewächs: ‹Der rote Sohn› Magdens war weiterum geschätzt; Magdener wurde beispielsweise im ‹Bären› auf der Bözbergpaßhöhe kredenzt, wo einst die großen Pilgerscharen aus dem Elsaß auf der Wallfahrt nach Einsiedeln durchzogen. Heute ist das Rebareal auf einen kleinen Rest zusammengeschrumpft. Wie anderorts folgten der weichenden Traube Kirsche und Apfel. In höhern Lagen bilden heute Kirschbäume dichte Bestände; neben alten ‹Brenzern› sieht man bereits lange Streifen modernster Niederzuchten von Edelsorten. Für Frühblüher wie die Kirschen bleibt die Frostgefahr in höheren Lagen geringer als unten im Talboden, wo sich in hellen April- und Mainächten schwere kalte Luft ansammelt und verderbliche Frostlöcher bildet. Zur Zeit der Kirschbaumblüte legt sich um das bergumzogene Dorf ein reinweißer Kranz. Etwa zehn Tage später, wenn die Frostgefahr abgenommen hat, erblüht in den tieferen Lagen ein neuer Kranz um den Ort, diesmal in zartem Rosa; nun öffnen die Apfelbäume ihre Blütenknospen. Sowohl die Magdener Kirschen als auch die Magdener Äpfel sind auf dem Markt sehr geschätzt wegen ihres Wohlgeschmacks und ihres Dufts; Eigenschaften, die sie aus dem tiefgründigen kalkigen Boden ziehen. Indessen hätte sich der Weinbau nicht im skizzierten Umfang zurückgebildet, wenn nicht ein Großteil der Magdener sicheren und schönen Verdienst in der vor hundert Jahren von ihrem Magdener Mitbürger Theophil Roniger gegründeten Brauerei ‹Feldschlößchen› gefunden hätte, die heute eines der größten Unternehmen der Branche in Europa ist und im nahen

318 Gruß aus Magden, um 1902

«Die Gemeinde besitzt ein Schulhaus mit 2 Schulstuben, einen Kornspeicher, eine Ziegelhütte und ein kleines Armenhaus. Um die Pfarrkirche verbreitet sich der Begräbnisplatz, welcher der Erweiterung bedarf. Sechs Röhrbrunnen erfrischen das Dorf, einer hat Schwefelwasser. Es hat 153 mit Ziegeln und 9 mit Stroh gedeckte Wohnhäuser. Das Dorf betreibt einträglichen Getreidebau und ergiebigen Weinbau.» (1844)

Das untergegange Dorf Oeflingen

Zwischen Rheinfelden und Magden stand vor Zeiten ein Dörflein, es hieß Oeflingen. Heute ist es spurlos verschwunden. Das kam so: Eine mächtige Feuersbrunst äscherte in einer wilden Sturmnacht alles ein. Fast alle Bewohner kamen in den Flammen um. Nur drei Frauen konnten sich retten. Diese waren sehr reich; denn ihnen gehörte der ganze Steppberg. Aber trotzdem hatten die drei Frauen kein Stück Brot mehr zu essen. In ihrer Not wandten sie sich nach Magden und baten um Aufnahme. Gerne hätten sie die Magdener aufgenommen; doch sie hatten gerade selber eine Hungersnot und selber nichts zu beißen. Traurig zogen die Frauen wieder ab und klopften ans Tor der Stadt Rheinfelden. Freundlich wurden sie dort aufgenommen und mit Lebensmitteln versorgt. Sie blieben in der Folge dort und schenkten aus Dankbarkeit der Stadt den ganzen Steppberg.

Vom Bau der Kirche

Die Magdener hatten vor Zeiten keine eigene Kirche. Als sie eine solche bauen wollten, hielten sie eine Gemeindeversammlung ab, um den Ort zu bestimmen, wo man sie zu errichten wünschte. Die Meinungen gingen aber stark auseinander. Die einen wollten sie auf den Berg hinauf bauen, andere hätten sie gern dort gehabt, wo heute das Dreschhaus steht, dritte aber zogen den Sägeplatz vor. Schließlich einigte man sich auf den letzteren Platz. Eines schönen Tages schlug man Holz und brachte es auf den Sägeplatz. Doch wie erstaunte man, als man am andern Morgen alle Balken auf dem Berg droben schön aufgeschichtet vorfand. In der Nacht waren die Erdmännchen erschienen und hatten das Holz leise dorthin getragen. So baute man die Kirche auf dem Berg.

Z Magde

Z Magde a der Chilchhoftür
Will i uff Dih warte.
S Dorf lyt stille-n-under mir;
D Chemi räuchne, d Obefüür
Styge-n-uff all Arte.
Z Magde – hesch mer sällmol gsait –
Sigsch as Chind dehaime.
Drum hän mi d Gedanke trait
Bis do hi, und wyt und brait
Suech i Dih jetz neume …
Wo die alti Chile stoht,
Lueg-i über d Dächer,
Lueg-i, bis im Oberot
D Sunne stille s Tal verloht
Bi de Dornhof-Äcker.
Chunsch bim Bättzyt-Glockeglüt
Nit dr Wäg uff gange?
S lütet, bis de-n-ändlig witt
Zue mer cho – O chumm doch hütt,
Wo-n-i uff Dih blange …!
Muesch nit warte, bis im Chlang
D Chileglocke chlage.
O wie mänge wartet z lang,
Bis me-n-en im letschte Gang
Mueß do uffe trage …
Z Magde a dr Chiletür,
Dört am Totegarte,
Blang-i s Läbe lang noch Dir:
Chum doch jung und froh zue mir –,
Loß mi nümme warte …!
  C. A. Müller

319 Iglingen, um 1940

Zur Gemeinde Magden gehört auch das Hofgut Iglingen, eine kleine abgeschiedene ehemals klösterliche Niederlassung. Die Einsiedelei wird schon 1255 als Eigentum des Stifts Olsberg genannt. 1465 ging das im frühen 15. Jahrhundert von Klausnern bewohnte Klösterchen an die Klarissinnen; es zählte 1502 bereits 17 Nonnen, die sich zum weltlichen Unterhalt als Heidnischwirkerinnen betätigten. Nach der Reformation verließen einige Schwestern Iglingen, und die andern nahmen den neuen Glauben an, so daß schließlich 1561 die Aufhebung des Klösterchens erfolgte. 1918 gelangte Iglingen in den Besitz der Christoph Merianschen Stiftung in Basel, welche die Kapelle 1946 renovierte und unter Bundesschutz stellen ließ.

Rheinfelden steht, wo Bahnanschlüsse bestehen. Wer nach Magden zu Fuss durch das eingangs erwähnte schmale Wiesental wandert, kommt am Portal einer in den Jurakalk führenden Kluft vorbei, darüber ist eine Inschrift zu lesen: 1868-1875. Bierkeller von Theophil Roniger. Brauer zur «Sonne» in Magden. Begründer der Brauerei Feldschlösschen Rheinfelden.

In den letzten 15 Jahren hat sich das Magdener Landschaftsbild erstaunlich gewandelt. Wo an warmer Hügelseite früher der Winzer mit dem Rebmesser im Sack den Weinstock pflegte, ziehen heute geteerte Straßen durch, über die Autos flitzen. Ein modernes Villenviertel ist hier entstanden, mit Ansätzen dazu an den Gegenhängen. In diesem kurzen Zeitraum hat sich die Zahl der Einwohner verdoppelt.

Die ursprünglich römisch-katholische Kirchgemeinde Magden lehnte 1874 die damals von Rom aus verkündeten Dogmen vom Primat und von der Unfehlbarkeit des Papstes ab und bekannte sich zu den altkatholischen (=christkatholischen) Glaubenssätzen, gleich den benachbarten, vordem bis 1801 noch österreichischen Gemeinden Rheinfelden, Möhlin und Olsberg; nur wenige Familien der alteingesessenen Bürgerschaft blieben römisch-katholisch. Die auf stolzer Höhe stehende Kirche zu St. Martin ist die christkatholische Pfarrkirche: die Römisch-Katholiken haben 1969 auf der linken Talseite eine Maria geweihte moderne Kirche erbaut; die Protestanten ihrerseits besitzen seit 1976 ein reformiertes Gemeindehaus, nördlich des ‹alten›, 1838 errichteten Schulhauses.

Das Wahrzeichen der Gemeinde stellt nach wie vor die Kirche zu St. Martin dar, mit dem danebenstehenden vornehm proportionierten Pfarrhof und der zum Himmel strebenden Dorflinde. Die 1036 erstmals erwähnte Kirche dürfte um Jahrhunderte älter sein; für diese Vermutung spricht der fränkische Name des Kirchenpatrons und die flache Decke des Gotteshauses; das harmonisch gegliederte Bauwerk besitzt im Innern eine barocke Ausstattung. Bereits von den ‹Grafen› von Lenzburg, den Vorgängern der Habsburger, kam die Kirche zum Stift Beromünster (1036); von diesem wurde die Kollatur der Pfarrkirche Magden an die Äbtissinnen des Zisterzienserklosters Olsberg verkauft (1343). Nach der Aufhebung dieses später adligen Damenstifts erhielt der neugeschaffene Staat Aargau das Recht des Pfarreinsatzes in Magden; dieses ging später an die Kirchgemeinde über.

Magden gehörte bis 1801 zu den österreichischen Vorlanden und wurde von Ensisheim i.E., dann von Freiburg i.Br. bzw. von Innsbruck und Wien aus regiert. Die Zugehörigkeit zum erdballumspannenden Habsburger

320 Die christkatholische Pfarrkirche St. Martin, über 1000 Jahre alt und der Stolz der konfessionell toleranten Gemeinde, 1945. Holzschnitt von E. Bärtschi.

Imperium riß auch Magden in sämtliche Kriege hinein, welche Frankreich und das Heilige Römische Reich Deutscher Nation um Positionen am Oberrhein führten. Von der Zeitspanne 1600 bis 1800 war die Hälfte Kriegsjahre. Nie verließ damals die Magdener die Furcht, Leben, Hab und Gut zu verlieren. Das Nachbardörfchen Heflingen ging in Flammen auf und erstand nie mehr aus der Asche; die Marchsteine mit den Majuskeln HE stehen aber noch im Wald und grenzen heute eine Strecke den Magdener Bann gegen Rheinfelden ab. Noch können Altmagdener auf dem höchsten Punkt der Gemeindemark, auf dem ‹Halmet›, die Stelle bezeichnen, wo die Magdener früher bei Gefahr das Vieh zusammentrieben, um es notfalls in wenigen Minuten über die Schweizer Grenze (nach Hersberg BL) zu retten. 1803 kam Magden mit dem von den Franzosen eroberten Fricktal zum Kanton Aargau.

Möhlin

Der Name ‹Möhlin› (Melina) ist keltischen Ursprungs. Vor 2000 Jahren bauten die Römer am Hochufer des Rheins Wachtürme, von denen heute noch Ruinen vorhanden sind. Auf dem ‹Bürkli›, bei der Einmündung des Dorfbachs in den Rhein, stand vermutlich zur Römerzeit eine Befestigungsanlage mit Kaserne. Von alter Zeit zeugen ebenso Alemannengräber am Rhein. Während der Burgunderkriege gehörte das Dorf zu den Pfandlanden am Rhein, die, wie der Schwabenkrieg, der Dreißigjährige Krieg und die Französische Revolution, arge Not über die Gegend brachten. Erst der Anschluß an den Kanton Aargau und damit an die Schweiz, im Jahre 1803, setzte dem leidvollen Lauf ein Ende.

Möhlin ist seit Jahrhunderten als ‹Kornkammer› bekannt. Seine Gemarkung umfaßt 1870 Hektaren meist fruchtbaren Bodens. Die Landwirtschaft des zweitgrößten Gemeindebanns des Kantons Aargau war bis in die Neuzeit sehr bedeutsam und gilt heute noch als wichtiger Erwerbszweig. Daß die Produktion trotz dem Rückgang von einst 250 bäuerlichen Betrieben auf kaum 60 nicht wesentlich geringer geworden ist, läßt sich durch Güterregulierung und Motorisierung erklären.

Die Gründung der Saline Ryburg im Jahre 1848 konfrontierte Möhlin erstmals mit der Industrie, während die Niederlassung der Bata Schuh AG Anno 1932 die wirtschaftliche Entwicklung der Gemeinde entscheidend förderte. Aber auch der Handwerker- und Gewerbestand hat seinen Beitrag zum Aufschwung des über 6500 Einwohner zählenden Gemeinwesens geleistet.

‹Dorf der drei Kirchen› wird Möhlin auch genannt, weil hier drei beinahe gleich starke Konfessionen ein Beispiel harmonischen Zusammenlebens und gegenseitiger Achtung geben. Die Christkatholiken, die Reformierten und die ‹Römisch-Katholischen› führen eine eigene Pfarrei und besitzen eigene Kirchen, wobei die im Jahre 1039 neu erbaute Dorfkirche schon 794 urkundlich erwähnt ist.

321

321 Das Strohhaus Wunderli, um 1910

Während Jahrhunderten prägten hohe, steile strohbedeckte Häuser das Dorfbild Möhlins. Die Bedachung der Häuser mit Stroh hatte seine guten Gründe in der Landwirtschaft, wurde in der Gegend doch immer viel Getreide angebaut. Strohdächer hatten natürlich besonders oft unter dem Feuer zu leiden. So vernichtete 1906 ein Großbrand im ‹Chäswinkel› nicht weniger als 6 Strohhäuser. 1929 wurde in Möhlin das letzte Strohdachhaus abgebrochen.

Schönste Getreidefelder

Möhlin, ein Kreisort im Bezirke Rheinfelden, mit 959 männlichen, 1014 weiblichen, zusammen 1973 Einwohnern in 150 mit Ziegeln, 116 mit Stroh gedeckten Häusern, sammt 40 mit Ziegeln und 8 mit Stroh gedeckten Nebengebäuden. Zu dieser Gemeinde wird auch Ryburg, die Ortsbürgerschaft, gezählt. Möhlin liegt an der Handelsstraße von Basel nach Zürich und ist mit dem schönsten Getreidefelde umgeben. Man hält seinen Ackerboden für den fruchtbarsten im ganzen Kanton. Die aufgelöste Deutsch-

322 Möhliner Doppelhaus mit gemeinsamer Scheune, um 1920. Links das 1613 erbaute Haus von Fideli Waldmeier, rechts die Untere Schmiede.

ordens-Commende Beuggen hatte hier das Collaturrecht. Neben der Pfarrkirche befinden sich im Orte noch 2 Capellen, die eine in Möhlin selbst, die andere in Ryburg. Am nahen Sonnenberge findet sich gutes Eisenbohnerz. Von Möhlin gelangt man in 7-8 Minuten nach Ryburg. Der Möhlinbach, welcher im Wegenstetter-Thale entspringt, fließt durch das Dorf, dann durch ein Wäldchen und durch Ryburg zum Rheine; er bringt in jedem Jahrhundert ein paar Mal durch Wasserfluthen Zerstörungen mit sich. – Der Gemeindbann schließt 4959 Jucharten, zu 36000 Wiener Quadratfuß, cultivirten Boden in sich. Nur eine wenig ergiebige Wasserquelle ist ins Dorf geleitet. Schöpfbrunnen, die sich jährlich mehren, sollen dem Mangel abhelfen. Nur der obere Theil von Möhlin liegt an der Hauptstraße. Die Häuser stehen größtentheils am Dorfbache, an welchem rechts die Dorfstraße hinläuft. Auf einem Hügel, die Möhlener-Höhe genannt, steht die Kirche. (1844)

323 Am Dorfbach, um 1890

Der Dorfbach liegt noch in seinem natürlichen Bett. Seine Überquerung geschah nicht nur über Brücken, sondern auch an seichten Stellen (Furt). Die beidseits des Bachs stehenden Häuser sind für Möhlin typisch wegen ihrer Stapfelgiebel.

324 Die Brunngasse, um 1910

Ein Kuhgespann zieht eine hölzerne Egge durch die noch ungeteerte Brunngasse, die zu den ältesten Dorfteilen gehört. Im Hintergrund ist ein ‹modernes› Gespann zu sehen: Kuh und Pferd, was sich nur die reichen Bauern leisten konnten.

325 Die Fridolinskapelle in Riburg, um 1890

In der dem Heiligen Fridolin geweihten Kapelle sind 1750 Stifter Johann Adam Kym und seine Frau Anna Ruefflin, die «sambt vier dienstboten, als Chatarina, Ursula, Joseph Akermann, geschwisterige, ein knecht von Zuzgen, welche den 28'ten May 1750 zu Rüburg mit hausz und allem erbärmlich verbrändt worden» beigesetzt worden. Die Vereinigung der beiden selbständigen Gemeinden Möhlin und Riburg muß um die Mitte des 18. Jahrhunderts erfolgt sein.

Nächtlicher Fuhrmann auf der Möhliner Höhe

Auf der Möhliner Höhe, da wo das Strässchen nach Zeiningen abzweigt, ist es zu gewissen Zeiten nicht geheuer. Bald versperrt ein kohlschwarzer Hund den Weg, oder eine dunkle Gestalt, deren Umrisse man nur undeutlich erkennt, erschreckt den nächtlichen Wanderer. Dann hört man wieder lästerliches Fluchen und Pferdegetrappel, trotzdem weit und breit kein Fuhrwerk zu sehen ist.

Das ist der ruhelose Geist eines Fuhrmannes, der für seine Untaten hier zu büßen hat. Vor Zeiten, als es weder Bahn noch Auto gab, fuhr ein Fuhrmann täglich mit Getreide über die Höhe nach Basel. Gewöhnlich hatte er für seine zwei Pferde zuviel geladen, und statt sich einen Vorspann zu nehmen, vertrank er lieber das Geld in einer Wirtschaft. So mochten seine zwei magern Pferde die Last kaum auf der Ebene, geschweige denn bergauf zu ziehen. Da half denn unser Fuhrmann mit der Peitsche und seinem Fluchmaul wacker nach, bis einmal seine Pferde unter seinen Schlägen verendeten. Der Mann starb auch bald darauf und muß seither Buße tun für seine Untaten.

Vor Jahren war einmal in Möhlin eine Hochzeit. Am Nachmittag hatte man mit einem Wagen einen Ausflug rheinaufwärts gemacht und kehrte in später Nachtstunde über die Möhliner Höhe heim. Oben auf der Anhöhe bäumte sich das Pferd auf einmal kerzengerade auf und war nicht mehr vorwärts zu bringen. Vor ihm war eine nebelhafte Gestalt aufgetaucht und wieder verschwunden. Vergebens stieg der Bräutigam ab und faßte das Pferd am Zaum. Es blieb ihnen nichts anderes übrig, als über Zeiningen den Heimweg zu suchen.

Das Möhliner Loch

Vor vielen Jahren pflügte zwischen Möhlin und Rheinfelden ein Bauer seinen Acker. Vier Pferde zogen den Pflug. Nun wollte das Gespann auf einmal nicht mehr vorwärts. Da sagte der Fuhrmann freundlich zu ihnen: «In Gottes Namen, geht!» Die Tiere aber gingen keinen Schritt vorwärts. Darüber wurde der Meister zornig und schlug sie mit der Peitsche; aber auch das nützte nichts. Da ergriff ihn der Jähzorn, und er rief: «So geht denn in Teufels Namen!» und in diesem Augenblick versank er mitsamt dem Pflug und den Pferden. An der Stelle blieb bis heute eine Vertiefung; obschon man sie schon manchmal ausfüllte, versank der Boden immer wieder. Diesen Ort nennt man seither ‹'s Möhler Loch›.

Mumpf

Wer als eiliger Zeitgenosse auf dem Schienenweg oder auf der neuen Autobahn, beide erhöht am Hang über dem Dorf angelegt, buchstäblich auf Mumpf hinunterblickt, ahnt nicht, daß in dieser Gemeinde seit über 12000 Jahren Spuren menschlicher Siedlungen vorhanden sind. Bewohner aus der Altsteinzeit und der Bronzekultur wie auch Römer haben hier Zeugen hinterlassen: Werkzeuge aller Art, einen der seltenen römischen Meilensteine, und, in der ‹Burg›, die Reste eines römischen Wachtturms.

Dieser diente gleichzeitig als Verproviantierungsstation für die Festungsanlagen zwischen Augst und Zurzach. Er wurde auf einer ältern römischen Villa errichtet und ist heute durch die Wirtschaft ‹Zum Anker› überbaut.

Schriftliche Quellen berichten erst seit 1218 von Mumpf. Wohl das älteste Baudenkmal des heutigen Dorfes dürfte die Martinskirche sein, die in ihren Fundamenten in die fränkische Zeit zurückreichen soll. Sie wird 1240 erstmals erwähnt, 1541 und 1666 erweitert. Der heutige Bau stammt aus dem 18. Jahrhundert. Seine jetzige Form hat er jedoch erst 1957 erhalten. Die Innenausstattung ist schon im letzten Jahrhundert verkauft worden. Teile davon sind im Basler Historischen Museum zu bewundern. Bis vor zweihundert Jahren residierte der Mumpfer Pfarrer als einer der vier Stiftschorherren stets in Säckingen. Die Seelsorge besorgte er von diesem Städtchen aus oder ließ sie durch einen Vikar ausüben. Die Zugehörigkeit zum vorderösterreichischen Herrschaftsgebiet bestimmte das politische Schicksal der Gemeinde. Als die Regierung 1612 eine Steuererhöhung verfügte, brach in Mumpf der sogenannte Rappenkrieg aus, der das ganze Fricktal erfaßte. Der Dreißigjährige Krieg brachte Durchmärsche, Einquartierungen und Plünderungen aller Kriegsparteien. Erst mit dem Anschluß an den Kanton Aargau kamen ruhigere Zeiten.

Der Rhein und die zu ihm parallellaufende Landstraße prägten auch das Wirtschaftsleben des Dorfes. Neben der üblichen Landwirtschaft fanden die Bewohner ihren Verdienst als Fischer und Flößer. Gasthäuser boten Verpflegung und Unterkunft. In der Taverne ‹Zur Glocke› übernachtete 1531 Mykonius, als er von Thomas Platter als Nachfolger Ökolampads aus Zürich nach Basel geholt wurde. Eine Gedenktafel am Hotel Sonne erinnert daran, daß in einer zugehörigen Dépendance im Jahre 1821 die berühmte Schauspielerin Rachel als Kind fahrender Komödianten das Licht der Welt erblickte.

Eine bekannte Bootsbauerwerkstatt hält heute noch die alte Verbundenheit mit dem Rhein aufrecht. Eine Uhrenfabrik beschäftigt seit einigen Jahrzehnten Leute aus dem Dorf und seiner weitern Umgebung. Dem Wanderlustigen und Campingfreund bietet Mumpf verschiedene Möglichkeiten: Einen modernen Campingplatz am Rhein, Gelegenheit zum Schwimmen und Paddeln, Spaziergänge auf die Mumpfer Fluh und in die sanften Hügel des Jura.

326 Das 1876 von F.J. Waldmeyer geführte Etablissement ‹Gasthof und Soolbad in Mumpf› genoß nicht nur wegen seiner guten Küche und des bekömmlichen Badewassers einen weitbekannten Ruf, sondern wurde auch wegen seiner besonders schönen Lage gerühmt.

327 Gruß aus Mumpf, 1901

Der ‹Gruß aus Mumpf› weist auf die alten Begrenzungen des Dorfes hin. Gasthaus und Solbad zum Anker empfangen den Reisenden am Dorfeingang von Basel her. Das Gebäude steht auf den Fundamenten einer römischen Villa, die zu Valentinianszeiten einer Festungswache weichen mußte. Die 1875 errichtete Eisenbahnbrücke der Bözbergbahn begrenzt die Ortschaft nach Süden. Die Eisenträgerkonstruktion ist inzwischen einem mehrbogigen Betonviadukt gewichen.

Holzflößerei und Fischfang

Mumpf (eigentlich Nieder-Mumpf, gewöhnlich aber nur Mumpf genannt) ist Pfarrdorf und Civilgemeinde im Kreise Wegenstetten, Bezirkes Rheinfelden, auf hohem Gelände am Rheine, mit 195 männlichen, 215 weiblichen, zusammen 410 Einwohnern in 47 mit Ziegeln, 16 mit Stroh gedeckten Wohnhäusern, nebst 16 mit Ziegeln, 3 mit Stroh gedeckten Nebengebäuden. Es liegt an der Landstraße von Basel nach Zürich. Das Volk lebt größtentheils vom Landbau, Einige auch von der Schifffahrt. Nicht weit abwärts von Mumpf erblickt man Ruinen einer alten Burg, die man für Reste eines römischen Wachtthurmes hält. Der Thalbach, welcher von Schupfart und Ober-Mumpf herabkömmt, öffnet in zwei Armen die Rinnen, durch welche er aus seiner Schlucht Bachthalen dem Rheine zuströmt. Diese Schlucht ist eine starke Viertelstunde lang in Rothliegendes eingeschnitten. Auf der Mumpfer-Fluh sind schöne Gypsgruben geöffnet. Die öffentlichen Gebäude sind die Kirche, das Pfarrhaus und die Schule. Der Thurm ward 1541 erweitert. Die Gemeinde Wallbach ist hier eingepfarrt. Eine Mühle, Gypsmühle und Knochenstampfe befinden sich hier. Mehrere Einwohner beschäftigen sich mit der Holzflößerei und dem Fischfange. Der Gemeindbann umschließt 775 Jucharten von 36,000 Wiener Qdt. Fuß, nämlich 196 Jucharten Äcker, 212 J. Matten, 38 J. Reben, 11 J. Gärten und 318 Jucharten Wald. (1844)

328 Die Dorfkirche, um 1900

Über dem Rheinbord erhebt sich, in der gleichen Flucht wie die Häuserzeile an der ungeteerten Landstraße entlang, die alte Dorfkirche. Seit fränkischer Zeit soll sie am gleichen Ort stehen, immer wieder umgebaut, vergrössert und verschönert, dem jeweiligen Geschmack der Zeit entsprechend. Vor der Kirchhofmauer sind Wellen und gespaltenes Holz aufgehäuft: die Holzgabe der Gemeinde an die Bürger. Im vergangenen Winter wurde das Brennmaterial in den Gemeindewaldungen geschlagen. Jetzt liegt es noch eine Zeitlang zum Ausdörren im Freien. ‹Sool-Bad› steht am Giebel des Hotels zur Sonne. Seit der Entdeckung der Salzvorkommen im beginnenden 19. Jahrhundert schossen in den Dörfern rings um Möhlin-Riburg die Solbäder aus dem Boden. Täglich wurde die Sole in der Saline mit einfachen Tankwagen und Pferdefuhrwerken geholt und in die Badewannen der Gasthöfe zwischen Rheinfelden und Mumpf geführt. Viele Badegäste suchten in diesen einfachen Häusern Gesundheit und Erholung.

329 Die Mumpfer Fähre, um 1910

Das Dorf wird vom Verkehr zu Wasser und zu Land geprägt. Sonntags überquert die ungedeckte Fähre den Rhein. Als noch viele Fricktalerinnen aus dem Wegenstetter und Obermumpfer Gebiet in den Seidenfabriken von Säckingen Arbeit fanden, bedeutete die Fahrt über den Strom eine beachtliche Verkürzung des ohnehin manchmal stundenlangen Arbeitsweges. Der Einschnitt im Hintergrund weist auf das bewaldete Tälchen, das nach Obermumpf und Schupfart führt, während links der Wald zur steilen Mumpfer Fluh mit den steinzeitlichen Siedlungen ansteigt.

Obermumpf

Verläßt man bei der Kirche Mumpf die große Landstraße und wendet man sich dem muntern Bächlein entlang nach Süden bergaufwärts, dann gelangt man, unter den Viadukten der modernen Verkehrswege hindurch, in ein bewaldetes Tälchen, das sich nach viertelstündiger Wanderung zu einer weiten Mulde verbreitert. Überrascht stellt man mitten drin ein friedliches Bauerndorf fest, aus dem zwei Kirchtürme herausragen: Obermumpf.

Jahrhundertelang bildete es mit dem Dorf am Rhein, bis in neuere Zeit auch Niedermumpf genannt, eine einzige Gemeinde. In österreichischer Zeit gehörte es zum Distrikt Möhlinbach in der Herrschaft Rheinfelden. Mit ihr teilte es die wechselvollen Schicksale bis zum Anschluß an den Aargau.

Auch hier fand sich beim ‹Schloß› der Rest einer römischen Villa. Seit 1440 berichten die Quellen von einer eigenen Kirche. Die heute prächtig restaurierte ‹alte› Kirche stammt aus dem Jahre 1738. Sie gehört den Altkatholiken, die nach den Auseinandersetzungen um das Erste Vatikanische Konzil das alte Gotteshaus zugesprochen erhielten. Die andere Gruppe, die Römisch-Katholiken, erbaute sich zuerst eine Notkirche, die in neuester Zeit durch einen modernen Bau ersetzt werden konnte.

Obermumpf ist ein reines Bauerndorf geblieben, das zwar vom Betrieb des benachbarten Sportflugplatzes bei Schupfart einigen Lärm in Kauf nehmen muß, sich sonst aber von seiner beschaulichen Ruhe in einer prachtvollen Landschaft nicht abbringen läßt. Übersieht man einige neue Einfamilienhäuser für Bewohner, die am Rhein irgendwo ihrem Verdienst nachgehen, so könnte man meinen, hier sei die Zeit stillgestanden.

330 Gruß aus Obermumpf, 1912

Der «Gruß aus Ober Mumpf» zeigt das Dorf, das sich zur Hauptsache der Straße entlang zieht, in seiner lieblichen Umgebung. Von den beiden Kirchen ist die größere mit Bleistift als ‹rote› bezeichnet, eine Farbe, mit der man die Christkatholiken damals von den ‹schwarzen› Katholiken, die nach Rom orientiert waren, unterschied. Die beiden Gasthäuser zum Engel und zum Rößli sind noch mit landwirtschaftlichen Gebäuden verbunden, da der Wirteberuf allein noch nicht genügend Einkünfte bot. Das Schulhaus weist den Einheitsstil auf, der fast sämtliche Schulbauten im Fricktal nach dem Anschluß an den Kanton kennzeichnet.

331 Zimmerleute auf der ‹Stör›, um 1905

Halbbauern, denen die Erträgnisse aus ihren kleinen Landwirtschaftsbetrieben keinen genügenden Lebensunterhalt boten, schlossen sich im Fricktal oft zu Akkordgruppen zusammen. Als Mäder und Heuer verdingten sie sich deshalb oft für kürzere Zeit im Baselbiet und im Elsaß als willkommene ‹Gastarbeiter›. Unter Leitung eines gelernten Handwerkers übernahmen sie auswärts auch andere Arbeiten. Auf unserm Bild arbeitet eine Fünfergruppe an einem Dachstuhl; sitzend der Zimmermeister mit Plan, Meterstab und Winkel. Berufskleider werden keine getragen. Neben währschaften Schuhen, Ledergamaschen und mehrfach ‹geplätzten› Hosen trägt man ein Gilet, in dessen Taschen Uhr, Bleistift und auch der Kau- und Schnupftabak versorgt werden können. Bauherr ist der bärtige Mann mit Hut und landesüblicher blauer Burgunderbluse.

Vom Thalbach geteilt

Ober-Mumpf, Pfarrdorf und Gemeinde des Kreises Wegenstetten, mit 250 männlichen, 272 weiblichen, zusammen 522 Einwohnern in 52 mit Ziegeln, 37 mit Stroh gedeckten Häusern, nebst 11 Nebengebäuden mit Ziegeldächern und 1 mit Stroh gedeckten. Der Ort liegt drei Viertelstunden südwärts von Mumpf am Thalbache. Dieser trennt das Dorf in 2 ungleiche Theile. Zu seiner Rechten liegt über dem Bachspiegel, bei 30 Fuß hoch, der kleinere Theil des Dorfes mit der Kirche, dem Begräbnißplatze, dem Pfarrhofe, dem Schulhause und dem Wirthshause. Zur Linken des Baches liegt, in gleicher Höhe, der größere Theil des Ortes zunächst dem Weinberge mit der Mühle und einem neu gebauten Wirthshause. Der Gemeindebann schließt 1377 Jucharten zu 36.000 Wiener Qdt. Fuß in sich. (1844)

Olsberg

Wer von Olsberg spricht, muß auf drei Dinge achten: Erstens ist das ehemalige Zisterzienserinnenkloster damit gemeint; zweitens benennt der Name die aargauische politische Kirch- und Schulgemeinde gleichen Namens. Und drittens heißt auch der Dorfteil links des Bachs so, der zur Gemeinde Arisdorf und damit zum Kanton Basel-Land gehört.

Von Augst aus gelangt man über das Baselbieter Dorf Giebenach durch ein bewaldetes Tälchen dem Violenbach entlang nach einer knappen Wegstunde in eine liebliche Mulde, in der sich linker Hand der imposante Gebäudekomplex des ehemaligen Klosters mit Konventsgebäude, Kirche, Landwirtschafts- und Gesindehäusern am sanften Hang aufbaut. Ein paar hundert Meter dahinter zeigen sich die rund zwei Dutzend alten Bauernhäuser, die in ruhiger Behaglichkeit als geschlossene Siedlung der ‹Fieleten› entlang sich beidseits an die leicht ansteigenden Hänge schmiegen. Ein paar unauffällige Neubauten haben sich oberhalb des alten Dorfkerns angesiedelt. Das Ganze ist eingebettet in einen bunten Teppich von Äckern und Wiesen, die mit zahlreichen Kirschbäumen bestanden sind. ‹Gottes Garten› nannte sich das Kloster Olsberg; der Name ist auch heute noch für die ganze Gemeinde zutreffend.

Die Ritter Heinrich und Rudolf von Auggen hatten 1236 dem bereits wahrscheinlich bei St. Urban bestehenden Konvent das Dorf Olsberg verkauft und dazu noch an demselben Ort Land geschenkt. Durch diese Verurkundung läßt sich der ‹Gottesgarten› mit Sicherheit als erstes Zisterzienserinnenkloster unseres Landes nachweisen. Bis zu seinem Untergang bestimmte es auch die Geschicke des ihm gehörenden Dorfes. Der Konvent, der sich hauptsächlich aus Töchtern des Sisgauer Adels zusammensetzte, hielt treu zu Habsburg und erlebte und erlitt das gleiche Schicksal wie das gesamte Vorderösterreich. 1427 brannte das Kloster vollständig nieder, wurde aber größer wieder aufgebaut. 1524 wurde es von den Bauern und 1632 von den Schweden geplündert und als Ruine zurückgelassen. In der Reformationszeit war es dem Untergang nahe. In den unruhigen Zeiten zog sich die Ordensgemeinde in ihre Seßhäuser in Rheinfelden oder Liestal zurück, wo heute noch der Olsbergerhof an die ehemaligen Besitzerinnen erinnert. 1653 legten die Nonnen beim Rat von Basel Fürsprache ein für die wegen Teilnahme am Bauernkrieg angeklagten Untertanen der Stadt, leider mit geringem Erfolg.

Österreichischer Nationalismus entzog 1751 dem Abt von Lützel das Visitationsrecht und unterstellte den Konvent den Zisterziensern von Salem und von Tennenbach, die sich auf österreichischem Gebiet befanden. Der aufgeklärte Kaiser Josef II. wollte das Kloster in eine Seidenfabrik umwandeln, verzichtete aber darauf, weil dessen wichtigste Güter jenseits der Landesgrenzen im Baselbiet lagen und dem kaiserlichen Zugriff nicht erreichbar waren. Da die kaiserliche Politik trotzdem eine Aufhebung befürchten ließ, ersuchten die Nonnen um Umwandlung ihres Konvents in ein freiweltliches adliges Damenstift, was 1782 auch bewilligt wurde. Der Umschwung, den der Franzoseneinfall brachte, setzte auch dieser geistlichen Institution ein Ende. Der ehemalige Klosterbesitz gelangte über den kurzlebigen Kanton Fricktal an den Aargau. Das Dorf Olsberg wurde eine selbständige politische Gemeinde. Dabei spielte der Violenbach eine bemerkenswerte Rolle. Das muntere Wässerlein hatte seit Jahrhunderten die Landesgrenze zwischen Vorderösterreich und der Eidgenossenschaft gebildet. Jetzt bildet es die Kantonsgrenze zwischen Aargau und Baselland, was zur Folge hat, daß die Schüler des Baselbieter Dorfteils wohl das Schulhaus auf Aargauer Boden auf Steinwurfnähe vor Augen haben, aus wenig stichhaltigen Gründen aber auf halbstündigem Weg über den Hügel nach Arisdorf in die Schule müssen. Gehören die Olsberger auch verschiedenen Kantonen an, so trifft sich die Bevölkerung zu fröhlicher Gemütlichkeit im ‹Rößli›, der einzigen Wirtschaft des Dorfes. Dort diskutieren auch die Besucher der Kunstgalerie, die sich in der alten Dorfschmiede niedergelassen hat, über den Wert zeitgenössischer Malerei.

332 Das Kloster Olsberg Anno 1602. Ausschnitt aus dem Grenzplan Augst-Wintersingen-Rheinfelden von Melchior Heinrich Graber.

333 Der Heilige Viktor als Schutzpatron des Klosters, 1689.

Das Reiterspiel auf dem Geißspitz

Zwischen dem Dörfchen Nußhof und Olsberg liegt ein abgeplatteter, tannenbewachsener Berg, Geißspitz geheißen, auf dem noch im vorigen Jahrhundert Überreste der Burg Geißeck zu sehen waren. Noch steht in kleiner Entfernung davon des Grafen unansehnliche Kapelle, die der Bauer im nahen Pechholz als Holzschopf benutzt. Die Überreste der Burg sind keinem recht bekannt, doch ist gewiß, daß noch Kellergewölbe vorhanden sind; in diesen suchten früher oft umherziehende Kessel- und Wannenflicker, Lumpensammler und anderes umherziehendes Volk den Winter durch Unterschlupf. Geht man nachts über diese Ebene, welche das Reiterspiel heißt, so sieht man, wie der Graf von Geißeck vom Berg herunterreitet und seine Reitergeschwader ordnet. Nun geht es an ein Turnier, die Rosse scheuen und bäumen sich, die Ritter heben sich aus dem Sattel, andere sitzen ab und fechten zu Fuß. Aber auch am hellen Mittag wollen alte und erfahrene Leute diesen Waffenübungen schon zugesehen und deutlich den Grafen von Geißeck erkannt haben, wie sie ihn schon auf alten Bildern gesehen hatten, während andere behaupten, es seien Berner, die hier im Schwabenkriege fielen und noch für die Verwüstung büßen müßten, mit der sie damals das Fricktal heimgesucht hätten.

334 Olsberg, um 1619

Mit ‹Olspurg› überschreibt Hans Bock der Ältere seine Darstellung des Klosters Gottesgarten auf dem sogenannten Dreiecksplan. Das Bild zeigt, wenn auch etwas verzeichnet, im wesentlichen die Stiftsanlage, wie sie nach dem Brand von 1427 errichtet worden war. Vorne rechts das abgewinkelte Konventsgebäude, das sich mit dem Kreuzgang an die freistehende Kirche anschließt. Im Hintergrund lehnen sich an die Klostermauer das Gesindehaus mit den Treppengiebeln und ein kleineres Landwirtschaftsgebäude. In der Hofmitte ein Taubenhaus.

In diesen Gebäulichkeiten hausten die Schweden auf die schlimmste Weise. Was nicht niet- und nagelfest war, wurde fortgetragen und verschachert. Selbst die Ziegel der Dächer wurden abgeräumt und zum Teil in Arisdorf den Bauern verkauft. Als die Schwestern wieder zurückkehrten, fanden sie nur noch Ruinen vor. Die Wiederherstellung gab der Anlage zur Hauptsache das heutige Gepräge.

Der Brunnen in Olsberg

Vor langen Zeiten herrschte einmal in Olsberg großer Wassermangel, so daß Menschen und Tiere an Krankheiten zu Grunde gingen. Um das Übel abzuwenden, ließ man täglich Bußpredigten und öffentliche Gebete abhalten. Während so einmal ein Kaplan am Klosteraltar die Messe las, ließ sich plötzlich lautes Rauschen und Sprudeln um ihn vernehmen; die Ministranten eilten betroffen hinter den Altar, als den Ort, woher jener Lärm kam, und sahen mit großer Freude, wie ein vorher nie dagewesenes Loch im Kirchenboden voll Wasser anquoll. Man traf sogleich Anstalten, die Quelle zu sammeln, und leitete sie so gut, daß seither die Olsberger gegen ähnliche Not geschützt blieben. Jenes Loch unter dem Altar der Kirche war noch lange zu sehen, und nicht weit davon ist des frommen Mannes Grab.

Baselolsberg – Aargauolsberg

Baselolsberg wird von den Aargauolsbergern das Ländli genannt, Aargauolsberg heißt dagegen das Dörfli. Das Dörflein Baselolsberg zählt 7 Häuser. Die Straße, welche bogenförmig sich hinzieht, befindet sich in einem traurigen Zustande. Das Straßenbett selbst ist uneben und voller Pfützen. Rechts und links ziehen sich unordentliche Gräben hin, breiten sich unordentliche Dungstätten ohne bestimmte Grenzen aus. Auch Jauchebehälter findet man, die ihren Inhalt in die Straße oder in den Bach entfliehen lassen. Die Häuser haben von Außen wenig Ansprechendes. Die Bauart verräth größtenteils, daß nur gebaut wurde, um auch wohnen zu können. Zu den meisten Wohnstuben gelangt man durch die Küche. Die Stuben selbst sind dunkel und enge. Die ökonomischen Verhältnisse der Einwohner sind auch der Art, daß die Zukunft nicht viel Besseres bringen wird. (1863)

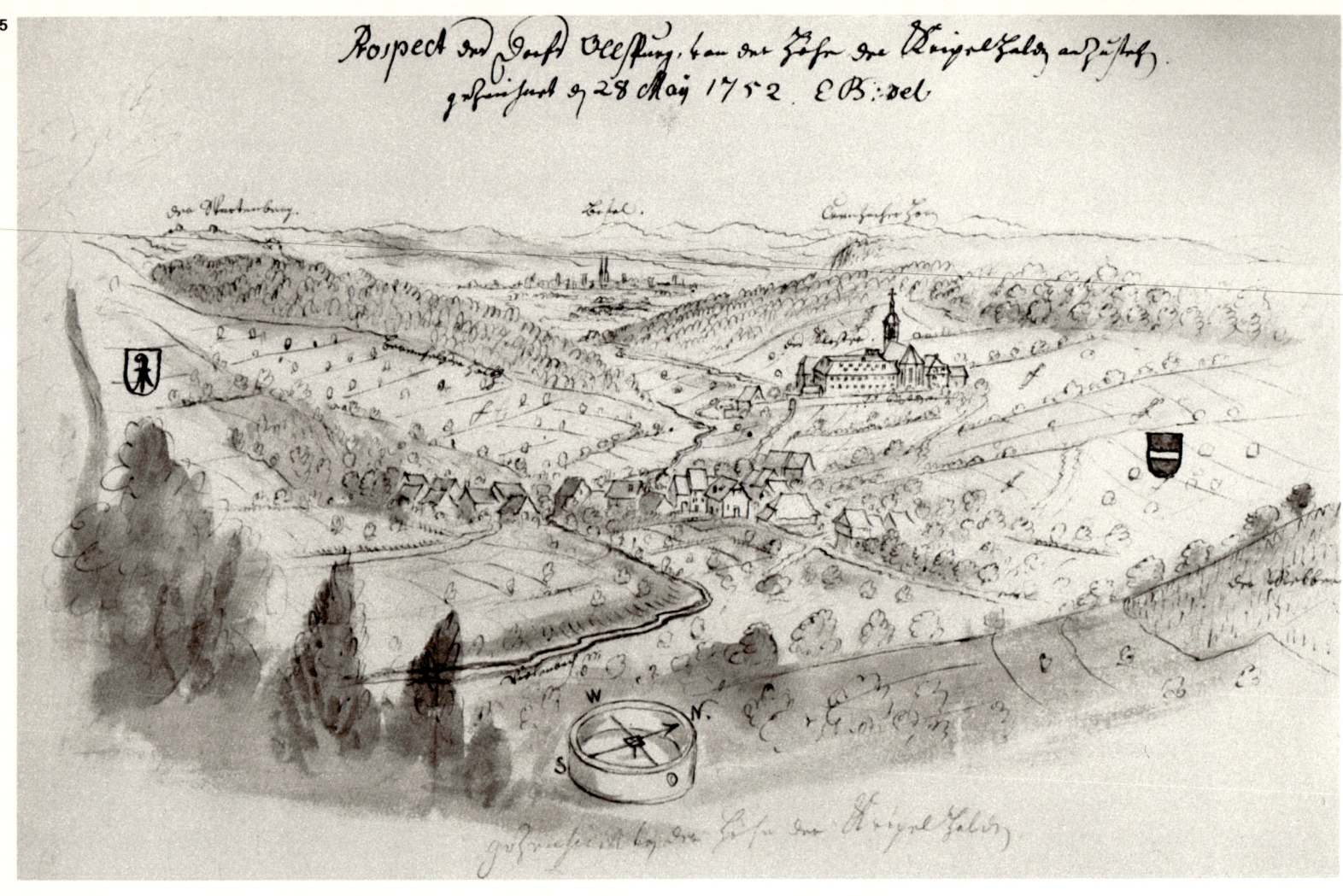

335 Olsberg, 1752

«Oberhalb Gibenach an dem Violenbach ligt das bekannte adeliche Frauen-Kloster Olsburg oder Olsberg. Man setzet seinen Ursprung in das Eilfte Jahrhundert, gibt deme verschiedene Stifter und auch verschiedene Ableitungen seines Namens; da einige glauben, die Lage dises Orts oder Gegend habe eine große Gleichnis mit dem Ölberge des gelobten Landes. Die dißmalige verdienstvolle und hochwürdige Äbtißin ist die hochedle Frau Maria Victoria von Schönau.
Oberhalb disem Kloster liegen Zwey Dörflein gleiches Namens, so durch den Violenbach von einander abgeschieden werden; ehemalen machten sie einen einzeln Bauernhof aus, so den Edeln von Ougheim gehörte; das größere Dorf Olsberg ligt auf Österreichischem, das kleinere Olsberg aber auf Baslerischem Grunde und Boden. In disem Dörflein sind Sieben Häuser und 8. Feuerstädte; die Einwohner gehören zu der Pfarr Arisdorf, dortigem Gerichte und Gescheide; haben auch ihren Schießplatz allda. Zwey schlechte laufende Brünnlein tränken Menschen und Vieh.» (1761.) Vom aargauischen Olsberg wird dagegen 1844 berichtet: «Die Dorfgemeinde hat 95 männliche, 85 weibliche, zusammen 180 Einwohner in 31 mit Ziegeln gedeckten Häusern und einem mit Stroh gedeckten, nebst 18 Nebengebäuden mit Ziegeldächern. Die Stiftskirche ist zur Pfarrkirche erklärt und ein eigener Pfarrer dahin bestellt worden. Das Thal ist fruchtbar und erzeugt viel Getreide, Obst und Wein.» – Lavierte Federzeichnung von Emanuel Büchel.

336 Die Rettungsanstalt, um 1910

Die Rettungsanstalt Olsberg ist ein Landerziehungsheim im Sinne Pestalozzis, das 1845 in den ehemaligen Klosterräumlichkeiten eingerichtet wurde und heute noch seine wichtige Funktion erfüllt. Das Bild zeigt das wuchtige Konventsgebäude, das Wohn- und Schulräume beherbergt. Dahinter die ehemalige Stiftskirche, die der christkatholischen Gemeinde dient. Einzig der Dachreiter, der sich ursprünglich über dem östlichen Drittel befand, ist nach Westen verschoben und zu einem Glockentürmchen ausgebaut worden. Neben dem Turm und über dem Dach des Südtrakts ist der First des Gesindehauses erkennbar, anschließend die schon 1602 bestehende Ökonomie mit Nebengebäuden. Seit dem Bau vor 500 Jahren hat sich am Grundriß nur Unwesentliches gewandelt; unverändert schön ist auch die Landschaft geblieben, die mit Recht den Namen ‹Gottesgarten› verdient.

Rheinfelden

Rheinfelden liegt 16 km oberhalb Basel im aargauischen Fricktal. Es gehört mit Waldshut, Laufenburg und Säckingen zu den sogenannten vier Waldstädten am Rhein, weil sie am Südrand des Schwarzwalds liegen. Für Rheinfelden trifft die Bezeichnung ‹Waldstadt› noch in anderer Beziehung zu. Es ist, mit Ausnahme der Rheinseite, ganz von Wald umgeben.

Die Anfänge der Stadt gehen ins 10. Jahrhundert zurück, als das linke Rheinufer zwischen Basel und Koblenz zum Königreich Burgund gehörte. Um 930 ließ sich dort, wo heute Rheinfelden steht, eine Familie aus dem burgundischen Hochadel nieder, deren Angehörige sich später Grafen von Rheinfelden nannten. Sie bauten zwei Burgen, von denen eine, die später Stein zu Rheinfelden hieß, auf einer Felseninsel im Rhein stand. Nach dem Übergang Burgunds ans Deutsche Reich begann für die Grafen von Rheinfelden ein rascher Aufstieg. Rudolf von Rheinfelden wurde Herzog von Schwaben, Rektor von Burgund und 1077, im Investiturstreit, schließlich deutscher Gegenkönig. Als er 1080 in Sachsen fiel, ging der Besitz der Rheinfelder an die Zähringer, und um 1130 erhob Bertold IV. von Zähringen die seit dem 10. Jahrhundert im Schutze der beiden Burgen herangewachsene Siedlung zur Stadt. Rheinfelden ist demnach, wie auch die beiden Städte Freiburg und Bern, eine Zähringerstadt; es ist die älteste Stadt im Aargau.

1218 starben die Zähringer aus. Rheinfelden wurde Reichsstadt. König Rudolf von Habsburg weilte verschiedene Male auf dem Stein zu Rheinfelden, ‹des Kaisers Pfalz›, wie Schiller sie im ‹Wilhelm Tell› nennt. Hier verwahrte er die Reichskleinodien, die heute in der weltlichen Schatzkammer der Wiener Hofburg liegen, und hier kam sein jüngster Sohn zur Welt, der mit seiner Mutter im Basler Münster begraben liegt. Auf die Dauer war Rheinfelden jedoch zu schwach, um seine Stellung als freie Reichsstadt zu behaupten. 1330 verpfändete es König Ludwig der Bayer den Habsburgern. Damit wurde Rheinfelden eine österreichische Stadt und blieb es fast ein halbes Jahrtausend. Nur 1415 wurde es im Zusammenhang mit dem Konzil zu Konstanz nochmals reichsfrei, geriet deshalb aber in heftige Auseinandersetzungen mit Österreich, in deren Verlauf die Burg Stein zerstört wurde. 1449 mußte Rheinfelden unter die österreichische Herrschaft zurückkehren.

Nun begann eine lange Zeit friedlicher Entwicklung, die ihren sichtbaren Ausdruck beispielsweise im Neubau des Rathauses mit der schönen Freitreppe und dem ehrwürdigen Saal mit den kostbaren Kabinettscheiben fand. Auch die spätgotische Johanniterkapelle und der Albrechtsbrunnen mit seiner Bannerträgerfigur gehören in diese Zeit. Dann aber folgten die unheilvollen Jahre des Dreißigjährigen Krieges und der Auseinandersetzungen zwischen Österreich und Frankreich. Dreimal wurde Rheinfelden im Dreißigjährigen Krieg belagert und eingenommen; schwer litten die Stadt und ihre Umgebung. Bis heute ist die Erinnerung an die bösen Zeiten des Schwedenkrieges in Sagen und Anekdoten lebendig geblieben. Nach dem Dreißigjährigen Krieg bauten die Österreicher auf der Felseninsel, auf welcher bis 1445 der Stein gestanden war, ein Artilleriekastell, hatte Rheinfelden doch seit dem

Verlust des Elsasses die Funktion einer österreichischen Grenzfestung gegen Frankreich zu übernehmen. Während der Kriege Ludwigs XIV. im 17. Jahrhundert und der Erbfolgekriege im 18. Jahrhundert bekam es dies schmerzlich zu spüren: 1678 beschoß Marschall Créqui die Stadt, wobei die Brücke verbrannte, und 1744 nahmen die Franzosen die Stadt ein und sprengten das Kastell. Unter Maria Theresia und ihrem Sohn, Joseph II., erholte sich Rheinfelden und erlebte nochmals eine kurze Blüte, die sich etwa in der schlichten barocken Straßenfassade des Rathauses, in der barocken Ausstattung der Martinskirche und durch einige Bürgerhäuser ausdrückt. Dann aber brachen die Revolutionskriege aus, während deren sich wiederum das Haus Habsburg und Frankreich gegenüberstanden. Erneut hatte Rheinfelden schwer zu leiden, bis die Friedensschlüsse von Campo Formio und Lunéville die Ablösung des Fricktals, und damit auch Rheinfeldens, von Österreich brachten. 1803 kam das Fricktal bekanntlicherweise zum Kanton Aargau.

Die Loslösung aus dem alten Staatsverband und die Trennung von den rechtsrheinischen Gebieten der ehemaligen Herrschaft Rheinfelden brachten der Stadt schwere wirtschaftliche Nachteile. Obschon die Mauern auf der West- und Südseite fast ganz beseitigt wurden, begann die Stadt nur zaghaft zu wachsen. Erst mit der Entdeckung der Salzlager oberhalb der Stadt Anno 1844 begann für Rheinfelden der Aufschwung. Zwei Salinen wurden gegründet, die Saline Rheinfelden, die heute stillgelegt ist, und die Saline Riburg. Mit der Ausbeutung der Salzlager begann auch der Gebrauch der Sole zu Badezwecken. Seit 1846 richteten die Gasthöfe Solbäder ein, und Rheinfelden wurde ein international bekannter Badekurort, der seine Glanzzeit unmittelbar vor dem Ersten Weltkrieg erlebte. 1875 erhielt die Stadt Anschluß an das schweizerische Bahnnetz. Zum Aufschwung der Gemeinde trugen ebenfalls die beiden Brauereien bei, das ältere ‹Salmenbräu› und das jüngere ‹Feldschlößchen›, das sich mittlerweile zur größten Brauerei der Schweiz entwickelt hat. Der Erste Weltkrieg versetzte dem Kurort Rheinfelden einen schweren Schlag, von dem er sich lange nicht erholte.

337 Die Belagerung der Stadt Rheinfelden, 1448

Am 23. Oktober 1448 überfiel der schwäbische Raubritter Hans von Rechberg Rheinfelden. Alle nicht österreichischen Gesinnten wurden aus der Stadt vertrieben und maßlos geschändet. Der Kleinkrieg zog auch die Umgebung von Rheinfelden und die Landschaften der Stadt Basel auf unerhörte Weise in Mitleidenschaft und dauerte bis zum Mai 1449. – Holzschnitt aus Sebastian Münsters Cosmographie.

338 An der mittleren Brodlaube, um 1890

Hausierer mit Bürstenwaren im Gespräch mit einem Spenglermeister, zwischen beiden ein Schulmädchen. Die Wirtschaft am linken Bildrand, ‹Zum Heidewibli›, besteht nicht mehr; das Haus mit dem Erker in der Bildmitte links ist ebenfalls verschwunden. Heute ist die Brodlaube der einzige verkehrsfreie Straßenzug in der Altstadt von Rheinfelden.

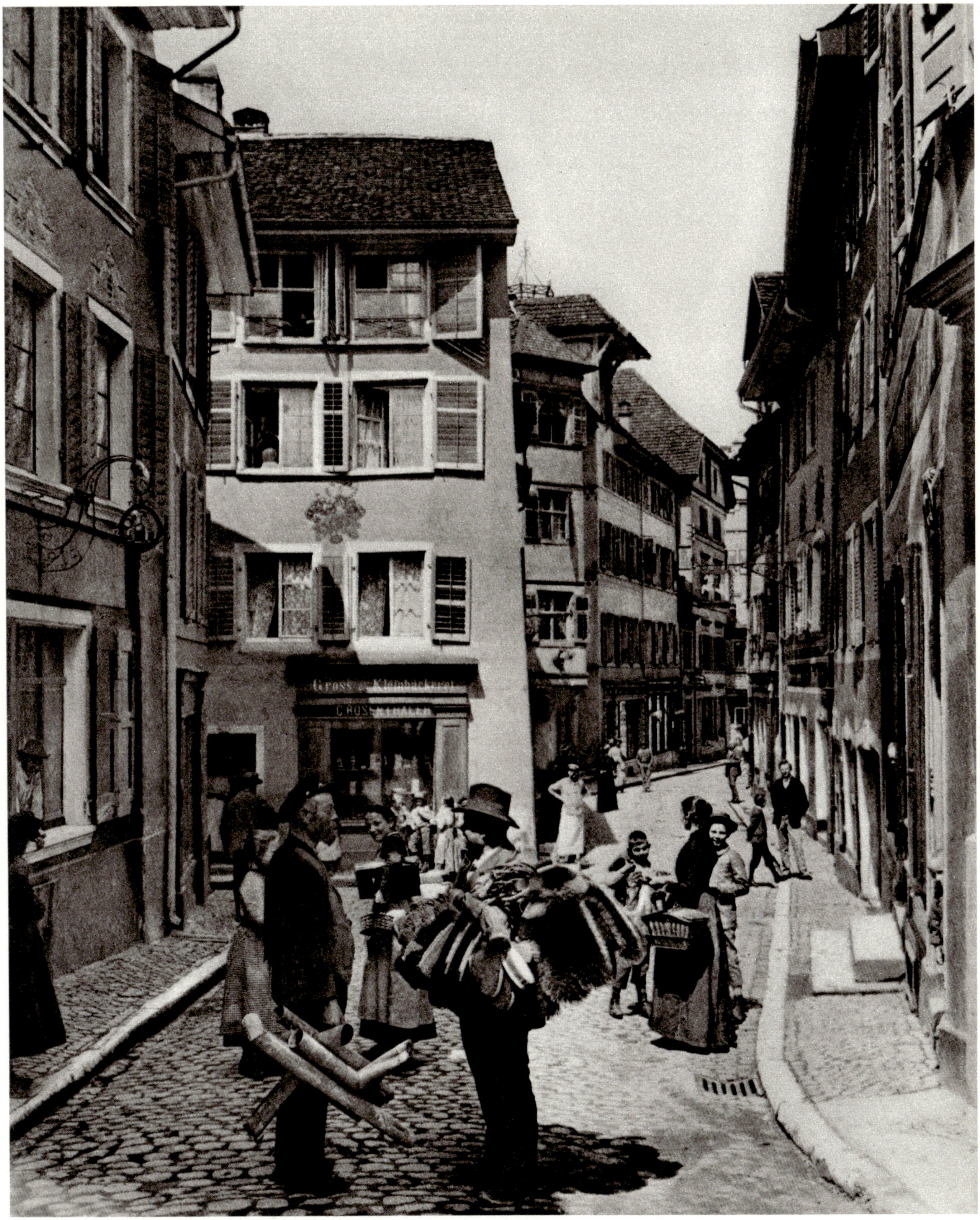
Gross

Auch die Eröffnung des Kurbrunnens im Jahre 1933 brachte den alten Glanz nicht zurück; lediglich das 1895 gegründete Solbad-Sanatorium, die heutige Solbad-Klinik, entwickelte sich in positiver Weise. Gegenwärtig erwacht der Kurort jedoch zu neuem Leben. Eine moderne Kurmittelanlage und das größte Soleschwimmbad der Schweiz sind seit Anfang 1974 in Betrieb und erfreuen sich weit herum steigender Beliebtheit.

Geradezu stürmisch war während der letzten Jahre die Aktivität im Wohnungsbau. Allgemein bekannt ist die Siedlung ‹Augarten› unterhalb der Stadt, die, wie die Siedlung ‹Liebrüti› in Kaiseraugst, von der Basler chemischen Industrie gebaut wird und schließlich tausend Wohnungen zählen soll.

Ende März 1975 hatte Rheinfelden rund 8300 Einwohner (1955: 4800). Die Berufstätigen arbeiten vornehmlich in einem der 33, dem Fabrikgesetz unterstellten Gewerbebetriebe, zum großen Teil aber auswärts, besonders in Basel. Für die Ausbildung der Jugend stehen Kindergärten, Primar-, Sekundar- und Bezirksschule zur Verfügung wie auch verschiedene Sonderschulen sowie eine gewerbliche und eine kaufmännische Berufsschule. Von den fünf Schulhäusern der Stadt sind drei im Laufe der letzten zwanzig Jahre gebaut worden. Ihre Mittelschulausbildung holen die heranwachsenden Rheinfelder meistens in Basel, dessen Gymnasien sie dank einem Schulabkommen zwischen den Kantonen Basel-Stadt und Aargau kostenlos besuchen können. Kranke und Betagte finden im Regionalspital und in zwei Altersheimen Aufnahme. An Freizeiteinrichtungen sind Sportanlagen (Sportplatz, Fitneß- und Finnenbahn, Strandbad, Kunsteisbahn) und Freizeitwerkstätten vorhanden. Alle drei Landeskirchen – die römisch-katholische, die christkatholische und die evangelisch-reformierte – haben eigene Kirchen.

339

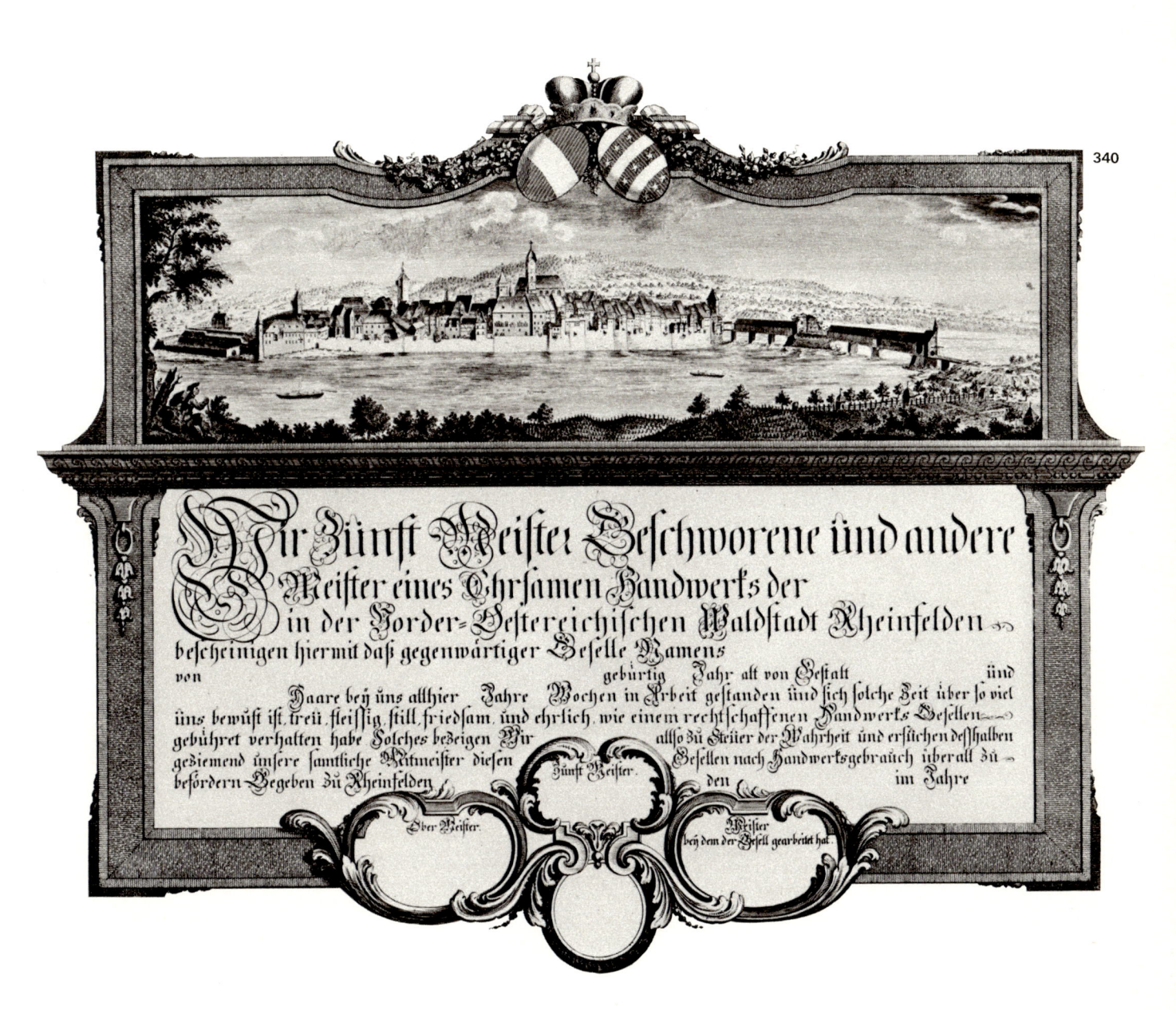

339 Die Rheinfelder Pferdepost, um 1900

Bis 1922 besorgte die Rheinfelder Pferdepost die Bedienung der Strecke Rheinfelden–Magden–Maisprach. 1923 übernahm dann die Automobilgesellschaft Oberbaselbiet-Fricktal mit zwei Berna-Wagen den Reise- und Postverkehr zwischen Gelterkinden, Wegenstetten, Möhlin und Rheinfelden.

340 Gesellenbrief der Rheinfelder Zünfte, 1769

Christian von Mechels Kupferstich zeigt von links nach rechts: Bastion, dahinter die Gottesackerkapelle; Johanniterkommende mit Johanniterkirche; in der Mitte der Rheinfront das Rathaus mit dem Rathausturm, darüber die Stadtkirche St. Martin; rechts das innere Rheintor mit dem Torturm, die kleine Rheinbrücke, das Burgstell mit den Ruinen des von den Franzosen 1745 gesprengten Kastells, die große Rheinbrücke, der Bökersturm mit dem äußeren Rheintor. Über der kleinen Rheinbrücke das Siechenhaus in der Kloos mit der Margrethenkapelle. Die Türme von links nach rechts: Messerturm, Storchennest- oder Kupferturm, Obertorturm, Rathausturm, Torturm über dem inneren Rheintor. Auf der badischen Seite Gärten und Reben, die Rheinfelder Bürgern gehörten.

341 Die Schnellwaage ‹Köllgarten›, um 1750

Das umschriebene System einer Salmenwaage zeigt eine der fünf Rheinfelder Fischfanggeräte, mit denen man in Rheinfelden den Salm jagte. Heute besteht nur noch die St.-Anna-Woog auf dem Burgstell. – Kolorierte Federzeichnung.

Zwei Rheinbrücken

Rheinfelden, Stadtgemeinde und Kreisort mit 590 männlichen, 731 weiblichen, zusammen 1321 Einwohnern in 233 Wohnhäusern und 106 Nebengebäuden, alle 339 mit Ziegeldächern, liegt am linken Rheinufer mit Ringmauern wohlumschlossen. Der berühmte Stein von Rheinfelden ist ein überaus großer Felsenblock fast mitten im Rheine, der oben flach ist und an allen Seiten senkrecht abfällt. Jetzt steht auf dem Burgstalle, wie das Volk den Stein nennt, nur noch die Wohnung des Zöllners. Zwei Brücken führen hier über den Rhein, die kürzere innere vom Stadtthore bis zum Felsen wird von 7 steinernen Jochen getragen, die längere größere hat ein Sprengwerk und reicht vom Schloßfelsen bis ans rechte Rheinufer; beide Brücken sind unter Dach gesetzt. Der Strom wird vom Burgsteine und den Felsen, welche Höllenhacken heißen, in zwei Arme geteilt, die aber etwa 100 Fuß abwärts gegen Westen nach brausendem Gestrudel sich wieder sanft vereinigen. Der inselförmige Schloßfelsen besteht aus Jurakalk, der auf Rothliegendem ruht. Schon ehe sich der Rhein dem Höllenhacken nähert, braust er weiter oben mit Schäumen durch sein von Felsen zerrissenes Bett, das Gewild genannt. Die Länge der Stadt Rheinfelden beträgt etwa 1690 Fuß, die Breite 1000; sie hat vier Hauptgassen, die zugleich Straßen sind, die Marktgasse, Geissgasse, Postgasse, Kapuzinergasse, welche die südlichste ist und abwärts vermittelst der kleinen Metzgergasse mit der Marktgasse und dem großen Platze bei der Kirche in Verbindung steht. Man zählt 9 Nebengassen und Gäßchen, die in den Jahren 1830 und 1831 alle mit Pflastersteinen neu besetzt wurden. Das Rheinthor steht an der Brücke, das Schweizerthor in Osten, das untere Thor (Hermannsthor) gegen Westen. Die Stadt zählt 8 öffentliche Gebäude: 1) das Rathhaus, 2) die Pfarr- und Stiftskirche, 3) die Knabenschule, 4) die Mädchenschule, 5) das Spital mit seiner Capelle, 6) das größere Fruchtmagazin (Fruchtschütte genannt), mit einem kleinen Fruchtmagazin, den einzigen Gebäuden, die dem Staate gehören; 7) das Haus der Gefängnisse; außer der Stadt befinden sich noch vor dem obern Thore: 8) die ganz kleine Dreifaltigkeits-Capelle am Bache von Magden, 9) die Gottesacker-Capelle, 10) die St. Margarethen-Capelle zur Clos (Clause), dem ehemaligen Siechenhause gehörig. Die Stadtmauer mit 6 Thürmen und 2 Gräben, die jetzt als Gärten und Mattland benutzt werden, gewährten der Stadt Schutz gegen verheerende Wasserfluthen, die in den Jahren 1683, 1748 und 1814 nach Gewittern aus den Thälern von Buus und Wintersingen hervorbrausten und Balken, Häuser und Bäume herabflößten. Im J. 1744 wurden die Festungswerke der Stadt zerstört. Sie bestanden (außer den Mauern und Gräben) im obern Wasserthurme, in einem Ravelin bei der Commende St. Johann; einem Ravelin zwischen dieser und dem obern Thore, das mit einer Schlagbrücke versehen war; einem Ravelin St. Carl genannt, bei diesem Thore; einem Ravelin unter dem Mühlbache; einem Vorwerke mit ausgebogener Courtine nächst dem Fuchsloch; einem Ravelin am untern Wasserthurme unter der Öhle; dem Burgstalle, nächst diesem mit einer Fallbrücke und dem Thurme auf dem äußersten Brückenjoche, Böcklinsthurm genannt, und einem Brückenkopfe Namens St. Eugen. Die Gräben sind in Kalkfelsen gehauen. Der Umfang der Festungswerke ward zu 25 000 Werkschuh gerechnet. Die Schweden unter Herzog Bernhard erbauten noch ein Bollwerk, St. Leopold, und die Franzosen ein anderes, St. Joseph. Davon finden sich keine Spuren mehr. Das Theater, Eigenthum einiger Privaten, entstand aus der ehemaligen Capuziner-Kirche und ist geschmackvoll eingerichtet. Im Winter und zur Fastnachtszeit werden da etwa 6 bis 8 Vorstellungen gegeben. Der Bann der Stadtgemeinde ist seit der Zerstörung des Dörfleins Oeflingen im 30jährigen Kriege nicht unbedeutend; er enthält 987 Jucharten 2 Viertel Äcker, 677 J. 3 V. Wiesen, 300 J. 1 V. Gärten, 2078 J. 2 V. Waldungen, 3944 Jucharten zu 36,000 Wiener Quadratfuß. Die Einwohner ernähren sich durch Handlung, Gewerbe, Handwerke und Landwirthschaft. Nur 10 alte Geschlechter haben sich bis auf den heutigen Tag fortgepflanzt. Diese sind: die Bröchin, Hodel, Engelberger, Mayer (diese schon im 14. Jahrhundert), Moor (jetzt Mohr), Knapp, Rosenthaler, Senger, Sprenger und Wieland. (1844)

342   Die Rheinbrücke, um 1900

Die 1807 vom bekannten Rheinsulzer Brückenbauer Blasius Baldischwiler (1752–1832) erbaute Rheinbrücke brannte 1897 auf der badischen Seite bis auf das Joch gänzlich nieder.

Ein Schneider befreit Rheinfelden

Wo die Not am größten, ist gewöhnlich ein Schneider am nächsten. So war es vor Zeiten auch in Rheinfelden. Wochenlang lag der Schwed schon vor den Mauern und Wällen des Städtchens. Ständig krachten die Harkebusen, brüllten die Kanonen und surrten die Pfeile. Doch vergebens, die schwersten Kugeln prallten ab wie Schneebälle, die Festung war nicht einzunehmen. Doch ein anderer Feind nagte langsam im Innern, der Hunger. Wohl zogen die Wächter den Leibriemen immer fester an; das leere Gefühl ließ sich nicht vertreiben. Damals wohnte beim Tor ein Schneider. Schon hatte er seinen Ziegenbock geschlachtet und verzehrt und betrachtete sinnend die leeren Knochen und das aufgehängte Fell. Da kam ihm ein guter Einfall. Er nahm das Fell herunter, kroch hinein und nähte es von innen kunstfertig zu. So angetan, kroch er auf die benachbarte Ringmauer, ahmte Mekkern und Bewegungen des Bockes kunstfertig nach und suchte emsig nach ein paar Halmen zwischen den Scharten. So erblickte ihn die schwedische Wache. Dem Soldaten wässerte der Mund; denn längst ging es auch im schwedischen Lager schmal zu. Schon hob er die Waffe, um sich des saftigen Bratens zu versichern, als unser Schneider auch schon den Pfeffer roch und sich blitzschnell auf die innere Seite der Mauer kollern ließ. Der Soldat machte bei der Ablösung von dem Vorfall Meldung. Der Wachtmeister rapportierte an den General, und dieser erklärte: «Wenn Rheinfelden noch so viel Vieh in der Stadt hat, daß der Ziegenbock noch frei herumlungern kann, so werden wir die Stadt nie erobern können.» Er ließ die Belagerung aufheben und zog weiter nach Laufenburg. Zur Erinnerung an diese Tat durften in Zukunft alle Schneider zu Rheinfelden den Geißbock im Wappen führen, und eine Gasse in der Stadt heißt heute noch Geißgasse.

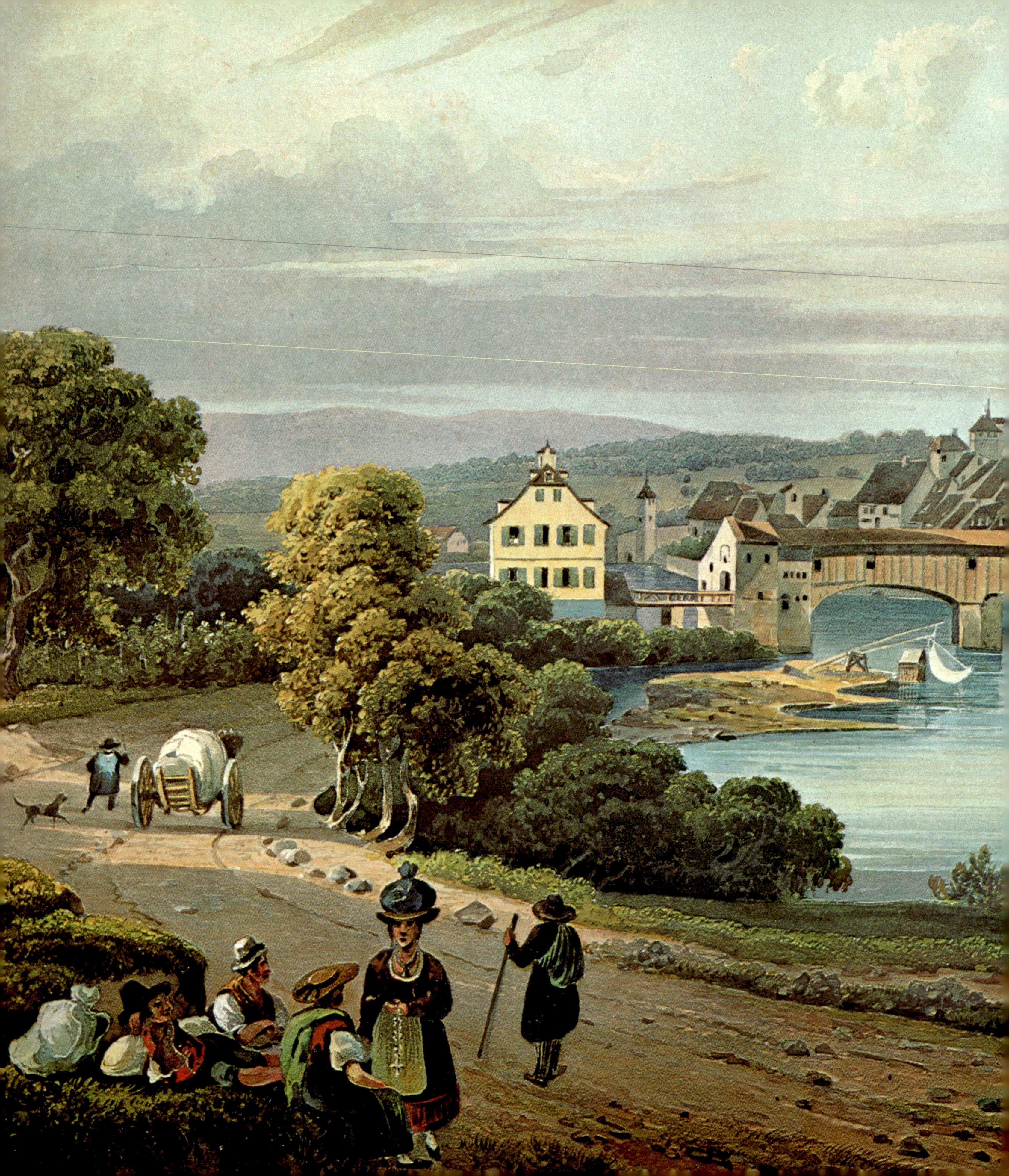

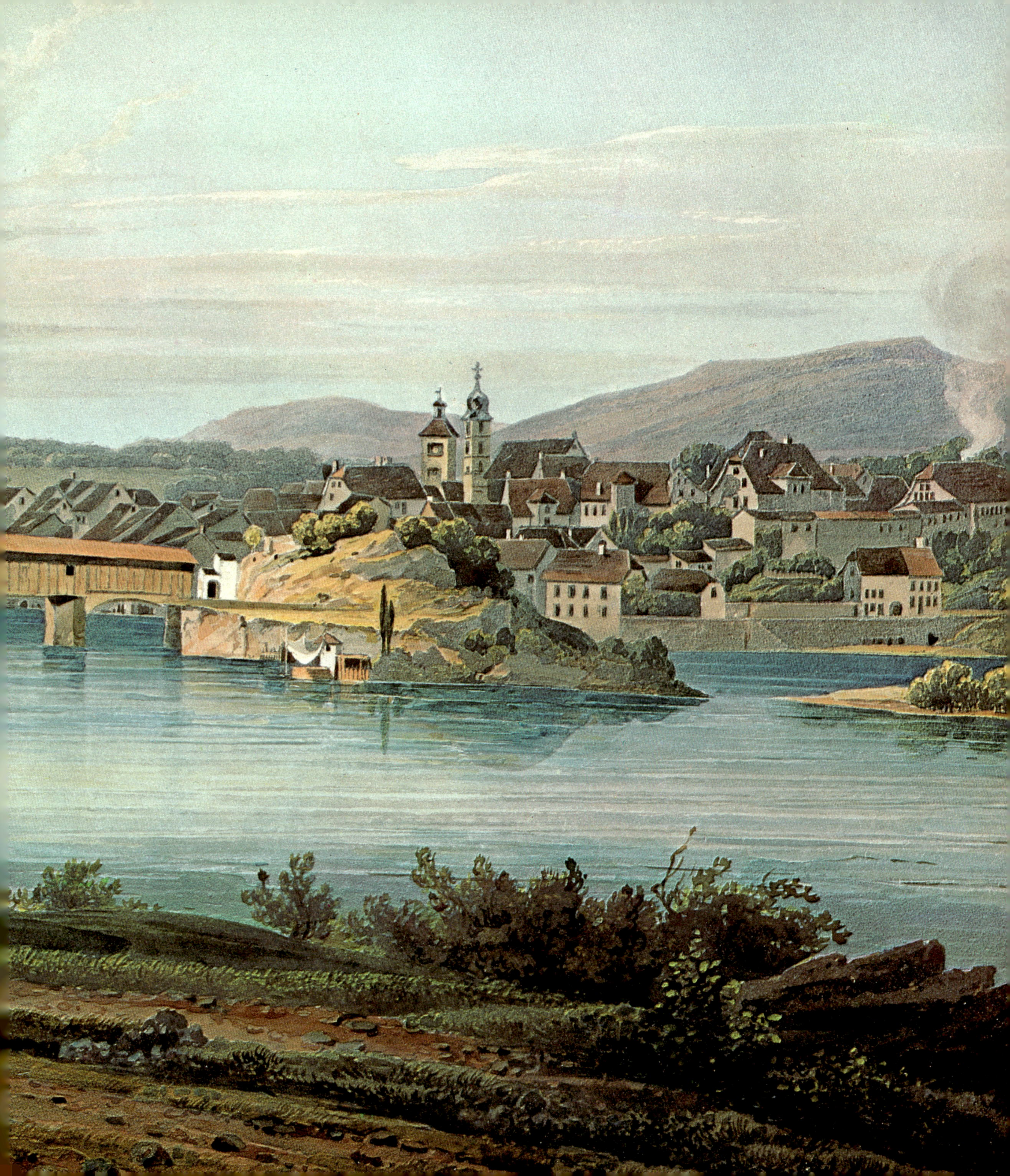

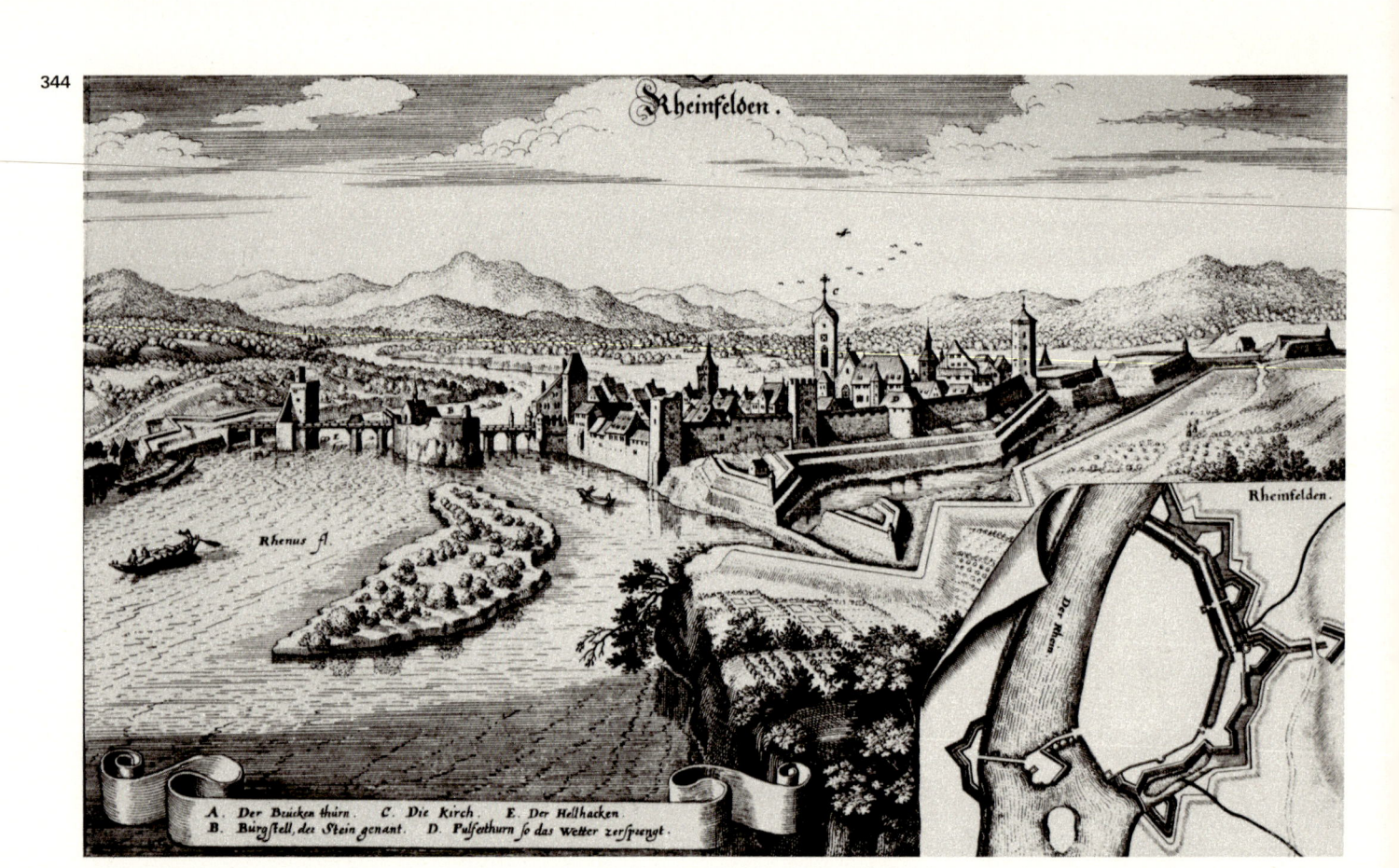

343   Ansicht der Stadt Rheinfelden, um 1830.
Kolorierter Stich nach Johann Ludwig Bleuler.

344 Rheinfelden, 1663

«Rheinfelden ist die vierdte Stadt under den Rheinstätten/auff der lincken Seiten deß Wassers/ein große Schweitzerische/oder kleine Teutsche Meilen under Seckingen gelegen/so vor Zeiten nur ein Schloß/und Herrschafft gewesen. Ist jetzt under den gemeldten vier Städten die schönst/vest/und am besten erbauet/und hat ein zierliche Brück über den Rhein. Von welcher/ihren Namen/und Abkommen die Truchsessen von Rheinfelden haben.

Nach Abgang deren von Zäringen/so das Städtlein erbauet/fiel dieser Ort an das Reich; das Schloß aber im Rhein zu Rheinfelden/oder Stein/bekam hernach Rudolphus von Habspurg. Da man aber sie dem Hauß Österreich gar eigen machen wolte/da verbandte sie sich mit den Baselern/und ward Anno 1446. das besagte Schloß/oder Stein im Rhein/so auff dem Felsen im Rhein/daran die Brücke hingehet/gestanden/und noch der Stein Rhynfelden genandt wird/von den Eydgenossen in Grund zerstöret; aber bald hernach/nämlichen Anno 1448. ward die Stadt durch einen sondern List/eingenommen/und dem Hauß Österreich underthänig gemacht. Hat gleichwol/neben einem Schultheiß einen Rath.

Anno 34. belagerte diese Stadt der Rhein-Graff Hans Philips/und zwar lange Zeit. Dann der Obrist Mercy Sie tapffer defendirte. Es waren auff die letzte noch 20. Säcke Eicheln/und etwas Hirsche/so wol eine zimliche Anzahl Pferde/vorhanden/die das beste thun musten/und ward jedem Soldaten/von Eichelbrodt/einen Tag ein halb Pfund/und den andern vor 34. Soldaten fünffthalb Pfund Hirsche/wechselweise/nebenst dem Pferd-Fleisch/allzeit ümb den andern Tag 3. Pfundt geräicht. Endlich muste Mercy diesen Ort/den 19. August/gedachtem Rhein-Graffen/mit Accord/übergeben.» (1663) – Kupferstich von Mathäus Merian.

345 Die Mitglieder der Sebastianibruderschaft im Jahre 1901. In der Mitte der 12köpfigen Sängerschar steht der Senior der Gesellschaft und hält das Wahrzeichen der Korporation, die Prozessionslaterne, in der Hand.

346 Der Feldschlößchen-Fuhrpark, um 1905

Am 8. Februar 1876 setzte die damals jüngste Schweizer Brauerei, die Kollektivgesellschaft Wüthrich & Roniger, ihrem ersten Humpen Bier einen taufrischen weißen Kragen auf. Daß der zukunftsgläubige Landwirt und der fachmännische Brauer ihr Unternehmen in Rheinfelden gründeten, hatte zwei Gründe: Erstens fand sich in nächster Nähe ein ausgezeichnetes Quellwasser, das für die Bierfabrikation von grundlegender Bedeutung ist, und zweitens bot der Eisenbahnanschluß enorme Entwicklungsmöglichkeiten. So stand die Brauerei Feldschlößchen schon 12 Jahre nach ihrer Gründung an der Spitze der Schweizer Bierbrauereien; eine Stellung, die sie bis heute behauptet hat. Anno 1898 lag der Ausstoß bei 100 000 Hektolitern, und 1975 erreichte die Produktion der Rheinfelder Betriebe rund 1 000 000 Hektoliter.

Rheinfelder Kleidermandat
Dieweillen in Policey undt Kleidertrachten wider die alten gebreüch vill unordnung verspürt werden, daß sowohlen Manns- als weibspersohnen wider ihren Standt sich kleidten, die Männer mit kostbahrlichen Halstüechern und handtätzlein (Manschetten), Weibsbilder mit gestercktgen fürtüechern, weißen schuechen, aufsätzen, langen allamodischen brüsten, breyten Freyburger hüeten mit Spitzen, ganzen Marter- und schiffkappen wider ihres Standts gebühr aufziehen und prangen: also haben Meine Herren Löblichen Statt Magistrats allhier aus obrigkeitlicher Macht undt gewalt solche einschleichende hoffart unter einer gewissen Geltstraff somit gänzlichen abgestellt mit deme ernstlichen befelch, daß sich alle undt jede inskünftig solcher trachten bemießigen (enthalten) undt wie vordannan verhalten undt kleiden, auch (daß) die Mannsbilder fürderhin ahn Sonn- und feyertägen ihre seithengewehr (Schwert, Degen) fleißig tragen sollen. (1686)

347 Grenzplan zwischen den heutigen Kantonen Aargau und Baselland, 1738. Der künstlerisch kolorierte Grundriß zeigt die Situation der Marchsteine, welche die Alte Eidgenossenschaft von Österreich abgrenzten.

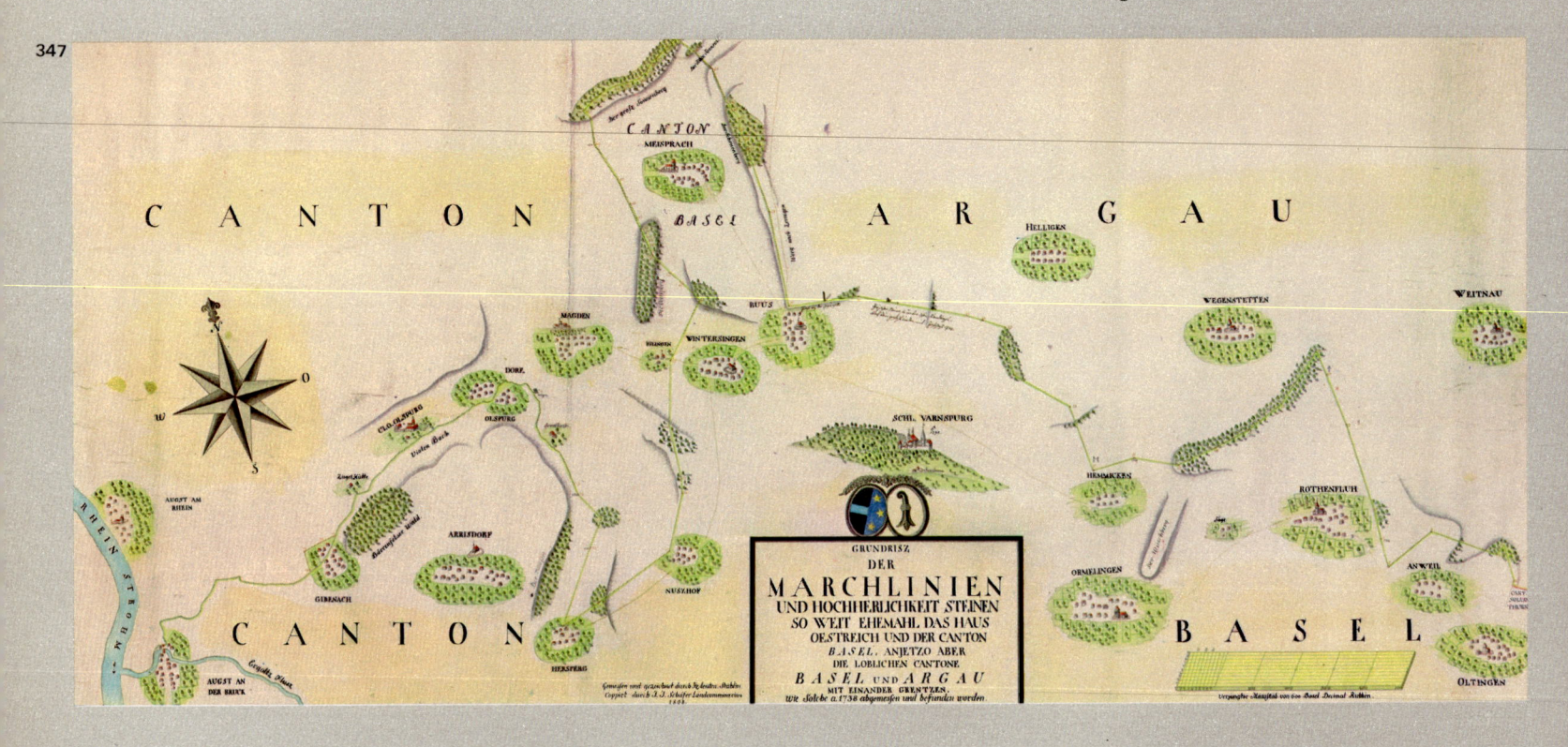

Das Frickthal, ein dem Ertz-Hause Österreich zugehöriges Thal, welches sich von dem Bötz-Berg und der Ar zwischend dem Rhein und dem Gebiet der Stadt Basel auf der lincken Seiten des Rheins bis an die Ergetz herabziehet; es gräntzet selbiges an die Gebiet der Städten Bern, Basel und Solothurn, auch die Graffschaft Baden, und sind auch zu oberst desselben an dem Bötz-Berg noch Bernerische Dörfer Bötzen, Effingen, Mandach, etc. in demselbigen: Die von Bern thaten A. 1388. einen Einfall in dieses Thal, und thaten darin großen Schaden, sonderlich da sie das viele auf den Kirch-Hof zu Frick geflöchnete Hab und Gut, nach dessen Einnahm in ihren Gewalt bekommen, und erbeutet: In den vorigen Kriegen zwischend dem Kayser und Franckreich haben die Eydgenossen die Neutralität auch für solches Thal ausgewürcket, und kam auch A. 1689. desselben Verkauf oder Verpfändung an die Eydgenossen auf die Bahn, blieb aber folglich im Stecken. (1753)

348 Romantisches Fricktal, um 1835. Rechts einige habliche Bürgerhäuser von Stein, links im Hintergrund Säckingen mit der dem Heiligen Fridolin geweihten Stadtkirche. Aquatintablatt von Rudolf Bodmer nach Wilhelm Rudolf Scheuchzer.

349 Waschtag am Rhein, um 1890. Rechts der sogenannte kleine Rhein mit dem Schweizer Ufer und der gedeckten Brücke. Am Fuße des Burgstells die Materialhütte des Rheinklubs, vor dem Aufstau des Rheins durch das Kraftwerk Augst.

Handwerkerkravall

Mittwoch den 22. Jänner hat an der Säckinger Brücke ein kleiner Handwerksburschenkravall stattgefunden. Mehrere solcher Individuen, wie sie heutzutage sehr zahlreich herumlaufen, kamen von Säckingen her über die Brücke, um auf Schweizerboden ihre Wanderschaft fortzusetzen (der Sprache nach waren es Deutsche). Wegen ungenügenden Schriften oder Mangel an Geld wurden sie vom dortigen Grenzposten zurückgewiesen. Nachdem sie sich aber mit einem Liter Schnaps gestärkt hatten, wagten sie einen neuen Einfall mit der Verabredung, daß Einer, der Schriften hat, dieselben vorweise und die Andern dann einfach weiterschreiten, denn der Mann habe ja keine Waffe, sondern nur einen einfältigen Stock; mit dem werden sie leicht fertig. Gesagt gethan. Die Burschen kamen, und wenn der Polizeisoldat nicht sogleich Hülfe bekommen hätte, wäre er noch gehörig durchgeprügelt worden. Einer konnte festgenommen werden, und die Andern flüchteten wieder nach Säckingen, sind aber heute den 23. in Rheinfelden inhaftirt worden. Die Sache ist nicht wichtig, aber doch gibt sie eine schöne Illustration von der Bewaffnung und Macht unserer Polizei, besonders hier an der Grenze. Ein Landjäger mit Spazierstock macht sich gerade so gut, wie ein Soldat mit einem Regenschirm. (1879)

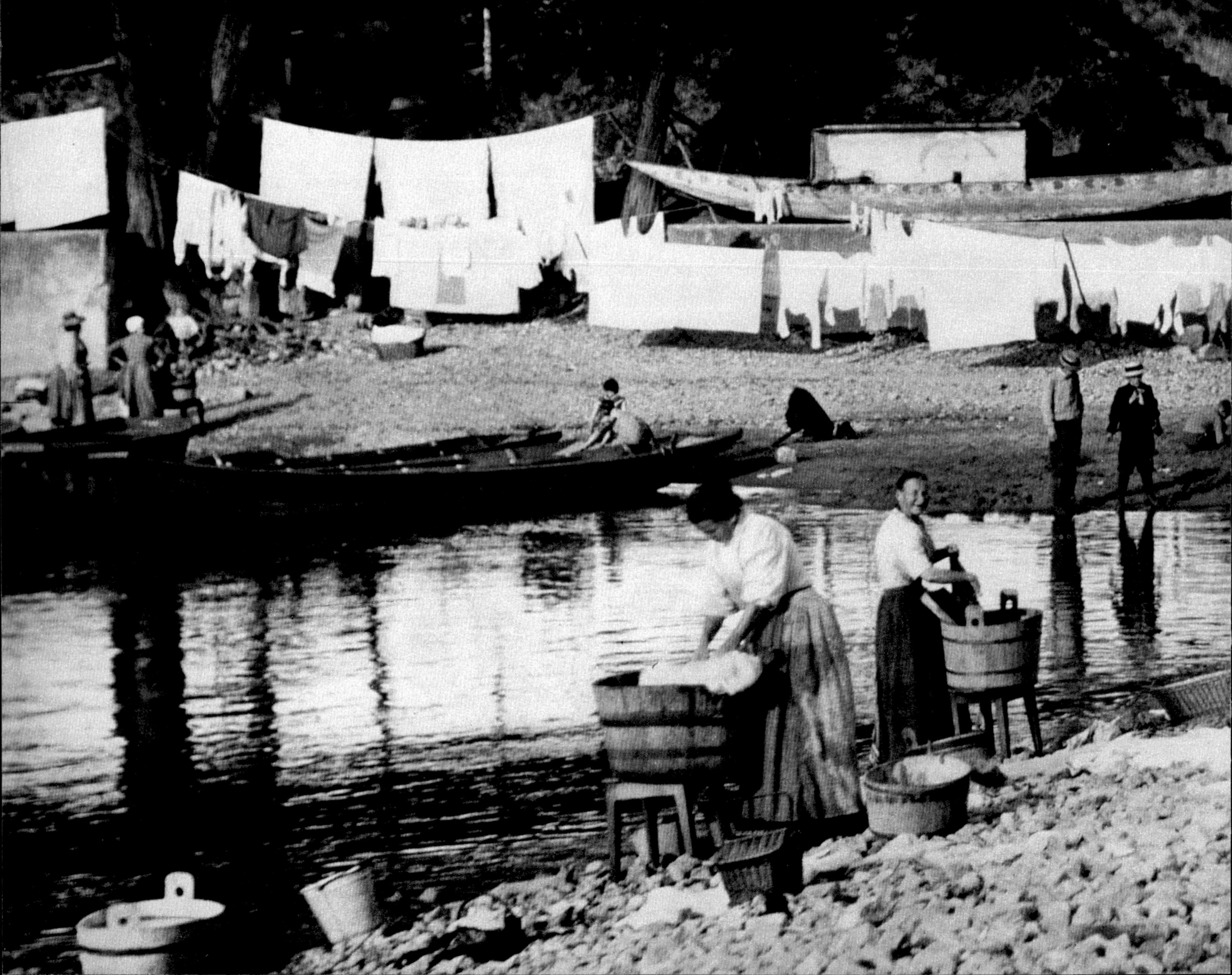

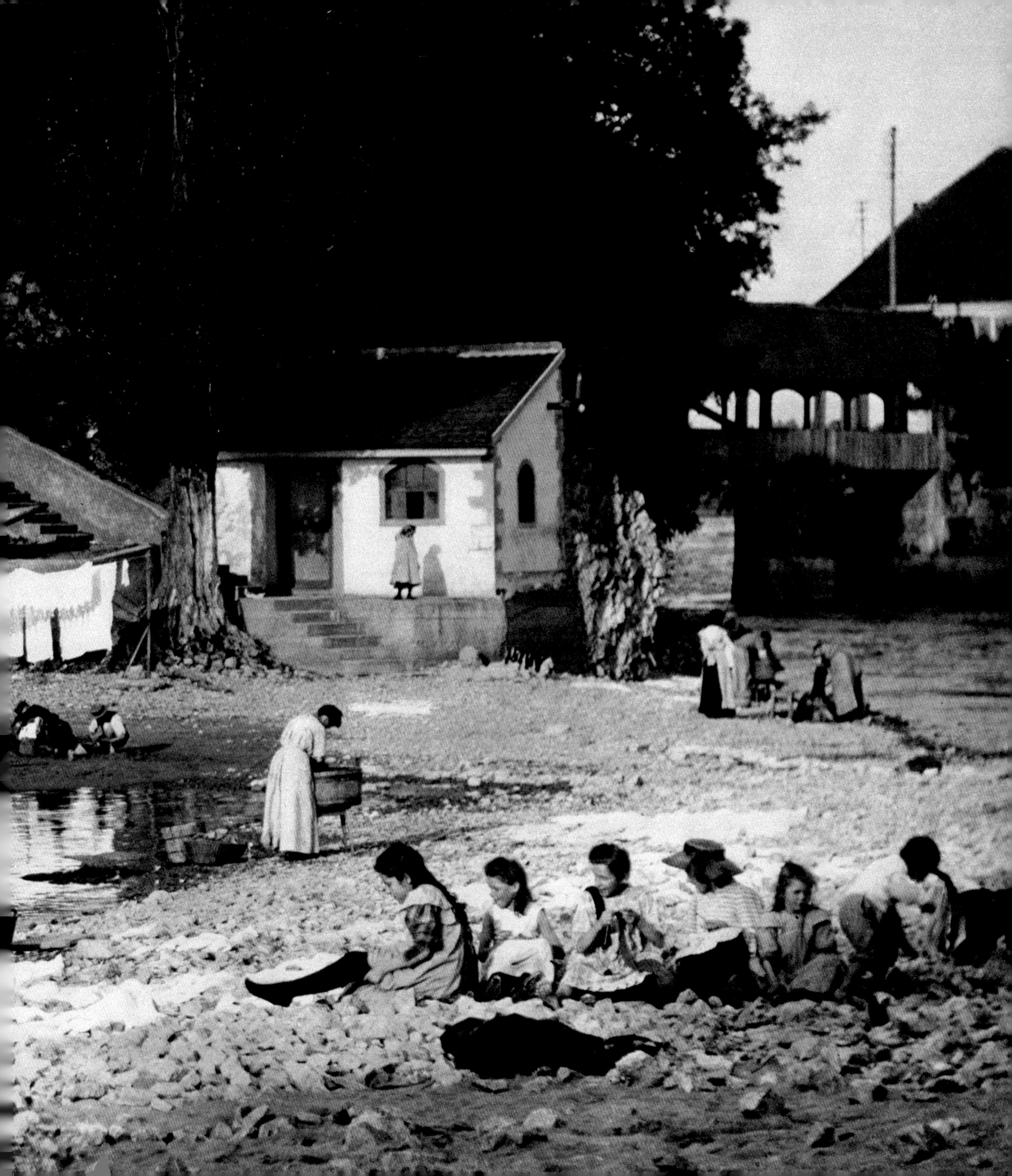

sprichwörtlich geblieben. Die Seuche wütete bald auch im benachbarten Rheinfelden. Da fand sich kein Totengräber mehr, die Leichen lagen unbeerdigt vor den Häusern auf der Straße und verpesteten die Luft noch mehr. 1541 starben alle Bewohner bis auf zwölf Männer. Diesen sang ein Vögelein vom Himmel herab von Heilkräutern; solche pflückten sie und erhielten sich damit am Leben. Dann einten sie sich zu einer Totenbruderschaft, pflegten die verlassenen Kranken und bestatteten die Toten. Diese Verbrüderung besteht heute noch. An dem Tage, wo jenes Vögelein erschien, müssen nun alljährlich zwölf Ratsherren oder auch sonst hiefür bestimmte Männer den Morgen in der Stadtkirche zubringen. Nachmittags ziehen sie zu einem gemeinsamen Mahle in ein Haus, das man für das älteste der Stadt hält. Es soll aus Heidenzeiten stammen und ein Schatz darin verborgen liegen. Zu Weihnachten um Mitternacht halten sie dann in langen Mänteln und Laternen tragend einen Umzug und singen an den Hauptbrunnen erst das vorlutherische Lied ‹Der Tag, der ist so freudenreich aller Kreatur›, sodann aber nachfolgendes Lied:

> In der heiligen Weihnachtsnacht
> Ist uns ein Kindlein geboren,
> Von Gott dem Vater wohl bedacht,
> Denn er hat's auserkoren;
> Es wurde geboren und das ist wahr,
> Gott geb Euch allen ein gutes Jahr.
>
> Maria hat Kummer erfahren;
> Maria, du sollst ohne Sorgen sein,
> Der Josef läßt dich nicht allein,
> Gott wird das Kindelein bewahren.
> Da es war am achten Tag,
> Das Kindelein wurde beschnitten,
> Vergoß sein heilig Blut darnach
> Nach alten jüdischen Sitten.
> Es wurde beschnitten und das ist wahr,
> Gott gebe Euch allen ein gutes neues Jahr.
>
> Maria hat Kummer erfahren,
> Maria, du sollst ohne Sorgen sein,
> Der Joseph läßt dich nicht allein,
> Gott wird das Kindelein bewahren.
> Als es war am zwölften Tag,
> Drei Könige kamen geritten,
> Sie brachten dem Kindelein das Opfer dar,
> Nach alten jüdischen Sitten,
> Gold, Weihrauch, Myrrhen brachten sie dar,
> Gott geb Euch allen ein gutes neues Jahr.
>
> Maria hat Kummer erfahren,
> Maria, du sollst ohne Sorgen sein,
> Der Joseph läßt dich nicht allein,
> Gott wird das Kindelein bewahren.
> Gott Vater auf dem höchsten Thron,
> Sollen wir billig loben,
> Es hat uns der heilige Sebastian
> Seine Gnade nicht entzogen;
> Er ist uns gnädig und das ist wahr,
> Gott geb Euch allen ein gutes neues Jahr
> Und schütz Euch in Gefahren,
> Er geb Euch Frieden und Einigkeit,
> Gesundheit und Genügsamkeit,
> Und woll Euch vor Übel bewahren.

350 Das Rheinsolbad Heinrich von Struves, um 1865

Heinrich von Struve, der 1849 als Republikaner aus Baden hatte fliehen können, erwarb 1862 das Dreßlersche Rheinsolbad und baute es aus: «Zur Aufnahme von Gästen findet man 52 trefflich ausgerüstete Gastzimmer (worunter auch kleine Salons) mit 80 Betten. Frische Kuh- und Ziegenmilch erhält man in der Anstalt selbst. Ein Arzt, der die Anstalt täglich besucht, ist bereit, den Kuristen seinen Rath zu ertheilen.»

Die zwölf Rheinfelder Ratsherren um Weihnachten

Im vierzehnten Jahrhundert drang der schwarze Tod auch in das oberrheinische Gebiet ein. Er grassierte schrecklich in Basel, wo man 1348 14000 Leichen zählte; seitdem ist der Tod von Basel

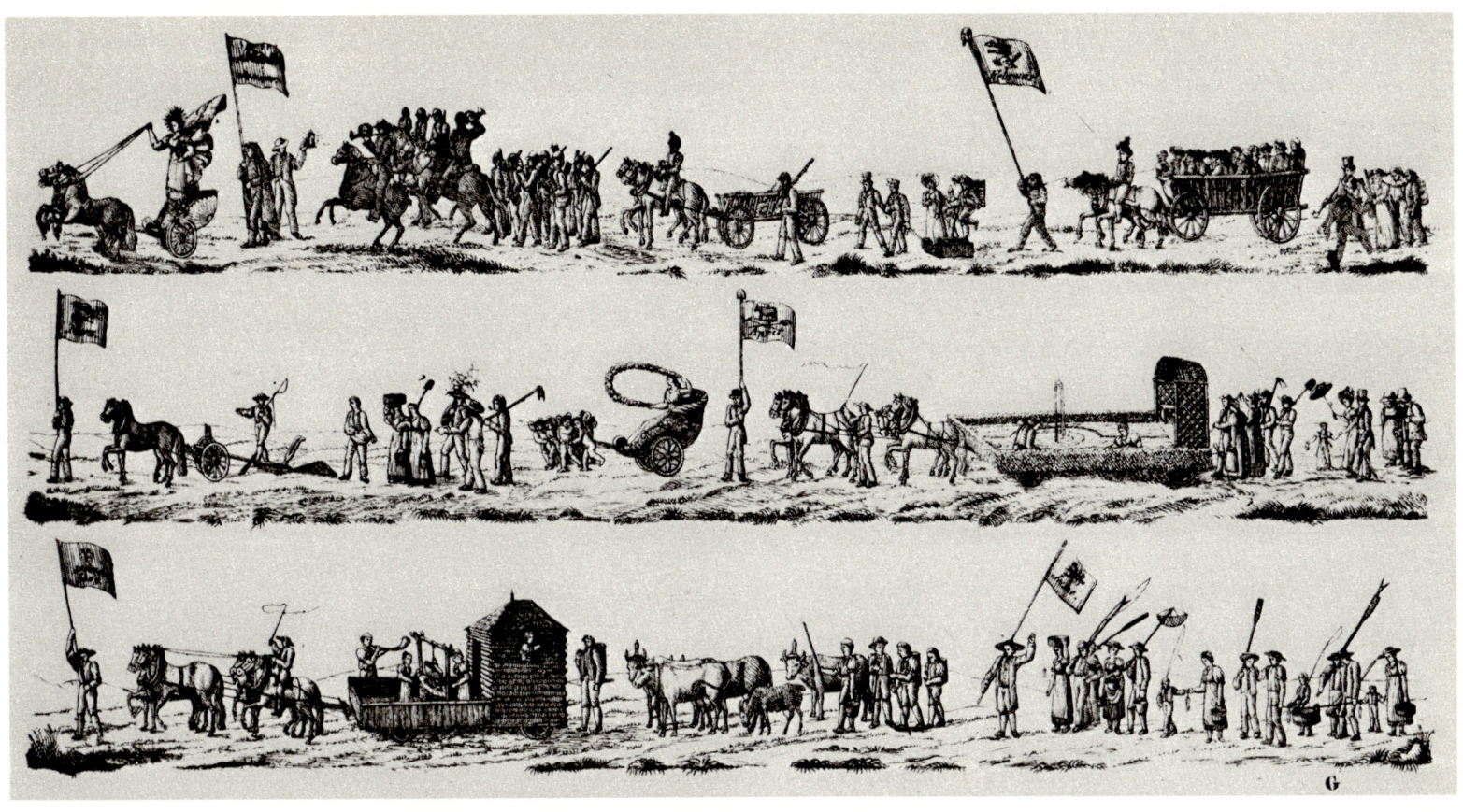

351 **Brunnensingen der Sebastianibruderschaft, 1969**

Der Heilige Sebastian wird als Patron der Pestkranken bezeichnet. Die Sebastianibruderschaft geht denn auch auf die Zeit zurück, als in Rheinfelden die Pest auftrat und große Teile der Bevölkerung hinwegraffte. 1541 wütete sie in Rheinfelden besonders heftig. Nach der Überlieferung gelobten damals von den wenigen Überlebenden zwölf Männer, das Weihnachtslied, das man bis dahin in der Kirche gesungen hatte, alljährlich bei den sieben Hauptbrunnen der Stadt zu singen. Da man vermutete, die Ursache der Pest liege im verseuchten Wasser, sollte die Stadt durch das Besingen der Brunnen vor der Plage bewahrt werden.

So ziehen noch heute jedes Jahr die zwölf Mitglieder der Bruderschaft, angetan mit schwarzen Mänteln und Zylindern, am Heiligen Abend von elf bis zwölf Uhr und am Silvesterabend von neun bis zehn Uhr mit ihrer Laterne durch die völlig verdunkelte Stadt und singen bei den Brunnen der Stadt ihr altes schönes Lied.

352 ‹Großer Umzug in der Fastnacht 1828›

«Es war dies ein Fastnachtzug, der die 12 Monate des Jahres darstellen sollte; und es ist immer schon erfreulich, wenn Viele sich zusammenthun, um gemeinschaftlich etwas Artiges auszuführen, statt daß sonst an solchen Tagen häufig Jeder für sich sein Leben treibt, und oft Einer sucht, es dem Andern in wüstem Lärm und Unfug zuvorzuthun. Denn je seltener die Anläße geworden sind, da sich der Mensch von seinem Geschäft und täglichen Treiben losmachen kann, je eifriger benuzt er dieselben; und Mancher, der in der Welt nicht viel Besseres seyn will, als seine vierfüßigen Mitbrüder, findet alsdann auch seine Freyheit nur darin, daß er dem Thier in ihm freyen Lauf läßt.

Den Anfang des Jahreszuges machte, wie billig, der Sonnengott Phöbus, nicht eben weil er nach den weisen Berechnungen der Sterndeuter der Regent des 1828ger Jahres gewesen seyn soll, – denn solche Narrheiten sind auch für einen Fastnachtschwank zu dumm, – sondern weil von der Sonne das Sonnenjahr Namen und Eintheilung hat, und wir allzumal nach Sonnen-, und nicht wie die Juden und Türken nach Mondjahren zählen. Er stand aufrecht in einem schönen alterthümlichen Wagen, der von 3 neben einander gespannten Schimmeln gezogen ward, und um ihn desto kenntlicher zu bezeichnen, war sein Haupt mit Sonnenstrahlen umgeben.

Hierauf kamen erst die Monate nach ihrer Ordnung, von denen jeder durch eine vorausgetragene Standarte mit Namen und Monatszeichen bezeichnet ward, und zwar schritt zuerst ein Mann einher, der ganz in eine große Wolfshaut eingewickelt war, mit der Standarte des Jänners, deren Stange zuoberst mit beschneiten Baumzweigen ausstaffirt war. Nach ihm der Nachtwächter, der zwölfe rief und mit lauter Stimme das Neujahr anwünschte. Nun kam ein fürstlicher Jagdzug zu Pferd und zu Fuße; mehrere von den Jägern bliesen das Horn, wozu die andern muntere Jagdlieder sangen, und hinter ihnen ward ein Wagen vom Oberjägermeister nachgeführt, mit dem erlegten Wild, als mit Hirschen, Rehen, Wildschweinen, Hasen und Füchsen beladen. Noch zogen Knaben ihre Schlitten und Holzböke hintennach, Andere kamen mit Schlittschuhen. Etc.»
Lithographie aus ‹Der Basler Bote, sonst der Hinkende Bott genannt›.

353 Der Bahnhof Rheinfelden, um 1905

Links vom Bahnpersonal die Pferdeomnibusse der Badehotels und die Portiers. Die Omnibusse gehören von links nach rechts zu folgenden Hotels: ‹Schützen›, ‹Engel›, ‹Schiff› und Dietschis ‹Krone› und ‹Hôtel des Salines›, das größte und vornehmste. Heute wird von diesen auch von Ausländern stark frequentierten Häusern nur noch der ‹Schützen› als Badehotel betrieben, ‹Krone› und ‹Salines› sind überhaupt eingegangen. Seit der Eröffnung der Bözberglinie Anno 1875 ist Rheinfelden auch mit der Eisenbahn erreichbar.

354 Das Schelmengäßli, um 1950

Die steinerne Bank, auf der das Mädchen sitzt, soll nach der Überlieferung eine Freistatt (Asyl) gewesen sein, auf welcher verfolgte Schelme vor dem Zugriff der Rechtssprechungsorgane Schutz fanden. Der Bogen über dem Gäßlein heißt deshalb Asylbogen. Er zeigt das Stadtwappen ohne Sterne (wahrscheinlich 15. Jahrhundert). Links das Haus zum ‹Schwarzen Bär›. Schon aus dem Mittelalter sind – wie in Basel – Hausnamen überliefert. Von 1768 an trug jedes Haus einen Namen. Tiere waren als Namengeber besonders beliebt, vor allem wehrhafte wie der Bär, der Löwe und der Adler.

Stein-Säckingen

Schon der Doppelname weist darauf hin, daß Stein immer in engster Verbindung mit dem fürstlichen Stift Säckingen stand. Auch der Name ‹Stein› läßt mit Sicherheit auf das Vorhandensein einer Burg schließen. Vermutlich handelte es sich nur um einen einfachen Wohnturm, der einem Dienstmannengeschlecht des Frauenstifts seinen Namen gab. Die Herren von Stein werden während eines Jahrhunderts bis um 1350 urkundlich erwähnt. An ihre Behausung erinnern heute weder Ruinenreste noch Flurnamen. Die kleine Gemeinde mag sich aber aus einem Dinghof des Klosters nur langsam entwickelt haben, obwohl sie eine Kirche und einen Pfarrer hatte, der jedoch immer als Stiftskaplan in Säckingen wohnte.

Die Verbundenheit mit dem adeligen Damenkloster in vorderösterreichischen Landen ist auch aus den Kirchenbüchern ersichtlich: Die Namen der Neugetauften sind identisch mit dem Landespatron Fridolin, dem jeweiligen Kaiser, der regierenden Äbtissin und der Kirchenpatronin Christina. Die meisten Männer ehelichten Frauen aus dem weiten Herrschaftsgebiet der Abtei.

Seit 1288 als erster bürgerlicher Bewohner Berchtold, der Wirt von Stein, erwähnt wird, hört die Nennung der Wirtshäuser in Steiner Urkunden nicht mehr auf. In Stein zweigt von der Rheintalstraße der Weg zum Bözberg und zur Staffelegg ab, wie auch heute die Bahn in diese beiden Richtungen führt. Der alte Dorfkern liegt an diesen beiden Straßen. In einem Berain werden 1557 zehn Einzelhäuser, darunter die Wirtschaft und das dem Stift gehörende, bis 1760 bestehende Siechenhaus, genannt. Aus dem Gasthaus ‹Zum Löwen› stammen auch die beiden Basler Weihbischöfe Johann Christoph Haus (†1725) und sein Bruder Johann Baptist (†1745). Beider Nichte war die Mutter des letzten fürstbischöflichen Weihbischofs von Basel, J. B. Josef Gobel, der später Erzbischof von Paris wurde und 1794 angeblich wegen Beteiligung an einer Verschwörung gegen die Republik das Schafott besteigen mußte. Ein Abraham Schlegel aus Basel war während einiger Jahre Pächter der 1760 eröffneten Taverne ‹Zum Adler›.

Neben der landwirtschaftlichen Beschäftigung nimmt der Straßenverkehr im Leben der Bevölkerung eine wichtige Stellung ein. Auffallend ist die merkwürdige Tatsache, daß weder Fischfang noch Flößerei hier je eine Rolle gespielt haben, wie dies sonst in den am Rhein liegenden Dörfern der Fall gewesen ist. Die Salmenwagen auf Steiner Gebiet befanden sich in auswärtigem Besitz.

Die Bevölkerung des Dorfes blieb bis ins 18. Jahrhundert gering und verlor zudem 1759 durch die Auswanderung von dreizehn Personen, die sich dem Zug der Schwarzwälder ins Banat anschlossen, beinahe 10 Prozent ihres Bestandes. Bei der ersten genauen Volkszählung 1789 wies Stein 161 Seelen in 31 Häusern auf. Rund 50 Jahre später, nach dem Anschluß an den Kanton Aargau, hatte sich die Bevölkerung beinahe verdoppelt. Seitdem die Basler chemische Industrie sich in der weiten Ebene gegen Sisseln niedergelassen hat, nahm die Bevölkerung rapid zu. Neue Wohnquartiere entstanden, die Landwirtschaft geht zurück, der alte Dorfkern verliert an Substanz. Der Verkehr fordert breitere Straßen, und die geplante neue Rheinbrücke wird weitere Breschen ins alte Dorfbild schlagen. Das bescheidene Kirchlein an der Hauptstraße aus dem Jahre 1823 ist bereits verschwunden; abseits des Verkehrs, inmitten neuer Wohnhäuser, erhebt sich seit 1975 ein modernes Kirchenzentrum. Geblieben aber ist die prächtige Lage am Fuße der Fluh und in der Ebene, mit Ausblick auf die alte Holzbrücke, die bewaldete Insel im Rhein, die stolzen Türme des Fridolinsmünsters und die lieblichen Höhen des nahen Schwarzwaldes.

355 Stein, um 1874

Das Dorf zeigt sich noch in seiner ursprünglichen Anlage. Die Häuser sind an der Straßengabelung hingereiht. Das Kirchlein mit dem bescheidenen Dachreiter steht gleichlaufend zur Bözbergstraße. Einige wenige Häuser begleiten die Rheintalstraße, von der im Hintergrund der Übergang über die Brücke nach Säckingen abzweigt. Vorne rechts im Bild das ausgeebnete Terrain für den im Bau begriffenen Bahnhof, auf dessen Dach erst die Ziegel zur Eindeckung aufgeschichtet sind. Jenseits des Rheins erheben sich die Fabriken der Seidenindustrie in Richtung Säckinger Bergsee. Bis zum Ersten Weltkrieg boten sie vielen Fricktalern willkommene Verdienstmöglichkeiten. Ihre Besitzer waren meistens Schweizer aus dem Basler Seidenzentrum.

356 Das Postgebäude, 1913

Die für den kleinen Ort zahlreiche Belegschaft des Postbüros hat auf der Rampe Aufstellung genommen. Unter der Türe der würdige Posthalter; daneben seine Gehilfen. Mit dem zweirädrigen gelben Karren Briefträger Brogli, der die Post mehrmals täglich vom hochgelegenen Bahnhof holen mußte. Das Gebäude war ursprünglich der Ruhesitz des alten aus Säckingen stammenden Posthalters Suidter, der in österreichischer Zeit die wichtige Relaisstation zwischen Rheinfelden und Laufenburg mit seinen Pferden versehen hatte.

357 Inspektion, um 1905

An der Friedhofmauer vor dem schönen Kirchenportal haben die militärpflichtigen Steiner Aufstellung genommen. Die Kavalleristen mit ihren Säbeln warten gespannt auf die Kontrolle. Es sind hablische Bauern, die ihre ‹Eidgenossen› während des Jahres im landwirtschaftlichen Betrieb, im Straßentransport und gelegentlich auch bei Springkonkurrenzen zum Einsatz bringen. Ein kleines Mädchen hat sich zur Männerversammlung gesellt, um seinen Vater in der ungewohnten Kleidung zu bestaunen.

Zwei Weihbischöfe

Stein, Dorfgemeinde im Kreise Wegenstetten, Bezirkes Rheinfelden, mit 167 männlichen, 137 weiblichen, zusammen 304 Einwohnern in 44 mit Ziegeln, 4 mit Stroh gedeckten Häusern, nebst 14 Nebengebäuden mit Ziegeldächern, ein wohlgebautes Pfarrdorf, auf hohem Lande über dem linken Rheinufer. Das Dorf windet sich von Nord gegen Süd um den Fuß des Steiner-Berges, der früher Mumpfer-Fluh hieß. Im Wirthshause zum Baum genießt man die angenehmste Aussicht über den Rhein, auf und ab, auch über Seckingen und in den Schwarzwald hinüber. Hier theilt sich die Landstraße, welche von Basel herkömmt, der eine Arm geht nach Brugg über den Bötzberg oder nach Aarau über die Staffelegg: der andere Arm führt gerade am Rheine hinauf nach Laufenburg, Waldshut und Schaffhausen. Die Pfarrkirche ward erst 1823 in einfachem Baustyle errichtet. Auch der Pfarrhof und die Schule sind neue Gebäude. Der Bann der Gemeinde begreift in sich 559½ Jucharten zu 36,000 Wiener Quadratfuß, nämlich 295 J. Äcker, 160 J. Matten, 22 J. Reben, 30 J. Bühnten und Gärten, 52 J. Privatwaldungen. Aus Stein stammten zwei Weihbischöfe des Bisthumes Basel, deren Geschichte merkwürdig genug ist, um hier kurz erzählt zu werden. Johann Christoph Haus, geboren den 28. Jan. 1652, war mit vorzüglichen Fähigkeiten begabt und wiedmete sich mit brennender Liebe für Wissenschaften der Theologie; aber die Priesterweihe ward ihm versagt, weil er nicht so viel besaß, daß er als Priester seinen Unterhalt gewinnen konnte. Er beklagte sein Schicksal, ging nach Rom und ließ sich unter die päpstliche Leibwache aufnehmen. Einst ereignete es sich, daß er am theologischen Hörsaale Wache stand, als eben eine Disputation gehalten wurde und der Streit sich so verwickelte, daß selbst der vorsitzende Professor in Verlegenheit gerieth. Haus fing unvermuthet in schöner lateinischer Sprache an der offenen Pforte zu reden an und hob mit einem Male zum Erstaunen der Kämpfer und aller Zuhörer die ganze Schwierigkeit. Unter den Zuhörern befand sich ein Cardinal. Dieser gab dem Papste Innocenz XII. Bericht von dem Vorfalle und mit welchen Argumenten der Schweizersoldat die Versammlung überrascht hatte. Der heilige Vater nahm Antheil an seinem Schicksale, erkundigte sich nach seinem Wandel, nahm ihm Wehrgehäng und Hellebarde ab und empfahl ihn dem Collegium der Propaganda. Nach Jahresfrist ward er examinirt, zum Doctor der Theologie erklärt und in die Liste der Protonotarien eingetragen. Im J. 1695 erhielt er eine ehrenhafte Beförderung zu einem Canonicate an dem Domstifte Basel, das ihm Seine Heiligkeit aus eigenem Antriebe ertheilt hatte. Dem Fürstbischofe Wilhelm Jacob Rinck von Baldenstein gefielen die Eigenschaften des Domherrn Haus; er wählte ihn zu seinem Generalvikar und Weihbischof. Gegen das Ende seines Lebens (er verschied den 11. Sept. 1725) leistete er Verzicht auf sein Canonicat und alle seine Ämter zum Besten seines Bruders Johann, der dann Weihbischof von Basel ward.

Wallbach

Wer es nicht kennt, achtet weder vom Zug noch vom Auto aus auf das stille Dörfchen, das mit seinen rund 700 Einwohnern sich in das flache Dreieck zwischen Rhein, Möhliner Forst und ansteigender Höhe zusammenkauert. Der Wanderer, der rheinaufwärts durch den ehemaligen königlichen Forst dem Strom entlang fürbaß geht, stößt beim Verlassen des Waldes fast unvermutet auf Wallbach, hinter dem sich die ehrwürdigen Türme des Fridolinsmünsters in Säckingen, moderne Zweckbauten, Schwarzwald und Jura als abschließende Kulisse hinlagern.
Im 8. Jahrhundert taucht der Name ‹Walahapach› auf. 1283 heißt die Siedlung Walabuch, was gleichbedeutend sein soll mit Welschdorf. Alemannen dürften hier auf Helvetier oder Römer gestoßen sein. Von den Römern zeugen die freigelegten Fundamente eines mächtigen Wachtturms in der Nähe der einladenden Waldhütte; von den Alemannen eine beträchtliche Anzahl Gräber mit Beigaben.

Eine Ortsbezeichnung in der Gemeinde heißt heute noch ‹Hammerschmitte›. In Verbindung mit entsprechenden Funden ist der Name Hinweis auf eine Eisenschmelze, die im 16. und 17. Jahrhundert hier bestand. Von jeher aber lebten die Wallbacher vom Rhein, als Fischer und Flößer. Das letzte Floß, das am 27. Mai 1927 gegen Augst und durch die dortige Schleuse fuhr, wurde vom Wallbacher Holzhändler Wunderlin persönlich gelenkt. Der Bau des Kraftwerks Riburg–Schwörstadt setzte einer jahrhundertealten Tradition ein Ende und zwang manchen Flößer, einen neuen Lebensunterhalt zu suchen. Kirchlich gehörte Wallbach bis ins 20. Jahrhundert zu Niedermumpf. Im Dorf steht nebst einer neuen Pfarrkirche eine Kapelle, die den Pestheiligen Sebastian und Rochus geweiht ist; sie war auf Wunsch und Kosten der Gemeinde errichtet worden. Bemerkenswert an ihrer Ausstattung ist das 1698 in Auftrag gegebene Altarbild mit Dorfansicht. Man stand damals noch unter dem Eindruck des gewaltigen Pestzuges, der kurz vorher das Nachbardorf Rappershäusern im benachbarten Forst zum Aussterben und Verschwinden

358

gebracht hatte. Nur noch einzelne Grenzsteine im Wald berichten von seiner Existenz. Angst und Dankbarkeit offenbart auch das Votivbild von 1796, das gestiftet wurde, als das ‹französische Feinds-Volk› am 17. Juli in die Gegend einrückte.

Eine Plastikfabrik, Ferienhäuschen am Rhein und verschiedene Wohnhäuser, die sich zum Teil rheinabwärts gegen den Forst hin wohltuend verstecken, sind die einzigen modernen ‹Eindringlinge› in die abgeschiedene Idylle. Dagegen zeugen ausgedehnte Obstkulturen im Wallbacher Gemeindebann vom fortschrittlichen Willen der Bewohner, die althergebrachte Landwirtschaft durch moderne Formen lebenskräftig zu erhalten. Eine geräumige Reithalle und ein ideales Übungsgelände bieten heute Einheimischen wie Fremden Gelegenheit zum Umgang mit Pferden.

358 Die Unterschule, um 1920

Über 40 Knaben und Mädchen gruppieren sich mit ihrer Lehrerin zum Klassenbild. Teils sonntäglich gekleidet, teils im Werktagsanzug und barfuß, die Mädchen in feierlichen Röcken oder mit Schürzen angetan, zeigt das Bild auch die sozialen Unterschiede der buntgewürfelten Kinderschar. Die Kulisse bilden der heimatliche Wald und die Frühlingswiese.

Das ausgestorbene Dorf Abbizüs

Gegenüber der Einmündung der Wehra in den Rhein liegt, rings vom Tannenwald umgeben, ein schöner Strich Laubholz. Hier stand das Dörfchen Abbizüs, das mit in die Fricktaler Landschaft gehörte, in der Pestzeit aber ausstarb und nun ganz vom Erdboden verschwunden ist. Von sämtlichen Einwohnern des Dorfes hatten nur zwei ledige Weibsbilder die Seuche überlebt. Diese wendeten sich an das Nachbardorf Wallbach, um hier ins Bürgerrecht aufgenommen zu werden, und boten als Einkaufssumme den ganzen Gemeindebann an, der ihnen, als den Überlebenden, anheimgefallen war. Aber die Wallbacher fürchteten sich nicht nur vor der Pest, welche mit den Fremden zu ihnen kommen möchte, sie wollten auch die Zahl ihrer eigenen unverheirateten Mädchen nicht noch um zwei vermehren und wiesen also die beiden ab. Diese begaben sich nun ins nächste Dorf Möhlin und drangen hier mit ihrem Begehren durch. Kaum waren sie eingebürgert, so brach auch in Wallbach die schreckliche Seuche aus und raffte die ganze Bevölkerung bis auf eine einzige Haushaltung hinweg. Auch nach Möhlin kam das Sterben, doch gelobten die Bewohner, eine Kapelle bauen zu lassen, und die Krankheit hörte auf. Seitdem ist der Waldbesitz des Dorfes Möhlin so ausgedehnt, daß er bis auf eine Viertelstunde ans Wallbacher Dorf reicht.

Mitten durch ihn zieht sich ein Fußweg, der sich nie bemoost oder übergrast. Er heißt das Totengäßli. Auf ihm sind die zwei Jungfern von Abbizüs nach Wallbach und von dort nach Möhlin ausgewandert.

Nachteilige Sparsamkeit

Wallbach, Gemeinde und Filialdorf in der Pfarre Mumpf, mit 336 männlichen, 315 weiblichen, zusammen 651 Einwohnern in 36 mit Ziegeln, 56 mit Stroh gedeckten Wohnhäusern, nebst 9 mit Ziegeln, 5 mit Stroh gedeckten Nebengebäuden. Der Filialort liegt nur eine halbe Viertelstunde von Mumpf, seinem Pfarrorte, der obere Theil am Rheine, der untere an einer bedeutenden Erderhöhung näher und ferner von Weinhügeln und Waldung. Die Dorfcapelle ward 1698 erbaut. Ein Caplan, den die Gemeinde unterhält, besorgt den Gottesdienst. Das Schulhaus ward erst 1809, aber mit nachtheiliger Sparsamkeit erbaut. Die Gemeinde will es erneuern und erweitern. Der Gemeindbann enthält 1040 Jucharten zu 36000 Wiener Quadratfuß, nämlich: Äcker 530, Matten 88, Reben 14, Gärten 22 und Wald 386 Jucharten. Er stößt nördlich an den Rhein. Gegenüber liegt das großherzoglich badensche Wallbach. Hier ist eine kleine Fähre über den Strom. (1844)

Das Breitseemaitli

Die sumpfige Waldgegend zwischen Wallbach und Möhlin, welche Breitsee heißt, war einst wirklich ein See. Rings um seine Ufer war futterreiches Land, und heiteres Laubgebüsch spiegelte sich in seinen klaren Fluten. Dort hielt sich das Breitseemaitli auf. In österreichischen Zeiten, als es noch üblich war, die Herden in die Wälder zu treiben, waren die Weidbuben ganz vertraut mit dieser Jungfrau. Oft, wenn sie aus einem Mittagsschlummer erwachten, lag das Mädchen arglos mitten unter ihnen. Am Abend begleitete sie die Herden auf dem Heimweg oft bis an den Rand des Forstes. Meist trug sie einen Schinhut, wie er vor Zeiten in dieser Gegend üblich war, und weiße oder grüne Schürzen. Manchmal aber sah man sie in flatternden blonden Haaren, in denen ein Kranz von frischen Feldblumen lag. Geredet hat sie niemals.

Vor Jahren begegnete sie einmal einem Burschen von Möhlin, der im Forste Leseholz suchte. Sie trug ein Kleid mit Mieder und eine seidene Schlaufe im Haar, wie es die Fricktaler Mädchen früher trugen. Am Arm hing ihr ein verdeckter Armkorb. Sie winkte dem Burschen schweigend, mit süßem Lächeln. Er folgte ihr, konnte sie aber nie ganz erreichen. Plötzlich war sie verschwunden. Ein Unwetter brach herein, und der Bursche konnte nur mit größter Not den Heimweg finden. Hätte er ihr drei Brosamen, von denen er eine ganze Menge im Sacke hatte, in das Körbchen geworfen, so wäre die Jungfrau erlöst gewesen, er selber aber ein reicher Mann geworden.

Das Breitseemaitli ist der Geist einer Braut, die vor Zeiten an dieser Stelle nach der Hochzeit ermordet und im See versenkt wurde.

Wegenstetten

Mit dem Thiersteinberg im Rücken, in der Senke, wo sich die Wege nach dem basellandschaftlichen Asp und dem fricktalischen Schupfart von der Talstraße entlang dem Möhlinbach abzweigen, liegt die oberste Gemeinde der alten Herrschaft Möhlinbach: Wegenstetten. Bevor ‹Wegosteton› in einer päpstlichen Urkunde vom Jahre 1246 erstmals als Pfarrdorf genannt wird, geben Bodenfunde aus der Neusteinzeit, Hallstätter Grabhügel, verschiedene römische Ruinen und Alemannengräber Kunde von den ältesten Bewohnern des Ortes. Die gehobenen und konservierten Zeugnisse der ältesten Vergangenheit berichten von der hohen Kultur jener Siedler.

Leicht erhöht über dem Dorf thront die Pfarrkirche St. Michael. Der Namenspatron und die erhaltenen Fundamente des ältesten Kirchenbaus weisen auf eine Gründung um das Jahr 1000 hin. Das heutige Gotteshaus, errichtet nach den Plänen des Deutschordensbaumeisters Johann Caspar Bagnato, der auch die Schlösser Beuggen und Mainau sowie das Kornhaus in Rorschach schuf, stammt aus dem Jahre 1741. Damals wurden zum Teil sehr kostbare alte Ausstattungsstücke in die Wendelinskapelle nach Hellikon vergabt. Seit 1551 gehörte der Kirchensatz dem Damenstift Säckingen. Bis ins 14. Jahrhundert waren die Grafen von Homburg Herren des Dorfes. Darnach gelangte es ins Vorderösterreichische Herrschaftsgebiet, wobei die Freiherren von Schönau die niedere Gerichtsbarkeit und das Meieramt des Klosters Säckingen bis zum Übergang an den Aargau ausübten.

Aus Rache für den Überfall auf Brugg durch den österreichisch gesinnten Thomas von Falkenstein, verbrannten die Berner im alten Zürichkrieg 1445 das Dorf. Das gleiche Schicksal erlitt es 1632, als die Schweden unter General Forbes bei der Belagerung Rheinfeldens auch die umliegenden Dörfer brandschatzten.

Schon zu Ende des 17. Jahrhunderts wurde in Wegenstetten eine Schule errichtet, wohl eine der ersten in einer Landgemeinde dieses Bezirks. Das Dorfwappen, in Rot eine weiße gezinnte Mauer, ist jenes einer alten nach dem Dorf benannten Familie, die in Rheinfelden zu Bürgermeisterehren kam und auch in Basel eingebürgert war.

Im Bestreben, dem Dorf wirtschaftlich etwas aufzuhelfen, vor allem aber, damit der reichlich vorhandene Wein aus den – heute gänzlich verschwundenen – Rebbergen an den Mann gebracht werden konnte, ersuchte die Gemeinde die neue Kantonsregierung um die Bewilligung für einen Jahrmarkt. 1804 wurde die Erlaubnis für einen Waren- und Viehmarkt im Frühling und im Herbst erteilt. Die 1875 eröffnete Bözbergbahn erleichterte aber auch Wegenstetten den Weg zu den Einkaufsgelegenheiten in Basel; damit ging der Besuch des Dorfmarktes zusehends zurück. Der letzte Markt von 1888 brachte der Gemeindekasse noch einen Reingewinn von 50 Rappen!

Beim weihnächtlichen Schulhausunglück in Hellikon von 1875 beklagte auch Wegenstetten 8 Tote. Auf seinem Friedhof ruhen sämtliche 73 Opfer dieser Katastrophe.

Von Industrie ist das Dorf bisher unberührt geblieben. Seine Einwohner, sofern sie sich nicht der Landwirtschaft widmen, finden Arbeit in den Betrieben zwischen Sisseln und Basel wie früher in der Seidenverarbeitung von Säckingen, im badischen Brennet und im Baselland.

359 Gruß aus Wegenstetten, 1911

Vor dem Gasthof ‹Zum Adler›, im alten österreichischen Gebiet ein beliebter Wirtshausname, die alte Postkutsche, die bequemen oder gehbehinderten Reisenden den Zugang zur Eisenbahn erleichterte. Die Bauweise von Wohnhäusern und Scheunen mit Stallungen in einer zusammenhängenden Flucht gibt dem Straßenzug ein besonderes Gepräge.

360 Der Wegenstetter Pfarrhof, 1916

Der behäbige Pfarrhof, gegenüber Kirche und Friedhof am Hang gelegen und deshalb mit schräger Stützmauer versehen, gehörte dem Stift Säckingen. Die angebaute Scheune diente vor allem zur Aufnahme des ergiebigen Weinzehntens. Auf der Treppe steht der originelle und beliebte Pfarrer Huber, der als erster Geistlicher mit einem ratternden Motorrad seinen Pfarrkindern Eindruck machte.

361 Beerdigungszeremonie, 1900

Im Sarg liegt Paul Moosmann. Auf dem Tisch stehen Kruzifix, Kerzen und Weihwasserkrug. Vor dem Wohnhaus wartet man auf den Pfarrer, der mit Kreuz und Fahne, die von Ministranten getragen werden, die Leiche einsegnen wird. Im Halbkreis stehen die Männer der Verwandtschaft und des Jahrgangs beim Sarg. Weiter zurück die übrigen Dorfbewohner, Männer, Frauen und die Schulkinder, die dann dorfabwärts die Spitze des Leichenzuges bilden. Zwei hutbewehrte Männer tragen Kreuz und Fahne voran. Vor dem Haus mit Strohdach eine Vereinsfahne und vier Männer mit den Totenlaternen auf zierlich gedrechselten Schäften. Die zum großen Teil bärtigen Männer tragen ihr feierlichstes Gewand aus gutem Tuch. Das meist farbige Hemd wird von einer gestärkten weißen ‹Brust› und ebensolchem Kragen abgeschlossen.

Das Wallfahrtskreuz, um 1920

Auf dem Buschberg, der flachen Höhe des Thiersteinberges zwischen Wegenstetten und Wittnau, steht das 1668 vom Müller Benedikt Marti aus Kienberg gestiftete Wallfahrtskreuz in einem schlichten hölzernen Wetterschutz. Es ist ein Votivbild aus Dankbarkeit, weil hier der Müller vor einem großen Unglück bewahrt worden war. Davor wurde 1868 eine offene Kapelle ohne Seitenwände für die einstmals zahlreichen Wallfahrer, die diesen Ort besuchten, errichtet.

Alte Ofensprüche

Die Ämtlisucht ist für unser Land
Ein Unheil, besonders auch dem Bauernstand!
Daß Weisheit mehr sei als Geld,
Das glaubt nicht jeder in der Welt!
Mit Glück und Erdengut,
Soll man zeigen, wie man für viele Gutes gründen tut!
Arm und Reich, erwärm ich gleich!
Wer kann wissen, ob die Seele sei in Ruh,
Wenn man den Körper deckt mit Erde zu?
Bruderliebe ist mehr als Geld,
Das sollte man auch glauben in der Welt!
Die Wahrheit soll ihr Ziel erreichen,
Aber nicht mit Geld erschleichen!
Die Erde ist ein altes Haus,
Drum baut man soviel neues auf!
Reich auch ohne Geld zu sein,
Diese Kunst ist ja ganz klein!
Alle Menschen dieser Erden
Müssen Staub und Asche werden!

Zeiningen

Das Wappen des 1224 erstmals erwähnten Dorfes in der ehemaligen Herrschaft Rheinfelden bzw. in der Landschaft Möhlinbach – beide Bezeichnungen weisen auf die Zugehörigkeit zu den vorderösterreichischen Landen hin – zeigt einen mit Trauben behangenen Rebstock. Bis auf den heutigen Tag hat sich nämlich hier im untersten Wegenstetter Tal als letzter Rest einer früher ausgedehnten Weinbaukultur ein beträchtliches Rebgelände erhalten. Wenn auch die Weinkenner aus der Nachbarschaft über den angeblich sauren Saft spotten, pflegen die wenigen Weinbauern im Dorf ihr Eigengewächs trotzdem mit viel Fleiß und Hingabe. Und wenn im Herbst der Sauser aus der Trotte in die Wirtsstuben und in die Köpfe steigt, gibt es für die Dörfler keinen bessern Tropfen als ihren herben Rebsaft, den ‹Zeininger›.

Die ruhige Entwicklung des friedlichen Dorfes wurde immer wieder durch kriegerischen Händel seiner österrei- *chischen Herren gestört. Am schlimmsten erging es dem Ort im Dreißigjährigen Krieg und während der Raubzüge Ludwigs XIV. Nacheinander plünderten Schweden und Kaiserliche abwechslungsweise die Bewohner und verbrannten die Häuser. Kaum hatte sich das Dorf wieder erholt, liessen die Franzosen unter Marschall Créqui ihre Wut wegen des Mißerfolgs bei der Belagerung von Rheinfelden an der wehrlosen Bevölkerung von Zeiningen aus. Im Pfarrhaus gibt heute noch ein von Säbelhieben verstümmeltes Bruderschaftsbuch stummes Zeugnis vom sinnlosen Wüten einer zügellosen Soldateska.*

1740 fielen Dorf und Kirche einem Großbrand zum Opfer. Ein Jahr zuvor war ein Gottesdienstbesucher zu einer Strafe von zwei Pfund Wachs verurteilt worden, weil er während der Predigt im Schlaf die ganze Gemeinde mit dem Ruf ‹Fürio› aufgeschreckt hatte. Dem säumigen Schuldner wurde nach der Brandkatastrophe die Strafe erlassen! Ins Gerede kam Zeiningen einige Jahre später, als die Tochter des Dorfvogts ihren Mann nachts im Bett

mit einem zweipfündigen Stein erschlug und dafür kurz vor Weihnachten 1754 in Rheinfelden gerichtet wurde.
1769 wurde die heutige Kirche errichtet und mit herrlichen Deckenfresken und Apostelbildern ausgestattet. Eine geglückte Restaurierung von Kirche und Pfarrhaus im Jahre 1975 macht Gebäude und Ausstattung zu einem sehenswerten Schmuckstück des Dorfes.
Zu Beginn des letzten Jahrhunderts brachten Seuchen, Mißernten und Hungersnot Zeiningen wiederum in Schwierigkeiten. Im Jahre 1830 verließ ein beträchtlicher Auswandertrupp die Gemeinde, um in Amerika eine neue Heimat zu suchen. Von 1850 bis 1890 grub man im Gemeindebann öfters nach Kohle. Mit Anteilscheinen zwischen fünf und hundert Franken konnte jedermann sich am Unternehmen beteiligen. Von den hochgespannten Erwartungen aber blieben nur Enttäuschungen und Schulden und ein paar halbzerfallene Stollen, die sich den sechs Zeininger Höhlen als Menschenwerk hinzufügen.
Seither hat sich das Dorf auf andere Weise erholt und fortschrittlich entwickelt. Die ehemaligen Strohdächer sind den Ziegeln geopfert worden, die Landwirtschaft hat sich auf modernen Betrieb umgestellt. Das einstige Schloß aus dem 15. Jahrhundert, urkundlich als Landsitz österreichischer Beamter aus Rheinfelden nachweisbar, besteht im Gemäuer eines Bauernhauses weiter. Eine moderne Überbauung am Dorfeingang weist darauf hin, daß Zeiningen auch zu einem Wohnort von Stadtflüchtigen geworden ist.

363   Glockenweihe, 1931

Anläßlich der Erweiterung der Kirche und des Neubaus des Turmes Anno 1931 wurden auch neue Glocken gegossen. Vor dem Aufzug in die Glockenstube hangen die beiden Prunkstücke mit Girlanden geschmückt an einem tannastbekränzten Gerüst zur kirchlichen Einsegnung bereit. Zwei geistliche Herren begutachten die gediegenen Details an den Glocken, während Siegrist Kägi ehrerbietig den fachmännischen Ausführungen lauscht.

364   Gegen die Zeininger Dorfkirche, vor 1850

Das einfache Aquarell zeigt ein bis heute erhaltenes Dorfbild bei der Kirche. Einzig der Geräteschuppen auf dem Friedhof ist verschwunden, seitdem der Gottesacker vor mehr als hundert Jahren außerhalb des Dorfes verlegt wurde. Das Storchennest auf dem Turm weist auf die ehemaligen Wässermatten mit ihrem Froschreichtum zwischen dem Rhein und den Jurarandhügeln hin. Die schönen Proportionen und die Behäbigkeit der Häuser zeugen für gutes Handwerk und bescheidenen Wohlstand. Am Hause links ein typischer überdachter Eingang zum Weinkeller.

Zuzgen

Der Alemanne Zuzo hätte sich nicht träumen lassen, als er sich das Gebiet zwischen Zeiningen und Hellikon, mitten im Wegenstetter Tal, zu seinem Wohnsitz nahm, daß nach ihm einst ein Dorf – Zuzgen – benannt würde. Vor ihm hatten zwar schon römische pensionierte Legionäre sich hier Villen gebaut. Der Gleichgültigkeit, dem Ungeschick ihrer Zeitgenossen oder aber auch den kriegerischen Einfällen der Alemannen verdankten die spätern Bewohner römische Münzfunde in den Ruinen der ehemaligen Herrenhäuser. Unheimlicher waren zweifelsohne die alemannischen Gräber, die beim sagenumwitterten Heidenhüsli zum Vorschein kamen.

Sichern Bericht über das Dorf Zuzgen aber gibt erst eine Urkunde aus dem Jahre 1296. Darin nimmt Herzog Albrecht von Österreich, der wenige Jahre später als König von seinem Neffen bei Windisch erschlagen wurde, den Pfarrer in Schutz. Dieser, wie seine Nachfolger, residierte am Sitz des fürstlichen Stifts Säckingen und kam nur zu seelsorgerischen Verrichtungen in sein Pfarrdorf. Die Stiftsdamen besaßen von alters her das Recht, den Pfarrer zu ernennen, wie sie auch im Dorf einen Dinghof ihr eigen nannten, an dem der Meier des Klosters nicht nur Abgaben bezog, sondern auch Recht sprach. Dieses Amt war seit dem 14. Jahrhundert in der Familie der Herren von Schönau erblich und erlosch erst mit der Eingliederung in den Kanton Aargau. Die Zugehörigkeit zum Land Vorderösterreich und zum Stift Säckingen bestimmte demnach während Jahrhunderten die Geschicke des Dorfes im Guten wie im Bösen.

In der alten, kleinen Dorfkirche befanden sich drei Altäre, die den Heiligen Georg, Fridolin und Konrad und der Muttergottes geweiht waren. 1739 wurde das Gotteshaus größer neu gebaut. Die Einwohnerzahl belief sich damals, zusammen mit dem heute im Dorf aufgegangenen Weiler Niederhofen, auf etwas über 300 Seelen.

Ein großer Dorfbrand legte am 2. Juli 1801 die meisten der 68 Häuser in Schutt und Asche. 1813/14 wütete das Nervenfieber (Typhus), Mißjahre und Hungersnot folgten, so daß Lebensmut und Existenz vieler Bewohner auf einem Tiefpunkt angelangt waren. In verschiedenen Etappen verließen viele Zuzger mit Unterstützung der Behörden die Heimat, um in Übersee eine neue Lebensaufgabe zu finden. Im Jahre 1852 zogen zum letztenmal 51 Personen gemeinsam in die Neue Welt.

Ein Versuch, mit behördlicher Genehmigung nach Kohle zu schürfen, verlief Mitte des 19. Jahrhunderts erfolglos. Seither begnügte man sich mit den Erträgen der Landwirtschaft, aufgebessert durch die bescheidenen Löhne, die man auf langen Wegen von den Seidenbandfabriken aus Säckingen und Gelterkinden heimbrachte. Wer nicht in der Landwirtschaft tätig ist, verdient heute seinen Lebensunterhalt in der Industrie in der Region Basel.

365 Das Schulhaus Zuzgen, um 1880

Das 1840 erbaute Gebäude zeigt die übliche Form der fricktalischen Schulhäuser, wie sie von Aarau angeregt wurden. Das Mädchen führt das Kleinkind in einem geflochtenen Kinderwagen aus, der auf Holzrädern läuft. Schon die kleinsten Knirpse trugen zur Jahrhundertwende einen Hut. In diesem Schulhaus betreute Lehrer Felber († 1963) bis zu 70 Kinder in einer Abteilung.

366 Der Fadenspüelifabrikant, 1969

Im Frühjahr 1969 ist in Zuzgen die letzte Fadenspüelifabrik des Landes geschlossen worden. Nur wenige Leute wußten, daß hier eine Spulendreherei täglich 8000 bis 10000 Fadenspüeli herstellte. Aber die harte Konkurrenz durch Kunststoffspulen führte schließlich zur Liquidation des seit 1878 bestehenden Familienbetriebs. Fritz Wyser, letzter Inhaber, arbeitete nach rund 300 verschiedenen Spulenmustern, während sein Urgroßvater fast ausnahmslos große Holzspulen für die Zwirnerei drehte. Für die Spulen wurde vorwiegend trockenes Birkenholz aus dem Sundgau verwendet. Die Fabrikation stellte keine großen Probleme: Die Spüeli wurden in drei Arbeitsgängen gesägt, gestanzt und gedreht. Dann erfolgte die Färbung der rohen Spulen,

368 Zuzger Strohhaus, um 1900

Verschwunden sind im ganzen Tal die einst charakteristischen Strohhäuser, die unter einem mächtigen Dach Wohnung, Scheune und Stall beherbergten. Bereits kündet sich die Umgestaltung durch die allerorts eingefügten Ziegel an. Aus diesem Hause stammte Josef Hürbin, der bei Pfarrer Müller in Wittnau altsprachlichen Unterricht erhielt, in Freiburg im Breisgau eine ausgezeichnete Matura ablegte, in München weiterstudierte und bereits mit 29 Jahren Rektor der Kantonsschule Luzern war, von wo aus er ein Jahr später in München das Doktorat ablegte. Neben vielen historischen Schriften verfaßte er ein zweibändiges Handbuch zur Schweizergeschichte, starb aber schon 1911 48jährig.

indem man sie in ein Farbbad tauchte und anschließend in einer rotierenden Trommel paraffinierte. Die Kraftübertragung geschah durch komplizierte Transmissionen, welche durch ein Wasserrad im Möhlinbach angetrieben wurden. Obwohl mit der Fadenspüelifabrikation keine Reichtümer zu verdienen waren, bot das Gewerbe doch der Familie Fritz Wysers und deren gelegentlichen Mitarbeitern aus dem Dorf viel Befriedigung, so daß es für die zwingende Geschäftsaufgabe einer langen und reiflichen Überlegung bedurfte. – Photo Roland Beck.

367 Zuzgen, um 1902

Auffallend sind im kleinen Dorf die beiden eng beieinanderstehenden Kirchen. Die päpstliche Unfehlbarkeitserklärung von 1870 spaltete das Dorf in zwei Lager. Die Altkatholiken behielten das bisherige Gotteshaus. Die Mitglieder der römisch-katholischen Gemeinde errichteten 1901 im neugotischen Stil ihre Kirche, wobei man Wert darauf legte, das bescheidene Dachreiterchen der barocken Kirche durch einen spitzen Turmhelm zu übertreffen; Zeichen einer heute glücklicherweise verschwundenen Kirchturmpolitik. Beide Gotteshäuser sind kürzlich in gemeinsamer Anstrengung stilgerecht restauriert worden.

Der Hübelhans auf dem Neulig

Der prächtige Buchenwald auf dem Neulig hatte ehemals zum Dorfe Zuzgen gehört, und das seit so undenklichen Zeiten, daß darüber keinerlei Urkunde mehr in der Gemeinde zu finden war. Nun geschah es aber schon frühzeitig, daß dieser Wald dem Nachbardorfe Hellikon in die Augen stach, denn der Holzmangel, an welchem es zu leiden hatte, und das bare Geld, das man für jeden Stamm Bauholz hingeben mußte, war dort je länger je schwerer empfunden worden. Klagten nun die Hellikoner einander ihre Not, so gebärdete sich allemal der Hübelhans am ärgsten dabei. Das war ein Geizhals und Nimmersatt, und obschon er als ein 80jähriger Mann bereits mit einem Fuße im Grabe stand, scheute er sich doch nicht der frechen Behauptung, wie er noch gar wohl der Zeit sich zu erinnern wisse, da der Neuligwald nach Hellikon gehört habe. Dieses lügnerische Wort pflegte er so oft im Munde zu führen, daß man ihm zuletzt ganze hundert Gulden zusagte, wenn er die Sache zum Rechtsstreite zu bringen vermöchte; und dagegen verschwur er sich, die Seinigen sollten den Wald haben, wenn er auch selber für immer und ewig drinnen geistern müßte. Gleich im folgenden Spätherbst, da die Zuzger ihr Holz im Neulig schlagen wollten, legten die Hellikoner dagegen ein Verbot ein. Jetzt handelte es sich von beiden Seiten um Aufbringung rechtskräftiger Beweise. Allein Zuzgen hatte zu seinem Unglück kein anderes Beweismittel als die Aussagen seiner bestandenen Männer, und diesen konnte Hellikon seinen einen Hübelhans entgegenstellen, welcher der älteste Mann in beiden Gemeinden zugleich war. So blieb nichts anderes übrig, als sich gegenseitig den Eid zuzuschieben, und dies war es gerade, worauf man es in Hellikon abgesehen hatte. Beide Gemeinden zogen am Schwörtag aus und stunden sich in der Marke des strittigen Waldes gegenüber. Da trat der Hübelhans vor und sprach: «So wahr ich meinen Schöpfer und Richter hier in meinem Hute habe, so wahr gehört der Wald den Hellikonern.» Hierunter konnten die Zuzger nichts anderes verstehen, als daß er bereit sei, beim höchsten Gotte zu schwören und dazu wohl ein Kruzifix im Hute mit hergebracht haben müsse. Einer solchen äußersten Sicherheit gegenüber meinten sie, ihr altes Recht doch nicht bekräftigen zu dürfen. Sie gaben also ihren Wald verloren und begaben sich auf den Heimweg. Höhnisch nahm der Hübelhans seinen Hut ab und rief den Betrübten ein Lebewohl nach; dann aber zog er daraus einen Milchlöffel und einen Haarkamm hervor und zeigte den Seinigen pfiffig, wie man mit solch billigen Dingen den einträglichsten Meineid schwören könne. Dafür ist ihm dann ganz nach seinem Wunsche geschehen. Der Übeltäter sitzt seit seinem Tode bis heute auf dem Neulig, überzählt mit glühenden Fingern seine hundert Gulden und ruft an jenem Tage, an welchem sich sein Verbrechen jährt, schauerlich von der Höhe herunter: «De Wald isch de Zuzgere!» (1860)

Tafel der Mitarbeiter

Heinz Buser, Dittingen
Dr. Emil A. Erdin, Möhlin
Dr. h.c. Albin Fringeli, Nunningen
a. Nationalrat Josef Grolimund, Erschwil
Pater Hieronymus Haas, Mariastein
Arthur Heiz, Rheinfelden
Beatrice Hug, Basel
Peter Jäggi, Dornach
Leo Jermann, Laufen
Paul J. Kamber, Luzern
Sebastian Kaufmann, Seewen
Pfr. Adolf Kreyenbühl, Meltingen
Dr. Hermann Meier, Rodersdorf
Dr. André Rais, Delsberg
Erwin Saner, Büsserach
Léon Segginger, Laufen
Dr. Paul Stalder, Magden
Marino Studer, Möhlin
Kurt Stürchler, Liestal
Erich Waldner, Zullwil
Josef Weber, Wahlen

Quellenverzeichnis
(Auswahl)

Baer, C.H.: Die Kunstdenkmäler des Kantons Basel-Stadt, Bd. 1, 1932
Baumann, Ernst: Führer durch das Birsigtal. 1943 – Geschichte der Pfarrgemeinde Witterswil-Bättwil. 1943 – Vom alten Büsserach. 1953 – Votivtafelsprüche aus Mariastein. 1942 – Die Wallfahrtsorte des Kantons Solothurn. 1947
Blom, Heinrich: Kirchweihfest in Fehren. 1967
Boder, Richard: Dornach. o.J.
Bronner, Franz Xaver: Der Kanton Aargau, historisch, geographisch, statistisch geschildert. 1844
Burckhardt, G.: Basler Heimatkunde. 1925 ff.
Das Laufental. Eine Bestandesaufnahme. 1976
Daucourt, Arthur: Dictionnaire Historique des Paroisses de l'ancien Evêché de Bâle. 1899 ff.
Eggenschwiler, Ferdinand: Die Geschichte des Klosters Beinwil. 1930
Fricker, Traugott: Volkssagen aus dem Fricktal. 1960
Fringeli, Albin: Der Holderbaum. 1958 – Nuglar. 1969 – St. Pantaleon. 1963 – Röschenz. 1974 – Schwarzbubenland. 1953/1972 – Zullwil. 1962
Fringeli, Albin und Loertscher, Gottlieb: Die Bezirke des Kantons Solothurn. 1973
Geographisches Lexikon der Schweiz. 1902 ff.
Geschichte von Augst und Kaiseraugst. 1962
Haas, Hieronymus: Wallfahrtsgeschichte von Mariastein. 1973
Haffner, Franz: Der klein Solothurner Allgemeine Schaw-Platz. 1666
Hansjakob, Heinrich: Alpenrosen mit Dornen, Reiseerinnerungen. 1911
Historisch-Biographisches Lexikon der Schweiz. 1921 ff.
Kamber, Paul J.: Bilder aus der Dorfgeschichte von Metzerlen. 1975
Kaufmann, Sebastian: Aus Seewens vergangenen Tagen. 1965
Kim, Werner: Hundert Jahre Brauerei Feldschlößchen. 1976
Küttner, Carl Gottlob: Briefe eines Sachsen aus der Schweiz. 1785 ff.
Laederach, Walter: Delsberg, St. Ursanne und Pruntrut. o.J.
Laufen. Geschichte einer Kleinstadt. 1975
Leu, Hans Jacob: Allgemeines Helvetisches Eydg. oder Schweitz. Lexicon. 1747 ff.
Loertscher, Gottlieb: Die Kunstdenkmäler des Kantons Solothurn. 1957 – Kleine Kunstwanderungen im Schwarzbubenland. 1962 ff.
Lüthi, Adrian J.: Die Mineralbäder des Kantons Bern. 1957
Lutz, Markus: Basel und seine Umgebungen. 1814
Meier, Eugen A.: Basler Erzgräber, Bergwerksbesitzer und Eisenhändler. 1965 – Das verschwundene Basel. 1968 – Von alten Bädern in der Stadt und der Landschaft Basel. 1964
Merz, Walther: Die Burgen des Sisgaus. 1909 ff.
Modespacher, Elisabeth: Berühmtes Skelett und ‹Labsiech› in Nenzlingen. 1965
Müller, Christian Adolf: Das Buch vom Berner Jura. 1953 – Die Stadtbefestigung von Basel. 1955/56 – Katalog zu den Zeichnungen Emanuel Büchels. 1945 (Mscr.)
Nebel, Franz: Turn- und Schwimmhalle Hochwald. 1973
Nordschweiz. Almanach. 1954 ff.
Nussbaumer, Emil: Flüh. Solothurnisches Leimental. 1963
Pfister-Burkhalter, Margarete: Der Esso-Stab von Beinwil-Mariastein. 1967
Scherrer, Alfred: Zwingen. 1963
Schib, Karl: Geschichte des Dorfes Möhlin. 1959 – Geschichte der Stadt Rheinfelden. 1961
Schüler, Ernst: Der Bernische Jura. 1876
Schwarzbubenkalender. Hg. von Albin Fringeli. 1923 ff.
Sigrist, Hans: Vom alten Meltinger Bad. 1955
Strohmeier, Peter: Der Kanton Solothurn. 1836
Wanner, Gustaf Adolf: Hundert Jahre Brauerei zum Warteck AG, vormals B. Füglistaller. 1956

Bildverzeichnis

Staatsarchiv Basel: Frontispiz, 3, 6, 7, 11, 15, 17, 18, 19, 21, 22, 25, 28, 29, 31, 36, 38, 39, 40, 41, 42, 43, 45, 46, 49, 50, 51, 52, 53, 54, 55, 58, 59, 81, 104, 105, 119, 121, 123, 126, 127, 129, 147, 162, 165, 170, 188, 201, 210, 213, 215, 223, 231, 237, 244, 294, 313, 317, 320, 335, 337, 340, 341, 344, 350
Kupferstichkabinett Basel: 2, 44, 60, 66, 101, 160, 219, 235, 240, 280, 288, 308
Öffentliche Denkmalpflege Basel: 10, 20, 23, 24, 30, 47
Universitätsbibliothek Basel: 352
Bernisches Historisches Museum, Bern: 229, 307
Denkmalpflege des Kantons Aargau, Aarau: 319, 321, 322, 325, 328, 342, 354, 361, 362

Denkmalpflege des Kantons Solothurn, Solothurn: 65, 68, 69, 70, 77, 78, 80, 82, 87, 88, 98, 100, 102, 103, 107, 111, 112, 113, 116, 124, 130, 131, 132, 133, 137, 141, 145, 146, 151, 152, 153, 154, 159, 166, 167, 174, 179, 182, 183, 185, 186, 187, 189, 192, 193, 194, 196, 198, 200, 204, 209
Disteli-Museum, Olten: 99, 106
Fricktaler Museum Rheinfelden, Rheinfelden: 315, 338, 339, 345, 349, 351, 353
Kunstsammlung Solothurn: 299, 300
Schweiz. Landesbibliothek, Bern: 89, 125, 233, 287, 297, 298, 303, 304, 305, 309, 310, 311, 312, 326, 348
Staatsarchiv des Kantons Aargau, Aarau: 318, 329, 336, 343, 347
Staatsarchiv des Kantons Baselland, Liestal: 184, 197, 334
Staatsarchiv des Kantons Bern, Bern: 282
Staatsarchiv des Kantons Solothurn, Solothurn: 72, 144
Marie und Erhard Anklin, Zwingen: 157, 221, 222, 226, 232, 234, 245 bis 279, 283, 284, 289, 290, 291, 292, 293, 295
Brauerei Feldschlösschen, Rheinfelden: 346
Johann Brunner, Kleinlützel: 158
Martin H. Burckhardt, Basel: 32, 33, 34, 35
Heinz Buser, Dittingen: 220, 227, 228
Dr. Emil A. Erdin, Möhlin: 143, 314, 327, 330, 331, 355, 356, 357, 358, 359, 360, 363, 364, 365, 367, 368
Josef Grolimund, Erschwil: 110
Leo Gschwind, Zürich: 64, 71, 73, 76, 85, 86, 97, 117, 118, 120, 122, 134, 135, 136, 138, 140, 150, 156, 163, 164, 168, 173, 175, 178, 191, 195, 202, 203, 205, 224, 225, 236, 281
Heinz Höflinger, Basel: 74, 148, 206, 211
Leo Jermann, Laufen: 212, 216
Paul J. Kamber, Luzern: 169, 171, 172, 176, 177
Anny Kaufmann, Möhlin: 323
Sebastian Kaufmann, Seewen: 200
Kloster Mariastein: 63, 79, 83, 161
Alfred La Roche-Fetscherin, Basel: 4, 5, 8, 9, 12, 13, 14, 16, 26, 27, 56, 57, 62, 67, 214
Dr. Gottlieb Loertscher, Solothurn: 61, 75, 114, 115, 149, 155, 180, 190, 207, 208, 218, 286
Lüdin AG, Liestal: 90, 181, 316
Eugen A. Meier, Basel: 84, 230, 302
Metallwerke AG, Dornach: 109
Franz Metzger, Möhlin: 324
Morf + Co., Basel: 48
Franz Nebel, Hochwald: 139, 142
Philosophisch-Anthroposophischer Verlag, Dornach: 108
Dr. André Rais, Delsberg: 301, 306
Peter Rudin, Basel: 37, 128
Léon Segginger, Laufen: 217, 238, 239, 241, 242, 243
Kurt Stürchler, Liestal: 91, 92, 93, 94, 95, 96
Josef Weber, Wahlen: 285
Fritz Wyser, Zuzgen: 366

Reproduktionen
Rudolf Friedmann, Basel: 6, 7, 11, 15, 18, 19, 21, 22, 25, 28, 29, 36, 38, 46, 51, 52, 53, 54, 55, 58, 59, 104, 129, 170, 197, 201, 215, 231, 244, 284, 317, 320, 335, 337, 340, 344, 350, 352
Felix Gysin, Frenkendorf: 184, 197, 334
Marcel Jenni, Basel: 90, 157, 181, 221, 222, 234, 245–279, 282, 283, 289, 290, 291, 292, 293, 295, 313, 316, 341
Rico Polentarutti, Basel: 44, 60, 66, 101, 219, 235, 240, 280, 288, 308

Nachwort

Es ist dem Verfasser ein echtes Bedürfnis, seine Arbeit am zweiten Regioband nicht abzuschließen, ohne ein herzhaftes Wort des Dankes auszusprechen. Wiederum ist ihm beim Materialsammeln, Formulieren und Drucklegen eine vielfältige Unterstützung zuteil geworden, die der Herausgabe des anspruchsvollen Werkes zugute kam. Dieser Dank gilt, neben den auf der Tafel der Mitarbeiter genannten Damen und Herren, namentlich Marie und Erhard Anklin, Dr. h.c. Albert Birkhäuser, Theodor Birkhäuser, Charles Einsele, Rudolf Friedmann, Albert Gomm, Leo Gschwind, Marcel Jenni, Alfred La Roche, Dr. Gottlieb Loertscher, Marisa Meier, Prof. Dr. Andreas Staehelin und Regierungsrat Dr. Edmund Wyß. Die für diesen Band vorgesehene Aufnahme derjenigen Baselbieter Gemeinden, die im ersten Band nicht zur Darstellung gelangten, kann wegen langwieriger Erkrankung des Autors erst im dritten Teil der Regiobuch-Serie erfolgen.

TERRITORIUM BASILEENSE, cum adjacentibus.

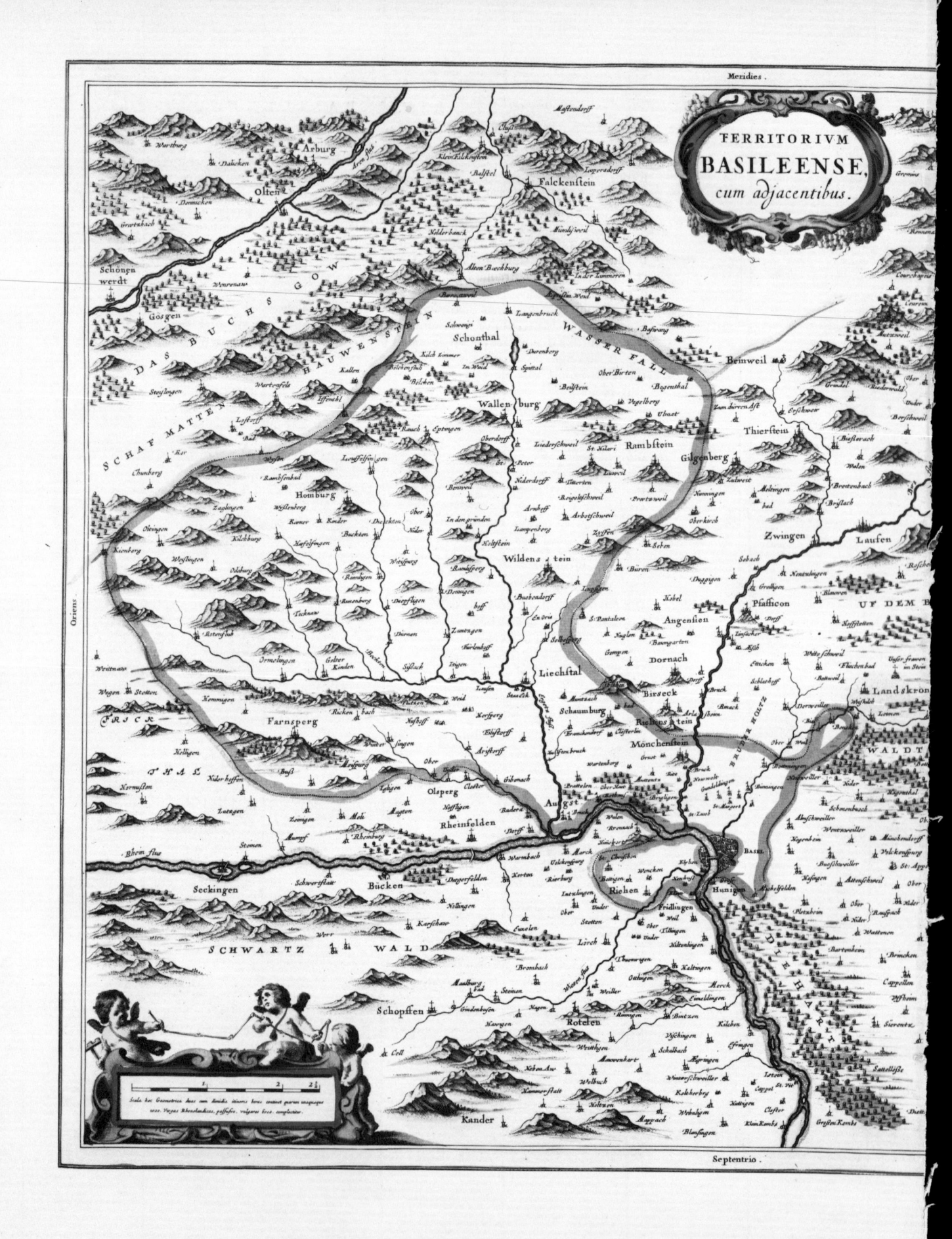